Hochspannungs-Praktikum

Von

Professor Dr.-Ing. Erwin Marx
Vorstand des Institutes für Hochspannungstechnik und elektrische Anlagen
an der Technischen Hochschule Braunschweig

Zweite Auflage

Mit 79 Abbildungen

Springer-Verlag Berlin Heidelberg GmbH

1952

ISBN 978-3-662-21998-0 ISBN 978-3-662-21997-3 (eBook)
DOI 10.1007/978-3-662-21997-3

Ursprünglich erschienen bei Springer-Verlag, OHG., Berlin-Göttingen-Heidelberg. 1952
Softcover reprint of the hardcover 2nd edition 1952

Vorwort zur zweiten Auflage.

Seit dem Erscheinen der 1. Auflage dieses Buches ist die Bedeutung der Hochspannungs-Elektrotechnik weiter stark angewachsen: Viele neue Kraftwerke und Übertragungsanlagen wurden errichtet, Hochspannungsgeräte verbessert sowie den erhöhten Anforderungen angepaßt, Meß- und Prüfverfahren vervollkommnet, wissenschaftliche Untersuchungen durchgeführt. In Schweden befinden sich die erste 400 kV-Drehstrom-Fernübertragung sowie eine Gleichstrom-Hochspannungsübertragung im Bauzustand; in vielen anderen Ländern sind umfangreiche Vorarbeiten für ähnliche Aufgaben im Gange. Sehr zahlreiche Veröffentlichungen auf dem Hochspannungsgebiet spiegeln diese Entwicklungen wider. Entsprechend der Aufgabe, die sich dieses Buch gestellt hat, wurde auf eine Sichtung und Verarbeitung dieser Literatur großer Wert gelegt; die Hinweise auf in- und ausländische wissenschaftliche Arbeiten im Text und in dem Literaturverzeichnis sind stark erweitert und auf den neuesten Stand gebracht worden.

Nach den Versuchsvorschlägen wird bei den Laboratoriumsübungen im Hochspannungsinstitut des Verfassers laufend gearbeitet. Durch Neuentwicklung oder praktische Erfahrungen notwendig erscheinende Ergänzungen des Buches wurden durchgeführt.

Das „Hochspannungs-Praktikum" ist, soweit es dem Verfasser bekannt ist, zur Zeit noch das einzige Werk, das sich ausschließlich mit experimentellen Hochspannungsarbeiten befaßt. Es ist zu hoffen, daß es auch weiterhin eine Lücke auszufüllen berufen ist.

Herrn Dr.-Ing. Hans-Heinrich Buchholz danke ich sehr für seine wertvolle Mitarbeit an dieser 2. Auflage.

Braunschweig, März 1952. E. Marx.

Vorwort zur ersten Auflage.

Die Hochspannungstechnik ist wie kaum ein anderes technisches Fachgebiet auf Versuche angewiesen. Man kann die Überschlagspannung sowie die Durchschlagspannung von Isolatoren, die Koronaverluste, die dielektrischen Verluste, den Schutzwert von Überspannungsableitern, die Löschfähigkeit von Lichtbogen-Löscheinrichtungen usw. nur auf experimentellem Wege bestimmen. Dabei muß neben der Ermittlung von Strömen, Spannungen, Leistungen auch eine sorgfältige Beobachtung der Erscheinungen mit dem Auge und mit dem Ohr erfolgen. Der Wert von Rechnungen soll dadurch nicht im geringsten herabgesetzt werden. Meist gewinnt erst dann ein Versuchsergebnis bleibende und allgemeine Bedeutung, wenn es durch quantitative und rechnerische Ermittlungen gestützt werden kann. Aber die Rechnung muß sich doch bei uns in der Hochspannungstechnik stets eng an den Versuch anschließen. Viele Erscheinungen wird der Ingenieur in der Praxis nur dann richtig verstehen, wenn er selbst beim Experiment entsprechende Vorgänge hat hervorrufen und beobachten können.

In diesem Buche wird versucht, die wichtigsten Hochspannungsversuche so darzustellen, daß ihre Durchführung in einfacher Weise möglich ist. Es wendet sich an die Studierenden der Elektrotechnik, um ihnen eine Anleitung bei Hochspannungsversuchen im Laboratorium zu sein, an die Dozenten der Elektrotechnik, um ihnen Vorschläge für Aufbau und Durchführung von Hochspannungsversuchen zu machen, an Ingenieure, die selbständig Forschungen auf dem Gebiete der Hochspannungstechnik ausführen wollen, und schließlich an die Ingenieure in der Praxis, um ihnen die Möglichkeit zu geben, durch Versuche die ihnen auffallenden Erscheinungen zu klären, sowie Hochspannungsgeräte, Isolatoren und Isolierstoffe zu prüfen.

Für die Studierenden ist es wichtig, alle Versuche *eigenhändig* auszuführen. Es ist ein großer Unterschied, ob der Assistent einen Schalter einlegt, die Spannung regelt und die Geräte abliest, oder ob der Lernende dies selbst tut. Die eigene Arbeit zwingt zu selbständiger Überlegung, die eigene Verantwortung prägt die Vorgänge fester ein und erhöht die Freude an der Arbeit. Die Versuche sind deshalb alle so aufgebaut und geschildert, daß die Studierenden die Versuche allein ausführen können und daß eine gelegentliche Kontrolle durch die Dozenten völlig ausreicht.

Man hört oft die nach Meinung des Verfassers irrtümliche Ansicht, daß für Hochspannungsversuche nur sehr große Räume brauchbar sind. Man kann viele der in diesem Buch beschriebenen Versuche bereits mit einem Spannungswandler für 60 kV ausführen. Man kann ferner in einem Raum von der Größe eines normalen Zimmers mit Spannungen bis zu 100 kV gegen Erde und mit 200 kV zwischen den Klemmen arbeiten. Große Räume sind nur für sehr hohe Spannungen notwendig; solche sehr hohen Spannungen werden nur bei wenigen der in diesem Buche beschriebenen Versuche benutzt.

Bei der Bearbeitung und Durchsicht haben mir meine liebe Frau, die Herren Dr.-Ing. habil. HARALD MÜLLER, Dr.-Ing. HANSHEINRICH VERSE, Dr.-Ing. PAUL BRÜCKNER sowie verschiedene meiner Mitarbeiter wertvolle Unterstützung zuteil werden lassen. Ich danke ihnen herzlich dafür.

Deutschland ist an der Entwicklung der Hochspannungselektrotechnik besonders stark beteiligt. Es gibt viele hervorragende deutsche Werke über die Theorie des elektrischen Feldes, über Fragen der elektrischen Festigkeit, über Gasentladungen usw. In Deutschland wurde die erste Hochspannungs-Kraftübertragung errichtet. Hier ist die Geburtsstätte vieler grundlegender Erfindungen und Entwicklungen der Hochspannungstechnik. Die Petersenspule, die Scheringbrücke, der Stoß-Generator in Vielfachschaltung, der Kathodenstrahl-Oszillograph, der Druckgas- und der Expansionsschalter, der Hochdruck-Lichtbogenstromrichter und viele andere Hochspannungsgeräte sind in Deutschland geschaffen worden. Möge dieses Buch dazu beitragen, unseren werdenden Ingenieuren Freude am selbst ausgeführten Experiment zu gewähren und ihnen eine Grundlage zu geben für Hochspannungsforschungen aller Art. Sie werden dadurch in die Lage gesetzt werden, die deutschen Erfolge auf dem Gebiete der Hochspannungstechnik zu wahren und zu mehren.

Braunschweig, im Dezember 1940.

E. Marx.

Inhaltsverzeichnis.

Einleitung.

An technischen Hoch- und Fachschulen müssen auch auf dem Gebiete der Hochspannungstechnik praktische Übungen veranstaltet werden, bei denen die Studierenden selbst die Versuche ausführen. Die wachsende Bedeutung der hohen elektrischen Spannungen fordert eine eigene Erfahrung der Studierenden auf diesem Gebiete, weil sie nur dadurch die erforderliche Sicherheit in der Beurteilung von Hochspannungserscheinungen und Hochspannungsgeräten erhalten können.

Die Durchführung eines Hochspannungspraktikums setzt das Vorhandensein eines Hochspannungslaboratoriums voraus. Da solche Laboratorien an vielen technischen Lehranstalten noch nicht oder noch nicht in ausreichender Größe und mit der erforderlichen Ausstattung vorhanden sind, ist in diesem Buche ein Abschnitt über *Bau und Einrichtung von Hochspannungslaboratorien* vorangestellt. Ferner spielt bei Hochspannungsversuchen die Sicherheitsfrage eine große Rolle. Diese hängt wieder mit dem Versuchsaufbau eng zusammen. Ein zweiter Teil des Buches macht aus diesem Grunde Vorschläge für den *Aufbau von Versuchsanlagen und* für *Sicherheitsmaßnahmen*, die es ermöglichen, daß die Studierenden ohne ständige Aufsicht an Hochspannungsversuchen arbeiten können.

Der Hauptteil des Buches enthält die Darstellung der Versuche. Bei Schilderung der Versuche der Versuchsgruppen I und II wird bis ins einzelne gegangen. Das erschien notwendig, weil es bei der Ausführung von Hochspannungsversuchen oft auf solche Einzelheiten ankommt. Es soll dadurch auch dem weniger mit dem Stoff Vertrauten die Möglichkeit gegeben werden, Versuche auf dem Gebiete der Hochspannungstechnik aufzubauen und durchzuführen. Auch der Gang der Versuche und die Prüfobjekte sind meist genau vorgeschlagen. Damit soll keineswegs gesagt werden, daß diese Versuche *nur* auf dem geschilderten Wege durchführbar sind. Über andere Versuchsmöglichkeiten sowie über die einschlägigen Literaturstellen ist bei jedem Versuch unter f) das Erforderliche gesagt. Aus den bestehenden zahlreichen Möglichkeiten ist jeweils *die* zum Versuch ausgewählt worden, die der Verfasser für am einfachsten ausführbar hält, von der er die beste Förderung des Verständnisses der Studierenden erwartet und die in der Praxis in gleicher oder ähnlicher Form angewandt wird. Wenn die Studierenden selbst den Versuchsaufbau errichten und die Schaltung ausführen, wird zur Durchführung mancher Versuche die normale Übungszeit von 3 bis 4 Stunden kaum ausreichen. Die größeren Versuche sind deshalb so beschrieben, daß sie leicht abgekürzt oder unterteilt werden können. Notwendig wird es trotzdem sein, daß die Studierenden in Vorbesprechungen mit dem auszuführenden Versuch bereits vertraut gemacht werden.

Nachdem bei den Versuchen der I. und II. Gruppe so eingehende Beschreibungen und Anleitungen gegeben wurden, erschien es zulässig, die Versuche der Gruppen III und IV nur mit kurzen Hinweisen zu erläutern. Um trotzdem die Durchführung dieser Versuche dem neuesten Stande der Technik anpassen zu können, sind die Literaturangaben zu ihnen ebenso ausführlich gehalten wie bei den ersten Versuchen.

Die Versuche sind geeignet für Hochspannungsübungen, wie sie gegen Ende des elektrotechnischen Studiums durchgeführt werden können. Für Forschungsarbeiten auf dem Gebiete der Hochspannungstechnik sind oft ganz andere Wege und Versuchsanlagen nötig. Es lassen sich dafür keine bestimmten Regeln geben. Die Gesichtspunkte für den Bau von Hochspannungsinstituten und für Sicherheitsmaßnahmen gelten jedoch im allgemeinen auch für Forschungsinstitute. Herren, die Hochspannungsforschungen betreiben wollen, werden sich zunächst an den hier vorgeschlagenen Versuchen üben können.

Vorschläge für in erster Linie auszuführende Versuche sowie Angaben über Bezeichnungen und Schaltzeichen finden sich in den „Vorbemerkungen“ zum Teil C (S. 45ff.).

Ein alphabetisch geordnetes Literaturverzeichnis und ein Sachverzeichnis befinden sich am Schlusse des Buches. Im Text oder in Anmerkungen zum Text sind die Namen der Verfasser von Aufsätzen angeführt. Wenn von einem Verfasser mehrere Veröffentlichungen in das Literaturverzeichnis aufgenommen wurden, gibt eine Nummer hinter dem Namen des Verfassers an, welche Arbeit gemeint ist. Da die Zahl der Veröffentlichungen auf dem Gebiet der Hochspannungs-Elektrotechnik außerordentlich groß ist, sind nur wichtigere Arbeiten der letzten Jahre und von den weiter zurückliegenden Veröffentlichungen nur solche von grundlegender Bedeutung in dem Literaturverzeichnis enthalten. Bei Aufzählung mehrerer Verfasser sind die Arbeiten nach dem Erscheinungsjahr geordnet, und zwar so, daß die neuesten Veröffentlichungen an letzter Stelle genannt sind.

A. Bau und Einrichtung von Hochspannungslaboratorien.

Die folgenden Ausführungen gelten in erster Linie für Hochspannungsinstitute an technischen Hoch- oder Fachschulen. Für Industrielaboratorien sind vielfach ähnliche Gesichtspunkte maßgebend, aber es bestehen andererseits große Unterschiede zwischen den verschiedenen Hochspannungs-Versuchsfeldern bei Firmen, die sich aus der Art der erzeugten Güter ergeben. Es gibt in der Industrie große Hochspannungslaboratorien zur Prüfung und Untersuchung von Isolatoren, von Kondensatoren, von Isolierstoffen, von Kabeln, von Transformatoren und Wandlern, von Hochleistungsschaltern usw.; ferner bestehen Hochspannungs-Versuchsfelder bei großen Elektrizitätswerken. In dem Hochspannungsinstitut einer technischen Hoch- oder Fachschule müssen Untersuchungsmöglichkeiten für fast alle diese Hochspannungsgeräte vorhanden sein, und es müssen Arbeiten auf allen Teilgebieten der Hochspannungstechnik durchgeführt werden können. Die Hochspannungslaboratorien an technischen Lehranstalten ähneln also *den* Industrielaboratorien, in denen *grundsätzliche* Entwicklungs- und Forschungsarbeiten ausgeführt werden sollen. Bei den Hoch- oder Fachschullaboratorien müssen aber außer den technischen auch erziehungs- und lehrmäßige Gesichtspunkte maßgebend sein, und es muß bei allen Einrichtungen die Tatsache berücksichtigt werden, daß immer wieder neue Lernende mit ihnen vertraut gemacht werden müssen. Aufbauten und Schaltungen sollen deshalb stets besonders einfach, übersichtlich sowie einheitlich angeordnet und beschriftet sein.

Vor Errichtung eines neuen Hochspannungsinstitutes wird man die einschlägige Literatur durcharbeiten und vorhandene Institute für ähnliche Aufgaben besuchen[1]. Schilderungen von Hochspannungslaboratorien an technischen Hoch- oder Fachschulen finden sich in der Literatur[2]; auch viele größere Industrielaboratorien für Hochspannungsversuche sind in Veröffentlichungen behandelt worden[3].

---

[1] Allgemeine Gesichtspunkte für die Einrichtung von Hochspannungslaboratorien siehe z. B.: A. SCHWAIGER (7) S. 440; H. GRÜNEWALD (1); ARNOLD ROTH (4) S. 378; K. POTTHOFF (3); J. BIERMANNS (16) S. 553.

[2] Siehe K. FISCHER (1), Stanford-Universität; ERWIN MARX (13); A. MATTHIAS (4); W. ROGOWSKI (9); L. BINDER (11); W. J. JOHN (1); E. WIST (1); A. C. WITT; H. S. HALLO (2); E. W. MARCHANT and W. ALEXANDER.

[3] Siehe z. B. J. F. SCHEID; H. BECHDOLDT (1); O. NAUMANN (1); H. W. BIRNBAUM (2); J. BIERMANNS (4); K. DRAEGER (9); LUSIGNAN jr. u. BORDEN; H. HEYNE u. W. REICHE; HESCHO; V. GERMANN; F. B. SILSBEE; H. PUPPIKOFER (4); W. WANGER (3); F. BELDI u. CH. DEGOUMOIS (4); J. H. HAGENGUTH (2).

1. Bauliche Gestaltung.

In einem Hochspannungsinstitut werden neben einem großen Versuchsraum, in dem mit sehr hohen Spannungen gearbeitet werden kann, kleine Versuchsräume sowie Räume für Maschinen und Zubehör, für die Aufbewahrung von Hochspannungsgeräten, für Verwaltungsarbeiten (Arbeitszimmer, Schreibzimmer, Bücherei, Konstruktionsraum), für Werkstätten, für Aus- und Verpacken von Sendungen usw. benötigt. Meist ist auch ein Hörsaal erforderlich. Bei der Planung eines Institutes muß ferner an die Möglichkeit der Ausführung von Versuchen im Freien gedacht werden. Es wird im allgemeinen nicht richtig sein, wenn man dem großen Versuchsraum ein zu starkes Übergewicht gegenüber den anderen Räumen gibt. Die meisten Hochspannungsversuche können, wie bereits im Vorwort gesagt wurde, in kleineren Räumen, etwa in der Größe eines normalen Zimmers, durchgeführt oder wenigstens begonnen werden. Die gleichzeitige Ausführung von verschiedenen Hochspannungsversuchen in demselben Raume ist stets mit erheblichen gegenseitigen Störungen verbunden. Die Notwendigkeit der Verdunkelung des Raumes und des Abhörens von Entladungsgeräuschen sowie die Einhaltung der Sicherheitsvorschriften machen das Arbeiten in getrennten Räumen vorteilhafter. Als roher Anhalt kann gegeben werden, daß in einem Hochspannungsinstitut der große Versuchsraum etwa die Hälfte des Rauminhaltes des gesamten Institutes besitzen möchte.

Die *allgemeine Anlage und Raumeinteilung* eines Hochspannungslaboratoriums wird sich stark nach dem *großen Versuchsraum* richten. Die Abmessungen des großen Versuchsraumes sind abhängig von der zu erreichenden Spannungshöhe, von den Abmessungen der Spannungsquellen sowie von der Größe und der Zahl der gleichzeitig zu untersuchenden Einrichtungen. Für eine *Scheitel*spannung von 1000 kV gegen Erde reicht es im allgemeinen aus, wenn von den unter Spannung stehenden Teilen der Versuchsobjekte aus ein Abstand von 5 m nach den Wänden sowie nach Decke und Fußboden des Versuchsraumes hin eingehalten werden kann. Dieser große Raum muß enge Verbindung mit dem Freiluft-Versuchsfeld erhalten, so daß Hochspannungsleitungen aus dem großen Raum ins Freie geführt werden können. Die Schalt- und Regeleinrichtungen können für den großen Raum und das Freiluft-Versuchsfeld gemeinsam ausgeführt werden. Von der Beobachtungsstelle für Versuche im Freien aus muß der große Raum leicht erreicht oder übersehen werden können. Auch ein Teil der kleineren Versuchsräume möchte durch Beobachtungs- und Durchführungsöffnungen mit dem großen Raum verbunden sein. Im großen Versuchsraum müssen gelegentlich auch Versuche vor vielen Zuschauern durchgeführt werden können. Ob man allerdings den Hörsaal eines Institutes so an den großen Versuchsraum anbaut, daß von ihm aus Hochspannungsversuche beobachtet werden können, hängt u. a. davon ab, ob dieser Hörsaal auch für andere Vorlesungen als solche auf dem Gebiete der Hochspannungstechnik verwendet werden soll. Wenn dies der Fall ist, wird man besser eine völlige Trennung dieser beiden Räume vornehmen, um gegenseitige Störungen zu vermeiden.

Abb. 1. Teilansicht des großen Versuchsraumes des Hochspannungsinstitutes der Technischen Hochschule Braunschweig.

Die Abb. 1 und 2 zeigen Blicke in den großen Versuchsraum des Hochspannungsinstitutes der Technischen Hochschule Braunschweig. In Abbildung 1 ist eine von den kreisförmigen, provisorisch mit einer Holztafel verschlossenen Öffnungen zu sehen, in die Durchführungen nach dem Freiluftversuchsfeld hin eingebaut werden können. Ferner ist in halber Raumhöhe eine Holztür zu erkennen sowie zwei kleine Durchführungen. Hinter diesen Einbauten liegt ein kleinerer Versuchsraum. Die Stromquellen für hohe Wechselspannungen, Gleichspannungen und Stoßspannungen befinden sich in einem niedriger gehaltenen Anbau des großen Versuchsraumes. Der hohe Hauptteil des Hochspannungsraumes steht dadurch ausschließlich für Versuche zur Verfügung. Die Aufnahme Abb. 2 ist von diesem niedrigeren Teile des Raumes aus aufgenommen. (Die sonstigen Einrichtungen des Versuchsraumes werden später beschrieben.)

Die *Unterkellerung* des Institutes ist zu empfehlen, da Lagerräume für Versuchsgeräte aller Art und Vorräte, aber auch Akkumulatorenräume, Räume für Hilfsmaschinen, die Hauptverteilungstafel usw. gut im Keller untergebracht werden können. Auch Versuchsräume können im Keller angeordnet werden. Voraussetzung ist, daß ein Aufzug vom Keller aus bis zu dem unter Umständen für Versuche auszunutzenden flachen Dach des Laboratoriums führt.

Für die *bauliche Ausgestaltung der Räume* seien folgende Vorschläge gemacht: Der Grundriß aller Räume mit Ausnahme des großen Versuchsraumes sollte normal und etwa gleichartig gehalten werden, so daß ein Wechsel in der Verwendung von Räumen bei Bedarf möglich ist. Feste Einbauten in Räumen, die diese nur zu einem bestimmten Zwecke brauchbar machen (wie z. B. die feste Aufstellung von Hochspannungstransformatoren und von Maschinen) möchten soweit wie möglich eingeschränkt werden. Ganz besonderer Wert muß auf gute Transportmöglichkeiten zwischen allen Räumen und Geschossen gelegt werden. Die Belastungsfähigkeit der Fußböden und die Größe der Türen müssen so gewählt werden, daß der Transport und die Aufstellung von schweren und umfangreichen Versuchseinrichtungen nach und in allen Räumen möglich ist. Türschwellen müssen im ganzen Hause vermieden werden. Man kann ja die Entwicklung der Technik gar nicht voraussehen und tut deshalb gut daran, wenn man sich in einem neu zu errichtenden Laboratorium eine größtmögliche Bewegungsfreiheit sichert! In allen Versuchsräumen müssen feste *Aufhängemöglichkeiten an den Decken* vorgesehen werden. In Betondecken können z. B. beim Bau eiserne Haken versenkt eingesetzt werden. Im Bedarfsfalle kann an diesen Haken eine Eisenkonstruktion befestigt werden, so daß an jedem Punkte der Decken Lasten bis zu etwa 100 kg Gewicht aufgehängt wer-

Abb. 2. Teilansicht des großen Versuchsraumes des Hochspannungsinstitutes der Technischen Hochschule Braunschweig.

den können (siehe z. B. Abb. 29, die einen Versuchsaufbau unter Verwendung von Aufhängekonstruktionen an der Decke zeigt). Für Hochspannungsversuche ist dies ganz besonders wichtig! Es ist sehr viel einfacher, Hochspannungsleitungen mit dünnen Isolierstäben an der Decke aufzuhängen, als sie mit schweren standfesten Isolatoren vom Fußboden aus zu isolieren. Auch Versuchseinrichtungen wie Widerstände, Kondensatoren, Hochspannungsventile, große Kugelfunkenstrecken usw.

Abb. 3. Hochspannungshalle des Institutes für Starkstrom- und Hochspannungstechnik der Technischen Hochschule Dresden.

sind meist bequemer an der Decke aufzuhängen, als aufzustellen. Veränderungen von „aufgehängten“ Schaltungen lassen sich leicht ausführen, da man unter dem Aufbau hingehen kann, ohne Gefahr zu laufen, wertvolle Geräte an den Verbindungsleitungen umzuziehen und zu zerstören. Auch die Erdverbindungen können nach der Decke hin geführt und dadurch vom Fußboden entfernt werden. Eine solche weitgehende Aufhängung von Versuchsschaltungen kommt im allgemeinen nur bei nicht zu großen Raumhöhen in Frage, aber auch in dem großen Versuchsraum sollte man die Möglichkeit des Aufhängens von Einrichtungen an der Decke stets vorsehen. Die Verwendung von einzelnen Laufkatzen an Stelle eines Kranes mit durchgehender Laufbühne wird deshalb oft vorteilhafter sein, weil die Laufkatzen zwischen den fest an der Decke hängenden Geräten hindurchfahren können. *In den Wänden* der Versuchsräume ist das Anbringen von *Holzbalken* in mehreren Lagen übereinander zu empfehlen (siehe Abb. 1, 2 und 29), die einige Zentimeter aus den Wänden herausragen. An solchen Balken lassen sich Leitungen, Instrumentenbretter, Tafeln usw. leicht anbringen. Auch diese Einrichtung bewährt sich sehr, weil dadurch das Einschlagen von Nägeln und Haken in den Wänden vermieden wird, und weil sie die so wichtige Anpassung des Versuchsaufbaues an den jeweiligen Versuchszweck ermöglicht. Auch in Betonbalken oder Säulen, die in Räume hereinragen, sollten von vornherein zahlreiche Öffnungen zum Durchstecken von Befestigungseinrichtungen vorgesehen werden.

Der *Fußbodenbelag* kann dort, wo oft mit Flüssigkeiten gearbeitet wird, aus Platten hergestellt werden. Dort, wo Versuche mit künstlichem Regen ausgeführt werden sollen, ist der Boden mit einer geringen Neigung und mit einem Ablauf an der tiefsten Stelle auszuführen. In den übrigen Räumen ist wegen der Schalldämpfung und bequemen Sauberhaltung Linoleum als Fußbodenbelag zu empfehlen. Alle Räume sollten mit *großen Fenstern* ausgeführt werden, so daß im allgemeinen bei Tageslicht gearbeitet und bei Bedarf gelüftet werden kann. Zuweilen werden Hochspannungsräume ohne Fenster gebaut. Für Lehr- und Forschungsinstitute wird dies vom Verfasser nicht für günstig gehalten, da während des überwiegenden Teiles der Aufbau- und Versuchszeit helles Licht benötigt wird. Das anhaltende Arbeiten bei künstlichem Licht ist unangenehm. Die Anbringung von zuverlässigen Verdunkelungseinrichtungen macht keine Schwierigkeiten. Auch die Verdunkelung von Räumen mit Oberlicht ist möglich. Eine solche ist beispielsweise für den sehr großen Versuchsraum des Institutes für Starkstrom- und Hochspannungstechnik der Technischen Hochschule Dresden ausgeführt worden (siehe Abb. 3)[1]. Jeder Raum, in dem Hochspannungsversuche durchgeführt werden sollen, benötigt eine solche zuverlässige *Verdunkelungseinrichtung* (siehe auch S. 33). Es muß schon bei der Projektierung darauf geachtet werden, daß auch die Türen völlig verdunkelt werden können.

Zwischen über- und nebeneinander gelegenen Räumen sowie von den Versuchsräumen aus nach dem Freien sollten möglichst *viele große Öffnungen* für die Durchführung von elektrischen Leitungen, von Druckluft- oder Wasserleitungen, zu Transporten, zur Verständigung bei Versuchen, zu deren Durchführung man mehrere Räume benötigt, usw. vorgesehen werden. Solche Öffnungen können mit Holz- oder Eisentafeln verschlossen werden, solange man sie nicht braucht. Im Bedarfsfalle wird man das Vorhandensein solcher Öffnungen sehr begrüßen, weil durch sie spätere lästige Stemm-, Maurer- und Malerarbeiten vermieden werden.

[1] Siehe L. Binder (11).

Um *Störungen von* benachbarten *Fernmeldelaboratorien* zu vermeiden, können in den Wänden und Decken der Hochspannungsräume geerdete zusammenhängende Eisengitter vorgesehen werden[1].

2. Elektrotechnische Einrichtung.

a) Transformatoren und ihre Spannungsregeleinrichtungen. Ein Hochspannungsinstitut benötigt einen *Drehstromanschluß* an eine Zentrale oder ein Drehstromnetz. Dieser Anschluß möchte, wenn auch Versuche mit großer Stromstärke bei hoher Spannung durchgeführt werden sollen, für eine Leistungsentnahme von wenigstens 1000 kVA vorgesehen werden. Zu den einzelnen Versuchen werden am besten getrennte, meist einphasige, *Hochspannungs-Prüftransformatoren* benutzt, die in den betreffenden Versuchsräumen innerhalb von Absperrgittern (siehe S. 36) aufgestellt werden. Die Zahl der in einem Hochspannungsinstitut benötigten Hochspannungs-Prüftransformatoren richtet sich dementsprechend danach, wie viele Versuche gleichzeitig durchgeführt werden sollen.

Die Prüftransformatoren sind für ein Hochspannungsinstitut von besonderer Wichtigkeit. Es sollen deshalb hierüber etwas ausführlichere Angaben gemacht werden. Die Spannungshöhe des Haupttransformators, der in dem größten Versuchsraum des Institutes steht, richtet sich nach den im Institut durchzuführenden Arbeiten und nach den verfügbaren Mitteln. Die in der Praxis zur Energieübertragung benutzten Wechselspannungen betragen zur Zeit bis zu 300000 V (Außenleiterspannung des Drehstromsystems). Vorarbeiten für eine Erhöhung der Übertragungsspannung auf 400000 V Außenleiterspannung sind stark im Gange[2]. In Schweden befindet sich eine 380000 V Drehstromleitung bereits im Bau[3]. In den Vereinigten Staaten von Nordamerika wurde eine Versuchsstrecke für 500 kV errichtet[4]. Die Spannungen, mit denen Isolieranordnungen im Laboratorium geprüft werden sollen, müssen weit über deren Betriebsspannung hinaus gesteigert werden können.

Es kann nicht gesagt werden, daß eine gewisse Höhe der Prüfwechselspannung für alle Zwecke ausreicht. Je höher die verfügbare Spannung ist, um so weiter können Versuche, z. B. über die elektrische

---

[1] Die Ausführung eines solchen Schutzgitters ist beschrieben worden von E. Wist (1).

[2] Siehe z. B. H. Happoldt; E. W. Wist (2); A. Koepchen; Zhdanov, V. A. Venikov u. G. M. Rozanov; H. Roser (4); G. Markt; E. Senn; W. Wanger (2); W. v. Mangoldt; J. Biermanns (14); W. Wanger (6).

[3] Siehe W. Borgquist (3); W. Borgquist u. A. Vrethem (4); A. Rusck u. B. G. Rathsman; D. Zetterholm u. K. F. Frägardh.

[4] Siehe: The 500 kV Tidd Test Project, Electr. Engng. Vol. 66 (1947) S. 1178 u. 1234. — Schweiz. techn. Rdsch. Bd. 40 (1948) H. 12. — H. Prinz (9); siehe auch S. 192, Anm. 1.

Festigkeit von Anordnungen, ausgeführt werden. Man kann beispielsweise die Erscheinungen bei einer Wechselspannung von 500 kV besser und zuverlässiger beurteilen, wenn man eine Spannung von 1000 kV zur Verfügung hat und dadurch bei der Untersuchung weit über das zu klärende Gebiet hinausgehen kann. Andererseits wachsen die Kosten für die Transformatoren und für den Versuchsraum mit der zweiten bzw. dritten Potenz der Spannung an, so daß hierdurch meist bald Grenzen gesetzt sind. Ferner wird auch die für den Versuchsaufbau und für die Versuchsdurchführung erforderliche Zeit mit wachsender Spannung sehr viel länger, so daß die Spannung bei einer bestimmten Untersuchung nicht höher gewählt werden sollte, als es für den angegebenen Zweck erforderlich ist. Es erscheint dem Verf. im allgemeinen als ausreichend, wenn einem Hochspannungsinstitut für eine technische Lehranstalt eine Wechselpsannung von 500 kV oder auch von 300 kV gegen Erde zur Verfügung stehen. Wenn nur wenig Platz und geringe Mittel vorhanden sind, können viele interessante Hochspannungsversuche auch schon mit 150 oder 100 kV gegen Erde ausgeführt werden. Für einen großen Teil der später beschriebenen Versuche reicht sogar ein Spannungswandler für 60 kV aus.

Im allgemeinen wird bei Hochspannungsversuchen eine hohe Prüfspannung *gegen Erde* benötigt. Verwendet man einen Prüftransformator, bei dem die Mitte der Oberspannungswicklung geerdet ist, dann erhält man zwei symmetrische, entgegengesetzte Spannungen gegen Erde. Legt man die Gesamtspannung eines solchen Transformators an ein Prüfobjekt an, dann entspricht das elektrische Feld und die Spannungsverteilung nicht den im praktischen Betriebe vorliegenden Verhältnissen. In besonderen Fällen läßt sich behelfsmäßig eine den betrieblichen Verhältnissen annähernd entsprechende Feldverteilung erzielen[1].

Die Leistung der Prüftransformatoren muß sich nach der Spannungshöhe und nach den durchzuführenden Arbeiten richten. Bei Versuchen über die elektrische Festigkeit von Prüflingen mit kleiner Eigenkapazität wird dem Prüftransformator nur ein Kapazitätsstrom von geringer Höhe entnommen. Trotzdem soll die Leistung des Prüftransformators nicht zu klein sein, damit die Spannung beim Auftreten von plötzlichen Entladungen (insbesondere Gleitfunken) nicht zu stark zusammenbricht und damit dem Überschlag bei hoher Spannung ein Lichtbogen folgt, dessen Verlauf in verschiedenen Hinsichten von Wichtigkeit ist. Wenn Prüflinge großer Kapazität untersucht werden sollen, wie z. B. Hochspannungskabel, dann ist eine große Leistung erforderlich, die sich aus dem auftretenden Kapazitätsstrom berechnen läßt. Als Anhalt möge für Lehr- und Forschungsinstitute für allgemeine Hochspannungsuntersuchungen gelten, daß ein Prüftransformator für 500 kV gegen Erde

[1] Siehe E. MARX (4).

eine Leistung von etwa 250 kVA besitzen möchte. Die erforderliche Leistung ist mit dem Quadrat der Spannungshöhe des Prüftransformators zu verändern, d. h. bei doppelter Spannungshöhe, 1000 kV gegen Erde, benötigt man etwa die vierfache Leistung, also 1000 kVA, während man bei einer Spannungshöhe von 100 kV mit etwa 10 kVA auskommt.

Neben der Nennleistung des Prüftransformators spielt wegen der Spannungsschwankungen und Kurvenverzerrungen bei der Prüfung die Kurzschlußleistung des Prüfaggregates eine große Rolle. Besonders bei der Speisung von Prüftransformatoren durch einzelne Generatoren muß darauf geachtet werden, daß die Generatoren ein hohes Kurzschlußverhältnis besitzen. Wenn die Prüftransformatoren über Regeltransformatoren an ein starkes Wechselstromnetz angeschlossen werden, dann läßt sich leicht erreichen, daß die Kurzschlußleistung der Anordnung ein Mehrfaches der Nennleistung beträgt[1].

Für diejenigen der später beschriebenen, unter den Nrn. 1 bis 18 aufgeführten Versuche, die unmittelbar mit niederfrequenter Wechselspannung ausgeführt werden, sind Transformatoren mit den obengenannten Leistungsbeträgen geeignet. Bei den Versuchen Nr. 4, 5, 6, 10, 16 und 17, die mit Gleich-, Stoß- oder Hochfrequenz-Spannungen ausgeführt werden, reicht als Ausgangsspannungsquelle auch ein Prüftransformator sehr kleiner Leistung (Spannungswandler) aus. Bei den unter Nr. 19 bis 23 geschilderten Versuchen ist die Art der Spannungsquellen weitgehend von dem Versuchsaufbau und den gestellten Anforderungen abhängig, so daß allgemeingültige Angaben nicht gemacht werden können.

Die Prüftransformatoren werden entweder im Eisenkessel mit Ölfüllung oder als öllose Transformatoren ausgeführt. Einige Abbildungen von Transformatoren für sehr hohe Spannungen mögen als Beispiele verschiedene Bauarten erläutern. Abb. 4 zeigt den oberen Teil eines ölgefüllten Prüftransformators für 1000 kV bei einer Leistung von 1000 kVA. Die Gesamthöhe dieses Transformators beträgt 11 m. Man erkennt aus der Abbildung die gewaltigen Abmessungen der Durchführung, die den Hochspannungsleiter von 1 Million Volt (Effektivwert) gegen den geerdeten Kessel zu isolieren hat. Abb. 5 stellt einen öllosen Transformator dar. Bei dieser Bauart fallen Eisenkessel und Durchführung weg, und Reparaturen sind einfacher ausführbar. Dagegen benötigt man größere Abstände zwischen den einzelnen Wicklungen sowie zwischen Wicklungen und Eisen als unter Öl; außerdem können diese öllosen Transformatoren nur in trockenen Räumen benutzt werden.

[1] Siehe auch VDE (6). In diesen Leitsätzen sind genauere Angaben über die erforderliche Nenn- und Kurzschlußleistung, Kurvenform, Durchführung der Spannungsprüfung usw. gemacht.

Auf Abb. 3 sieht man ferner links im Vordergrund eine Reihenschaltung von drei Prüftransformatoren für 330 kV, mit der eine Gesamtspannung von 1000 kV gegen Erde erreicht wird. Bei einer derartigen Reihenschaltung von Prüftransformatoren zur Erzielung einer besonders hohen Spannung („Kaskaden-Schaltung") müssen die nicht an Erde angeschlossenen Transformatoren isoliert aufgestellt werden. Der Anschluß der Unterspannungswicklung der von Erde isolierten Transformatoren erfolgt an eine Sonderwicklung des Transformators der nächstniedrigen Stufe oder an einen besonderen Zwischentransformator. Solche Reihenschaltungen besitzen die Vorteile, daß mit kleineren Transformatoreneinheiten ausgekommen werden kann, daß die Isolationsschwierigkeiten der einzelnen Transformatoren auch bei sehr hoher Gesamtspannung leichter beherrscht werden können, daß bei Störungen in einem Transformator die übrige Anlage weiter in Betrieb gehalten werden kann und daß schließlich Umschaltungen der Gruppen, beispielsweise auf ein dreiphasiges Hochspannungssystem, durchgeführt werden können[1]. Als Nachteil steht diesen Vorzügen die meist recht hohe Streuspannung solcher Reihenschaltungen gegenüber. Welche dieser Transformatoren-Bauarten in Frage kommt, muß von Fall zu Fall entschieden werden.

Abb. 4. Prüftransformator für 1000 kV gegen Erde der Hermsdorf-Schomburg-Isolatoren-Gesellschaft in Hermsdorf/Thür. Hersteller: Siemens-Schuckertwerke A.-G.

Durch Forschungs- und Entwicklungsarbeiten sind in den vergangenen Jahren die Hochspannungs-Prüftransformatoren, besonders bezüglich ihrer Isolation, stark verbessert worden. Dadurch sind Gewicht

[1] Siehe Hans Stamm.

und Preis von solchen Transformatoren wesentlich verringert worden. Die für den Aufbau von Prüftransformatoren wesentlichen Gesichtspunkte gehen aus der Literatur hervor, auf die zum näheren Studium verwiesen sei[1].

Von großer Wichtigkeit für die Durchführung von Hochspannungsversuchen ist eine stetige *Regelung der Prüfspannung* vom Werte Null

Abb. 5. Ölloser Prüftransformator für 225 kV. Hersteller: Hochspannungs-Gesellschaft, Köln-Zollstock. An den Transformator ist ein Nadelgleichrichter angebaut, so daß auch eine hohe Gleichspannung von 300 kV erzeugt werden kann.

an bis zum Höchstwert. Da in der Nähe der Überschlag- oder Durchschlagspannung sehr langsam und gleichmäßig geregelt werden muß, und da andererseits oft große Spannungsbereiche durchfahren werden

[1] Siehe A. Schwaiger (7) S. 309; H. Grünewald (1); W. O. Schumann (6) S. 349; W. Gauster; Harald Müller (21); W. Kehse (2); K. Fischer (3); Arnold Roth (4) S. 378; A. Bouwers (1) S. 6. — Spezielle Beschreibungen von Prüftransformatoren siehe E. Welter; Hess; F. Obenaus (2); R. Crämer (3).

müssen, empfiehlt es sich, bei allen größeren Prüfanlagen die Anordnung so zu treffen, daß die Geschwindigkeit der Spannungsänderung in weiten Grenzen verändert werden kann.

Für die Speisung von Prüftransformatoren kommen zwei Wege in Frage: Man kann entweder jeden Prüftransformator durch einen besonderen Generator speisen, oder man kann die Prüftransformatoren über Spannungsregler an ein Wechselstromnetz mit konstanter Spannung anschließen. Der erstgenannte Weg ermöglicht eine einfache Spannungsregelung durch Veränderung der Erregung des den Prüftransformator speisenden Generators, ferner ist hierbei ohne Schwierigkeiten eine weitgehende Angleichung der Spannungskurve an die Sinusform zu erzielen. Trotzdem empfiehlt der Verfasser die Aufstellung eines besonderen Maschinensatzes für jeden Prüftransformator für Hochspannungsinstitute nicht, da das Maschinengeräusch meist störend ist, da sich Frequenz- und Spannungsschwankungen kaum vermeiden lassen, und da die Beschaffungskosten weit höher sind als bei Speisung aus einem Wechselstromnetz über Regler.

Abb. 6. Thoma-Regler für 100 kVA, 0...380 Volt. Hersteller: Hochspannungs-Gesellschaft, Köln-Zollstock.

Für diese Speisung von Prüftransformatoren aus einem Wechselstromnetz stehen verschiedenartige Regelgeräte zur Verfügung. Man kann Dreh-, Gleit- oder Schubtransformatoren hierfür verwenden[1]. Ferner kommen Transformatoren mit drehbarem Kern in Frage. Abb. 6 zeigt einen solchen Transformator in einer von Thoma vorgeschlagenen Ausführung. Die sekundäre Blankwicklung dieses Transformators ist drehbar angeordnet. Auf der Wicklung schleift eine Bürste, die sich zwangsläufig auf der Wicklung verschiebt. Ein solcher Transformator hat sich im Institut des Verf. für die Speisung eines 200 kVA-Prüftransformators

[1] Siehe VDE (9).

sehr gut bewährt. Der Antriebsmotor für den drehbaren Kern wird über einen Leonhard-Maschinensatz gespeist, so daß sich die Regelgeschwindigkeit beliebig einstellen läßt[1].

Für die Spannungsregelung unter Last sind weiterhin zahlreiche Ausführungen von Stufentransformatoren entwickelt worden, die ebenfalls für die Regelung von Prüftransformatoren in Betracht kommen. Um kleine Schaltstufen zu erhalten, sind bei solchen Regeltransformatoren für kleine Leistungen die einzelnen Windungen anzapfbar. Bei Sonderkonstruktionen werden die Stufen durch Widerstände überbrückt, so daß die Spannung zwischen den Stufen ohne Sprünge geregelt werden kann[2].

In allen Fällen, in denen zum Hochspannungsversuch nur eine kleine Leistung erforderlich ist und bei denen eine Abweichung der Spannungskurve vom sinusförmigen Verlauf unschädlich ist, kann die Regelung von Prüftransformatoren durch Vorschalten eines veränderlichen Wirkwiderstandes vor die Unterspannungsseite des Prüftransformators vorgenommen werden. Als Regelwiderstände kommen z. B. Wasserwiderstände in Frage. Bei dieser Widerstandsregelung wird eine Verzerrung der Spannungskurve erst dann merkbar, wenn der Prüftransformator in den Bereich hoher Sättigung kommt. Es muß also dafür gesorgt werden, daß der Vorwiderstand bei voller Spannungshöhe gleich Null wird. Zu bedenken ist ferner, daß beim Auftreten von starken Entladungen oder von Durchschlägen die Stromstärke stark anwächst und daß dadurch der Spannungsabfall am Vorwiderstand wesentlich vergrößert wird. Die Spannung auf der Oberspannungsseite des Prüftransformators sinkt deshalb auch beim Auftreten von starken Vorentladungen ab. (Bei den später beschriebenen Versuchen wird in allen *den* Fällen von der Spannungsregelung mit Vorwiderständen Gebrauch gemacht, in denen dies unbedenklich geschehen kann.)

b) Elektrische Verteilungsanlage und Erdungsleitungen. Die elektrische Leitungsanlage hat die Aufgabe, den Versuchsräumen die zu den Versuchen nötigen Spannungen zur Verfügung zu stellen. Diese Aufgabe ist in Hochspannungsinstituten die gleiche wie in anderen elektrotechnischen Instituten, so daß hier nur einige besondere Gesichtspunkte genannt werden sollen. Es wird dabei angenommen, daß die Speisung des Institutes durch einen Hochspannungsanschluß, etwa von 6 kV, erfolgt. An zentraler Stelle des Institutes wird eine Schaltanlage

[1] Siehe auch K. TARDEL.

[2] Siehe z. B. O. E. NÖLKE (2); H. ROSSI (1); W. KEHSE (2). — In der letzten Zeit sind auch für Leistungstransformatoren Spannungsregeleinrichtungen unter Last zu großer Vollkommenheit entwickelt worden. Siehe z. B. B. JANSEN; J. BIERMANNS (11); M. SCHWAIGER; K. BÖLTE; R. KÜCHLER. — Die selbsttätige Regelung in der Elektrotechnik wurde eingehend behandelt durch A. LEONHARD (1).

angeordnet, die verschiedene Transformatoren für Drehstrom von 380/220 V und von 110/64 V enthält. In der Nähe dieser Schaltanlage wird ein Maschinenraum (für Versuche mit regelbarer Frequenz sowie mit Gleichspannungen verschiedener Höhe), ferner ein Akkumulatorenraum und eine Hauptverteilungstafel benötigt. Von der Hauptverteilungstafel aus ist eine Leitungsanlage zu den Unterverteilungstafeln oder unmittelbar zu den Arbeitsräumen vorzusehen. Die Leitungen benötigen zur Fernhaltung von störenden Beeinflussungen metallische Hüllen. Sämtliche Leiter eines Stromkreises oder eines Mehrphasensystems sind zusammen in einem geerdeten metallischen Mantel zu verlegen. An den einzelnen Arbeitsplätzen wird in erster Linie Wechselspannung von 380 oder 220 V gebraucht, damit die Prüftransformatoren über Spannungsregler angeschlossen werden können. Die Möglichkeit zur Versorgung der Arbeitsplätze mit Gleichspannungen verschiedener Höhe sowie Wechselspannungen regelbarer Frequenz muß außerdem vorhanden sein. Ferner muß eine Verbindung zwischen verschiedenen Arbeitsräumen durch Sonderleitungen ausführbar sein.

Neben dieser Leitungsanlage für niedrige Spannungen sollte in wichtigeren Räumen ein Hochspannungsanschluß zur Entnahme größerer Leistung vorgesehen werden.

Verbindungsleitungen für sehr hohe Spannungen werden zwischen den einzelnen Räumen nur in Ausnahmefällen benötigt. Man wird jedoch für solche Fälle durch bauliche Maßnahmen die Möglichkeit des Einbaues von Durchführungen in Fußböden oder Wände vorsehen[1].

In allen Räumen, in denen mit hohen Spannungen gearbeitet wird, muß eine zuverlässige Erdungsanlage vorhanden sein[2]. Unabhängig von den sonst noch benötigten festen betriebsmäßigen Erdungen muß ein Erdungssystem geschaffen werden, das zur Erdung einzelner Punkte in Versuchsschaltungen sowie zu Sicherheits- oder Schutzerdungen verwandt werden kann. Am zweckmäßigsten ist es, in allen Hochspannungs-Versuchsräumen einen blanken Leiter so an den Wänden entlang zu führen, daß sehr leicht Anschlüsse von Erdverbindungen an ihm angebracht werden können. Dieser blanke Leiter kann z. B. an einem der Holzbalken verlegt werden, die in den Wänden der Versuchsräume vorgesehen sind (siehe S. 8). Alle diese Erdungsleitungen müssen zu einer oder mehreren zuverlässigen Erdungen geführt werden.

c) Sicherheitseinrichtungen. Für Maßnahmen, die zur Sicherung bei der Ausführung von Hochspannungsversuchen dienen, werden im Teil B eingehende Vorschläge gemacht. Hier sollen diejenigen Einrichtungen

---

[1] Verteilungsanlagen in Hochspannungsinstituten sind z. B. in den nachstehenden Veröffentlichungen beschrieben: ERWIN MARX (12); A. MATTHIAS (4); W. ROGOWSKI (9); L. BINDER (11); E. WIST (1); JAEKEL.

[2] Siehe VDE (1).

genannt und beschrieben werden, die für die Durchführung dieser Sicherheitsmaßnahmen notwendig sind.

Bei Hochspannungsversuchen ist wegen der bestehenden Lebensgefahr eine zuverlässige *Absperrung* desjenigen Teiles der Versuchsräume notwendig, in dem Leitungen unter hoher Spannung vorhanden sind oder vorhanden sein können. Es ist zu empfehlen, diese Absperrung mit *tragbaren Gittern* durchzuführen, deren Aufstellung dem jeweiligen Zweck und Aufbau des Versuches angepaßt werden kann. Es sind häufig bei Versuchen Meßgeräte oder Stellen, an denen Entladungen auftreten, genau zu beobachten. Es ist ferner meist erwünscht, während eines Versuches Funkenstreckenabstände zu verändern und abzulesen. Mit ortsveränderlichen Absperrgittern lassen sich solche Forderungen leicht erreichen. Für diese Absperrung kann man einzelne weitmaschige Gitter mit einer Höhe von etwa 2 m und einer Länge von 3 bis 4 m benutzen, die in einem Holz- oder Eisenrahmen aufgespannt und mit Eisenfüßen versehen sind. Die Gitter sind untereinander und mit der Erdungsleitung zuverlässig zu verbinden. Die Absperrung einer Versuchsanlage muß eine Tür enthalten, die nur nach Abschaltung der Hochspannungsquelle geöffnet werden kann. Zur zwangsläufigen Erzielung dieser Abschaltung hat sich die Benutzung von *Schaltern mit Steckschlüsseln* sehr gut bewährt. Der Steckschlüssel zur Betätigung des Schalters hängt mit einer Kette an der Tür, der Schalter selbst an dem Türrahmen, der durch das nächststehende Gitter gebildet wird. Die Speiseleitung des Hochspannungstransformators, der innerhalb der Absperrung steht, wird über diesen Schalter geführt. Der Schalter kann dann nur bei geschlossener Tür eingeschaltet werden; er muß zwangsläufig vor dem Öffnen der Tür ausgeschaltet werden. Wenn mehrere Hochspannungstransformatoren innerhalb eines abgesperrten Raumes stehen, müssen mehrere solcher Schalter mit Steckschlüssel an der gleichen Tür vorgesehen werden[1].

Die wichtigste weitere Sicherheitsmaßnahme besteht darin, daß *vor* dem *Betreten* einer abgesperrten Hochspannungs-Versuchsanlage diejenigen *Leiter geerdet* werden, die unter Umständen eine hohe Spannung annehmen könnten. Hierüber, sowie über sonstige Schutzmaßnahmen, wird das Erforderliche in Teil B gesagt. Die Verwendung von Signallampen, die beim Einschalten der Hochspannungstransformatoren aufleuchten, ist in Hochspannungs-Versuchsanlagen kaum möglich, da bei vielen Versuchen zur Beobachtung der Entladungserscheinungen völlige Dunkelheit herrschen muß.

d) Sondergeräte für Hochspannungsversuche. Es sollen hier nur wenige zusammenfassende Bemerkungen über Kugelfunkenstrecken,

[1] Diese Sicherheitsschalter haben sich im Institut des Verfassers sehr gut bewährt. Lieferfirma: Siemens & Halske A.-G., Wernerwerk M.

Hochspannungswiderstände, Hochspannungskondensatoren, Hochspannungsventile und elektrostatische Spannungsmesser sowie über Aufstellung und Bedienung dieser Einrichtungen gemacht werden. Verschiedene dieser Geräte kann man in der Institutswerkstatt bauen oder aus einzelnen fertig zu beziehenden Teilen zusammenstellen.

Kugelfunkenstrecken werden für die Messung des Scheitelwertes von hohen Spannungen sehr häufig benutzt. Sie sind in jedem Hochspannungslaboratorium in größerer Zahl vorhanden. Der Scheitelwert läßt

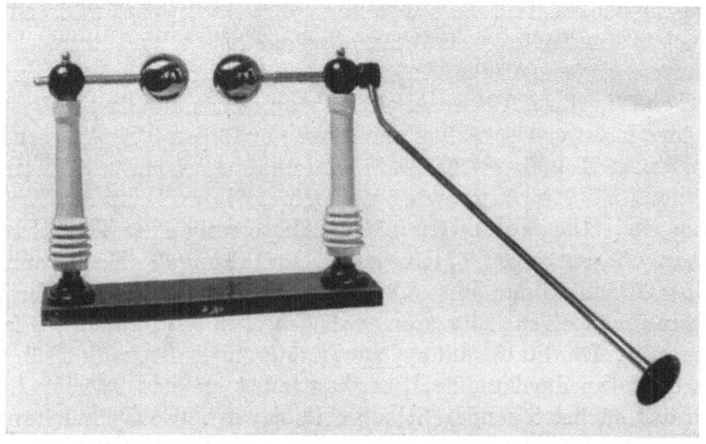

Abb. 7. Meßfunkenstrecke mit 10 cm-Kugeln. Hersteller: Siemens & Halske A.-G. Der Kugelabstand läßt sich durch den Handantrieb unter Spannung verstellen und am Schaft der verschiebbaren Kugel ablesen.

sich mit ihnen auf einfache, allerdings nicht sehr genaue Weise ermitteln. Zu vielen der in Teil C beschriebenen Versuche werden Kugelfunkenstrecken benötigt. Für die rasche Durchführung von Versuchen ist es erwünscht, Kugelfunkenstrecken zur Verfügung zu haben, die unter Spannung verstellt und abgelesen werden können. Abb. 7 zeigt als Beispiel eine solche Kugelfunkenstrecke. Es ist zweckmäßig, die Befestigung der Kugelelektroden so zu wählen, daß sie leicht gegen andere Elektroden, z. B. Spitzen, Platten, Zylinder usw., ausgewechselt werden können.

Man benötigt für einen großen Spannungsbereich verschiedene Kugeldurchmesser. In roher Annäherung gilt die Regel, daß mit einer Kugelfunkenstrecke Spannungsscheitelwerte gemessen werden können, deren Höhe in Kilovolt nicht größer ist als der Kugeldurchmesser in Millimetern. Mit einer Kugelfunkenstrecke von 100 mm Kugeldurchmesser kann man also Spannungen bis zu etwa 100 kV messen. Für sehr hohe Spannungen benötigt man dementsprechend sehr große Kugeln.

Große Kugelfunkenstrecken werden meist mit senkrechter Achse aufgestellt und mit motorischem Antrieb versehen. In den Abb. 2 und 8 sind solche Kugelfunkenstrecken mit großem Kugeldurchmesser zu sehen. Bei der auf Abb. 2 gezeigten Kugelfunkenstrecke, die Kugeln von 1 m Durchmesser besitzt, kann der Kugelabstand an dem rechts von der Funkenstrecke sichtbaren Zifferblatt abgelesen werden. Die

Abb. 8. Hochspannungsraum der Rosenthal-Isolatoren G. m. b. H., Selb.

obere Kugel wird durch ein Drahtseil gehoben oder gesenkt. Der Antriebsmotor hierfür sitzt hinter dem Zifferblatt. Die in Abb. 8 links vorn stehende Kugelfunkenstrecke besitzt einen Kugeldurchmesser von 2,40 m. Zur Abstandsveränderung wird hier die untere Kugel mit Hilfe eines in der Nähe des Schaftes dieser Kugel sitzenden Motors bewegt. Die Ermittlung des Abstandes erfolgt mit Hilfe einer Meßuhr, die an der dem Schaltpult zugewendeten Seite angebracht ist[1].

Außer zu Meßzwecken werden Funkenstrecken mit Kugel- oder Plattenelektroden auch zur Durchführung vieler anderer Aufgaben verwandt. Beispielsweise benutzt man Funkenstrecken zur Erzeugung von Stoßspannungen (siehe 5. und 10. Versuch), Hochspannungsimpulsen

[1] Über Bauformen, Anordnung und Beschaffenheit von Kugelfunkenstrecken siehe AEG (1); W. Weicker (7); VDE 0430 (5). — Weitere Angaben über die sehr umfangreiche Literatur betr. Kugelfunkenstrecken siehe 1. Versuch, S. 58ff.

verschiedener Dauer und Spannungskurve[1], hochfrequenten Schwingungszügen (siehe 6. Versuch). Über die Verwendung von Funkenstrecken zur Erzielung von hochfrequenten Schwingungen sind in der Literatur sehr zahlreiche Angaben enthalten[2]. Die Erzeugung heller Lichtblitze mit Funkenstrecken beschreibt K. RAWER. Je nach Spannungshöhe, Stromstärke, Häufigkeit des Ansprechens, Notwendigkeit der Entionisierung und Kühlung usw. werden solche Funkenstrecken mit ganz verschiedenem Druck (von hohem Überdruck bis hinab zum Hochvakuum), mit verschiedenen Gasen, Gasströmungen, Elektrodenmaterialien, Elektrodenabständen und Elektrodenformen ausgerüstet und betrieben[3].

Bei vielen Hochspannungsmessungen werden ferner *hochohmige Widerstände* benötigt, und zwar in der Hauptsache für die folgenden Zwecke:

1. als Schutzwiderstand oder Aufladewiderstand, um zu hohe Stromstärken oder zu hohe Spannungssprünge zu vermeiden,
2. als Belastungswiderstand, um bestimmte Stromstärken einzustellen oder
3. als Meßwiderstand (Spannungsteilerwiderstand), z. B. zum Anschluß von Spannungsmessern oder Oszillographen.

Der Bau solcher Widerstände ist, insbesondere wenn sie für sehr hohe Spannungen benutzt werden sollen, nicht ganz einfach auszuführen, deshalb sollen hier einige Hinweise und Vorschläge gemacht werden. Die Ausführung kann in Form von Flüssigkeitswiderständen, Metallwiderständen oder Halbleiterwiderständen erfolgen. Die letztgenannten Widerstände kommen z. B. als Schutzwiderstände parallel zu Stromwandlern oder als Reihenwiderstände zu Funkenstrecken in Überspannungsschutzgeräten in Frage. Sie besitzen meist eine erhebliche Spannungsabhängigkeit, die in diesen Fällen erwünscht ist. Diese Art von Widerständen soll hier nicht behandelt werden.

Flüssigkeitswiderstände kommen hauptsächlich als Schutzwiderstände oder Aufladewiderstände in Frage. Ihr Vorteil beruht in der einfachen Bauart auch bei sehr hohen Spannungen; sie besitzen dagegen den Nachteil eines leicht veränderlichen Widerstandsbetrages und, wenn ruhende Flüssigkeiten benutzt werden, einer geringen Belastbarkeit. Bei Schutz- und Aufladewiderständen kommt es auf einen genauen Widerstandswert nicht an; die Widerstandswerte können meist so hoch gehalten werden, daß die Wärmeabfuhr keine Schwierigkeiten bereitet.

---

[1] Siehe H. TIGLER; E. PROKOTT.

[2] Siehe J. ZENNECK u. H. RUKOP; F. VILBIG; H. E. HOLLMANN; W. SCHÖNFELD; ERWIN MARX (29).

[3] Über die Entionisierungszeit von mit Wechselstrom betriebenen Funkenstrecken unter Druck siehe W. M. BAUER u. J. D. COBINE.

Deshalb werden bei den meisten der später beschriebenen Versuche solche Flüssigkeitswiderstände benutzt. Ihr Aufbau kann etwa wie folgt vorgenommen werden: Ein Porzellan- oder Glasrohr von 100 bis 150 cm Länge und etwa 2 cm lichter Weite ist mit einer einfachen Armatur senkrecht auf einem Porzellanstützer befestigt. (In Abb. 29 sind einige derartige Widerstände zu sehen.) In das Innere des Rohres ragt von unten her ein mit der Armatur verbundener Metallstift. Die obere Armatur wird ebenfalls aus einer Eisenkappe gebildet, von der aus ein Metallstift von etwa 10 cm Länge in das Innere des Rohres ragt. An die obere und untere Armatur werden die Hochspannungsleitungen angeschlossen. Die obere Armatur ist lose aufgesetzt, so daß beim Kochen oder, falls brennbare Flüssigkeiten benutzt werden, bei Entzündung keine Gefahr entsteht. Ein Widerstand dieser Art hat nach Neufüllung mit destilliertem Wasser einen Widerstandswert von einigen Megohm. Dieser Wert wird durch Verschmutzung sehr stark herabgesetzt. Während einiger Tage sinkt der Wert meist auf 0,1 bis 0,2 Megohm. Bei Füllung eines solchen Widerstandes mit Leitungswasser erzielt man Widerstandswerte in der Größenordnung von 50000 Ω. Bei Versuchen mit sehr hohen Spannungen ist das Aufhängen von solchen Widerstandsrohren an der Decke des Versuchsraumes zweckmäßiger; dabei läßt sich auch leichter eine Reihenschaltung mehrerer Rohre ausführen[1].

Flüssigkeitswiderstände können mit Leitungswasser, destilliertem Wasser, Spiritus, Alkohol usw. gefüllt werden. Ferner kann der Widerstandswert stark durch Beimengung von HCl, KCl oder NaCl erniedrigt werden. Der Widerstandsbetrag ändert sich im Laufe der Zeit durch Verschmutzung, so daß öfters Neufüllung nötig ist. Ferner steigt die Leitfähigkeit der meisten Elektrolytlösungen stark mit wachsender Temperatur an. Eine Verwendung von Flüssigkeitswiderständen zu Meßzwecken kommt deshalb nur bei Beachtung besonderer Maßnahmen in Frage. In der Literatur sind über diese Frage nähere Angaben enthalten[2]. Wenn in den späteren Versuchen ohne nähere Bezeichnung von Hochspannungswiderständen die Rede ist, so sind die oben beschriebenen Widerstands-„Kerzen" gemeint, die mit destilliertem Wasser gefüllt sind. Vor dem Versuchsbeginn empfiehlt es sich, nachzusehen, ob die Widerstände gefüllt sind.

Für größere Leistungen müssen die Widerstände für fließendes Wasser eingerichtet werden. Der Aufbau solcher Widerstände ist wesent-

[1] Solche Flüssigkeitswiderstände können auch fertig von Firmen bezogen werden, die Hochspannungsgeräte herstellen.

[2] Ein Flüssigkeitswiderstand, der zu Meßzwecken geeignet ist, wird beschrieben von K. Kuhlmann u. W. Mecklenburg. — Über die Verwendung von Flüssigkeitswiderständen bei Stoßspannungen siehe W. Raske (3) und (4), ferner Norman Lieber.

lich komplizierter, insbesondere wenn keines der beiden Widerstandsenden mit der Erde verbunden sein darf.

Metallwiderstände für Belastungs- und Meßzecke werden entweder in Verbindung mit keramischem Material oder als offene Drahtwiderstände hergestellt. Widerstände mit keramischem Material als Widerstandsträger sind auch in die Hochspannungstechnik eingeführt worden. Es lassen sich für hohe Spannungen viele Widerstände in Reihe schalten und dadurch sowohl hohe Werte wie hohe Überschlagspannungen erreichen. Für hohe Drahtwiderstände sind sehr lange und dünne Drähte erforderlich. Auch für Hochspannungsversuche sind die bekannten Schniewindt-Widerstandsbänder gut brauchbar. Man muß bei ihrer Aufhängung dafür Sorge tragen, daß die Luft die in den Widerständen entstehende Wärme leicht abtransportieren kann. Sind besonders hohe Widerstandsbeträge erforderlich, so können an Stelle der einfachen glatten Drähte Drahtspiralen („Hochhohm-Kordel") verwendet werden, die auf einem Asbest-, Baumwoll- oder Seidenfaden aufgewickelt sind. Diese Fäden können dann ähnlich wie die Widerstandsdrähte bei Schniewindt-Bändern befestigt werden, oder man kann sie auf einen Isolierzylinder aufwickeln.

Metallwiderstände werden an Stelle von Flüssigkeitswiderständen bei Hochspannungsversuchen überall dort bevorzugt angewandt, wo der Widerstandsbetrag genau bekannt sein muß, und meist auch dort, wo größere Leistungen im Widerstand verbraucht werden müssen[1].

Hochspannungskondensatoren werden ebenfalls zu vielen Hochspannungsversuchen benötigt, z. B. bei der Erzeugung von hohen Gleichspannungen, hohen Stoßspannungen, hochfrequenten Schwingungen, als kapazitive Spannungsteiler, bei Verlustwinkelmessungen usw. Das Dielektrikum dieser Kondensatoren besteht meist aus Hartpapier, Ölpapier, keramischen Stoffen, Glas, Luft oder Preßgas. Die Entwicklung der Kondensatoren hat in den letzten Jahren besonders große Fortschritte gemacht. Der große Bedarf an Starkstromkondensatoren zur Leistungsfaktorverbesserung hat die Forschungstätigkeit zur Erhöhung

---

[1] Weitere Angaben über Hochspannungswiderstände siehe bei A. Bouwers (1); F. Krüger; Hilde Petersen. — Ein Hochspannungsmeßwiderstand, der aus Einzelelementen (Porzellanrohre mit Widerstandsdraht) besteht, ist beschrieben von L. Binder u. W. Hörcher (14). Die Verwendung einer Hochohm-Kordel als Meßwiderstand schildert M. Renniger. — A. Jungesblut schlug das Verweben einer Hochohm-Kordel in ein Widerstandsband vor. Es gelang dadurch die Unterbringung von sehr hohen, verhältnismäßig hoch belastbaren Widerständen auf engem Raume. Die Ausführung solcher Widerstände hat ebenfalls die Firma Schniewindt übernommen. — Hochspannungswiderstände auf keramischem Material werden von den elektrotechnischen Großfirmen und von den Elektro-Porzellanfabriken gebaut. — Über Widerstände als Spannungsteiler siehe auch 2. Versuch, S. 67ff.

der Ausnutzung des Dielektrikums stark angeregt[1]. In der neuesten Zeit werden Hochspannungskondensatoren im Zuge von langen Wechselstrom-Fernleitungen zur Kompensation des induktiven Spannungsabfalles benutzt[2]. Diese Entwicklungen sind auch den Höchstspannungskondensatoren zugute gekommen. Der Hartpapierkondensator wurde in der letzten Zeit immer mehr durch den Ölpapierkondensator verdrängt, weil der Letztgenannte besonders bei hohen Spannungen und großen Kapazitäten günstigere dielektrische Eigenschaften besitzt. Keramische Kondensatoren und Glaskondensatoren kommen für Hochspannungszwecke in der Hauptsache für kleinere Kapazitätswerte, für hohe Frequenzen und für Verwendung im Freien in Frage. Preßgaskondensatoren haben den Vorteil einer gleichbleibenden Kapazität bei verschwindend kleinen Verlusten. Sie eignen sich deshalb besonders für Meßzwecke[3]. Bemerkenswert ist eine durch die Firma Robert Bosch ausgeführte neuere Entwicklung eines Metallpapier-Kondensators, der die Eigenschaft hat, beim Durchschlag durch Wegbrennen der Durchschlagstelle selbst auszuheilen (s. hierzu Hermann Sträb).

Bei der Bestellung von Kondensatoren muß die Spannungsart, mit der sie betrieben werden sollen, sowie die jeweilige Betriebsdauer angegeben werden. Ein Hartpapierkondensator, der für eine bestimmte Betriebsgleichspannung gebaut ist, kann z. B. nur mit einem geringen Bruchteil dieses Spannungswertes bei 50 Per/s benutzt werden. Der Grund hierfür liegt in den bei Wechselspannung vorhandenen dielektrischen Verlusten, die den Kondensator erwärmen und eine niedrigere Durchschlagspannung bedingen. Aus diesem Grunde ist für die Beanspruchung von Kondensatoren auch die Betriebsdauer sehr wichtig. Im Versuchsbetrieb kommt man oft mit kurzen Betriebszeiten aus, und es ist deshalb meist eine wesentlich höhere Beanspruchung möglich als bei ununterbrochenem Dauerbetrieb. Über die bei den einzelnen Versuchen benötigten Kondensatoren werden später nähere Angaben gemacht.

[1] Über Phasenschieberkondensatoren siehe z. B. A. Imhof (2); P. Hochhäusler (4); H. Schwenkhagen (6); H. Schulze (1) u. (2); H. Roser (3); E. Bornitz (1) u. (2); K. Moraw.

[2] Über Reihenkondensatoren siehe Hueter (5), der über Arbeiten von B. M. Joner, J. M. Arthur, C. M. Stearns, A. A. Johnson, G. B. Millers und R. E. Marbury berichtet. Siehe ferner R. E. Marbury. u. J. B. Owens; A. Rusck u. B. Rathsman; N. Knudsen.

[3] Über den Aufbau und die Verwendung der verschiedenartigen Hochspannungskondensatoren siehe W. Regerbis (2); W. Holzer u. P. Hochhäusler (2); P. Hochhäusler (3); G. Nauk (1); P. Hochhäusler (5); A. Roth (4) S. 522; A. Bouwers (1) S. 211; W. Soyck; A. Keller (1); Curt Brinkmann, F. Obenaus u. F. Steyer (9). — Die Messung von Kapazitäten wird z. B. behandelt von J. Labus; W. Schwerdtfeger; Peter Konrad Hermann (1); E. Blechschmidt; F. Moeller (3).

Hochspannungsventile werden zur Erzeugung von hohen Gleichspannungen, Stoßspannungen, hochfrequenten Schwingungen und oft auch zu Meßzwecken benötigt. Über solche Ventile sowie ihre Aufstellung und Verwendung werden im 4. Versuch genauere Angaben gemacht. Die Untersuchung von Hochspannungsventilen wird im 23. Versuch behandelt.

Elektrostatische Meßgeräte können zur unmittelbaren Messung des Effektivwertes von hohen Spannungen benutzt werden. Bei Versuchen mit niederfrequenter Wechselspannung begnügt man sich allerdings meist mit einer Messung der Spannung auf der Unterspannungsseite der Prüftransformatoren. Durch Multiplikation mit dem Übersetzungsverhältnis des Transformators erhält man annähernd den Effektivwert der Spannung auf der Oberspannungsseite. Als Fehler treten die Spannungsabfälle des Prüftransformators auf; bei hoher Spannung und kapazitiver Belastung der Prüftransformatoren tritt oft eine Spannungserhöhung ein, so daß die Sekundärspannung höher wird, als es die Berechnung aus der Unterspannung ergibt. Wenn der Prüftransformator mit einer besonderen Meßwicklung versehen ist, an die lediglich Spannungsmesser angeschlossen werden, dann wird der Fehler durch die Spannungsabfälle zum Teil vermieden[1].

Bei Versuchen mit hoher Gleichspannung und in allen den Fällen, in denen die Spannungskurve unbekannt ist, muß der Effektivwert der Oberspannung unmittelbar durch ein Meßgerät ermittelt werden. Bei Gleichspannung sind kapazitive oder induktive Spannungsteiler nicht anwendbar. Die Benutzung von Spannungsteilern mit Wirkwiderständen ist oft aus Mangel an Leistung nicht möglich. Es müssen also für die Messung der Spannung Geräte zur Verfügung stehen, an die eine sehr hohe Spannung unmittelbar angelegt werden kann.

Elektrostatische Geräte sind bis zu sehr hohen Spannungen gebaut worden. Auch auf diesem Gebiete ist in den letzten Jahren wertvolle Entwicklungsarbeit geleistet worden. Zur Erzeugung des Ausschlages wird hierbei bekanntlich die Kraft benutzt, die im elektrischen Felde vorliegt. Diese Kraft ist dem Quadrat des Effektivwertes der Spannung proportional. Die Geräte sind also für Gleichspannung und für Wechselspannung mit der gleichen Skala brauchbar. Die Ausführung der verschiedenen Geräte weicht weitgehend voneinander ab. Zum näheren Studium wird auf die Literatur verwiesen[2].

---

[1] Eine eingehende Untersuchung des Spannungsübersetzungsverhältnisses von Prüftransformatoren wurde durchgeführt von H. Bechdoldt (3).

[2] A. Imhof (1); H. Starke u. R. Schroeder (1); H. Wingen, G. Keinath (3); E. Hueter (1); A. Palm (7), (8), (9), (11); H. Winkelbrandt, W. Rogowski u. H. Böcker (18), M. Nolte; M. Nacken (1); H. Böcker (2), (3); J. Müller-Strobel (3); H. Prinz (6); W. Raske (9); W. Gohlke u. U. Neubert; H. Schwenkhagen (7); M. Nacken (2); B. Gänger (5).

Zur Scheitelwertsmessung können unter bestimmten Voraussetzungen ebenfalls einfache Meßgeräte benutzt werden. Hierüber wird im 1. Versuch (S. 60) berichtet.

e) **Einrichtung des großen Hochspannungs-Versuchsraumes.** Ein Hochspannungsinstitut besitzt meist einen besonders großen Versuchsraum zum Arbeiten mit sehr hohen Spannungen. Die Gestaltung und Ausrüstung dieses großen Hochspannungsraumes ist für ein Hochspannungsinstitut besonders wichtig. Das Arbeiten mit sehr hohen Spannungen erfordert viel Zeit und meist großen Arbeitsaufwand, weil die Abmessungen aller Prüfobjekte und der Hilfsaufbauten erheblich sind. Eine wohlüberlegte Anordnung aller Einrichtungen im großen Versuchsraum wird die Versuchsarbeit sehr erleichtern.

Die Spannungsquellen für die hohen Versuchsspannungen stellt man so auf, daß sie den eigentlichen Versuchsraum möglichst wenig einengen und die Übersicht über die zu untersuchende Anordnung nicht behindern. Prüftransformatoren können beispielsweise in einem niedrigeren Teil der Höchstspannungshalle aufgestellt werden, um dadurch den Raum über den Transformatoren für andere Zwecke ausnutzen zu können. Den Transformatorenkessel kann man dabei in den Kellerraum versenken, so daß nur die Hochspannungsdurchführung in den Versuchsraum hineinragt. Verschiedentlich werden die Hochspannungstransformatoren auch in getrennten Nebenräumen aufgestellt, um dadurch zugleich ihr Betriebsgeräusch vom Hochspannungsraum fernzuhalten[1]. Die gleichen Gesichtspunkte gelten für Stoßgeneratoren sowie für Gleichspannungsquellen. Der mittlere Hauptteil der Halle soll völlig für die Durchführung von Versuchen freigehalten werden. Ein Kran oder Laufkatzen müssen das Aufstellen von Versuchsanordnungen erleichtern; es muß für gute Möglichkeit zum Beobachten und Photographieren der Prüflinge aus verschiedenen Höhen sowie für zweckmäßige Zuleitung der Ströme von allen Spannungsquellen her gesorgt sein. Die große Kugelfunkenstrecke muß so angeordnet werden, daß ihr Abstand vom Schaltpult aus abgelesen werden kann, daß sie jedoch die Versuchsaufbauten nicht stört.

Die Betätigung und Steuerung aller Einrichtungen erfolgt vom Schaltpult aus, das besonders in Instituten von technischen Lehranstalten übersichtlich und einfach angeordnet sein muß. Das Einarbeiten in die Bedienung des Schaltpultes muß sehr leicht möglich sein, da meist im verdunkelten Raum am Schaltpult gearbeitet werden muß. Der Platz des Schaltpultes muß durch erhöhte Aufstellung beste Übersicht über den Versuchsraum gewähren. Es wird jedoch in Forschungs- und Lehrinstituten meist nicht zu empfehlen sein, das Schaltpult in halber Höhe des Versuchsraumes aufzustellen, da der die Versuche Leitende sehr oft

[1] Über verschiedene Aufstellungsmöglichkeiten s. AEG (2).

zum Prüfling gehen und dort Feststellungen machen oder Änderungen treffen muß. Wenn es in Aussicht steht, daß häufig Beobachtungen von Prüflingen in gleicher Höhe oder von oben her erfolgen müssen, dann wird man die Hauptsteuerleitungen zu zwei getrennten, in verschiedener Höhe liegenden Punkten des Versuchsraumes führen, um den Platz des Versuchsleiters dem durchzuführenden Versuche anpassen zu können. — Auf dem Schaltpult müssen vorgesehen sein: Ein Feld für jede Spannungsquelle (ein solches Feld wird in der Hauptsache enthalten: Hauptschalter-Fernbetätigung, Betätigung eines offenen Trennschalters auf der Unterspannungsseite des Transformators, Betätigung der Spannungs-Regeleinrichtung, Spannungs- und Strommesser auf der Unterspannungsseite des Prüftransformators; bei Stoß- und Gleichspannungsanlagen kommen noch die Steuereinrichtungen für Zünd- und Zwischenfunkenstrecken sowie gegebenenfalls für die Heizung von Glühventilen hinzu), ferner ein Feld für die Hauptfunkenstrecke sowie Felder für Hebezeuge, für Verdunkelung und für die Beleuchtung. Soweit möglich, sollten Schaltbilder der in Frage kommenden Stromkreise auf der Schalttafel aufgezeichnet werden, und die Schalt-, Regel- und Meßgeräte sollten in dieses Schaltbild eingesetzt werden.

Wichtige Gesichtspunkte für die Ausgestaltung des großen Versuchsraumes, wie Aufhängemöglichkeiten an der Decke und an den Wänden, Verbindungsöffnungen nach allen Nebenräumen und die Lage des Raumes im Institut wurden schon auf S. 4 u. f. behandelt; für Hebezeuge, Verdunkelung und Beleuchtung werden noch Vorschläge gemacht (s. S. 32 u. 33).

Ein moderner Hochspannungsraum sollte möglichst vielen Zuschauern die Gelegenheit zur Beobachtung von Versuchen geben. Die Hochspannungstechnik ist wie kaum ein anderes technisches Gebiet in der Lage, auch dem Laien einen Blick in hochinteressante und reizvolle Naturvorgänge zu gewähren. Gleitentladungen auf Platten oder Rohren, Überschläge von trockenen oder beregneten Isolatorenketten bei sehr hoher Spannung, Hochfrequenzentladung bei einigen Millionen Volt, lange Hochleistungslichtbögen in ruhender oder bewegter Luft, elektrische Entladungen in verdünnten Gasen oder Stoßüberschläge von hoher Energie und Spannung hinterlassen bei allen Besuchern tiefe, bleibende Eindrücke. Solche Vorführungen können leicht so durchgeführt werden, daß auch dem Nichtfachmann nicht nur ein schönes Bild, sondern auch eine Bereicherung seines Wissens vermittelt wird. Ein Hochspannungsinstitut ist also sehr gut in der Lage, technisches Wissen in breite Kreise zu tragen. Es soll natürlich nicht Hauptaufgabe eines Hochspannungsinstitutes sein, solche Vorführungen zu veranstalten, aber es stört die eigentliche Arbeit in der Ausbildung der Studierenden oder Durchführung von Forschungen nur wenig, wenn in größeren Zeitabständen die Bevölkerung einer Stadt oder die Belegschaft eines Werkes zu solchen Versuchen eingeladen werden.

f) Anlagen zur Erzeugung von hohen Stoßspannungen, Gleichspannungen und hochfrequenten Schwingungen. Ob neben einem Hochspannungstransformator für niederfrequente Wechselspannung noch andere Spannungsquellen in einem Hochspannungsinstitut aufgestellt werden, richtet sich nach den Aufgaben und nach der Größe des Institutes. Im allgemeinen wird neben der Wechselspannungsquelle ein *Stoßgenerator* für sehr hohe Spannungen vorhanden sein müssen, weil Untersuchungen mit Stoßspannungen sehr große praktische Bedeutung besitzen. Die Erzeugung von Stoßspannungen wird im 5. Versuch behandelt, während im 10. Versuch der zeitliche Verlauf der Stoßspannungen und sein Einfluß auf die elektrische Festigkeit behandelt werden. Es mögen deshalb hier nur kurze Angaben über die Wirkungsweise von Stoßanlagen und über einzelne praktische Ausführungen genügen. Stoßanlagen für höhere Spannungen arbeiten praktisch alle nach dem Vervielfachungsprinzip [Erwin Marx (2), (6) u. (19)]: Kondensatoren werden mit einer Gleichspannungsquelle in Parallelschaltung aufgeladen und dann selbsttätig über Funkenstrecken in Reihe geschaltet. Man kann auf diesem Wege mit verhältnismäßig einfachen Mitteln sehr hohe Spannungen erzeugen. Die höchsten zur Zeit künstlich herstellbaren Spannungen gewinnt man mit solchen *Stoß-Vielfachschaltungen*; es sind hiermit bereits Anlagen für Spannungen bis 5 Millionen Volt gebaut worden.

Bei der großen praktischen Bedeutung der Versuche mit Stoßspannungen ist es verständlich, daß in der Literatur sehr zahlreiche Veröffentlichungen über Stoßanlagen erschienen sind (siehe auch 10. Versuch, Abschnitt f)[1]. In Abb. 8 ist rechts ein großes Gestell mit dreieckigem Grundriß zu sehen, das eine Stoßanlage für 2000 kV darstellt[2]. Abb. 9 zeigt eine fahrbare Stoßanlage für 2000 kV (Bauart AEG).

Prüfanlagen mit *hohen Gleichspannungen* sind seltener in Hochspannungsinstituten anzutreffen. Untersuchungen mit hohen Gleichspannungen haben jedoch ebenfalls sehr große physikalische und tech-

[1] Allgemeine Behandlungen von Stoßanlagen siehe W. Reiche (1); Erwin Marx (19); Harald Müller (19); P. L. Bellaschi (1); R. Elsner (9); W. H. Boldingh; A. Bouwers (1) S. 37; E. Flegler (8); W. Raske (12) u. (13). — Spezielle Ausführungen von Stoßanlagen sind z. B. beschrieben worden von H. Mehlhorn (2); A. Weber (1); K. Berger u. E. Schneeberger (8); J. Rebhan (5), (6); E. J. Wade; H. Schering u. W. Raske (8); R. Crämer (1); H. Rokkaku and Y. Chingu, A. Smuroff (2), F. S. Edwards u. G. J. Scoles (1), A. A. Gorew u. L. E. Maschkilleison (1); K. Buss (2); H. Trachmann; R. Crämer (2); A. Métraux (2); Kurt Schmidt; E. Ortensi u. G. Gatto; A. Liechti (1); A. A. Gorev u. B. M. Rjabow (2). — Ferner sind Anlagen und Versuche mit sehr starken Stoßströmen beschrieben worden, siehe z. B. R. Foitzik (2).

[2] Die Anlage wurde erbaut von der Firma Koch & Sterzel A.-G.

nische Bedeutung, so daß in Zukunft auch solche Anlagen immer mehr Eingang in Hochspannungsinstitute finden werden. Zur Zeit werden Gleichspannungs-Prüfanlagen in der Hauptsache für Kabeluntersuchungen sowie für grundlegende physikalische Forschungen (z. B. zur Atomzertrümmerung) benutzt. Die Erzeugung hoher Gleichspannung wird im 4. Versuch behandelt[1]. Die in Abb. 28 gezeigte Schaltung wird zur Herstellung ganz besonders hoher Gleichspannungen verwendet. Abb. 10 zeigt die eine Hälfte einer solchen Gleichspannungsanlage für 3000 kV, die von der Siemens & Halske A.-G. erbaut wurde[2].

Abb. 9.
Fahrbare Stoßanlage für 2000 kV. Hersteller: AEG.

Man kann auch mit Spitze-Platte-Funkenstrecken Gleichrichterwirkungen erzielen[3]. Es sind ferner erfolgreiche Versuche darüber angestellt worden, den mechanischen Gleichrichter mit umlaufenden Nadeln zur Erzeugung sehr hoher Gleichspannungen zu verwenden[4].

---

[1] Die verschiedenen Möglichkeiten zur Erzeugung von hohen Gleichspannungen sind behandelt worden von W. O. Schumann (6) S. 368; H. Starke u. R. Schröder (2); Harald Müller (23); W. Klein; A. Bouwers (1); W. Raske (11); H. Thirring; Pauthenier (1); P. T. Chin u. E. E. Moyer; H. Verse (2), (3), (4) u. (5); E. V. de Blieux; E. A. W. Müller (1); siehe auch Erwin Marx (9).

[2] Siehe H. Mehlhorn (4) u. (5). — Weitere Veröffentlichungen über diese Vielfachschaltungen zur Gleichspannungserzeugung: A. Bouwers u. A. Kuntke (2); R. Elsner u. Strigel (14); H. Greinacher; M. Jaggi.

[3] Erwin Marx (14); H. Buchwald (1); P. Nedderhut.

[4] Siehe F. Seener; W. Rabus (1); P. Paasche (1); W. Raske (11). — Die Verwendung einer Vielzahl von Nadeln im Zusammenhang mit einem Transformator beschreibt H. Boeckels (Abb. 5); siehe ferner A. Imhof (4). Eine periodische Parallel- und Reihenschaltung von Kondensatoren zur Erzeugung höchster Gleichspannungen beschreibt P. Böning (17).

Schließlich sei der elektrostatische Höchstspannungsgenerator nach VAN DE GRAAFF angeführt, der neuerdings vielfach zur Erzeugung von sehr hohen Gleichspannungen benutzt wird [R. J. VAN DE GRAAFF, K. T. COMPTON und L. C. VAN ATTA, E. U. CONDON, O. YADOFF, U. NEUBERT (1), W. BAUMHAUER u. P. KUNZE, R. ELSNER u. R. STRIGEL (13), JOHN G. TRUMP and R. J. VAN DE GRAAFF, F. HEISE, H. WATZLAWEK, U. NEUBERT (2), M. A. FORTESCUE u. P. D. HALL, L. BECKMANN, W. E. SHOUPP].

Die angeführten Gleichspannungsanlagen für sehr hohe Spannungen haben den Nachteil, daß nur recht kleine Stromstärken mit ihnen erzeugt werden können. Durch die Vorentladungen wird meist ein großer Teil der verfügbaren Leistung verbraucht. Überschlagsversuche über große Isolatoren sind deshalb zur Zeit mit Gleichspannung schwer ausführbar; sie geben kein unbedingt zuverlässiges Bild davon, wie sich die Vorgänge bei großer Leistung abspielen werden. Für die Zukunft steht für die Großkraftübertragung die Verwendung von hohen Gleichspannungen in Aussicht. Versuche mit hohen Gleichspannungen haben auch im Hinblick darauf große Bedeutung[1].

Abb. 10. Gleichspannungsanlage für 1,5 Millionen Volt gegen Erde des Kaiser-Wilhelm-Institutes für Physik in Berlin-Dahlem. Hersteller: Siemens & Halske A.-G.

Zur Erzeugung *gedämpfter hochfrequenter Schwingungszüge* benutzt man Tesla-Transformatoren, wie sie im 6. Versuch beschrieben sind (Literaturangaben siehe S. 114). Man kann mit diesen Transformatoren ohne große Aufwendungen sehr hohe Spannungen erzielen. Läßt man die hochfrequenten Schwingungszüge in zeitlichen Abständen von $^1/_{100}$ s entstehen, dann erhält man Entladungserscheinungen, die denen bei ungedämpften hochfrequenten Spannungen ähnlich sind. Abb. 11 zeigt solche Entladungen. Diese sind im Institut des Verf. bei einem Elektrodenabstand von 1,50 m aufgenommen worden.

Ungedämpfte hochfrequente Schwingungen werden am einfachsten mit einer Röhrenschaltung, wie sie bei Röhrensendern üblich ist, erzeugt. Um die für Hochspannungsversuche nötige Spannungshöhe zu erhalten,

[1] Literatur über die Anwendung hoher Gleichspannungen siehe S. 91.

kann man einen eisenlosen Transformator benutzen. Sehr große Spannungshöhen lassen sich nur bei großer Leistung erzielen, weil die Strahlungsverluste und Kapazitätsströme auf der Oberspannungsseite des Transformators bei hoher Frequenz recht erheblich werden. Auch über die Erzeugung solcher ungedämpfter hochfrequenter Schwingungen und die damit gewonnenen Versuchsergebnisse liegen Ver-

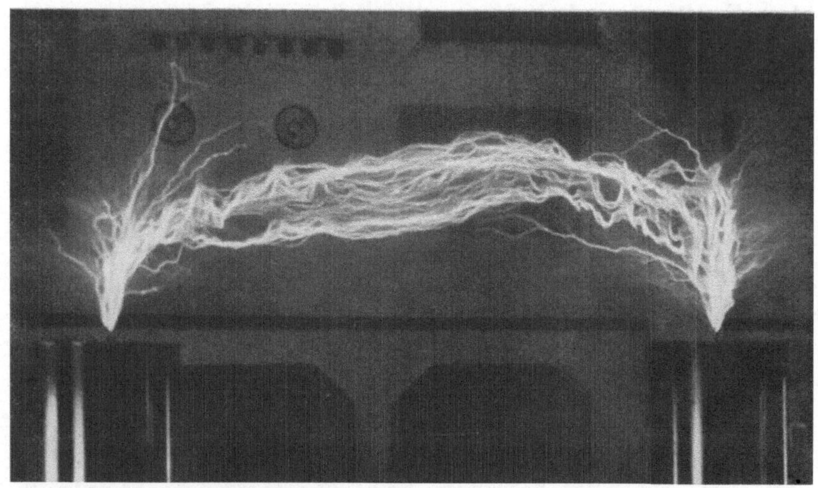

Abb. 11. Entladungen bei gedämpften, hochfrequenten Schwingungszügen. Elektrodenabstand 4,50 m.

öffentlichungen vor; sie sind im Zusammenhange mit dem 7. Versuch (S. 125) genannt. Diejenigen Hochspannungsinstitute, in denen grundsätzliche Untersuchungen über die elektrische Festigkeit in größerem Umfange durchgeführt werden sollen, benötigen auch eine solche Anlage zur Erzeugung von hohen hochfrequenten Spannungen[1].

g) Einrichtung von Freiluft-Versuchsanlagen. Es wurde bereits auf S. 4 darauf hingewiesen, daß im Anschluß an den großen Versuchsraum eines Hochspannungsinstitutes ein Platz zur Durchführung von

[1] Eine Hochfrequenz-Hochspannungs-Prüfanlage großer Leistung ist eingehend beschrieben worden von L. Rohde; G. Wedemeyer u. G. H. Giesenhagen (5).

Hochfrequenzanlagen werden außerdem benutzt zur induktiven Erhitzung von Metallen und zur dielektrischen Erwärmung von Isolierstoffen. Es kommen hierfür entweder ungedämpfte hochfrequente Schwingungen oder gedämpfte Schwingungszüge zur Anwendung. Die ungedämpften Schwingungen werden, wie fast ausschließlich in der Fernmeldetechnik, in Röhrengeneratoren erzeugt, die gedämpften Schwingungen durch Funkenstrecken [siehe J. P. Jordan; E. Römer; H. M. Hofer; K. Pinder; W. C. Rudd; P. Morgan; K. Kegel; Erwin Marx (29); Harald Müller (25)].

Versuchen im Freien vorhanden sein soll. Ein solches Freiluft-Versuchsfeld ist zum Aufbau von großen Versuchsanlagen, wie Wanderwellenleitungen oder Anordnungen zur Messung der Koronaverluste, sowie zur Durchführung von Untersuchungen an Hochspannungsgeräten bei natürlichen Witterungsverhältnissen erwünscht oder notwendig. Elektrische Freileitungen sind der Witterung und Verschmutzung ausgesetzt;

Abb. 12. Nach dem Freiluftversuchsfeld gelegene Seite des Hochspannungsinstitutes der Technischen Hochschule Braunschweig.

Schaltanlagen für sehr hohe Spannungen werden meist im Freien errichtet. Dementsprechend müssen auch Hochspannungsversuche bei Regen, Nebel, Schnee und Eis sowie bei natürlicher Verschmutzung der Geräte durchführbar sein. Versuche mit ganz besonders hohen Spannungen sowie Untersuchungen, bei denen es auf den im praktischen Betrieb vorhandenen Feldlinienverlauf ankommt, werden ebenfalls besser im Freien vorgenommen. Zu einem Freiluft-Versuchsfeld gehört ein gedeckter Beobachtungsstand mit einem Schaltpult, ferner Gerüste und Isolatoren für Leitungen, sowie Hochspannungsdurchführungen, die aus dem großen Hochspannungsraum ins Freie führen. Auch wenn die Spannungsquellen für die Versuche im Freien außerhalb des Gebäudes aufgestellt sind, wird man Durchführungen zwischen dem Freiluft-Versuchsfeld und dem großen Hochspannungsraum vorsehen. Abb. 12 stellt die nach dem Freiluft-Versuchsfeld gelegene Seite des Hochspannungsinstitutes des Verf. dar. Aus dem großen Versuchsraum führen zwei Durchführungen ins Freie; für zwei weitere Durchführungen sind die Öffnungen im Mauerwerk vorgesehen. Am Dach sind große Eisenträger mit Isolatorenketten angebracht. Von den Durchführungen aus sind Leitungen zu diesen Ketten gezogen, so daß man entweder auf dem flachen Institutsdach oder auf dem Platz vor dem Institut mit sehr hohen Spannungen arbeiten kann. Im Erdgeschoß ist ein verglaster, im 1. und 2. Obergeschoß je ein offener Vorbau für die Leitung der Versuche auf dem Freiluft-Versuchsfeld vorhanden.

h) Besondere Versuchsanordnungen. Auf S. 6 war gesagt worden, daß feste Einbauten in Hochspannungsräumen, die diese nur für bestimmte Zwecke brauchbar machen, nach Möglichkeit vermieden werden sollten. Eine Ausnahme von dieser Regel bilden besondere große Versuchsanordnungen, wie z. B. Wanderwellenleitungen (16. Versuch), Anordnungen zum Messen der Koronaverluste (18. Versuch), Anlagen zur Ermittlung der Durchschlagspannung von Isolatoren unter Öl (13. und 15. Versuch), gegebenenfalls auch Verlustwinkel-Meßeinrichtungen (14. Versuch). Diese Versuchsanordnungen werden wegen ihrer großen Abmessungen meist eine feste Aufstellung erhalten.

Die Messung der Koronaverluste bei Wechselspannung wird vielfach mit der Schering-Brücke ausgeführt, deshalb wird man diese unter Umständen in Verbindung mit der Anordnung zum Messen der Koronaverluste aufstellen, wenn man nicht über eine tragbare Schering-Brücke verfügt.

Öluntersuchungen oder Messungen von Durchschlagspannungen unter Öl werden meist in einem besonderen Raum durchgeführt werden, in dem auch eine Ölreinigungsanlage aufgestellt ist. Der Fußboden dieses Raumes muß aus einem Stoff bestehen, der gegen Öl oder andere Flüssigkeiten unempfindlich ist, wie z. B. aus Platten. Da viele Isolierflüssigkeiten brennbar sind, empfiehlt sich in diesem Raum die Aufstellung von Feuerlöschgeräten (CO_2-Löscher, Asbestdecken, Sandkästen).

3. Hilfseinrichtungen.

a) Transportgeräte. Die für Hochspannungsversuche benötigten Geräte besitzen meist große Abmessungen und große Gewichte. Zur Durchführung der später beschriebenen Versuche sowie zur Ausführung von Forschungsarbeiten auf dem Gebiete der Hochspannungstechnik sind häufige Umstellungen auch von großen Einrichtungen unvermeidlich. Eine wohldurchdachte Planung der Transportwege und Transporteinrichtungen ist deshalb sehr wichtig, es geht sonst viel Zeit verloren.

Die baulichen Maßnahmen zur Erleichterung von Transporten sind bereits auf S. 6 erwähnt worden: Ein Lastenaufzug muß vom Keller bis auf das Institutsdach führen (die Tragfähigkeit des Aufzugs wird sich im allgemeinen nach dem Gewicht des schwersten zu transportierenden Prüftransformators zu richten haben); es dürfen keine Türschwellen oder Absätze vorhanden sein; Türen und Gänge sind genügend breit zu halten; alle Räume sowie Treppenhäuser müssen Fußböden mit großer Tragfähigkeit erhalten. Ferner müssen die Prüftransformatoren bis zu Spannungen von etwa 150 kV gegen Erde mit Transportrollen versehen werden. Auch alle anderen Geräte mit großem Gewicht möchten mit Rollen zum Fahren versehen sein. Empfindliche Geräte, wie Oszillographen, erhalten am besten Gummiräder und Feststellvorrichtungen. Außerdem benötigt man eine größere Zahl von Karren mit Lenkrollen zum Transport von kleineren Geräten. Die Hebezeuge im großen Versuchsraum müssen unter Umständen für den oder für die großen Prüftransformatoren bemessen werden. Der Kern von Prüftransformatoren muß angehoben werden können. Die laufend bei Versuchen benötigten Hebezeuge im großen Versuchsraum müssen vom Schaltpult aus zu steuern sein.

b) Verdunkelungseinrichtungen. Alle Räume, in denen mit hohen Spannungen gearbeitet werden soll, müssen zuverlässig verdunkelt werden können. Auf eine zweckmäßige und zuverlässige Ausführung dieser Verdunkelungseinrichtungen ist großer Wert zu legen, da sonst leicht lästige Störungen eintreten. Bei großen, nach Westen gelegenen Fenstern besteht die Gefahr, daß die Vorhänge bei Wind aus der Führung herausgedrückt werden. Bei breiten Fenstern ist deshalb eine Unterteilung der Verdunkelungsvorhänge zu empfehlen.

Da keine Türschwellen vorhanden sind, müssen an der Unterkante die Türen Filzstreifen oder Bürsten zur Verdunkelung angebracht werden. Signallampen oder Beleuchtungskörper für Meßgeräte (z. B. am Schaltpult) müssen abschaltbar eingerichtet sein, so daß der Versuchsraum wirklich völlig verdunkelt werden kann. Eindringendes Licht ist sowohl bei der Beobachtung von Hochspannungsentladungen wie insbesondere bei photographischen Aufnahmen von lichtschwachen Vorgängen sehr störend.

Es wird häufig empfohlen, Hochspannungsräume mit einem dunklen oder womöglich gar mit einem schwarzen Wandanstrich zu versehen, um die Verdunkelung zu erleichtern. Der Verfasser hält dies nicht für günstig, da während des bei weitem größeren Teiles der Zeit im hellen Raum gearbeitet wird. Ein erleuchteter Raum mit dunklen Wänden wirkt jedoch stets sehr düster und unangenehm, so daß dadurch die Freude an der Arbeit beeinträchtigt wird.

c) Beleuchtung. Die Beleuchtungseinrichtungen für Hochspannungsräume entsprechen im allgemeinen denen für sonstige Arbeitsräume. Bei geringer Raumhöhe wird man die Beleuchtungskörper unmittelbar an der Decke anbringen, um nicht bei der Verlegung von Hochspannungsleitungen behindert zu sein. Außer der normalen Raumbeleuchtung wird man, insbesondere im großen Versuchsraum, hinter den Beobachtern eine Gruppe von Lampen verdeckt anbringen, die allmählich verdunkelt werden kann. Diese Gruppe wird stets als letzte Lichtquelle vor dem Verdunkeln benutzt. Häufiges Ein- und Ausschalten von vollem Licht bei verdunkeltem Raum ist für das Auge sehr störend.

Wichtige Meßgeräte sind mit abschaltbarer Innenbeleuchtung zu versehen. Auch der Abstand von wichtigen Funkenstrecken möchte im Dunklen ablesbar sein. Beim Hochspannungspraktikum oder sonstigen Versuchsarbeiten in kleinen Räumen genügt für das Ablesen von Meßgeräten meist eine Taschenlampe mit blauer Glühbirne.

d) Anlagen zur Erzeugung besonderer Betriebsverhältnisse an Isolatoren. Isolatoren, die für das Freie bestimmt sind, müssen den dort vorhandenen, die Überschlagspannung herabsetzenden Einflüssen von Witterung und Verschmutzung gewachsen sein. Die Überschlagspannung wird insbesondere durch Regen erheblich erniedrigt. Man benötigt deshalb in größeren Hochspannungsinstituten Einrichtungen zur künstlichen Beregnung. Der Winkel, unter dem der Regen auf den Isolator trifft, die Regenstärke sowie die Leitfähigkeit des benutzten Regenwassers müssen einstellbar sein, da sie von Einfluß auf die Überschlagspannung sind [W. Weicker (12)]. Die Leitfähigkeit des Regenwassers läßt sich in dem erforderlichen Bereich im allgemeinen durch Mischung von Leitungswasser und destilliertem Wasser erreichen[1].

Auch andere Betriebsverhältnisse von Isolatoren, wie Nebel, Tau, Schnee, Vereisung, Verschmutzung mit verschiedenartigen Stoffen. Salzablagerungen usw., sind für die Betriebssicherheit von Freiluftanlagen sehr wichtig. In Laboratorien, in denen Untersuchungen über diese Fragen durchgeführt werden sollen, wird man sich auch Einrichtungen für die künstliche Erzeugung der wichtigsten dieser Erscheinungen bauen müssen[2].

e) Fernsprech- und Uhrenanlage. In allen wichtigen Hochspannungsräumen benötigt man einen Hausfernsprecher. Auch für Versuche ist oft eine telephonische Verbindung zwischen den einzelnen Räumen notwendig. In großen Instituten wird man ferner eine zentrale Uhrenanlage einrichten.

---

[1] Zur Messung der Leitfähigkeit von Flüssigkeiten hat die Firma Siemens & Halske A.-G. einen Leitfähigkeitsmesser entwickelt.

[2] Der Einfluß der Verschmutzung auf die Überschlagspannung von Isolatoren sowie die Einrichtung von Versuchsräumen, in denen diese Erscheinung untersucht werden kann, sind in der Literatur verschiedentlich beschrieben worden: H. Bechdoldt (2); F. Obenaus (1); W. J. John and S. H. W. Clark (2); W. Weicker (8) (mit zahlreichen weiteren Literaturangaben); VDE (13) u. (14); siehe auch S. 126, Anm. 2.

f) Werkstatt. Für das Hochspannungspraktikum und besonders für Forschungen auf dem Gebiete der Hochspannungstechnik ist eine gut eingerichtete Werkstatt sehr wichtig. Viele spezielle Versuchsgeräte müssen in der Werkstatt gebaut werden können. Oft sind an Versuchseinrichtungen Änderungen auszuführen, die ebenfalls nur durch gut eingearbeitetes Werkstattspersonal zweckmäßig verrichtet werden. Infolge der großen Abmessungen von Hochspannungsgeräten benötigt man auch große Werkzeugmaschinen. Die Einrichtungen der Werkstatt entsprechen im übrigen denen, die in anderen Institutswerkstätten üblich sind.

B. Gesichtspunkte für den Aufbau von Versuchsanordnungen. Sicherheitsmaßnahmen.

Die Zweckmäßigkeit des Aufbaues von Hochspannungs-Versuchsanlagen hängt mit der Frage der Sicherheit gegen Unfälle eng zusammen. Die Gesichtspunkte für den Aufbau der Versuchsanordnungen und für den Schutz gegen Unfälle sollen deshalb gemeinsam behandelt werden.

Die Versuche im Hochspannungspraktikum sollen, wie bereits im Vorwort gesagt wurde, von den Studierenden möglichst selbständig ausgeführt werden; eine Aufsicht oder Hilfe ist nur in Form von kurzen Besuchen des Dozenten oder Assistenten notwendig. Beim erstmaligen Einschalten wird der die Aufsicht Führende zugegen sein. Bei einem solchen Verfahren ist natürlich der Sicherheitsfrage eine besondere Bedeutung beizumessen. Man muß die Studierenden eindringlich darauf aufmerksam machen, daß beim Arbeiten mit Hochspannung alle Vorschriften genau befolgt werden müssen, da sonst das eigene Leben und das Leben der Mitarbeiter gefährdet wird. Andererseits besteht bei genauer und verständnisvoller Beachtung der Vorschriften völlige Sicherheit gegen eine Gefährdung.

Es empfiehlt sich, Sicherheitsvorschriften auszuarbeiten und diese den Studierenden vor Beginn der Versuche auszuhändigen. Durch eine schriftliche Verpflichtung zur Befolgung dieser Vorschriften wird die Wichtigkeit der Schutzmaßnahmen betont. Stellt sich im Laufe der Hochspannungsarbeiten heraus, daß einzelne Studierende sich in leichtfertiger oder fahrlässiger Weise über die Vorschriften hinwegsetzen, so sind im Interesse der Studierenden Strafmaßnahmen, bei schwerwiegenden Fällen Ausschluß von der Weiterarbeit notwendig.

Die Vorschriften werden sich im einzelnen nach den Verhältnissen in dem Institut richten müssen. Für die Schutzmaßnahmen sowie für den zweckmäßigsten Aufbau der Versuchsanlagen kommen in der Hauptsache die folgenden Gesichtspunkte in Frage.

1. Hauptvorschrift bei allen Hochspannungsarbeiten.

Jeder, der eine Hochspannungs-Versuchsanlage betreten will, muß sich selbst durch Augenschein davon überzeugen, daß die Unterspannungszuleitungen zu den Hochspannungstransformatoren durch einen offenen Schalter unterbrochen sind und daß diejenigen Leiter, die Hochspannung annehmen können, geerdet sind.

Unter „Versuchsanlage" wird dabei der abgesperrte Raum verstanden, in dem der eigentliche Versuch vor sich geht. Stets sollte die in dieser Hauptvorschrift enthaltene doppelte Sicherheit gefordert werden, daß erstens eine offene Trennstelle an einem gut sichtbaren Platz vorhanden ist, und daß zweitens eine Erdung der Hochspannungsleitungen ausgeführt wird. Über die praktische Ausführung dieser Maßnahmen werden später noch Vorschläge gemacht. Die Vorschrift, daß derjenige, der die Anlage betreten will, selbst nach dem offenen Schalter und der Erdung zu sehen hat, schließt die Möglichkeit eines Mißverständnisses zwischen verschiedenen an dem Versuch beteiligten Personen aus.

a) Absperrung. Alle Hochspannungs-Versuchsanlagen sollen durch etwa 2 m hohe Drahtgitter abgesperrt sein. Solche Gitter werden am besten tragbar hergestellt, damit man sich mit der Größe und Form des abzugrenzenden Raumes dem durchzuführenden Versuch anpassen kann[1]. Die Gitter sind sämtlich zuverlässig untereinander und mit der Erdungsleitung zu verbinden. Der abgesperrte Raum darf nur durch die hierfür vorgesehene Tür betreten werden. Beim Offenstehen dieser Tür soll das Einschalten der Hochspannungsquellen unmöglich sein. Damit dies erreicht wird, empfiehlt sich das Anbringen von Schaltern mit Steckschlüsseln (siehe S. 17).

Das Öffnen der Verbindung zwischen zwei Absperrgittern an einer Stelle, an der keine Tür vorhanden ist, und das Betreten der Anlage durch eine solche ungesicherte Stelle muß untersagt bleiben. Als Sicherheit gegen ein solches Vorgehen kann die Unterspannungszuleitung zu den Hochspannungsquellen von Gitter zu Gitter um die Anlage herumgeführt werden und die Verbindung der Gitter untereinander über mehrpolige Stecker erfolgen, die einmal die speisenden Stromkreise schließen und ferner die Erdverbindung zwischen den Gittern herstellen.

---

[1] Siehe auch S. 17.

Es wurde von der Annahme ausgegangen, daß der zum Versuch benutzte Hochspannungstransformator innerhalb des Absperrgitters aufgestellt ist. Wenn das nicht der Fall ist, oder wenn z. B. ein Transformator wahlweise mehrere, an verschiedenen Plätzen aufgestellte Versuchsanlagen speisen soll, sind besondere Sicherheitsmaßnahmen notwendig. Es muß dann die Hochspannungszuleitung zwischen Transformator und Versuchsanlage unterbrochen werden, ehe der abgesperrte Raum betreten wird. Durch eine selbsttätige Sicherung muß dafür gesorgt werden, daß die Hochspannungszuleitung nur bei geschlossener Tür des Absperrgitters bestehen kann. Zweckmäßiger und übersichtlicher ist es im allgemeinen, wenn der zu einem Versuch benutzte Hochspannungstransformator mit in der abgesperrten Versuchsanlage steht.

Der Abstand der geerdeten Absperrgitter von den hochspannungsführenden Teilen sollte bei Spannungen bis zu 50 kV mindestens 50 cm, bei Spannungen bis zu 100 kV mindestens 100 cm, bei noch höheren Spannungen entsprechend mehr betragen. Das Durchstecken von leitenden Teilen durch die Maschen der Absperrgitter ist unter allen Umständen zu verbieten.

b) Erdung. Wie bereits in der Hauptvorschrift gesagt wurde, ist eine Erdung aller Leiter, die Hochspannung annehmen können, *vor* Betreten einer Anlage notwendig. Am wichtigsten ist es, die Hochspannungsklemmen aller in der betreffenden Anlage befindlichen Transformatoren zu erden. Die Erdverbindung soll unmittelbar auf diesen Hochspannungsklemmen aufliegen; dadurch besteht die Sicherheit, daß der Transformator keine Spannung annimmt. Ferner müssen die Beläge aller in der Absperrung befindlichen Hochspannungskondensatoren beiderseitig geerdet werden, weil diese Kondensatoren auch bei spannungslosen Transformatoren ihre Ladung behalten können (z. B. wenn zwischen dem Transformator und dem Kondensator ein Ventilrohr angeordnet ist). Bei der Reihenschaltung mehrerer Hochspannungskondensatoren müssen auch die Zwischenverbindungen zwischen den Kondensatoren mit geerdet werden.

Die Erdung auf den Transformatorklemmen und an den Belägen der Kondensatoren muß während der gesamten Zeit, während der die Anlagentür offensteht, bestehen bleiben. Das ist notwendig, um ein versehentliches Einschalten des Transformators während des Arbeitens in der Anlage ungefährlich zu machen und um Spannungen zu vermeiden, die durch Nachladung[1] an Kondensatoren beim Aufheben der Erdung wieder auftreten können.

Diese Erdverbindungen, die jedesmal vor Betreten einer Anlage angebracht und nach Verlassen der Anlage vor dem Einschalten wieder aufgehoben werden müssen, seien „bewegliche Erdungen" genannt. Die

[1] Siehe z. B. H. SCHERING (2) S. 10.

Ausführung dieser beweglichen Erdungen geschieht am einfachsten durch volle dünne Isolierstäbe, die durch die Gitter gesteckt werden und an deren in der Anlage befindlichem Ende eine Litze (z. B. Antennenlitze) befestigt ist. Diese Litze ist mit ihrem anderen Ende fest mit der Erdleitung des Absperrgitters zu verbinden, sie bleibt also stets innerhalb der Absperrung. Wenn viele Klemmen, z. B. von mehrphasigen Transformatoren oder Kondensatorenbatterien, regelmäßig zu erden sind, empfiehlt sich die Anbringung eines metallischen Bügels. der mit einem Schnurzug betätigt und z. B. von der Decke des Raumes herabgelassen werden kann. Bei Anlagen mit fest aufgestellten Transformatoren wird man solche durch einen Schnurzug betätigte bewegliche Erdungen bevorzugen. Eine mechanische Kopplung der Erdung mit der Tür im Absperrgitter, so daß die Tür nur nach Ausführung der Erdung geöffnet werden kann, ist möglich. Bei beweglichen Anlagen wird eine solche mechanische Kopplung allerdings meist schwierig und bei sorgfältiger Beachtung aller sonstigen Vorschriften auch nicht notwendig sein.

Neben diesen beweglichen Erdungen sind diejenigen metallischen Teile, die auch während des Versuches Erdpotential behalten sollen, mit einer festen Erdverbindung zu versehen („feste Erdungen“). Solche fest zu erdenden Teile sind z. B. die Kessel von Transformatoren, die eisernen Gestelle von Funkenstrecken, die metallischen Schutzhüllen von Niederspannungsleitern, bei vielen Versuchen eine Klemme des Hochspannungstransformators usw. Auch für diese Erdverbindungen sollen nur blanke Drähte benutzt werden, die einen Querschnitt von mindestens 1,5 mm^2 besitzen. Die Verlegung dieser festen Erdungen. die in manchen Versuchsanlagen sehr zahlreich sind, muß so erfolgen, daß ein zufälliges Abreißen nicht möglich ist. Wenn Punkte von Versuchsschaltungen betriebsmäßig geerdet werden müssen, so ist streng darauf zu achten, daß betriebsmäßige Ströme nicht über Erdverbindungen fließen. Hierauf wird bei den einzelnen Versuchen noch hingewiesen werden.

c) Offene Trennstellen. In den Unterspannungszuleitungen zu Hochspannungstransformatoren müssen sich außerhalb der Absperrungen offene Trennschalter befinden, die alle Zuleitungen unterbrechen. Diese Schalter sind so anzubringen, daß sie insbesondere von der Tür zum Absperrgitter aus gut sichtbar sind. Ein deutliches Kennzeichen dieser Schalter, z. B. ein roter Griff, ist zweckmäßig. Außerdem wird man an diesen Schaltern ein Schild anbringen: „Achtung! Beim Schalten Hochspannung!“ Es wird dadurch erreicht, daß die Studierenden sich jedesmal vor dem Einschalten dieses Schalters darüber klar werden. daß dieses Einschalten die für das Auftreten der hohen Spannung maßgebende Handlung ist. Wenn außerdem eine Versuchsanlage hoher

Leistung einen Leistungsschalter mit Überstromauslösung usw. benötigt, so wird dadurch die Forderung nach einer gut sichtbaren offenen Trennstelle nicht berührt. Eine solche offene Trennstelle ist also in jedem Falle nötig. Der offene Trennschalter darf natürlich erst geschlossen werden, wenn die Tür des Absperrgitters geschlossen ist und die beweglichen Erdungen entfernt sind. Ist außerdem ein Leistungsschalter vorhanden, dann ist dieser nach Schließen des Trennschalters zu betätigen. Bei Abschaltung der Versuchsanlage ist der unter Umständen vorhandene Leistungsschalter zuerst zu betätigen, dann ist der Trennschalter zu öffnen, dann sind die beweglichen Erdungen anzubringen, und schließlich kann die Tür geöffnet werden.

d) Leitungsausführung; Geräteaufbau. Alle Leitungen von niedriger Spannung gegen Erde müssen in dem abgesperrten Versuchsraum in geerdeter Hülle verlegt werden. Führen Leitungen, die unter Umständen Hochspannung erhalten können, aus dem abgegrenzten Raum heraus (z. B. Anschlüsse von Oszillographen oder sonstigen Meßgeräten), so müssen sie beim Durchtritt durch die Absperrgitter durch *kleine Funkenstrecken gegen Erde* besonders gesichert sein.

Die Hochspannungsleitungen sind mit blanken Drähten auszuführen, meist genügen dünne Drähte. Liegen in unmittelbarer Nähe der Hochspannungsleiter Metallteile, die unbedenklich Hochspannung erhalten können, so sind diese mit den Hochspannungsleitern zu verbinden, da sonst während des Versuches häufig kleine Funken nach diesen Metallteilen überschlagen. Von den Hochspannungsleitungen dürfen keine Enden herabhängen. Wenn es in einzelnen Fällen notwendig ist, die von den Hochspannungsleitungen ausgehenden Entladungen einzuschränken, so kann dies durch über die Hochspannungsleitungen gesteckte Isolierrohre erfolgen. Die Ausführung von Hochspannungsleitungen mit so großen Krümmungsradien, daß an ihnen auch bei sehr hohen Spannungen keine Entladungen auftreten, ist kaum durchführbar. Im allgemeinen werden die Versuche durch von Leitungen ausgehende Vorentladungen nicht gestört; starke Gleitfunken auf Isolatoren beeinträchtigen allerdings in vielen Fällen die Meßergebnisse [siehe z. B. Harald Müller (4)].

Die Hochspannungsleitungen werden bei sehr hohen Spannungen am zweckmäßigsten von Isolatoren getragen, die an der Decke des Versuchsraumes aufgehängt sind. Die Isolatoren können dadurch sehr leicht ausgeführt werden, und man kann sich in der abgeschalteten und geerdeten Anlage bequem unter den Leitungen bewegen. An empfindlichen Geräten, die leicht umfallen können (z. B. Ventilaufbauten, elektrostatischen Spannungsmessern usw.), sind elektrische Leitungen nur lose zu befestigen, damit diese Geräte nicht durch die Leitungen umgerissen werden können. Im allgemeinen sind die auftretenden

Ströme klein, so daß eine lose Verbindung meist genügt. Vor Inbetriebnahme der Anlage ist darauf zu achten, daß im abgesperrten Raum keine Leitungsenden herumliegen.

e) Schaltskizzen. Vor Beginn des Versuchsaufbaues muß die Schaltung in allen Einzelheiten festgelegt und aufgezeichnet werden. Es ist verfehlt, mit dem Aufbau zu beginnen, bevor man sich über die Schaltung klar ist. In das am besten in verschiedenen Farben auszuführende Schaltbild ist auch die Absperrung aufzunehmen, und es sind die mit festen und die mit beweglichen Erdverbindungen versehenen Punkte zu kennzeichnen[1]. Nach Fertigstellung des Aufbaues muß von dem Aufsichtführenden nachgeprüft werden, ob die ausgeführte Schaltung mit der Schaltskizze übereinstimmt und ob die Sicherheitsvorschriften erfüllt sind.

f) Anordnung der Versuchsgeräte. Eine günstige Anordnung der Versuchsgeräte ist sehr wichtig und dient sehr zur Beschleunigung des Versuches. Die Funkenstrecken müssen beispielsweise, wenn irgend möglich, von außerhalb des Absperrgitters regelbar und ablesbar sein. Die zu beobachtenden Versuchsobjekte müssen sich in der Nähe des Gitters befinden; die unter Umständen in die Hochspannungskreise eingebauten Meßgeräte müssen gut von außen ablesbar sein. Im allgemeinen wird also der Hochspannungstransformator am weitesten vom Absperrgitter entfernt sein, und die Schaltung wird dann nach dem Gitter hin errichtet. Besonders wenn ein Einzelner Hochspannungsversuche durchzuführen hat, muß das *Ein- und Ausschalten*, das *Regeln der Spannung*, die *Ablesung der Meßgeräte* und die *Beobachtung des Versuchsobjektes ohne Platzveränderung* möglich sein.

g) Durchführung der Versuche. Bei dem großen Zeitaufwand, der für jedes Betreten des abgesperrten Raumes nötig ist, muß Wert darauf gelegt werden, jedesmal eine Versuchsreihe ohne Öffnen der Tür des Absperrgitters durchführen zu können. Eine zweckmäßige Aufstellung der Geräte und Ausbildung der Hilfseinrichtungen ist hierfür notwendig.

Es empfiehlt sich, Versuchsreihen mit der höchsten in Frage kommenden Spannung zu beginnen oder nach dem Einschalten die Anlage zuerst daraufhin zu prüfen, ob sie die höchste, bei dem Versuch erforderliche Spannung aushält. Wenn man anders verfährt, ergibt es sich leicht, daß während des Versuches der Aufbau geändert und dann der Versuch von neuem begonnen werden muß.

---

[1] An verschiedenen Farben kommen z. B. für Hauptstromkreise Rot, für Spannungsmeßkreise Grün, für Absperrungen Blau und für Erdverbindungen Braun in Frage. In den in diesem Buche enthaltenen Schaltbildern sind die Hauptstromkreise stark ausgezogen, die Spannungsmeßkreise dünn ausgezogen, die Absperrungen gestrichelte Linien und die beweglichen Erdverbindungen dünne ausgezogene Doppellinien.

Jedesmal *vor* dem Einschalten des offenen Trennschalters muß den Mitarbeitern laut zugerufen werden: „Achtung! Ich schalte ein!“ Nach dem Ausschalten wird gerufen: „Ausgeschaltet!“

h) Feuers- und Explosionsgefahr. Isolieröl sowie einige andere bei Hochspannungsversuchen zu benutzende Flüssigkeiten sind brennbar; Öldämpfe können mit Luft gemischt sogar ein explosibles Gemisch geben. Elektrische Durchschläge in der Nähe von Öloberflächen können deshalb Brände zur Folge haben. Wenn mit solchen brennbaren Stoffen gearbeitet wird, empfiehlt es sich, Einrichtungen zur Brandbekämpfung zur Hand zu haben, wie Sandkästen, Asbestdecken und Feuerlöscher[1]. Das Rauchen ist bei solchen Versuchen zu unterlassen. Bei besonders großer Brandgefahr kann man das Gefäß mit der brennbaren Flüssigkeit über einem Auffangbehälter aufstellen, der mit einer Kiesschicht abgedeckt ist.

i) Zusätzliche Sondervorschriften für größere selbständige Arbeiten. Im Praktikum werden die Studierenden meist die zu verwendenden Geräte am Arbeitsplatz vorfinden. Auch für den Versuchsaufbau und die Schaltung werden im allgemeinen genaue Vorschriften vorhanden sein. Bei größeren selbständigen Arbeiten muß zuerst das Versuchsschaltbild aufgezeichnet und die Aufstellung der Geräte skizziert werden. Hierbei kommt den oben gemachten Vorschlägen über Schaltung und Aufbau besondere Bedeutung zu. Auch bei solchen selbständigeren Versuchsarbeiten erscheint dem Verfasser die Vorschrift unerläßlich, daß vor Inbetriebnahme ein Schaltbild und eine Skizze des Versuchsaufbaues zur Genehmigung vorgelegt werden müssen, und daß der Institutsvorstand oder sein Beauftragter die Anlage auf Einhaltung der Sicherheitsvorschriften hin durchprüft.

Bei größeren Forschungsarbeiten werden oft zu den oben angeführten Sicherheitsvorschriften Ergänzungen oder Abänderungen nötig sein. Einige Beispiele sollen dies erläutern: Beim Arbeiten mit normalen Prüftransformatoren entsteht kein Schaden, wenn eine bewegliche Erdung versehentlich bei eingeschalteter Stromquelle auf eine Hochspannungsleitung gelegt wird. Bei größeren Forschungsarbeiten wird dagegen oft das Arbeiten mit *großer Leistung*, z. B. im unmittelbaren Anschluß an ein Hochspannungsnetz, erforderlich sein. Dabei ist die Verwendung von *beweglichen Erdungen nicht möglich*, weil ein Erdschluß zu stromstarken Lichtbögen und gefährlichen Kurzschlüssen führen kann. Bei solchen Anlagen wird man einen Hochspannungstrennschalter verwenden müssen, der beim Öffnen die Hochspannungsleitungen der Versuchsanlage selbsttätig fest mit der Erde

[1] Für Hochspannungsanlagen in geschlossenen Räumen kommen z. B. Kohlensäureschneelöscher in Frage. Eingehende Angaben siehe bei K.-H. Strauss.

verbindet. Eine mechanische Verriegelung der Tür des Absperrgitters bei geschlossenem Hochspannungstrennschalter ist hierbei erwünscht.

Beim Arbeiten mit großer Leistung ist es ferner meist nicht möglich, die die Versuchsanlage speisende Leitung über Türschalter zu führen. Es muß hier dazu übergegangen werden, mit dem Türschalter ein Nullspannungsrelais an dem zugehörigen Leistungsschalter zu betätigen. Die Sicherheit ist hierbei natürlich geringer als bei einer unmittelbaren Unterbrechung des Hauptstromkreises durch den Türschalter.

Beim Arbeiten an Hochspannungsaufgaben außerhalb der normalen Dienststunden des Institutes, z. B. des Nachts, empfiehlt es sich vorzuschreiben, daß mindestens drei Personen im Institut anwesend sein müssen, von denen einer nicht mit Hochspannungsversuchen beschäftigt sein darf.

k) Zusammenfassung. Die angeführten Vorschläge für Aufbau- und Sicherheitsvorschriften sind so gewählt, daß in jedem Falle eine mehrfache Sicherheit gegen einen Unfall vorliegt. Dies erscheint notwendig, weil natürlich eine oder die andere der Schutzmaßnahmen gelegentlich versagen könnte. Die Tatsache der mehrfachen Sicherheit darf aber nicht dazu führen, nachlässig in der Handhabung der Schutzmaßnahmen zu sein. Häufiges Umgehen mit hohen Spannungen stumpft gegen die Gefahr ab. Hinzu kommt, daß junge Leute oft recht unbedenklich gegen Gefährdungen sind. Es empfiehlt sich deshalb, die genaue Beachtung der Sicherheitsvorschriften unbedingt zu erzwingen. Besondere Bedeutung kommt hierbei, wie schon eingangs hervorgehoben, der offenen Unterbrechung aller Zuleitungen und der Erdung der Hochspannungsleitungen vor Betreten der Anlagen zu.

Die Einhaltung der Sicherheitsvorschriften soll nicht hemmend, sondern fördernd auf die Versuchsdurchführung einwirken! Das wird bei richtiger Handhabung unbedingt der Fall sein. Auch das Erkennen von Gefahren und ihre Vermeidung muß der junge Ingenieur lernen. Die klare Kenntnis der Gefahr und die Erfüllung seiner Verpflichtungen wird die Sicherheit bei der Arbeit erhöhen und die Freude am Versuch stärken! Bei der Wichtigkeit der Sicherheitsbestimmungen sei noch der Wortlaut der Vorschriften wiedergegeben, die im Institut des Verfassers jedem Studierenden, der sich am Hochspannungspraktikum beteiligt, und allen Herren, die Forschungsarbeiten ausführen wollen, ausgehändigt werden.

Vor Beginn von Hochspannungsarbeiten wird die schriftliche Verpflichtung zur Befolgung dieser Vorschriften gefordert.

Hochspannungsinstitut
der Technischen Hochschule Braunschweig.

2. Hochspannungs-Vorschriften.

Nichtbeachtung der nachstehenden Vorschriften bedeutet eine Gefährdung des eigenen Lebens und des Lebens anderer. Genaueste Befolgung wird deshalb jedem, der im Institut arbeitet, zur Pflicht gemacht. Verfehlungen ziehen zeitweisen oder dauernden Ausschluß aus dem Institut nach sich.

Wichtigste Vorschrift bei allen Hochspannungsarbeiten.

Jeder, der eine Hochspannungsanlage betreten will, muß sich durch Augenschein überzeugen, daß alle Leiter, die Hochspannung annehmen können, geerdet sind, und daß alle Unterspannungszuleitungen zu den Hochspannungstransformatoren durch einen offenen Schalter unterbrochen sind!

Im einzelnen gelten folgende Bestimmungen:

a) **Absperrung.** Alle Hochspannungsanlagen müssen durch Absperrgitter abgegrenzt sein. Der Mindestabstand der Gitter von Hochspannung führenden Teilen muß betragen:

bei Spannungen bis 50 kV 50 cm,
bei Spannungen bis 100 kV 100 cm,

bei höheren Spannungen ist er entsprechend zu vergrößern. Die Absperrgitter sind zuverlässig miteinander zu verbinden, zu erden und mit Schildern „Vorsicht Hochspannung! Lebensgefahr!“ zu versehen. Das Durchstecken von leitenden Gegenständen, die nicht geerdet sind, durch die Maschen der Absperrgitter ist unter allen Umständen verboten.

Jede Tür ist mit Sicherheitsschaltern zu versehen, die das Öffnen der Türe erst dann gestatten, wenn alle Transformatorenzuleitungen unterspannungsseitig durch sie unterbrochen sind. An Stelle einer direkten Unterbrechung können die Sicherheitsschalter in besonderen Fällen auch auf das Nullspannungs-Relais eines Leistungschalters wirken, der beim Öffnen der Tür alle Hochspannungszuleitungen zur Anlage unterbricht. Solche Leistungsschalter mit Nullspannungs-Relais müssen rote Griffe haben. Sie dürfen erst wieder eingeschaltet werden, wenn die Türe geschlossen ist. Feste Hochspannungsanlagen, in denen normalerweise nicht gearbeitet wird, haben keine Sicherheitsschalter, aber Trennschalter. Diese Anlagen sind durch Schilder gekennzeichnet „Betreten nur mit besonderer Genehmigung gestattet“. Die Genehmigung muß schriftlich, auf begrenzte Zeit, vorliegen.

Jede Tür muß in der Nähe des Sicherheitsschalters ein Schild tragen „Vor Betreten Trennschalter öffnen! Transformator und Kondensatoren erden!“

Auch das Gebiet unter hochverlegten Hochspannungsleitungen muß in entsprechenden Abständen durch Gitter abgegrenzt sein.

Jede Absperrung darf nur an *einer* Stelle durch eine Tür unterbrochen sein. An anderen Stellen ist das Betreten der Anlagen verboten. Ist eine Durchbrechung der Absperrung beim Auf- und Abbau der Anlagen oder bei größeren Umbauten notwendig, so sind alle für das Betreten der Anlage durch die Tür vorgeschriebenen Vorbedingungen zu erfüllen. Außerdem ist an den Unterspannungszuleitungen zu dem Transformator noch eine zweite offene Unterbrechungsstelle, wenn möglich durch Herausziehen der Stöpsel in der Unterverteilungstafel, zu schaffen. An dem Trennschalter und sonstigen Unterbrechungsstellen sind Schilder „Nicht schalten! Gefahr vorhanden!“ aufzuhängen.

b) Erdung. Das Betreten einer Hochspannungsanlage darf erst dann erfolgen, wenn die vorhandenen Transformatoren an ihren Durchführungen und Hochspannungskondensatoren an ihren beiden Belegen geerdet sind. Diese Erdung ist mit Antennenlitze und Isolierstäben durch die Gitter hindurch vorzunehmen. Die Erdung darf erst nach Abschaltung der Stromquellen erfolgen. Die Erden dürfen erst wieder entfernt werden, wenn sich niemand mehr innerhalb der Absperrungen befindet und die Tür geschlossen ist.

Die Hochspannungsklemmen von unbenutzten Transformatoren sind fest zu erden.

Alle Metallteile der Versuchsanordnung (Funkenstreckengestelle, Transformatorenkessel usw.) oder sonstige Geräte im abgegrenzten Raum, die keine Spannung erhalten sollen, müssen sorgfältig geerdet sein, ebenso die Absperrgitter. Die Erdungsdrähte sind so anzuordnen, daß ein zufälliges Abreißen nicht möglich ist.

Als Erdleitung dürfen nur blanke Drähte mit einem Mindestquerschnitt von 1,5 mm² verwendet werden. Bewegliche Erden sind mit Antennenlitze auszuführen.

Hochspannungsleitungen, an denen bei einem Erdschluß stromstarke Lichtbögen auftreten, dürfen nicht mit beweglichen Erden versehen werden. Trennschalter, über die solche Leitungen gespeist werden, müssen so ausgeführt werden, daß die Trennschalter beim Öffnen in feststehende geerdete Kontakte eingreifen.

c) Schaltung und Versuchsaufbau. In allen Zuleitungen zu den Unterspannungskreisen von Hochspannungstransformatoren müssen sich an gut sichtbarer Stelle außerhalb des Absperrgitters offene Trennschalter befinden, die durch rote Griffe gekennzeichnet sind. Die Schalter müssen ein Schild tragen „Achtung! Beim Schalten Hochspannung!". Sie müssen vor der Erdung und vor dem Betreten der Zelle geöffnet werden.

Alle Leitungen müssen so verlegt werden, daß keine Leitungsenden herabhängen. Leitungen, die aus dem abgegrenzten Raum herausführen (Anschlüsse von Oszillographen, Meßgeräten usw.) müssen beim Durchtritt durch die Absperrgitter durch kleine Sicherheits-Funkenstrecken gegen das Auftreten von hohen Spannungen besonders geschützt sein. Solche Leitungen sind im abgesperrten Raum in geerdeter Hülle zu verlegen.

Metallteile und Drähte dürfen in den abgegrenzten Räumen nicht herumliegen.

Die Versuchsobjekte müssen fest aufgestellt oder fest aufgehängt werden, so daß sie im Betriebe nicht umfallen oder durch Leitungen umgerissen werden können.

Bei jedem Hochspannungsversuch muß ein Schaltbild vorhanden sein, in das auch alle Meß- und Erdleitungen sowie die Absperrgitter eingezeichnet sind. Schaltung und Aufbau müssen vor Versuchsbeginn durch den Aufsichtführenden geprüft werden. Das erste Einschalten einer neu aufgebauten oder umgebauten Versuchsschaltung darf nur mit ausdrücklicher Genehmigung erfolgen.

d) Durchführung der Versuche. Werden Arbeiten an einer Anlage von mehreren Herren vorgenommen, so muß allen Herren bekannt sein, wer bei einem bestimmten Versuch das Ein- und Ausschalten und das Regulieren vornimmt. Ein Wechsel dieser Tätigkeit muß stets bekanntgegeben werden. Vor dem Einschalten von Hochspannungsanlagen mit dem durch den roten Griff gekennzeichneten Trennschalter ist laut zu rufen: „Achtung! Ich schalte ein!", nach dem Ausschalten: „Ausgeschaltet!"

Soll außerhalb der normalen Dienststunden mit Hochspannung gearbeitet werden, so müssen mindestens drei Herren, von denen einer nicht mit Versuchen beschäftigt sein darf, im Institut anwesend sein. Beginn und Ende der Versuche ist in solchen Fällen dem nicht mit Versuchen Beschäftigten mitzuteilen.

e) Explosions- und Feuersgefahr. Bei Versuchen mit Öl und anderen leicht brennbaren Stoffen ist wegen der Explosions- und Feuersgefahr besondere Vorsicht nötig. In jedem Raum, in dem mit derartigen Stoffen gearbeitet wird, muß eine Asbest- oder Wolldecke, ein Kohlensäure-Feuerlöscher und ein Kasten mit Sand gebrauchsfertig und griffbereit vorhanden sein (Bedienungsvorschrift der Löscher beachten!). Das Rauchen ist in diesen Räumen verboten. Gebrauchte Putzwolle ist stets sofort in dem in jedem Raum befindlichen Blechkasten unterzubringen.

f) Sondervorschriften. Abweichungen von den obigen Vorschriften sind nur mit schriftlicher Genehmigung des Institutsvorstandes zulässig. Solche Genehmigungen werden nur auf begrenzte Zeit erteilt.

g) Unfallversicherung. Jeder Herr, der im Institut arbeitet, muß gegen Unfall versichert sein.

h) Verpflichtung. Vor der Aufnahme von Hochspannungsarbeiten sowie zu Beginn jeden Semesters erneut, muß sich jeder Herr durch seine Unterschrift verpflichten, diese Vorschrift genau zu beachten.

C. Versuche.

Vorbemerkungen: Auswahl der Versuche; Bezeichnungen.

Jeder der nachstehenden Versuche ist so beschrieben, daß er auch für sich allein verstanden werden kann. Soweit es die Einteilung der Versuche in vier Gruppen zuließ, ist angestrebt worden, die Versuche so anzuordnen, daß allmählich schwierigere Aufgaben behandelt werden. Es empfiehlt sich, zuerst die folgenden Versuche in etwa der genannten Reihenfolge ausführen zu lassen:

1. Messung des Scheitelwertes von hohen Spannungen mit der Kugelfunkenstrecke (1. Versuch).
2. Messung von Durchschlag- und Überschlagspannungen in Luft bei niederfrequenter Wechselspannung (7. Versuch).
3. Aufnahme von elektrischen Feldern (8. Versuch).
4. Erzeugung von hohen Gleichspannungen (4. Versuch).
5. Erzeugung von Stoßspannungen (5. Versuch).
6. Aufnahme des zeitlichen Verlaufes von Spannungen und Strömen bei Hochspannungsversuchen (3. Versuch).

Die Versuche der I. und II. Gruppe sind in großer Ausführlichkeit beschrieben, während bei den übrigen Versuchen nur eine kurze Darstellung gegeben und ins einzelne gehende Vorschläge vermieden wurden. Daraus soll jedoch nicht geschlossen werden, daß die Versuche der III. und IV. Gruppe unwichtig wären. Beispielsweise die Öluntersuchungen (13. Versuch), die Messung des Verlustwinkels von festen Isolierstoffen (14. Versuch) und die Untersuchungen an einer Wanderwellenleitung (16. Versuch) sollten von jedem Studierenden der Starkstrom-Elektrotechnik ausgeführt werden.

Dagegen sind die Versuche: Ermittlung der Durchschlagsfestigkeit von festen Stoffen (15. Versuch), sowie die Untersuchungen von Überspannungsschutzgeräten (17. Versuch), von Hochspannungsschaltern (22. Versuch) und von Hochspannungsventilen (23. Versuch) in einem normalen Hochspannungspraktikum für Studierende kaum durchzuführen, da sie einen größeren Zeitaufwand und einen umfangreichen Versuchsaufbau erfordern. Trotzdem sind diese Versuche wegen ihrer großen praktischen Bedeutung mit aufgenommen und wenigstens in groben Zügen beschrieben worden. Mit Hilfe der zahlreichen angeführten Literaturstellen wird es im Bedarfsfalle nicht schwierig sein, auch diese Versuche ausführen zu lassen.

Alle in diesem Buche enthaltenen Schaltbilder sind nach den Deutschen Industrie-Normen[1] gezeichnet und weisen einheitliche Bezeichnungen der einzelnen Schaltungselemente auf. Die in den Abbildungen häufig wiederkehrenden Bezeichnungen sind in der nachstehenden Zusammenstellung aufgeführt. Die darin nicht enthaltenen Bezeichnungen sind jeweils in der Unterschrift zu der betreffenden Abbildung erläutert.

Zusammenstellung der Bezeichnungen in den Abbildungen.

E bewegliche Erdungsleitung,
G Absperrgitter,
H Hauptschalter (mit Überstromauslösung),
HTr Hochspannungs-Prüftransformator,
J Isolator als Prüfling,
MF Kugelfunkenstrecke zum Messen des Spannungsscheitelwertes,
R_h Hochspannungswiderstand,
SF Sicherheitsfunkenstrecke,
S—P Spitze-Platte-Funkenstrecke,
SS Sicherheitsschalter an der Tür des Absperrgitters (s. S. 17),
TS offener Trennschalter,
Ve elektrisches Ventil,
WW_h Flüssigkeitswiderstand im Hochspannungskreis,
WW_n Regelbarer Wasserwiderstand auf der Unterspannungsseite des Prüftransformators.

In den Schaltbildern sind die Hauptstromkreise stark ausgezogen, die Spannungsmeßkreise dünn gezeichnet; die Absperrungen sind mit gestrichelten Linien und die beweglichen Erdverbindungen, die vor dem Einschalten entfernt werden müssen, mit dünn ausgezogenen Doppellinien dargestellt.

Die Kurzzeichen für Einheiten, die mathematischen Zeichen sowie die Formelzeichen sind nach den Festsetzungen des „Ausschusses für Einheiten und Formelzeichen" (AEF) gewählt. Effektivwerte sind mit großen lateinischen Buchstaben, Scheitelwerte mit überstrichenen großen lateinischen Buchstaben, Augenblickswerte mit kleinen lateinischen Buchstaben bezeichnet.

[1] DIN VDE 710 bis 719 „Schaltzeichen und Schaltbilder für Starkstromanlagen".

I. Versuchsgruppe: Erzeugung, Regelung und Messung von hohen Spannungen.

1. Versuch: Messung des Scheitelwertes von hohen Spannungen mit der Kugelfunkenstrecke.

a) Allgemeine Grundlagen. Der Scheitelwert von hohen Spannungen wird am einfachsten mit der Kugelfunkenstrecke gemessen. Dieser Messung liegt die Beobachtung zugrunde, daß zum Durchschlagen einer gegebenen Gasstrecke im annähernd homogenen elektrischen Felde eine bestimmte Spannung notwendig ist. Der Durchschlag einer solchen Gasstrecke[1] erfolgt praktisch sofort, wenn die Durchschlagspannung erreicht ist, so daß auch sehr kurzzeitig vorliegende Spannungswerte, wie die Scheitelwerte von Wechselspannungen und die Höchstwerte von Stoßspannungen, mit der Kugelfunkenstrecke gemessen werden können. Um zwischen den Kugeln ein annähernd homogenes Feld zu erhalten, darf der Abstand der beiden Meßkugeln nicht wesentlich größer sein als die Hälfte des Kugeldurchmessers.

Durch Eichmessungen sind für verschiedene Kugeldurchmesser und Abstände die Durchschlagspannungen ermittelt und in Tabellen festgelegt worden. Wenn bei der Messung eine der Kugeln geerdet ist, so wird (wegen der größeren Feldstärke zwischen der nichtgeerdeten Kugel und der Erde) die elektrische Feldstärke an dem höchstbeanspruchten Punkt der Anordnung bei gleicher Spannungsdifferenz höher, als wenn beide Kugeln von Erde isoliert sind. Bei einpoliger Erdung einer Kugelfunkenstrecke erhält man also etwas niedrigere Durchschlagswerte als bei symmetrischer Spannungsverteilung auf beide Kugeln. In den Tabellen 1, 2 und 3 sind die Eichwerte für verschiedene Kugeldurchmesser und Abstände in Spannungsscheitelwerten (kV) angegeben[2]. Wie aus den Überschriften der Tabellen zu ersehen ist, muß beim Arbeiten mit Gleich- sowie Stoßspannungen und bei einpoliger Erdung auch die Polarität berücksichtigt werden. Bei positiver Polarität der nichtgeerdeten Kugel kommt Tabelle 3, bei negativer Polarität (sowie bei Wechselspannung) Tabelle 1 in Frage. Bei symmetrischer Spannungsverteilung benutzt man in allen Fällen Tabelle 2. Die Eichwerte bei Schlagweiten zwischen dem 0,75- und 1-fachen des Kugeldurchmessers sind in den Tabellen in Klammern angeführt, weil bei Messungen mit diesen großen Schlagweiten erhebliche Fehler auftreten können. Es empfiehlt sich, für die jeweils vorliegenden Verhält-

[1] Man bezeichnet das Ansprechen einer Kugelfunkenstrecke häufig auch als „Überschlag", obgleich es sich hier um einen reinen „Durchschlag"-Vorgang handelt (siehe 7. Versuch). Wir werden, diesem Brauche folgend, bei Funkenstrecken in Luft ebenfalls oft die Bezeichnung „Überschlag" gebrauchen.

[2] Die Tabellen sind Auszüge aus denen von W. WEICKER u. W. HÖRCHER (10). Siehe auch VDE (5).

nisse nach den Tabellen Kurven aufzuzeichnen. Die Abb. 13, 14 und 15 stellen derartige Kurven dar, die für die drei am häufigsten benutzten Kugeldurchmesser aufgezeichnet sind. Aus den Kurven sind die Ab-

Tabelle 1. *Durchschlagspannungen in kV (Scheitelwerte) für einpolige Erdung bei 20°C, 760 Torr für niederfrequente Wechselspannung, negative Stoßspannung und negative Gleichspannung.*

Schlagweite in cm	Kugeldurchmesser in cm								
	5	10	15	25	50	75	100	150	200
0,5	17,5	16,9	16,5	—	—	—	—	—	—
1	32,0	31,6	31,3	31	—	—	—	—	—
1,5	45,6	45,6	45,5	45	—	—	—	—	—
2	57,4	59,1	59,2	59	58	58	—	—	—
2,5	67,2	72,0	72,6	72	—	—	71	—	—
3	75,4	84,1	85,5	86	—	—	—	—	—
4	(88,4)	105	110	112	112	112	—	—	—
5	(98,0)	123	132	137	—	—	137	137	137
6		138	152	161	164	164	—	—	—
7		150	169	184	—	—	—	—	—
8		(160)	185	205	214	215	—	—	—
9		(169)	198	225	—	—	—	—	—
10		(177)	209	243	262	265	266	267	265
12			(229)	275	308	313	—	—	—
14			(245)	302	352	360	—	—	—
15			(252)	314	—	—	387	388	389
16				325	392	406	—	—	—
18				345	428	450	—	—	—
20				(363)	461	492	503	508	510
25				(396)	532	587	611	626	630
30					591	670	709	739	745
35					639	746	797	846	858
40					(679)	806	876	947	965
50					(738)	904	1010	1130	1180
60						(983)	1120	1280	1360
70						(1040)	1210	1420	1530
80							(1280)	1530	1680
100							(1370)	1710	1930
120								(1850)	2120
150								(1980)	2350
200									(2580)

weichungen der Eichwerte bei den verschiedenen Versuchsbedingungen deutlich zu ersehen.

Die Eichwerte sind bezogen auf eine Temperatur von 20° C und einen Barometerstand von 760 mm Quecksilbersäule (760 Torr). Da die Durchschlagspannung der Luftdichte in der Nähe des Atmosphärendruckes annähernd proportional ist, müssen die in den Tabellen ent-

Tabelle 2. *Durchschlagspannung in kV (Scheitelwerte) für symmetrische Spannungsverteilung bei 20° C und 760 Torr für niederfrequente Wechselspannung, positive und negative Gleich- und Stoßspannung.*

Schlagweite in cm	Kugeldurchmesser in cm								
	5	10	15	25	50	75	100	150	200
0,5	17,5	16,9	16,5	—	—	—	—	—	—
1	32,2	31,6	31,3	31	—	—	—	—	—
1,5	45,9	45,8	45,5	45	—	—	—	—	—
2	58,3	59,3	59,2	59	58	58	—	—	—
2,5	69,4	72,4	72,9	72	—	—	71	—	—
3	79,3	84,9	85,8	86	—	—	—	—	—
4	(96,4)	107	111	113	112	112	—	—	—
5	(111)	128	134	138	—	—	137	137	137
6		146	155	162	164	164	—	—	—
7		163	175	185	—	—	—	—	—
8		(177)	194	207	214	215	—	—	—
9		(191)	211	228	—	—	—	—	—
10		(203)	227	248	263	265	266	267	265
12			(256)	286	309	314	—	—	—
14			(280)	320	353	362	—	—	—
15			(292)	336	—	—	388	389	389
16				352	394	408	—	—	—
18				(381)	434	452	—	—	—
20				(407)	472	495	504	511	511
25				(463)	559	597	613	628	632
30					638	689	714	741	747
35					706	777	812	848	860
40					(767)	856	902	950	972
50					(874)	997	1070	1140	1180
60						(1120)	1210	1320	1380
70						(1220)	1340	1490	1560
80							(1460)	1640	1730
100							(1660)	1910	2050
120								(2140)	2330
150								(2420)	2690
200									(3180)

haltenen Werte auf die bei dem Versuch vorliegende Luftdichte umgerechnet werden. Herrscht bei dem Versuch eine Temperatur von $t°$ C und ein Barometerstand b (in Torr), dann ergibt sich die tatsächliche Durchschlagspannung $\overline{U}_d$ aus dem in den Tabellen 1, 2 und 3 enthaltenen Wert $\overline{U}_{Zt}$ nach der folgenden Gleichung:

$$\overline{U}_d = \overline{U}_{Zt} \cdot \frac{b}{760} \cdot \frac{273+20}{273+t} = 0{,}386 \cdot \frac{b}{273+t} \cdot \overline{U}_{Zt}\,^*.$$

* Die einfache Umrechnung besitzt allerdings nur dann eine ausreichende Genauigkeit, wenn die Luftdichte um nicht mehr als $\pm 5\%$ von ihrem Normalwert abweicht. Bei größeren Unterschieden ist noch ein Korrekturfaktor zu berücksichtigen, siehe ETZ Bd. 60 (1939) S. 104 Pkt. 2 u. S. 1312 § 15.

Tabelle 3. *Durchschlagspannungen in kV (Scheitelwerte) für einpolige Erdung bei 20° C und 760 Torr für positive Stoßspannung und positive Gleichspannung.*

Schlagweite in cm	Kugeldurchmesser in cm								
	5	10	15	25	50	75	100	150	200
0,5	17,5	16,9	16,5	—	—	—	—	—	—
1	32,0	31,6	31,3	31	—	—	—	—	—
1,5	45,9	45,6	45,5	—	—	—	—	—	—
2	59,4	59,1	59,2	59	58	58	—	—	—
2,5	71,0	72,8	72,6	—	—	—	—	—	—
3	81,1	85,6	85,6	86	—	—	—	—	—
4	(97,5)	109	111	112	112	112	—	—	—
5	(109)	130	136	138	—	—	137	137	137
6		148	158	162	164	164	—	—	—
7		163	178	187	—	—	—	—	—
8		(176)	196	210	214	215	—	—	—
9		(186)	212	232	—	—	—	—	—
10		(195)	226	252	262	265	266	267	265
12			(249)	290	310	313	—	—	—
14			(269)	321	356	360	—	—	—
15			(276)	335	—	—	388	388	389
16				384	401	407	—	—	—
18				372	440	452	—	—	—
20				(393)	478	499	505	509	510
25				(430)	559	602	616	626	—
30					625	694	719	740	745
35					679	774	816	850	—
40					(721)	841	900	957	967
50					(785)	949	1050	1150	1180
60						(1030)	1160	1310	1380
70						(1100)	1260	1460	1560
80							(1330)	1580	1710
100							(1430)	1770	1980
120								1920	2180
150								(2060)	2420
200									(2650)

Von der Luftfeuchtigkeit ist die Durchschlagspannung von Kugelfunkenstrecken annähernd unabhängig.

Bei kleinen Kugelabständen liegt ein merkbarer „Entladeverzug" vor, d. h. der Durchschlag der Funkenstrecke erfolgt erst nach Ablauf einer gewissen Zeit. Diese Erscheinung kann bei der Messung von kurzzeitigen Spannungsvorgängen zu wesentlichen Fehlern führen. Der Entladeverzug läßt sich durch Bestrahlung der Funkenstrecke mit ultraviolettem Licht stark einschränken. Eine solche Bestrahlung empfiehlt sich bei der Ermittlung der Scheitelwerte von Stoßspannungen, die kleiner sind als etwa 50 kV.

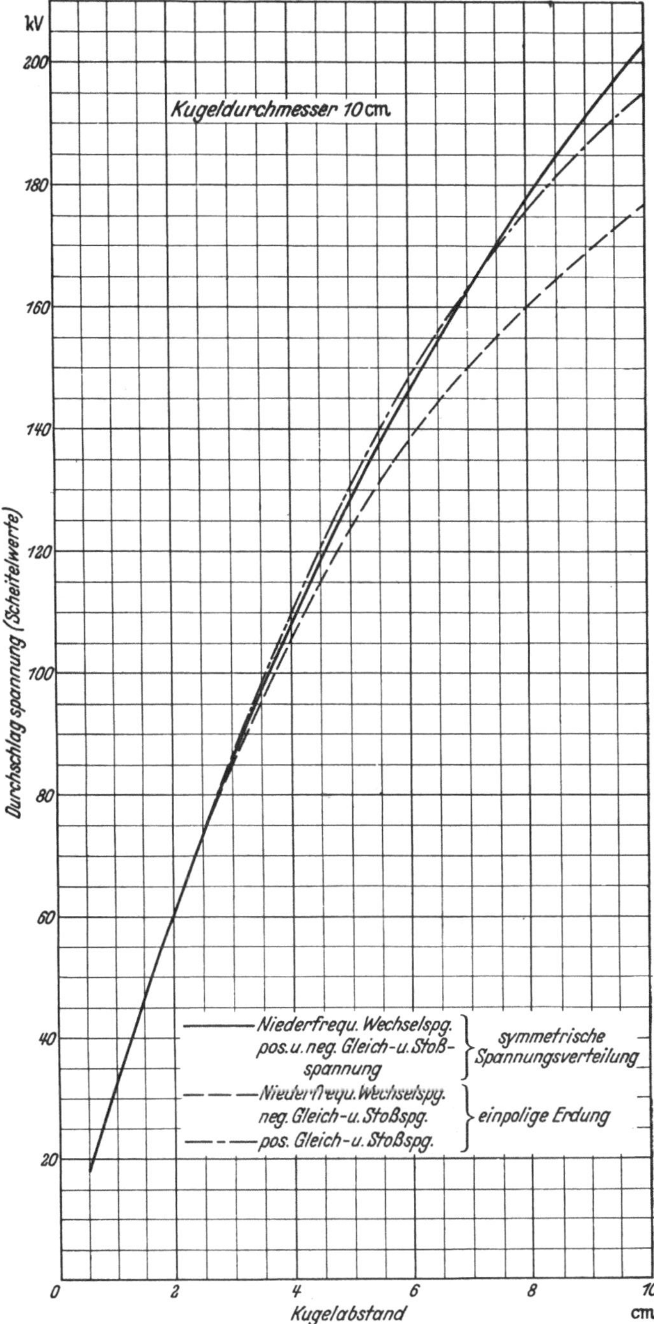

Abb. 13.
Eichkurven für eine Funkenstrecke mit Kugeln von 10 cm Durchmesser.

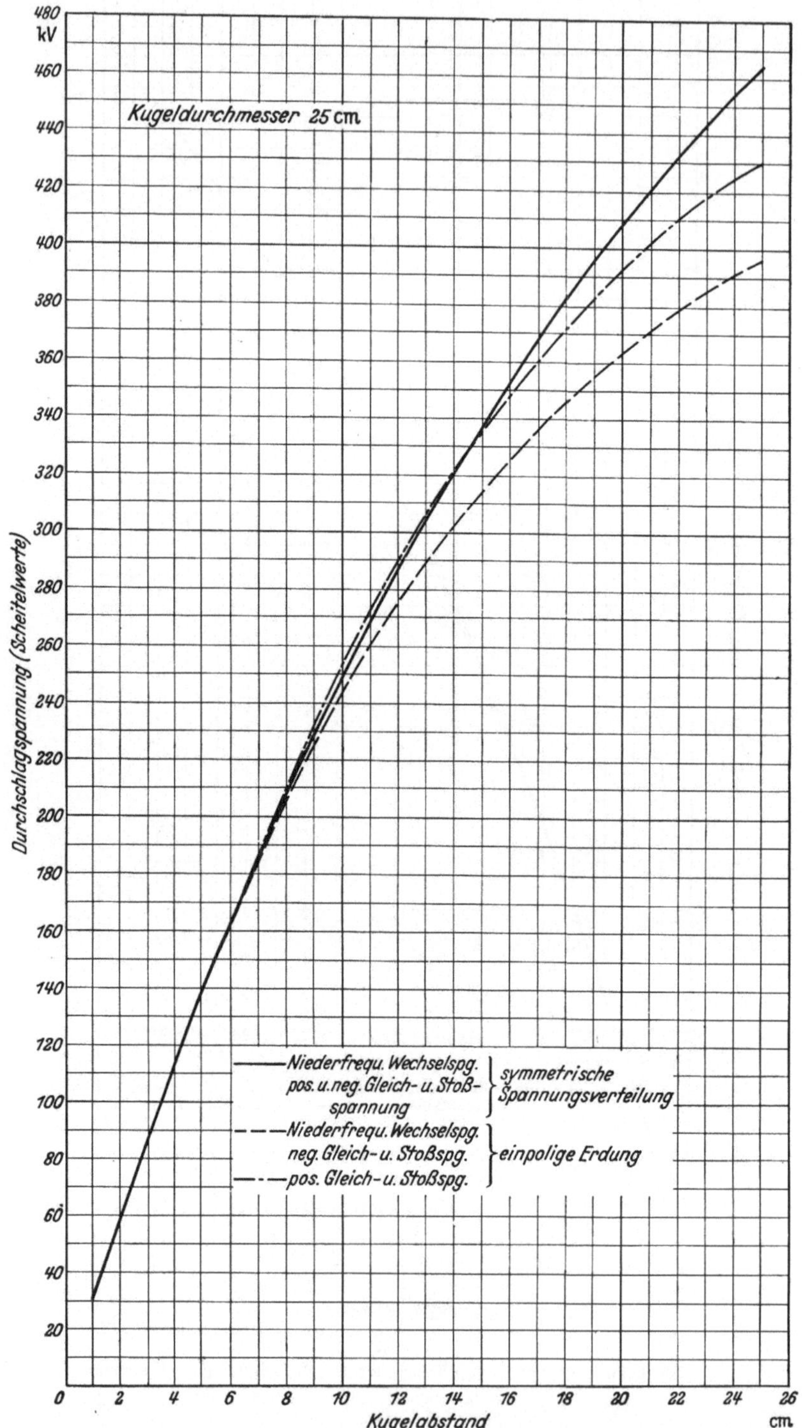

Abb. 14. Eichkurven für eine Funkenstrecke mit Kugeln von 25 cm Durchmesser.

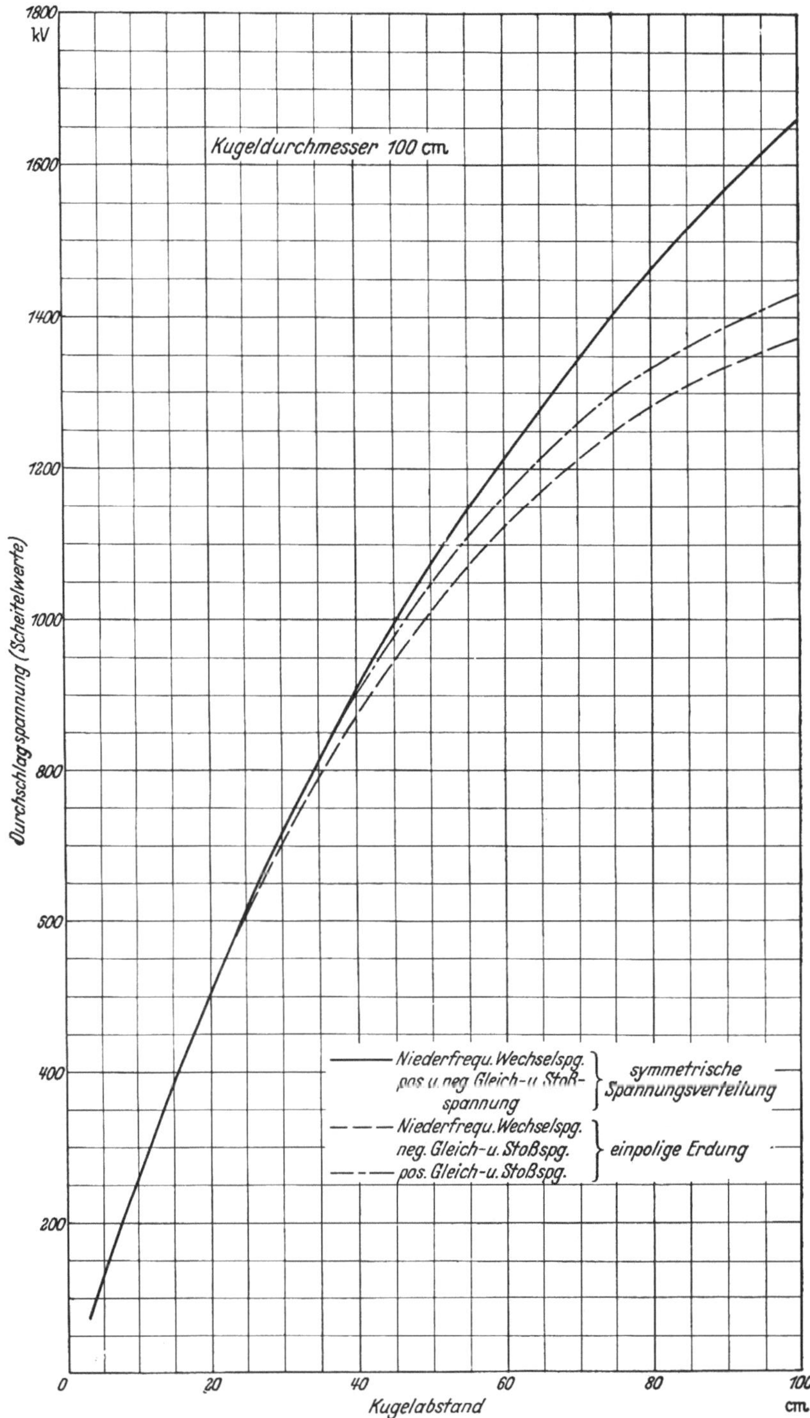

Abb. 15. Eichkurven für eine Funkenstrecke mit Kugeln von 100 cm Durchmesser.

Man muß bei Kugelfunkenstreckenmessungen mit Fehlern von 2 bis 3% rechnen.

Bei Messung von Wechselspannungen und Gleichspannungen mit der Kugelfunkenstrecke schaltet man meist der Kugelfunkenstrecke einen hohen Widerstand vor. Der Widerstandsbetrag darf bei Messungen bis zu 100 kV im Höchstfalle 10 Megohm betragen. Wir werden bei den Versuchen im Hochspannungspraktikum den Funkenstrecken im allgemeinen eine Widerstandskerze (siehe S. 21) vorschalten. — Bei der Messung von Stoßspannungen dürfen keine Vorwiderstände verwendet werden.

b) Praktische Bedeutung. Die Messung des Scheitelwertes von hohen Spannungen mit der Kugelfunkenstrecke besitzt eine große praktische Bedeutung. In der Hochspannungstechnik spielt der Scheitelwert der Spannung eine größere Rolle als ihr Effektivwert. Scheitelwerte sind aber mit einfachen Meßgeräten nicht feststellbar. Die Kugelfunkenstrecke wird deshalb bei Hochspannungsmessungen in Industrie-Versuchsfeldern und in wissenschaftlichen Forschungsstätten sehr viel benutzt. Ihr wesentlicher Vorteil ist, daß sie bei Wechselspannungen. Gleichspannungen, Stoßspannungen sowie bei gedämpften und ungedämpften hochfrequenten Schwingungen verwendbar ist.

In der Praxis werden die Durchschlagspannungen von Kugelfunkenstrecken zum Teil in effektiven Spannungswerten angeführt. Man darf sich dadurch nicht irreführen lassen! Die Kugelfunkenstrecke mißt stets den Scheitelwert. Dividiert man die Durchschlagspannung der Kugelfunkenstrecke durch $\sqrt{2}$, dann erhält man den Effektivwert derjenigen sinusförmigen Spannung, deren Scheitelwert gleich der Durchschlagspannung der Funkenstrecke ist. Für die Praxis ist die Benutzung dieser durch $\sqrt{2}$ dividierten Werte in manchen Fällen bequemer.

c) Versuchsplan, Aufbau und Geräte. Es soll an einem einphasigen Prüftransformator mit einer Oberspannung von 50 kV (Effektivwert) oder mehr die Abhängigkeit des Scheitelwertes der Oberspannung ($\overline{U}_o$) vom Effektivwert der Unterspannung (U_u) unter Verwendung einer Kugelfunkenstrecke[1] gemessen werden. Das Verhältnis dieser beiden Spannungen zueinander ist von der Art der Spannungsregeleinrichtung und von der Belastung des Prüftransformators abhängig. Bei dem Versuch soll deshalb die Spannung zuerst durch Vorschalten eines Wirkwiderstandes vor die Unterspannungsseite des Transformators, dann unter Verwendung eines Spartransformators geregelt werden. Der Transformator soll erst in reinem Leerlauf, dann mit einer kapazitiven Belastung untersucht werden. Schließlich kann ein Einschaltversuch durchgeführt werden.

---

[1] Über den Bau von Meß-Kugelfunkenstrecken siehe S. 18.

Die Versuchsschaltung ist in Abb. 16 dargestellt. Außer dem Prüftransformator werden ein Regelwiderstand mit stufenloser Veränderlichkeit WW_n (am einfachsten ein Wasserwiderstand), ein Stufentransformator in Sparschaltung ($StTr$) für die Unterspannungsseite des Prüftransformators, ein Spannungsmesser (Dreheisengerät oder Dynamometer), ein Kondensator C oder eine Kondensatorengruppe zur

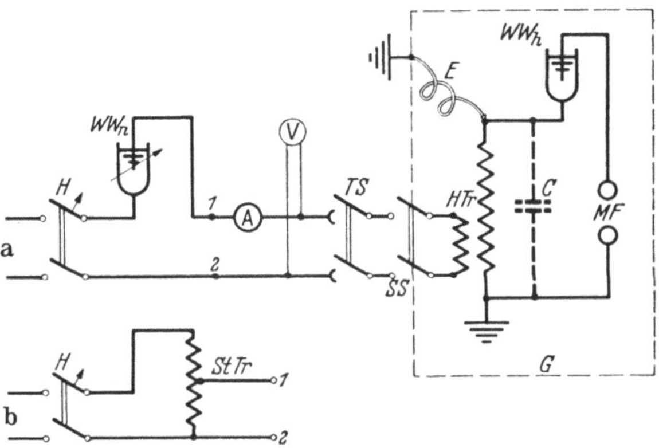

Abb. 16. Schaltung zur Messung des Spannungsscheitelwertes mit der Kugelfunkenstrecke. Bezeichnungen s. S. 46. $StTr$: Stufentransformator.

kapazitiven Belastung der Oberspannungsseite des Transformators und eine Kugelfunkenstrecke MF benötigt. Der Versuchsaufbau muß so erfolgen, daß an der Schalttafel das Aus- und Einschalten des Transformators, das Regeln der Spannung und das Ablesen des Effektivwertes der Unterspannung erfolgen kann. Beim Regeln der Spannung muß man den Spannungsmesser im Auge haben. Die Kugelfunkenstrecke muß so innerhalb des abgesperrten Raumes aufgestellt werden, daß ihr Abstand unter Spannung verändert und möglichst auch abgelesen werden kann.

d) Versuchsdurchführung. Zur Aufnahme der Spannung $\overline{U}_0$ in Abhängigkeit von U_u bei Verwendung eines Regelwiderstandes auf der Unterspannungsseite des Transformators kann man wie folgt verfahren: Die Kugelfunkenstrecke wird auf einen bestimmten Abstand, z.B. 1 cm, eingestellt. Dann wird der Transformator auf dem bei Hochspannungsversuchen üblichen Wege (siehe Teil B) eingeschaltet und die Spannung durch Verkleinerung des Vorwiderstandes langsam und gleichmäßig gesteigert. Dabei wird der Spannungsmesser beobachtet. In dem Augenblick, in dem die Kugelfunkenstrecke durchschlägt, wird der Spannungsmesser abgelesen und es wird ausgeschaltet. Wenn man weiß, bei welchem Unterspannungswert etwa der Durchschlag erfolgt, kann man sich natürlich darauf beschränken, den letzten Teil der Spannungsregelung langsam und stetig, unter Beobachtung des Spannungsmessers, durchzuführen. Um den Spannungswert zuverlässig zu ermitteln, wird man mehrmals (etwa 5 mal) die Spannung bis zum Durchschlag an der Kugelfunkenstrecke steigern und dann das Mittel aus den abgelesenen Spannungswerten bilden. Man wird beobachten, daß dann, wenn man einige Übungen im Steigern der Spannung gewonnen hat, die Streuung zwischen den einzelnen abgelesenen Durchschlagwerten recht gering wird. Durch Ausführung dieses Versuches mit verschiedenen Kugelfunkenstreckenabständen erhält man über dem gesamten Regelbereich des Transformators eine Abhängigkeit der Kugelfunkenstreckenabstände von dem Effektivwert der Unterspannung des Transformators.

In entsprechender Weise ist ein Versuch nach Anschluß der Kapazität auf der Oberspannungsseite des Transformators durchzuführen.

Bei dem Versuch mit Stufentransformator ist, wenn eine Regelung der Unterspannung des Prüftransformators nur in groben Stufen möglich ist, anders zu verfahren. Der Stufentransformator ist nacheinander auf verschiedene Stufen einzustellen und der Effektivwert der Unterspannung des Transformators abzulesen. Auf jeder Stufe ist bei eingeschalteter Hochspannungsquelle die Kugelfunkenstrecke langsam in ihrem Abstand zu verringern. Beim Durchschlag der Funkenstrecke ist abzuschalten und der Kugelabstand zu ermitteln. Auch hier ist aus mehreren Werten der Mittelwert zu bilden[1].

Schließlich soll ein Versuch ausgeführt werden, aus dem der Scheitelwert der Spannung beim Einschalten des Transformators zu ersehen ist. Die Schaltung bleibt hierbei die gleiche wie bei dem Versuch mit dem Stufentransformator. Man wählt am besten eine Stufe, bei der eine mittlere Spannungshöhe erzielt wird. Bei häufigem Ein- und Ausschalten des Schalters H (Abb. 16) vergrößert man allmählich den Abstand der Kugelfunkenstrecke so weit, bis nur selten mehr ein Überschlag an ihr eintritt. Aus diesem Kugelabstand ergibt sich der Höchstwert der Spannung, die beim Einschalten der Unterspannungsseite auf der Oberspannungsseite auftritt.

e) Auswertung und Beurteilung der Versuchsergebnisse. Aus den durchgeführten Versuchen ergeben sich drei Tabellen, in denen für die drei Versuchsanordnungen die Unterspannungen mit den zu ihnen

[1] Man wird sich bei Messungen mit der Kugelfunkenstrecke meist zuerst zu entscheiden haben, ob man besser die Spannung unverändert läßt und den Abstand der Kugelfunkenstrecke verringert, oder ob man den Kugelabstand festhält und die Spannung langsam erhöht. Welcher der beiden Wege der zweckmäßigere ist, wird sich nach der günstigeren Regelmöglichkeit richten.

gehörigen Funkenstreckenabständen zusammengestellt sind. In eine weitere Spalte dieser Tabellen wird man nun nach den Eichwerten der Tabelle 1 oder 2 S. 48 und 49 zu den Kugelfunkenstreckenabständen die Durchschlagwerte eintragen. Diese Eichwerte gelten aber, wie auf S. 49 ausgeführt ist, für einen Luftdruck von 760 Torr und für eine Temperatur von 20° C. Man muß also die Durchschlagwerte nach der auf S. 49 angegebenen Formel auf die bei dem Versuch herrschenden Werte von Druck und Temperatur umrechnen und diese umgerechneten Werte ebenfalls in die Tabellen eintragen. Aus der Aufzeichnung der bei den verschiedenen Versuchsbedingungen gewonnenen Scheitelwerte der Oberspannungen des Transformators über dem Effektivwert seiner Unterspannung ersieht man, daß durch die Kapazität auf der Oberspannungsseite in vielen Fällen eine Erhöhung der Oberspannung eintritt (kapazitive Spannungserhöhung!). Ferner zeigt es sich, daß bei Regelung durch Vorwiderstand infolge Kurvenverzerrung durch Sättigungserscheinungen etwas andere Werte gemessen werden als bei Regelung durch Stufentransformator.

Multipliziert man den Effektivwert der Unterspannungsseite mit dem Übersetzungsverhältnis des Transformators, so erhält man bei Leerlauf mit guter Annäherung den effektiven Mittelwert der Spannung auf der Oberspannungsseite. Multipliziert man weiter den berechneten Effektivwert der Oberspannung mit $\sqrt{2}$, dann erhält man den Spannungsscheitelwert, den die Oberspannung bei sinusförmigem Verlaufe besitzen würde. Führt man diese Rechnung für die beim Versuche vorliegenden Unterspannungswerte durch und vergleicht die so berechneten Scheitelwerte mit den aus der Kugelfunkenstreckenmessung ermittelten Scheitelwerten, dann findet man im allgemeinen nicht unerhebliche Unterschiede. Diese erklären sich in der Hauptsache aus der Abweichung der Spannungskurven von der Sinuskurve. Ist das Verhältnis eines mit der Kugelfunkenstrecke gemessenen Wertes zu dem entsprechenden aus der Unterspannung berechneten Werte größer als 1, so ist der Scheitelfaktor der Oberspannungskurve größer als $\sqrt{2}$, und umgekehrt. Das Verhältnis des mit der Kugelfunkenstrecke gemessenen zu dem aus der Unterspannung bei Annahme einer sinusförmigen Spannungskurve berechneten Scheitelwertes der Oberspannung wird vielfach „Korrekturfaktor" genannt.

Bei vielen Hochspannungsversuchen, bei denen die Scheitelwerte einer Transformatorspannung benötigt werden, muß dem eigentlichen Versuch die hier erstmalig durchgeführte Ermittlung der Oberspannungsscheitelwerte in Abhängigkeit von den Effektivwerten der Unterspannungsseite vorausgehen.

Bei dem Einschaltversuch zeigen sich gelegentlich große Spannungsüberhöhungen. Diese entstehen durch die bei der plötzlichen Einschaltung auftretenden Ausgleichsvorgänge. Solche Ausgleichsvorgänge sind bekanntlich abhängig von den im Einschaltzeitpunkt zufällig vorhandenen Augenblickswerten der Spannung. Jede Einschaltung wird also im allgemeinen einen anderen Überspannungswert ergeben. Die Tatsache, daß solche Überspannungen bei plötzlichen Spannungsänderungen auftreten, zeigt die Notwendigkeit der Vorschrift einer gleichmäßigen und stufenlosen Spannungsregelung bei Kugelfunkenstreckenmessungen sowie allgemein bei der Ermittlung von Durchschlag- und Überschlagspannungen.

f) Literaturübersicht. — Andere Versuchsmöglichkeiten. Der Verband Deutscher Elektrotechniker hat „Regeln für Spannungsmessungen mit der Kugelfunkenstrecke"[1] herausgegeben. In diesen Regeln sind alle wichtigen Gesichtspunkte betreffend Beschaffenheit und Anordnung der Kugelfunkenstrecke, Schutzabstände, Vorwiderstände, meßbare Spannungsarten, Meßbereich und Meßgenauigkeit, Bestrahlung, Luftverhältnisse usw. enthalten. Außerdem sind den Regeln Eichtafeln beigegeben[2].

Zum Durchschlag einer Kugelfunkenstrecke reicht eine sehr kurze Zeit aus. Man kann den Höchstwert einer *Stoßspannung* noch einwandfrei mit der Kugelfunkenstrecke messen, wenn man annehmen kann, daß die Spannung etwa eine Milliontel Sekunde (1 μs) lang annähernd auf ihrem Höchstwert verbleibt. Bei noch kürzeren Zeiten macht sich ein „Entladeverzug" der Kugelfunkenstrecke bemerkbar. Die Kugelfunkenstrecke mißt dann zu niedrige Werte (siehe 10. Versuch). Der Entladeverzug, der sich besonders bei niedrigen Spannungswerten (unterhalb von etwa 50 kV Scheitelspannung) bemerkbar macht, kann durch Bestrahlung mit ultravioletten Strahlen verkleinert werden. — Bei ungedämpften hochfrequenten Spannungen (mit Frequenzen höher als etwa $2 \cdot 10^4$ Per/s) wird im Gegensatz zu dieser Erscheinung die Durchschlagspannung erniedrigt[3].

Zur Ermittlung des Höchstwertes von stoßartig verlaufenden Strömen kann der Spannungsabfall an einem (möglichst induktions-

---

[1] VDE (5); Erläuterungen dazu s. W. Weicker (7) u. (9).

[2] Von den sehr zahlreichen Veröffentlichungen über die *Eichung von Kugelfunkenstrecken* sowie Spannungsmessungen mit ihr seien die folgenden angeführt: W. Weicker (1); A. Schwaiger (5); W. Weicker (4); W. Estorff; M. Toepler u. S. Franck (6); Harald Müller (18); J. Claussnitzer; W. Dattan (1); E. Hueter (2); W. Dattan (2); L. Binder u. W. Hörcher (13); F. S. Edwards and J. F. Smee (2); W. Weicker u. W. Hörcher (10); K. Berger u. B. C. Robinson (7); W. Raske (10).

[3] Über das Verhalten von Funkenstrecken bei Stoßspannungen und bei hochfrequenten Spannungen s. L. Binder (5); P. L. Bellaschi u. P. H. McAuly (4); R. Elsner (2); R. Davis and G. W. Bowdler (2); P. Jacottet (6); R. Cooper.

und kapazitätsfreien) Meßwiderstand mit einer Kugelfunkenstrecke gemessen werden[1].

Die elektrische Feldstärke bei Kugelfunkenstrecken läßt sich rechnerisch ermitteln. Es können ferner auch Formeln für die Durchschlagspannung auf theoretischem Wege ermittelt werden[2].

An Stelle von Kugeln können auch anders geformte Elektroden zur Messung des Spannungsscheitelwertes benutzt werden. W. PETERSEN schlug zur Spannungsmessung die Verwendung von anaxialen Zylindern vor, von denen sich der eine im Innern des andern befindet[3]. Der Vorteil besteht dabei gegenüber Kugeln in einer größeren Störungsfreiheit gegen fremde elektrische Felder. Ferner schlug A. SCHWAIGER die Benutzung von gekreuzten Zylindern an Stelle von Kugeln vor. Bei dieser Anordnung kann der Zylinderradius kleiner gehalten werden als der Kugelradius, und man erhält bei gleicher Spannung kleinere Elektrodenabstände (Schlagweiten) und dadurch geringere Beeinflussung durch fremde Felder[4]. Schließlich hat W. ROGOWSKI an Stelle von Kugeln Plattenelektroden mit einwandfreier Randausbildung zur Messung von Spannungsscheitelwerten vorgeschlagen[5]. Hierbei ist die Schlagweite die kleinstmögliche. Durch die von W. ROGOWSKI angegebene Art der Abrundung des Plattenradius wird erreicht, daß die Feldstärke an den Abrundungen nicht größer wird als zwischen den ebenen Teilen der Elektroden, so daß die Durchschläge zwischen diesen ebenen Teilen erfolgen. Nach W. SCHILLING kann die Krümmung sogar noch wesentlich stärker zugelassen werden[6].

Neben den Funkenstrecken kommen zur Messung von Spannungsscheitelwerten noch eine Reihe anderer Wege in Frage, von denen einige angedeutet seien. Man kann die Tatsache zur Scheitelwertmessung ausnutzen, daß der Ladestrom eines Kondensators, der zwischen zwei Scheitelwerten einer Wechselspannung fließt, der Scheitelspannung proportional ist. Dieser Ladestrom kann leicht in einer einfachen

---

[1] Siehe O. ZDRALEK.

[2] Grundlegende Betrachtungen über den Durchschlagsvorgang bei Kugelfunkenstrecken s. W. ESTORFF (1); W. O. SCHUMANN (2); R. EDLER; A. M. ZALESSKY; M. TOEPLER (10).

[3] Siehe W. PETERSEN (1) S. 87; S. FRANCK (1) S. 32. In diesem Buche ist alles Wissenswerte über die Messung von Spannungen mit Entladungsstrecken zusammengestellt.

[4] Siehe E. WERNER; S. FRANCK (1) S. 37.

[5] Siehe W. ROGOWSKI (2); W. ROGOWSKI u. H. RENGIER (25); H. RENGIER; S. FRANCK (1) S. 13; F. M. BRUCE (2). — Über die Durchschlagfestigkeit der Luft zwischen Plattenelektroden liegen sehr viele Veröffentlichungen vor. Eine zusammenfassende Darstellung der Versuchsergebnisse verschiedener Autoren und eingehende grundsätzliche Untersuchungen siehe bei W. O. SCHUMANN (1); ferner H. RITZ (3).

[6] Siehe W. SCHILLING (2).

Ventilschaltung gemessen werden, die sich in jedem Laboratorium zusammenstellen läßt[1]. Vor der Funkenstreckenmessung hat dieses Verfahren den Vorzug, daß der Scheitelwert laufend während des Versuches abgelesen werden kann. Dagegen ist aber zu beachten, daß die Anzeige des Strommessers der Scheitelspannung nur dann proportional ist, wenn eine Wechselspannung mit gleich großem positiven und negativen Scheitelwert vorliegt und wenn in jeder Halbwelle nur *eine* Spannungsspitze auftritt. Auch dieses Verfahren der Scheitelwertmessung eignet sich gut für ein Hochspannungspraktikum. Es kann zum Vergleich mit den Kugelfunkenstreckenangaben herangezogen werden[2].

Eine Glimmröhre beginnt bei einem bestimmten Spannungsscheitelwert zu leuchten [siehe A. GLASER (5)]. Auf dieser Erscheinung ist ebenfalls eine Methode zur Bestimmung des Scheitelwertes von Spannungen aufgebaut worden. Ferner kann man Kompensations- oder Brückenschaltungen zur Scheitelspannungsmessung benutzen. Schließlich können auch Oszillographen [s. A. PALM (11) S. 180] (Schleifenoszillograph, BRAUNsches Rohr, Kathodenstrahloszillograph siehe 3. Versuch, S. 68) zur Messung des Spannungsscheitelwertes herangezogen werden.

Zusammenfassend ist festzustellen, daß zur Scheitelwertbestimmung von hohen Spannungen viele Möglichkeiten vorliegen. Die Funkenstreckenmessung wird infolge ihrer Anwendbarkeit bei den verschiedensten Spannungskurven und Spannungshöhen sowie infolge ihrer Einfachheit auch bei den höchsten Spannungen zu Scheitelwertmessungen in der Hochspannungstechnik am häufigsten benutzt. Ihre Meßgenauigkeit ist allerdings nicht sehr groß.

2. Versuch: **Messung der Mittelwerte von Spannungen und Strömen bei Hochspannungsversuchen.**

a) Allgemeine Grundlagen. Zur Messung von hohen Spannungen können Meßgeräte meist nicht unmittelbar benutzt werden. Es muß, wenn nur Geräte für niedrige Spannung zur Verfügung stehen, mit sehr hohen Vorwiderständen, mit ohmschen, induktiven bzw. kapazitiven

---

[1] Dieses Verfahren ist von L. W. CHUBB u. S. FORTESCUE angegeben und später von der Firma Haefely verbessert worden. Siehe auch A. ROTH (4) 3. Auflage, S. 388; D. E. M. GARFITT; W. RABUS (3) u. (4). Zusammenfassende Darstellungen der wichtigsten Verfahren zur Scheitelwertmessung und weitere Literaturangaben siehe bei H. PRINZ (4) und W. RASKE (8). In der zuletzt genannten Veröffentlichung sind auch die neueren Scheitelfaktor-Meßbrücken behandelt worden (Meßbrücke von LINCKH; Meßbrücke von WARNECKE und die Scheitelfaktor-Meßbrücke von SCHERING).

[2] Die bei dieser Meßmethode auftretenden Fehler und ihre Einschränkung sind behandelt worden von K. DREWNOWSKI u. J. L. JAKUBOWSKI (2); siehe auch J. L. JAKUBOWSKI.

Spannungsteilern oder mit Spannungswandlern gearbeitet werden. Bei Verwendung dieser Einrichtungen muß die am Meßgerät liegende Spannung in einem festen, leicht bestimmbaren Verhältnis zu der zu messenden Hochspannung stehen, ferner darf von der Meßeinrichtung nur eine kleine Leistung verbraucht werden, weil die Hochspannungsprüfeinrichtungen meist nur geringe Leistung besitzen.

Bei Wechselspannungsversuchen reicht es vielfach aus, wenn man den Effektivwert der Spannung auf der Unterspannungsseite des Transformators mißt und diesen Unterspannungswert mit dem Übersetzungsverhältnis des Transformators multipliziert. Die Spannungsabfälle des Transformators treten dabei als Fehler auf. Wenn der Prüftransformator eine besondere Meßwicklung besitzt, an die ein Meßgerät angeschlossen werden kann, dann kommt als Fehler nur der Spannungsabfall auf der Oberspannungsseite des Transformators in Frage.

Sondergeräte, die unmittelbar auch bei sehr hohen Spannungen benutzt werden können, arbeiten mit der im elektrischen Felde vorhandenen Kraftwirkung (Elektrostatische Geräte). Diese Geräte können sowohl bei Wechselspannungen der verschiedensten Frequenzen wie bei Gleichspannungen zur Bestimmung des effektiven Mittelwertes benutzt werden; sie haben keinen Leistungsverbrauch. Ihr Meßbereich kann durch kapazitive Spannungsteiler leicht erweitert werden.

Die Strommessung kann bei Hochspannungsversuchen mit unmittelbar in den Stromkreis eingebauten Strommessern oder über Stromwandler erfolgen. Da die auftretenden Ströme meist sehr klein sind und da Wechselstromgeräte nicht mit sehr großer Empfindlichkeit gebaut werden können, empfiehlt sich in vielen Fällen die Messung des Spannungsabfalles an einem bekannten hohen Widerstand mit Hilfe eines elektrostatischen Spannungsmessers. Ferner kommt das Arbeiten mit empfindlichen Gleichstromgeräten unter Vorschaltung von elektrischen Ventilen in Frage.

Bei Versuchen, in denen Über- oder Durchschläge auftreten können, müssen die Strommeßeinrichtungen sorgfältig gegen Überströme geschützt werden.

b) Praktische Bedeutung. Die Wichtigkeit der Strom- und Spannungsmessung in der Hochspannungspraxis liegt auf der Hand.

Wenn auch bei Untersuchungen über die elektrische Festigkeit die Kenntnis des Spannungsscheitelwertes meist besonders wichtig ist, benötigt man doch oft auch den Effektivwert der Spannung. Beispielsweise bei allen Vorgängen, die auf Erwärmung zurückzuführen sind, ist der Effektivwert entscheidend. Ferner wird man bei Gleichspannungsversuchen und überall dort, wo die Kurve einer Wechselspannung stark von der Sinusform abweicht, eine Messung des Mittelwertes der Spannung auf der Oberspannungsseite ausführen müssen.

Strommessungen sind im Hochspannungslaboratorium z. B. erforderlich bei der Untersuchung von Vorentladungsvorgängen, bei Verlustmessungen und Lichtbogenversuchen. Ferner spielt die Stromstärke bei Versuchen an Überspannungs- und Überstromschutzeinrichtungen, an Erdschlußspulen, an Schaltern und an Hochspannungsventilen eine ausschlaggebende Rolle. Bei der Messung von sehr hohen Isolationswiderständen liegt die Aufgabe der Messung außerordentlich kleiner Stromstärken vor. Bei jedem Hochspannungsversuch schaltet man außerdem einen Strommesser in den Unterspannungskreis des Prüftransformators ein, um einer Überlastung des Transformators rechtzeitig vorbeugen zu können.

c) Versuchsplan, Aufbau und Geräte. Unter Verwendung einiger Versuchsanordnungen sollen nebeneinander verschiedene Spannungs- und Strommeßeinrichtungen benutzt und die entsprechenden Ablesungen miteinander verglichen werden. Abb. 17 stellt eine Schaltung hierfür dar. Als Prüfling ist zunächst ein Stützenisolator J gewählt, an dem die Spannung durch Verkleinerung des Wasserwiderstandes WW_n allmählich bis zum Überschlag gesteigert werden kann. An *Spannungsmeßeinrichtungen* sind vorhanden: der dynamometrische oder Dreheisen-Spannungsmesser V_1 auf der Unterspannungsseite des Prüftransformators

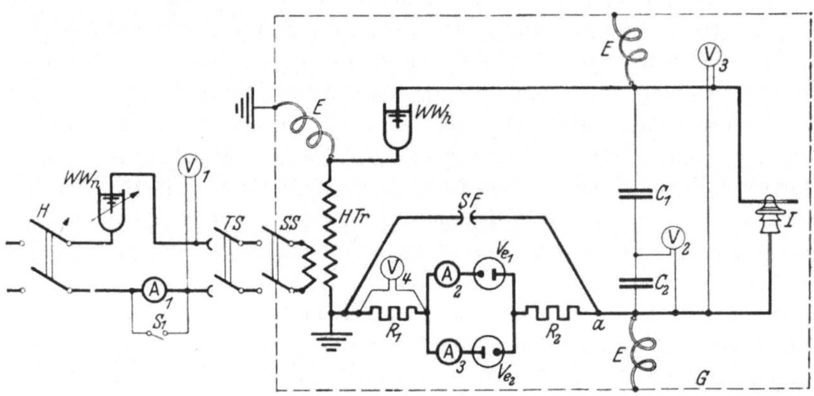

Abb. 17. Schaltung zur Messung der Mittelwerte von Spannungen und Strömen bei Hochspannungsversuchen. Bezeichnungen s. S. 46.

HTr, der elektrostatische Spannungsmesser V_2, der über einen kapazitiven Spannungsteiler angeschlossen ist, und der elektrostatische Spannungsmesser V_3, der die Spannung unmittelbar zu messen gestattet (siehe S. 24). Die beiden als Spannungsteiler benutzten Kondensatoren C_1 und C_2 sollen gleichartiges oder ähnliches Dielektrikum besitzen, so daß sie annähernd gleich große Verlustwinkel haben. Nur dann kann man annehmen, daß die Spannung sich auf die beiden Kondensatoren bei verschiedener Spannungshöhe und verschiedener Kurvenform in konstantem Verhältnis verteilt. Die Kapazität des Kondensators C_2 muß ferner groß sein gegenüber der Kapazität des Meßgerätes V_2[1]. Der Aufbau muß so getroffen werden, daß keine elektrischen Feldlinien von den Hochspannungsleitungen aus zu der Verbindungsleitung von C_1 zu C_2 und zum Spannungsmesser V_2 verlaufen, da sonst ein zu hoher Wert angezeigt wird. Erreicht wird dies durch eine geerdete metallische Abschirmung dieser Teile.

Zur *Strommessung* sind die Strommesser A_1 bis A_3 und der zum Widerstand R_1 parallel geschaltete elektrostatische Spannungsmesser V_4 vorhanden. Die Stromstärke an der Stelle A_1 kann z. B. mit einem Dynamometer oder Dreheisengerät gemessen werden. Man wird den Schalter S_1 im allgemeinen geschlossen halten und ihn nach dem Einstellen eines neuen Spannungswertes nur jeweils kurzzeitig öffnen, um die Stromstärke abzulesen. Der Strommesser kann dann bei einem Überschlag am Isolator J nicht zerstört werden. Auf der Unterspannungsseite des Transformators fließt im allgemeinen nur ein im Vergleich zum Nennstrom des Transformators kleiner Strom, weil auf der Oberspannungsseite nur eine kleine kapazitive Last vorliegt. Zur Messung des Effektivwertes des Stromes im Hochspannungskreise ist der hohe Wirkwiderstand R_1 mit dem zu ihm parallel geschalteten elektrostatischen Spannungsmesser V_4 vorgesehen. Durch Wahl verschieden hoher Widerstände kann man die Stromstärke in einem weiten Bereiche messen. Zur Messung an den hier vorgeschlagenen Einrichtungen sind zwei Schniewindt-Bänder mit 50000 und 200000 Ω oder entsprechende Rosenthal-Widerstände zusammen mit einem Multizellular-Voltmeter für 10 bis 150 V gut verwendbar. Es lassen sich damit Ströme von 0,05 bis 3 mA messen. Der an R_1 bei dem Hochspannungsversuch auftretende Spannungsabfall ist gegenüber der durch den Transformator HTr erzeugten Spannung zu vernachlässigen. Auch der durch V_4 fließende Kapazitätsstrom bedingt, wie eine einfache Nachrechnung ergibt, nur einen ganz unerheblichen Fehler. Diese Strommessung mit Hilfe eines elektrostatischen Spannungsmessers wird deshalb vorgeschlagen, weil normale Wechselstrommesser bei weitem nicht die für den vorgesehenen Versuch erforderliche Empfindlichkeit besitzen.

Mit den beiden Strommessern A_2 und A_3 lassen sich in der in Abb. 17 dargestellten Schaltung sehr kleine Wechselströme ermitteln, weil sich

---

[1] Wenn der Versuch mit einer Spannung bis 100 kV Effektivwert durchgeführt werden soll, kommen als Spannungsteilerkondensatoren z. B. in Frage: C_1 Hartpapierkondensator von 300 pF für 100 kV; C_2 entsprechender Kondensator von 30000 pF für 1000 V. Der Spannungsmesser V_2 zeigt dann bei 100 kV Transformatorspannung einen Ausschlag von 1000 Volt. Literatur über Spannungsteiler siehe S. 67.

hier Drehspulgeräte verwenden lassen, die für sehr kleine Stromstärken gebaut werden können. Ve_1 und Ve_2 sind ungesteuerte elektrische Ventile für geringe Sperrfähigkeit[1]. Wenn der Punkt a der Schaltung positive Spannung gegen Erde besitzt, fließt Strom durch das Ventil Ve_1 und den Strommesser A_2; ist a negativ gegen Erde, dann fließt Strom durch Ve_2 und A_3[2]. Der Strommesser A_2 zeigt den arithmetischen Mittelwert des Stromes in der positiven, A_3 den arithmetischen Mittelwert des Stromes in der negativen Halbwelle an. Bei sinusförmigem Verlauf des Gesamtstromes ist der Effektivwert dieses Stromes $\pi/\sqrt{2}$ mal größer als der in jedem der beiden Strommesser A_2 und A_3 angezeigte Wert. Wenn mit dieser Schaltung der durch oder über einen Isolator hinweg fließende Strom einwandfrei gemessen werden soll, dann müssen die annähernd auf Erdpotential befindlichen Leitungen so abgeschirmt werden, daß keine zusätzlichen Kapazitäts- oder Isolationsströme mitgemessen werden. Auch die Spannungsmeßeinrichtungen müssen während der Strommessung abgetrennt werden. Der durch den Spannungsabfall der Ventile entstehende Fehler ist hier sehr gering, da ja der Versuch mit hoher Spannung durchgeführt wird. Die Antiparallelschaltung der beiden Ventile hat neben dem Vorzug der Verwendungsfähigkeit sehr empfindlicher Gleichstrommesser den Vorteil, daß sich eine Unsymmetrie in der Stromkurve leicht erkennen läßt. Treten z. B. an dem Isolator J Vorentladungen bei negativer Polarität der angelegten Spannung früher auf als bei positiver Polarität, dann muß bei langsamer Spannungssteigerung der Strommesser A_3 zuerst zum Ausschlag kommen.

Die Widerstände R_1 und R_2 und die Sicherheitsfunkenstrecke SF haben den Zweck, die Strommesser A_2, A_3 und den Spannungsmesser V_4 bei einem Überschlag des Prüflings J zu schützen. Es tritt in diesem Falle plötzlich ein hoher Spannungsabfall an diesen Widerständen auf, der an SF einen Überschlag und damit eine Überbrückung der Meßgeräte erzeugt. Der Betrag von R_2 kann, ebenso wie der von R_1, in der Größenordnung von 100000 Ω liegen.

Nach Abschluß der Aufnahme am Stützenisolator J kann z. B. eine Zylinderanordnung, deren innerer Leiter ein dünner Draht ist (siehe Abb. 18)[3], untersucht werden. Schließlich kommt für den Versuch eine Anordnung in Frage, bei der mehrere Spitzen einer Platte gegenüberstehen. Bis zu einer Spannung von etwa 50 kV Effektivwert eignet sich

---

[1] Als Ventile kommen z. B. Kupferoxydul- oder Selen-Gleichrichter in Frage.

[2] Als Strommeßgeräte können z. B. benutzt werden Drehspulgalvanometer für 0 bis $150 \cdot 10^{-6}$ A mit Nebenwiderständen für 0 bis $750 \cdot 10^{-6}$ A.

[3] Eine solche Zylinderfunkenstrecke kann auch bei vielen anderen Hochspannungsversuchen Verwendung finden, siehe W. Petersen (1) S. 42; W. O. Schumann (1) S. 73, 81; A. Schwaiger (7) S. 259, 263.

als Meßobjekt eine Gruppe von etwa 50 Spitzen, die in gleichem Abstand einer Plattenelektrode mit abgerundetem Rand von etwa 35 cm Durchmesser gegenüberstehen. Diese beiden Elektroden setzt man am besten in ein Kugelfunkenstreckengestell ein, so daß man den Abstand unter Spannung verändern kann. An dieser Anordnung lassen sich bemerkenswerte Polaritätseffekte beobachten.

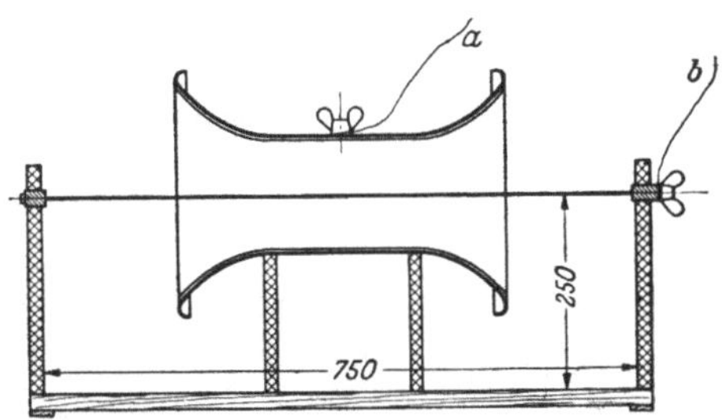

Abb. 18. Skizze einer Zylinderanordnung. An Stelle des dünnen Drahtes können verschieden starke Innenzylinder eingesetzt werden.

Alle auf der Hochspannungsseite des Transformators *HTr* eingebauten Geräte müssen sich natürlich innerhalb des Schutzgitters (siehe S. 17) befinden. Meßgeräte mit senkrecht stehender Skala lassen sich hierbei besser ablesen als solche mit waagerechter Skala (Ablesung unter Umständen über Spiegel). Die Geräte im Hochspannungskreis müssen im allgemeinen wegen der unter Umständen an ihnen auftretenden hohen Spannungen gegen Erde isoliert aufgestellt werden; Metallgehäuse sind mit einer der Zuleitungen zum Gerät zu verbinden.

d) Versuchsdurchführung. In der Schaltung Abb. 17 ist zuerst eine Überbrückung der Sicherheitsfunkenstrecke *SF* auszuführen, so daß die Meßgeräte A_2, A_3 und V_4 nicht ausschlagen. Dann ist die Spannung durch Verkleinerung des Wasserwiderstandes WW_n langsam unter Beobachtung der Meßgeräte V_1, V_2 und V_3 zu steigern, bis die Transformatorspannung ihren höchsten Wert erreicht hat oder der Prüfling überschlägt. Man kennt dann den Bereich, in dem die Messungen durchgeführt werden können. Den Abstand an der Sicherheitsfunkenstrecke *SF* stellt man dann auf $^1/_2$ bis 1 mm ein. Tritt während der Spannungssteigerung ein Überschlag an *SF* ein, ohne daß sich in der Versuchsanlage an anderer Stelle ein Überschlag ereignet hat, dann muß der Abstand an *SF* vergrößert werden. Bei dem Hauptversuch sind auf den gewählten Spannungsstufen sämtliche Meßgeräte abzulesen und die Werte in eine Zahlentafel einzutragen. Diese Aufnahme kann nacheinander mit dem Isolator, mit der Zylinderanordnung und mit der Spitzen-Platte-Funkenstrecke ausgeführt werden. Die Spitzen können einmal an den Hochspannungsleiter und dann an den Leiter mit annähernd Erdpotential angeschlossen werden.

e) Auswertung und Beurteilung der Versuchsergebnisse. Die abgelesenen Spannungs- und Stromwerte sind in Kurven aufzuzeichnen. Die auf der Unterspannungsseite gemessenen Spannungswerte sind durch

Multiplikation mit dem Übersetzungsverhältnis des Transformators auf die Oberspannungsseite umzurechnen. Der mit den Strommessern A_2 und A_3 gemessene arithmetische Mittelwert kann, solange diese beiden Geräte den gleichen Wert anzeigen, mit dem Effektivwert des Gesamtstromes, gemessen mit R_1 und V_4, verglichen werden. Das Verhältnis des Effektivwertes zum gesamten arithmetischen Mittelwert (Summe der Angaben von A_3 und A_2) nennt man den Formfaktor. Er hat bei der Sinuskurve den Wert 1,11.

Die mit den Spannungsmessern V_2 und V_3 ermittelten Hochspannungswerte müssen etwa gleich sein, und zwar bei allen drei Versuchsanordnungen. Man kann also bei reinen Wechselspannungen und bei Verwendung von elektrostatischen Meßgeräten unbedenklich kapazitive Spannungsteiler verwenden. Der mit V_1 ermittelte und auf die Oberspannungsseite umgerechnete Wert wird oft niedriger sein als die unmittelbar auf der Oberspannungsseite gemessenen Werte, weil bei der kapazitiven Belastung des Transformators eine Spannungserhöhung zu erwarten ist.

Die Aufzeichnung der Stromstärke über der Spannung zeigt, daß die Stromstärke im allgemeinen prozentual wesentlich stärker anwächst als die Spannung; das ist besonders dann der Fall, wenn starke Vorentladungen am Prüfling auftreten. Wachsende Vorentladungen sind also mit immer stärker werdender Stromaufnahme verbunden. Die Verschiedenheit in den Anzeigen der Strommesser A_2 und A_3 ergibt sich aus der Tatsache, daß die Polarität der Spannung auf das Einsetzen und die Ausbildung der Vorentladungen von Einfluß ist. Auf diese Erscheinung werden wir bei späteren Versuchen noch wiederholt stoßen. Schon hier ist also festzustellen, daß bei manchen Vorgängen in der Hochspannungstechnik die Ermittlung des Effektivwertes des Stromes nicht zur Beurteilung ausreicht, da der Strom in den beiden Halbwellen eine verschiedene Größe besitzen kann. In die Versuchsniederschrift sind die bei hoher Spannung auftretenden, mit dem Auge und Ohr wahrnehmbaren Erscheinungen an den Prüflingen mit aufzunehmen.

f) Literaturübersicht. — Andere Versuchsmöglichkeiten. Über die Messung von hohen Spannungen sind in der Literatur viele Arbeiten erschienen. Es stehen hierfür ganz verschiedene Wege zur Verfügung [siehe z. B. B. KALKNER (1)].

Elektrostatische Spannungsmesser, mit denen hohe Spannungen unmittelbar gemessen werden können, sind in den verschiedenartigsten Ausführungen vorgeschlagen und gebaut worden. Gemeinsam ist allen diesen Ausführungen das Streben nach möglichst großer Kraftwirkung und nach Beseitigung des Einflusses fremder elektrischer Felder. Auch die Erzielung verschiedener Meßbereiche ist bei diesen Geräten wichtig. Jedenfalls wurden bereits elektrostatische Geräte für Spannungen bis

1000 kV_{eff} gebaut. Elektrostatische Geräte für niedrige Spannungen sind ebenfalls in der Literatur vielfach behandelt worden[1].

Sehr wichtig für Hochspannungsuntersuchungen sind ferner *Spannungsteiler*. Sie kommen, wie bei dem beschriebenen Versuch, für den Anschluß von Spannungsmessern in Frage, man benötigt sie aber auch für oszillographische Aufnahmen (siehe 3. Versuch), da meist die Oszillographen nicht für unmittelbares Anlegen hoher Spannungen geeignet sind. In vielen Fällen ist bei Hochspannungsgeräten die Steuerung der Spannung von Zwischenelektroden notwendig. Auch dazu benötigt man Spannungsteiler.

Bei einem idealen Spannungsteiler ist, unabhängig vom Spannungsverlauf, das Verhältnis der Augenblickswerte der Spannungen an den beiden Teilen in jedem Zeitpunkt konstant. Dieses Verhältnis soll auch bei Belastung der Unterspannungsstufe des Teilers durch ein Meßgerät oder einen Oszillographen möglichst erhalten bleiben. Vollständig lassen sich diese Forderungen nicht erfüllen.

Bei hohen Gleichspannungen kommt nur ein Spannungsteiler bestehend aus Wirkwiderständen in Frage. Bei sehr hohen Spannungen ist der Bau solcher Wirkwiderstände, die nur eine kleine Leistung aufnehmen dürfen, recht schwierig. Legt man an einen solchen Widerstandsteiler eine hochfrequente Spannung an, dann wird das Teilungsverhältnis durch die unvermeidlichen Kapazitäten und Induktivitäten der Widerstandsteile verändert[2]. Bei solchen Vorgängen sind deshalb kapazitive Spannungsteiler wesentlich günstiger. Auch bei niederfrequenten Spannungen wird man für den Anschluß von elektrostatischen Geräten, die ja selbst eine Kapazität darstellen, einen kapazitiven Teiler bevorzugen, während man für den Anschluß einer Oszillographenschleife, die einen Wirkwiderstand besitzt, einen Widerstandsteiler bevorzugen wird[3]. Besonders hohe Anforderungen werden an Spannungsteiler gestellt, wenn der zu untersuchende Spannungsvorgang sowohl sehr rasche wie langsame Änderungen enthält, wie dies bei Stoßspannungen der Fall ist. Man muß dann gemischte Spannungsteiler benutzen, die in jedem Teile aus einer Parallelschaltung eines Wirkwiderstandes mit einer Kapazität bestehen[4].

Die Verwendung von Gleichstrommeßgeräten in Verbindung mit

---

[1] Literaturangaben über elektrostatische Geräte siehe S. 24.

[2] Über Spannungsteiler, bestehend aus Wirkwiderständen, sowie über die Zeitkonstante von Widerständen siehe z. B. E. Orlich (2); H. Kind; W. Raske (3); W. Hohle u. H. Woelken; C. L. Dawes, C. H. Thomas u. A. B. Drought.

[3] Kapazitive Spannungsteiler werden in Veröffentlichungen behandelt von G. Keinath (1) u. (2); P. Hochhäusler (3); A. Palm (6); P. Hochhäusler (5); H. Poleck (2); W. Raske (7); St. C. Clark; P. Böning (18).

[4] Siehe W. Rogowski, O. Wolff u. H. Klemperer (28); W. Raske (4); R. Elsner (8); O. Zinke; H. Höhl; A. Liechti (2).

Ventilen zur Messung von Wechselströmen oder Wechselspannungen ist in den letzten Jahren üblich geworden. Neuerdings gibt es Meßgeräte im Handel, in die kleine elektrische Ventile eingebaut sind, und die zusammen mit dem Ventil in Effektivwerten geeicht sind. Da der Ausschlag dieser Geräte jedoch dem arithmetischen Mittelwert proportional ist, ist die Anzeige nur bei sinusförmigem Kurvenverlauf richtig. In der Hochspannungstechnik, in der oft kleine Stromstärken gemessen werden müssen und in der für das Meßgerät meist nur kleine Leistungen zur Verfügung stehen, kann man derartige Meßgeräte mit Ventilröhren, Trokkengleichrichtern oder mechanischen Gleichrichtern vielfach verwenden[1].

Bei vielen Hochspannungsuntersuchungen ist die Messung der Mittelwerte von Spannungen und Strömen in einfachen, anzeigenden Geräten zur Klärung der Vorgänge nicht mehr ausreichend, sondern man muß eine Bestimmung des gesamten zeitlichen Verlaufes dieser Größen vornehmen (siehe 3. Versuch).

Bei manchen Hochspannungsversuchen sind ferner auch Leistungsmessungen erforderlich. Große Leistungen mißt man bei hohen Spannungen über Strom- und Spannungswandler. Kleine Leistungen, insbesondere Verlustleistungen, werden meist in Brückenschaltungen ermittelt (siehe 14. Versuch).

An zu untersuchenden Anordnungen sind bei dem vorstehenden Versuch drei beliebige herausgegriffen worden, um an ihnen einige Möglichkeiten der Strom- und Spannungsmessung zu zeigen. In der gleichen Weise können die verschiedenartigsten Isolieranordnungen oder Hochspannungsgeräte zu der Messung herangezogen werden.

3. Versuch: **Aufnahme des zeitlichen Verlaufes von Spannungen und Strömen bei Hochspannungsversuchen.**

a) Allgemeine Grundlagen. Die Aufnahme des zeitlichen Verlaufes, also der Kurvenform, von Spannungen und Strömen ist überall dort notwendig, wo die Kenntnis des Scheitelwertes und der Mittelwerte nicht zur Beurteilung eines Vorganges ausreichen und wo erhebliche Abweichungen der Spannungen und Ströme von Sinuskurven (oder bei Gleichspannungsversuchen von konstanten Beträgen) zu erwarten sind. Für die Kurvenaufnahmen kommen in erster Linie der Schleifenoszillograph und das Braunsche Rohr in Frage[2].

---

[1] Nähere Angaben über diese Meßverfahren siehe bei R. Jaeger; H. Daene u. W. Hubmann; A. Palm (11); L. Rohde (1); E. Froböse; H. Pfannenmüller; H. F. Grave; Josef Schintlmeister.

[2] Eingehende Beschreibungen dieser Einrichtungen sind in der Literatur vorhanden (siehe S. 78 bis 80). Eine Beschreibung des Aufbaues dieser Oszillographen erübrigt sich deshalb hier. — Ein Braunsches Rohr, das mit Hilfseinrichtungen zum Oszillographieren versehen ist, wird als „Elektronenstrahl-Oszillograph" oder als „Kathodenstrahl-Oszillograph" bezeichnet. Einrichtungen dieser Art,

Der Schleifenoszillograph gestattet die zeitproportionale Wiedergabe von periodischen oder nichtperiodischen Vorgängen zur Beobachtung, Aufzeichnung und Photographie sowie die gleichzeitige Aufnahme von mehreren Vorgängen in der richtigen Phasenlage. Zu beachten ist die begrenzte sekundliche Schwingungszahl der Schleifen und die Notwendigkeit, für den vollen Ausschlag der Schleifen eine gewisse Mindeststromstärke zur Verfügung zu haben[1]. Da die Schleifen einen fast rein ohmschen Widerstand besitzen, kommen für den Schleifenoszillographen in erster Linie Spannungsteiler in Frage, die aus Wirkwiderständen bestehen. Für sehr hohe Spannungen sind Wirkwiderstände mit sehr hohem Ohmbetrag kostspielig und empfindlich; die in ihnen verbrauchte Leistung ist für Hochspannungsversuche nicht unerheblich (siehe S. 20 u. f.).

Das BRAUNsche Rohr, das in den letzten Jahren sehr stark weiterentwickelt worden ist, besitzt folgende Vorzüge: Eine außerordentlich hohe Schreibgeschwindigkeit des Strahles ist anwendbar, es können deshalb auch Vorgänge mit sehr hoher Frequenz untersucht werden. Kapazitive Spannungsteilung ist möglich; zum Oszillographieren mit dem BRAUNschen Rohr ist keine Wirkleistung erforderlich. Die Anschaffungskosten sind verhältnismäßig gering. Nachteile des BRAUNschen Rohres sind: Die zeitproportionale Strahlablenkung ist nicht ganz einfach zu erzielen. Bei periodischen Vorgängen ist sie angenähert mit einem Kippgerät zu erreichen. Die Beobachtung und Photographie von längere Zeit dauernden nichtperiodischen Vorgängen ist kaum möglich.

Eine allgemeine Entscheidung, welche der beiden Oszillographiereinrichtungen für Hochspannungsversuche besser geeignet ist, kann hiernach nicht getroffen werden. Es muß sich nach der vorliegenden Aufgabe richten, ob man mit dem Schleifenoszillographen oder dem BRAUNschen Rohr besser zum Ziele kommt.

b) Praktische Bedeutung. In der Hochspannungstechnik gewinnt die Kenntnis des zeitlichen Verlaufes von Spannungen und Strömen immer mehr Bedeutung. Man hat erkannt, daß der Spannungsverlauf auf die elektrische Festigkeit von Anordnungen von entscheidendem Einfluß ist; dementsprechend ist bei grundlegenden Untersuchungen

bei denen besondere Mittel zur Aufnahme kurzzeitigster Vorgänge vorgesehen sind, wurden in erster Linie durch deutsche Forschungsarbeiten geschaffen. Wir verdanken sie in der Hauptsache W. ROGOWSKI, Aachen; A. MATTHIAS, Berlin; L. BINDER, Dresden, und deren Mitarbeitern.

[1] Zur Zeit kommen für den Siemens-Schleifenoszillographen folgende Grenzwerte in Frage:

Eigenfrequenz der ungedämpften Schleife etwa Per/s	Stromstärke, die zum vollen Ausschlag der Schleife notwendig ist etwa mA
20000	250
1200	1,5

über Durchschlags- und Überschlagsvorgänge die oszillographische Ermittlung der Spannungskurve notwendig. Der elektrische Sicherheitsgrad unserer Hochspannungsanlagen ist durch solche Untersuchungen stark erhöht worden. Ferner ist die völlige Klärung des Verlaufes von Wanderwellen auf Leitungen und in Wicklungen erst nach der Entwicklung von Oszillographiereinrichtungen für solche außerordentlich kurzzeitig sich abspielende Vorgänge möglich gewesen; diese Klärung hat die Herstellung von Überspannungsschutzeinrichtungen ermöglicht, die den Anlagen wertvollen Schutz gewähren. Erdschlußvorgänge sowie Lichtbogenerscheinungen bei Wechselstrom können ebenfalls nur bei Verwendung von Oszillographen verfolgt werden. Schließlich ist auch die sehr erfolgreiche neuzeitliche Entwicklung von Hochleistungsschaltern, Hochleistungssicherungen und Ventilen für hohe Spannungen und starke Ströme nur durch Verwendung von hochwertigen Oszillographen möglich gewesen. Wir werden aus diesen Gründen auch bei verschiedenen der später beschriebenen Versuche von Oszillographiereinrichtungen Gebrauch machen.

Auch in unseren Hochspannungsnetzen findet man heute vielfach Schleifenoszillographen und Kathodenstrahloszillographen vor, mit denen Oberwellen in der Betriebsspannung sowie der Verlauf der Spannung bei Schaltvorgängen, Erdschlüssen, Kurzschlüssen, Gewittervorgängen usw. erfaßt werden. Nur bei genauer Kenntnis dieser Spannungsverläufe kann man geeignete Schutzmaßnahmen ergreifen[1]. Man legt großen Wert darauf, Verzerrungen in der Kurvenform von Strömen und Spannungen zu vermeiden[2].

c) Versuchsplan, Aufbau und Geräte. Als Übungsbeispiel für das Oszillographieren von Spannungen und Strömen ist eine Schaltung nach Abb. 19 geeignet. An dem Hochspannungstransformator *HTr* ist über einen hohen Widerstand R_h eine Spitze-Platte-Funkenstrecke *S-P* angeschlossen. Beim Steigern der Transformatorspannung treten an *S-P* Überschläge auf, und zwar zuerst nur bei positiver Spitze, also nur einmal in jeder Periode. Die Spitze-Platte-Funkenstrecke wird durch ein kleines Gebläse oder einen Ventilator angeblasen (angedeutet durch *B*). Der entstehende stromschwache Lichtbogen wird dadurch seitlich weggeblasen. Beim Nullwerden des Stromes verlischt der Lichtbogen. Die dann auftretende negative Spannung an der Spitze führt nicht zum Durchschlag, da die Durchschlagspannung bei negativer Spitze wesentlich höher liegt als bei positiver Spitze (siehe Abb. 30). Es treten dementsprechend in dem stark gezeichneten Hauptstromkreis nur positive Stromimpulse auf.

Die wichtigsten Spannungs- und Stromkurven in dem Stromkreis sollen oszillographisch aufgenommen werden. Parallel zur Oberspan-

[1] Siehe z. B. K. Halbach (1). [2] Siehe R. Buch u. E. Hueter.

nungswicklung des Transformators liegt der hohe Meßwiderstand R_{sp}. An seiner geerdeten Seite befindet sich ein Abgriff für die Oszillographenschleife O_{sp} und die Spannungsablenkplatten eines Braunschen Rohres BR_{sp}[1]. Die Zuleitungen zu diesen Oszillographen sind aus dem Absperrgitter G herausgeführt. Vor der Oszillographenschleife O_{sp} liegt ein veränderlicher Vorwiderstand zum Einstellen des Ausschlags. Da die Oszillographenschleifen gegen Überlastung empfindlich sind, ist in jedem Falle vor die Schleifen ein solcher regelbarer Vorwiderstand zu schalten. Dieser Widerstand wird vor dem Einschalten so groß wie mög-

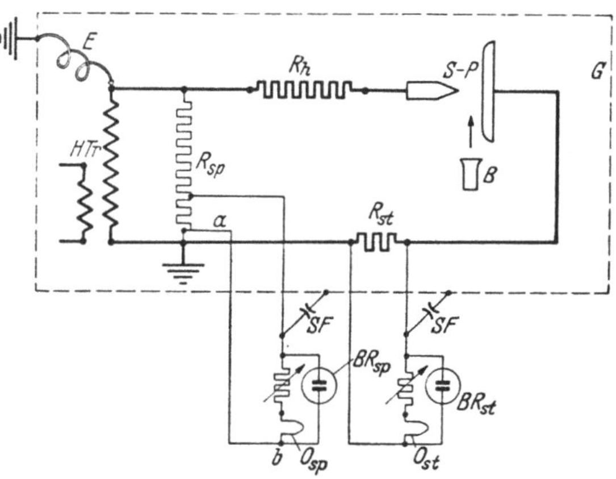

Abb. 19. Schaltung zur Aufnahme des zeitlichen Verlaufes von Spannungen und Strömen bei Hochspannungsversuchen. Bezeichnungen s. S. 46. B Gebläse. R_{sp}, R_{st} Meßwiderstände zum Oszillographieren. O Oszillographenschleifen. BR Platten eines Braunschen Rohres. Index sp zur Spannungsaufnahme gehörig. Index st zur Stromaufnahme gehörig. Schaltung der Unterspannung von $H\,Tr$ s. Abb. 17.

lich gemacht und während des Betriebes langsam bis zum vollen Ausschlag der Schleife verringert. Die Oszillographenschleife darf ferner nicht einfach in Reihe zu dem Widerstand R_{sp} geschaltet werden, da sonst beim Ausschalten der Schleife Hochspannung an ihr entstehen würde. Es muß stets ein Teil von R_{sp} zu der Reihenschaltung von O_{sp} und dem zugehörigen Vorwiderstand parallel geschaltet bleiben. Der Ausschlag der Schleife sowie die Ablenkung des Strahles im Braunschen Rohr sind dem Augenblickswert der Spannung proportional.

In entsprechender Weise liegen die Oszillographenschleife O_{st} und die Ablenkplatten des Braunschen Rohres BR_{st} parallel zu dem Widerstand R_{st}, der in den Hauptstromkreis eingeschaltet ist. Der Ausschlag der Schleife O_{st} und die Ablenkung des Strahles BR_{st} sind dem Augenblickswert des Stromes proportional. Abb. 20 zeigt in der Kurve *1* den

[1] Die Strahlablenkung im Braunschen Rohr wird bei Hochspannungsversuchen meist mit dem elektrischen Felde durchgeführt, weil eine ausreichende Spannung immer zur Verfügung steht.

Spannungs- und in der Kurve *2* den Stromverlauf, der mit einer solchen Schaltung im Schleifenoszillographen gewonnen wurde. Man erkennt in dem nach oben liegenden positiven Anstieg der Spannung ein plötzliches Absinken; zu gleicher Zeit steigt der Strom von Null aus an. Der Strom bleibt bestehen, bis die Spannung annähernd wieder auf Null gesunken ist. Durch das Verlöschen des Stromes, das infolge der hohen Lichtbogenspannung mit einem Spannungssprung erfolgt, treten im negativen Teil der Spannungskurve zusätzliche Schwingungen auf. In der negativen Halbwelle der Spannung ereignet sich kein Durchschlag der Spitze-Platte-Funkenstrecke. Es fließt also in dieser Halbwelle kein Strom. Die Spitze-Platte-Funkenstrecke arbeitet hier als elektrisches Ventil. Mit dem BRAUNschen Rohr sind die Spannungs- und Stromvorgänge ebenfalls zu oszillographieren. Am einfachsten und klarsten ist es, nacheinander den Spannungsvorgang und dann den Stromvorgang an die Platten zu legen und den Spannungs- und Stromvorgang getrennt zu beobachten. Es kann jedoch auch eine periodische Umschaltung vorgenommen werden, so daß in einer Periode der Spannungsvorgang, in der nächsten der Stromvorgang beobachtet werden kann. Man hat dann den Eindruck, als ob beide Vorgänge zugleich im BRAUNschen Rohr geschrieben würden. Ferner ist die Benutzung eines Zweistrahlrohres möglich. Zur Zeitablenkung des Kathodenstrahles kann eine Kippschwingung oder eine sinusförmige Wechselspannung benutzt werden. Zur Erzeugung von Kippschwingungen kann man eine Glimmlampe zusammen mit einem Kondensator verwenden, unter Ausnutzung der Erscheinung, daß die Glimmlampe stets von einer bestimmten Spannungshöhe an Strom durchläßt, während sie unterhalb dieserSpannung einen sehr hohen Widerstand darstellt[1]. Die sekundliche Periodenzahl der Kippschwingungen ist einstellbar. Sie wird, um ein stehendes Bild zu erhalten, der Frequenz des aufzunehmenden Vorganges angeglichen. Benutzt man zur Aufnahme eines periodisch verlaufenden Vorganges eine sinusförmige Zeitablenkspannung, die die

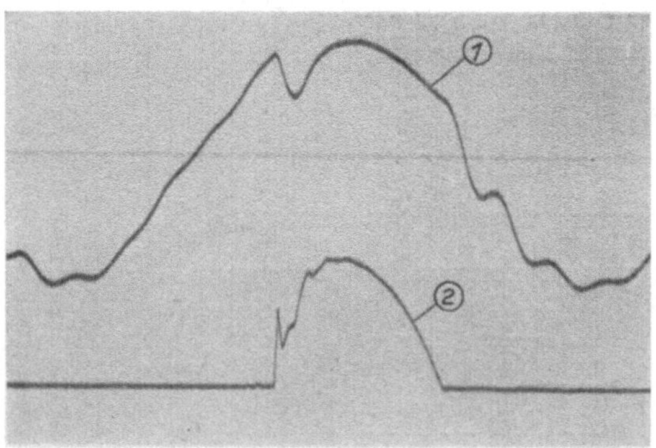

Abb. 20. Oszillogramm, das mit der Schaltung Abb. 19 gewonnen wurde. Kurve *1*: Spannungsverlauf. Kurve *2*: Stromverlauf.

[1] Netzanschlußgeräte zur Herstellung solcher Kippschwingungen können zusammen mit Elektronenstahl-Oszillographen fertig bezogen werden.

gleiche Frequenz besitzt wie der aufzunehmende Vorgang, dann entsteht eine geschlossene Kurve, die sich auf ein auf den Schirm gelegtes durchsichtiges Papier aufzeichnen und photographisch aufnehmen läßt. Die Zeitablenkspannung schließt man am besten über einen Phasenregler (Drehregler oder Brücken-Schaltung zur Verschiebung der Phasenlage) an, oder man gibt dieser Spannung zwangsläufig eine Phasenverschiebung von 90° gegenüber dem aufzunehmenden Vorgang. Aus dieser Kurve (LISSAJOUS-Figur) läßt sich durch Entzerrung leicht eine Aufzeichnung des Augenblickswertes des Vorganges über der Zeit in rechtwinkligen Koordinaten gewinnen (siehe S. 76).

Zur Durchführung des Versuches reicht ein Transformator für 50 kV gut aus. Als Spitzenelektrode kann ein vorn zugespitzter Metallstab mit einem Spitzenwinkel von etwa 30° benutzt werden. Die Plattenelektrode möchte eine ebene Fläche von mindestens 10 cm Durchmesser und gut abgerundete Ränder besitzen. Der Elektrodenabstand muß auf mindestens 10 cm vergrößert werden können. Die Spitzen- und Plattenelektroden werden am besten in ein Kugelfunkenstreckengestell eingesetzt, so daß unter Spannung der Elektrodenabstand verstellbar und ablesbar ist. Die Größe des Strombegrenzungswiderstandes R_h kann etwa 500000 Ω betragen. Der Widerstand R_{sp} muß, um einen vollen Ausschlag einer empfindlichen Oszillographenschleife zu erhalten, bei 50 kV Transformatorspannung einen Ohmbetrag von etwa 10 Megohm besitzen[1]. Wenn mit dem BRAUNschen Rohr allein gearbeitet werden soll, dann genügt ein kapazitiver Spannungsteiler an Stelle des Widerstandes R_{sp}. Ein solcher kapazitiver Spannungsteiler ist bei sehr hohen Spannungen einfacher herzustellen und leichter zu verändern als ein hochohmiger Wirkwiderstand (siehe S. 67).

R_{st} muß so groß gewählt werden, daß an den Ablenkplatten des BRAUNschen Rohres BR_{st} eine genügend hohe Spannung zur vollen Strahlablenkung zur Verfügung steht. Neuere BRAUNsche Rohre mit geheizter Kathode und mit einer Kathodenspannung von einigen tausend Volt benötigen etwa 150 bis 200 V, um den Kathodenstrahl von der Mitte des Leuchtschirmes bis zum Rande abzulenken.

Die Zuleitungen zu den Oszillographen müssen stets so verlegt werden, daß Beeinflussungen durch die Vorgänge im Hauptstromkreis nach Möglichkeit vermieden werden. Für die Beobachtung eines Vorganges mit einem Oszillographen müssen bei Hochspannungsversuchen stets zwei Leitungen zum Oszillographen geführt werden. (Es wäre also beispielsweise falsch, die Leitung a in Abb. 19 wegzulassen und an ihrer Stelle die Oszillographenschleife O_{st} an dem Punkte b mit der Erde zu verbinden.) Diese beiden Zuleitungen müssen in möglichst geringem

[1] Über Widerstände dieser Größe siehe S. 20 u. f.

Abstand verlegt und, wenn möglich, verdrillt werden. Am zweckmäßigsten ist eine Verlegung in einer geerdeten metallischen Hülle. Es können dann im allgemeinen weder magnetische noch elektrische Felder Störspannungen in diesen Leitungen hervorrufen. Die aus dem Absperrgitter G herausführenden Zuleitungen zu den Oszillographen müssen, soweit sie nicht fest mit der Erde verbunden sind, durch Sicherheitsfunkenstrecken gegen das Auftreten gefährlicher Spannungen geschützt sein.

Es ist zweckmäßig, die Schaltung durch weitere Meßgeräte zu vervollständigen. In Frage kommen z. B. elektrostatische Spannungsmesser parallel zu den Ablenkplatten des Braunschen Rohres, Strommesser in Reihe zu den Oszillographenschleifen, eine Kugelfunkenstrecke parallel zu der Spitze-Platte-Funkenstrecke. Auf der Unterspannungsseite des Transformators benötigt man die üblichen, auf Abb. 16 eingezeichneten Meßgeräte.

d) Versuchsdurchführung. Bei verschiedenen Abständen an der Spitze-Platte-Funkenstrecke ist folgendes zu messen:

1. Spannungshöhe, bei der in jeder Periode der positiven Spannung ein Durchschlag an dieser Funkenstrecke eintritt.

2. Spannungshöhe, bei der in der negativen Spannungshalbwelle der erste Durchschlag auftritt.

Die Feststellung dieser beiden Spannungswerte erfolgt durch Beobachtung mit dem Schleifenoszillographen und dem Braunschen Rohr. Zwischen diesen unter 1. und 2. genannten Spannungsbeträgen liegt der Spannungsbereich, in dem die Spitze-Platte-Funkenstrecke als Gleichrichter arbeitet.

Ferner ist die Streuung der Überschlagzeitpunkte, gemessen in Bruchteilen einer Periode oder in Graden, von Wichtigkeit. Je steiler der Spannungsanstieg an der Spitze-Platte-Funkenstrecke verläuft, um so genauer liegt der Zeitpunkt des Durchschlags zeitlich fest. Treten die Durchschläge in der Nähe des Spannungsscheitelwertes auf, dann wird eine große zeitliche Streuung vorliegen. Der Streubereich kann bei verschiedenen Versuchsbedingungen mit einem Schleifenoszillographen sowie mit dem Braunschen Rohr ermittelt werden. Bei kleiner Streuung kann mit dem Braunschen Rohr der Streubereich wesentlich genauer ermittelt werden als mit dem Schleifenoszillographen. Hierzu erhöht man die Zeitablenkungsspannung so weit, daß der Strahl nur während eines kleinen Teiles der Periode auf dem Leuchtschirm sichtbar ist. Durch Speisung der Zeitablenkplatten über einen Phasenregler kann die Phasenlage der Ablenkspannung so verändert werden, daß nur der wichtige Teil der Spannungs- oder Stromkurve in den sichtbaren Bereich fällt. Die Streuung kann dadurch in einem sehr großen Maßstabe beobachtet und festgestellt werden.

Man kann mit dem Schleifenoszillographen einen einzelnen Vorgang während einer Periode oder die Überlagerung vieler Perioden photographisch festhalten. Aus einer solchen überlagerten Aufnahme läßt sich die Streuung sowie die hierdurch bedingte Änderung des Kurvenverlaufes besonders gut ersehen. Bei solchen Daueraufnahmen muß das Strahlenbündel durch Verkleinerung der Blenden am Oszillographen oder durch Einfügen einer dunklen Scheibe in den Strahlengang verdunkelt werden. — Die Figuren auf dem Leuchtschirm des Braunschen Rohres können auf durchsichtigem Papier aufgezeichnet oder ebenfalls photographisch festgehalten werden.

e) Auswertung und Beurteilung der Versuchsergebnisse. Die Versuchsergebnisse sind in Kurven darzustellen. Aus den Kurven kann der Arbeitsbereich der Spitze-Platte-Funkenstrecke als Gleichrichter ersehen werden. Die Änderung des Streubereiches der Durchschläge an der Funkenstrecke mit den Versuchsbedingungen (Schlagweite, Spannungshöhe, Größe des Vorwiderstandes R_h, Luftströmung) kann erörtert werden.

Als Versuchsobjekt ist im vorliegenden Falle eine Spitze-Platte-Funkenstrecke gewählt worden, weil sich beim Arbeiten mit ihr die Brauchbarkeit des Schleifenoszillographen und des Braunschen Rohres für die Untersuchung der Vorgänge bei Hochspannungsversuchen besonders gut beurteilen läßt. Die sich abspielenden Vorgänge sind bei diesem Versuch mit einfachen anzeigenden Meßgeräten überhaupt nicht zu verfolgen, sondern nur mit Oszillographen. Aus den Beobachtungen mit dem Schleifenoszillographen erkennen wir den Vorteil der zeitproportionalen Ablenkung sowie der einfachen gleichzeitigen Aufnahme von Strom- und Spannungsvorgangen. Aus den Kurven am Braunschen Rohr kann man mit einiger Übung auch bei Anwendung einer sinusförmigen Zeitablenkspannung die Vorgänge gut verstehen und beurteilen. Man erkennt aus dem Versuch die Vorteile des Braunschen Rohres, auch sehr rasch veränderliche Vorgänge richtig wiederzugeben, sowie einzelne Phasen des periodischen Vorganges durch hohe Zeitablenkspannung genauer zu verfolgen.

Aus den bei sinusförmiger Zeitablenkspannung entstehenden Lissajous-Figuren kann man auf dem folgenden Wege eine Darstellung der Spannungskurve über der Zeit in rechtwinkligen Koordinaten erhalten (Entzerrung der Lissajous-Figur). In Abb. 21a stellt die geschlossene Kurve K die Nachzeichnung einer Figur dar, wie sie bei dem oben beschriebenen Versuch am Braunschen Rohr vorlag. Die Zeitablenkung wurde dabei durch eine sinusförmige Wechselspannung erzeugt. Wenn die Zeitablenkspannung allein an das Braunsche Rohr gelegt wird und das andere Plattenpaar, das die senkrechte Strahlablenkung hervorruft (Vorgangsablenkung), mit der Erde verbunden ist, dann entsteht auf dem Leuchtschirm eine Wanderung des Strahles auf der Strecke AB. Wir beschreiben über dieser Strecke als Durchmesser einen Kreis. Wenn ein Punkt mit konstanter Winkelgeschwindigkeit auf dem Umfang dieses Kreises wandert, so vollführt seine Projektion auf AB dieselbe Bewegung wie der Leuchtfleck bei sinusförmiger Zeitablenkung. Wir ziehen nun in gleichem Winkelabstand von z. B. 15° Strahlen durch den Mittelpunkt des Kreises, etwa beginnend mit dem senkrechten Strahl $a'a$. Diese Strahlen schneiden den Kreis in den Punkten

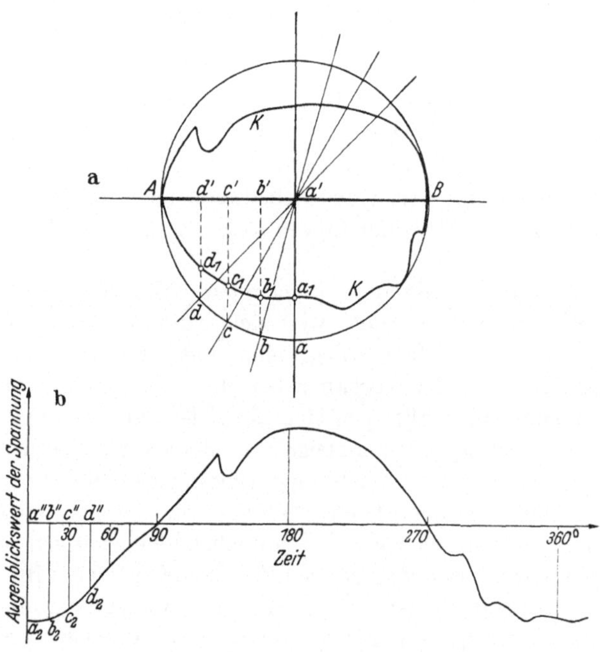

Abb. 21. Nachzeichnung einer mit dem BRAUNschen Rohr aufgenommenen Kurve und ihre Entzerrung in ein rechtwinkliges Koordinatensystem.

a, b, c, d. Die Punkte a', b', c', d' stellen also Lagen des Leuchtfleckes dar, die in gleichen Zeitabständen erreicht wurden. In rechtwinkligen Koordinaten (Abb. 21 b) entsprechen den Strahlen mit gleichem Winkelabstand senkrechte Linien von gleichem gegenseitigem Abstand. Die Punkte a'', b'', c'' und d'' seien die Schnittpunkte solcher senkrechten Linien mit der horizontalen Achse. Außer der Zeitablenkung soll nun zugleich eine Strahlablenkung durch eine zweite Spannung (Vorgangsablenkung) erfolgen, deren Verlauf wir kennenlernen wollen. Die Ablenkplatten dieser zweiten Spannung sollen senkrecht zu den Platten der Zeitablenkung stehen. Der Leuchtfleck wird sich dann zu den durch die Punkte a, b, c und d gekennzeichneten Zeitpunkten stets auf einer durch die Punkte $a'a$, $b'b$, $c'c$, $d'd$ gehenden Geraden befinden. Die

Spannungshöhe der Vorgangsablenkspannung ergibt sich zu diesen Zeitpunkten aus dem Abstand der entsprechenden Kurvenpunkte von den Punkten a', b', c', d', also aus den Strecken $a'a_1$, $b'b_1$, $c'c_1$, $d'd_1$. Diese Strecken werden in das Bild b übertragen; man findet dadurch die Kurvenpunkte a_2, b_2, c_2, d_2. In gleicher Weise sind die übrigen Kurvenpunkte der Abb. 21 b gefunden. Dort, wo die von dem Leuchtfleck beschriebene Kurve starke Unregelmäßigkeiten zeigt, ist zur Entzerrung eine Unterteilung in kleinere Zeitabschnitte nötig.

Natürlich muß die Frequenz der Zeitablenkspannung gleich der Frequenz der Vorgangsablenkspannung sein, wenn eine einheitliche geschlossene Kurve entstehen soll. Bei der Kurve K in Abb. 21 a ist die Phasenlage der Zeitablenkspannung mit einem Phasenregler so eingestellt worden, daß die Kurve durch die Punkte A und B läuft. In dem Zeitpunkt, in dem sich der Leuchtfleck in A oder in B befand, besaß dementsprechend die Vorgangsablenkspannung den Wert Null. Die Grundwellen dieser beiden Spannungen waren also um etwa 90° gegeneinander verschoben. In dieser Lage kann aus der LISSAJOUS-Figur am leichtesten der Kurvenverlauf der Spannung beurteilt werden. Für die Entzerrung der Figur ist dies jedoch nicht nötig. In jedem Falle kann bei sinusförmiger Zeitablenkspannung und gleicher Frequenz der beiden Spannungen am BRAUNschen Rohr das beschriebene Verfahren angewandt werden.

In der Elektrotechnik und auch in vielen anderen Zweigen der Technik und der Physik werden die BRAUNschen Rohre in der letzten Zeit immer mehr zu Untersuchungen herangezogen. Sie bieten eine recht einfache Möglichkeit, den zeitlichen Verlauf von periodischen und auch von einmaligen Vorgängen festzustellen.

f) Literaturübersicht. — Andere Versuchsmöglichkeiten. Zur Aufnahme des zeitlichen Verlaufes von sehr hohen Spannungen sind im allgemeinen Spannungsteiler erforderlich. Über die verschiedenen Möglichkeiten zur Ausführung solcher Spannungsteiler wurden bereits im 2. Versuch (S. 67) nähere Angaben gemacht. Für den Schleifenoszillographen kommen, wenn beliebige Spannungskurven aufgenommen werden sollen, nur Widerstandsteiler in Frage [siehe W. RASKE (1), L. BINDER (12)]. Bei sehr hohen Spannungen wird der Leistungsverbrauch in diesen Widerständen groß. Um mit sehr kleinen Strömen arbeiten zu können, kann die Oszillographenschleife über eine Verstärkerröhre angeschlossen werden [siehe H. BECHDOLDT (3)]. Zur Aufnahme von reinen Wechselspannungen mit dem Schleifenoszillographen kann nach einem Vorschlage von H. SCHERING [siehe H. SCHERING u. A. BURMESTER (5)] ein kapazitiver Spannungsteiler benutzt werden. Die Oszillographenschleife wird dann an die an Erde liegende Kapazität über einen Wandler angeschlossen.

Über den Aufbau und die Verwendung von Schleifenoszillographen sind in der Literatur viele Angaben gemacht[1]. Aus diesen Arbeiten ist auch die Benutzung des Schleifenoszillographen zu Sonderzwecken zu ersehen.

An der Entwicklung des Braunschen Rohres zum Oszillographieren von Spannungsvorgängen ist in den letzten Jahren sehr viel und erfolgreich gearbeitet worden. Wichtige Kennzeichen der Entwicklung sind:

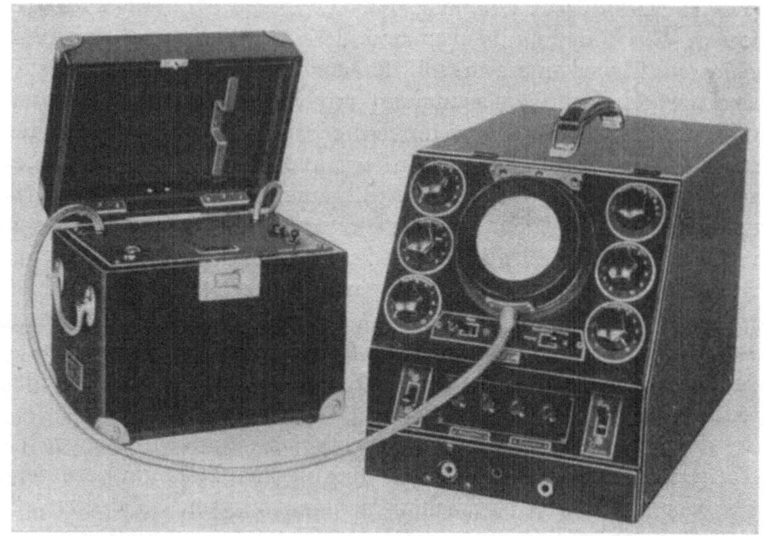

Abb. 22. Nachbeschleunigungs-Elektronenstrahl Oszillograph. Links: Hochspannungsgerät für 6 kV. (Hersteller: AEG.)

Geheizte Kathode (dadurch kann mit verhältnismäßig niedriger Strahlspannung gearbeitet werden); metallische Hüllen (dadurch ist eine starke Einschränkung von Beeinflussungen des Strahles durch fremde Felder möglich); Doppel- bzw. Mehrfachstrahlröhren (zur gleichzeitigen Aufnahme mehrerer Vorgänge); Nachleuchtschirme (um sehr kurzzeitige Vorgänge sichtbar zu erhalten); Nachbeschleunigung der Elektronen (zur Erzeugung größerer Helligkeit und Ermöglichung der Aufnahme von kurzzeitigen einmaligen Vorgängen). Abb. 22 zeigt ein modernes Nachbeschleunigungsrohr der Allgemeinen Elektricitäts-Gesellschaft mit Netzanschlußgerät für die Erzeugung der Strahlspannung, der

[1] Siehe F. Eichler u. W. Gaarz (1); W. Hofmann (2); F. Eichler u. W. Gaarz (2); F. Söchting (1); H. Schütz; W. Hofmann (3); F. Söchting (2); W. Gaarz u. O. Morgenstern (2); W. Neumann; H. Röthlein; W. Rentsch.

Heizspannung und der Kippschwingungen zur periodischen Zeitablenkung des Strahles[1].

Sonderbauarten dieser Oszillographen sind entwickelt worden, um ganz besonders rasch verlaufende Vorgänge (Wanderwellenvorgänge) aufnehmen zu können. Diese Oszillographen werden meist als ,,Kathodenstrahl-Oszillographen" bezeichnet. Bei diesen Kathodenstrahl-Oszillographen wird im allgemeinen der Strahl unmittelbar auf die lichtempfindliche Schicht von photographischen Platten oder Filmen gelenkt; diese müssen dazu in den evakuierten Raum eingeführt werden. Der Strahl wird ferner durch besonders zweckmäßige Ausbildung der Kathode, durch hohe Strahlspannung, genaue Einstellung des Vakuums (evtl. Wahl von verschieden hohem Vakuum in einzelnen Teilen des Rohrinneren), starke Konzentrierung des Strahles mit elektronenoptischen Linsen (meist elektromagnetischer Art) zu größter Intensität und Leuchtkraft gebracht. Umfangreiche Untersuchungen über die Entwicklung und Verwendung dieser Oszillographen, über die Zeitablenkung des Strahles, gleichzeitigen Einsatz von Zeitablenkung und Vorgangsablenkung, Ablenkung des Strahles vor Beginn der Aufnahme sowie zahlreiche Versuchsergebnisse, die mit den Oszillographen gewonnen wurden, sind in der Literatur veröffentlicht worden[2]. Abb. 23 stellt einen von der Hochspannungsgesellschaft, Köln-Zollstock, hergestellten vollständigen Kathodenstrahl-Oszillographen dar.

Durch die hohe Vervollkommnung der Funkmeßtechnik im letzten Kriege und der Fernsehtechnik wurde die Weiterentwicklung des

---

[1] Siehe A. Bigalke (1). Eine Anwendung des Elektronenstrahl-Oszillographen zur Aufnahme von hochfrequenten Vorgängen ist im 6. Versuch (S. 109) eingehend beschrieben.

[2] Aus der sehr großen Zahl von Aufsätzen seien nur die neueren Arbeiten, von den älteren nur die besonders wichtigen, genannt: W. Rogowski, E. Flegler u. R. Tamm (22); W. Rogowski (8); K. Berger (2); W. Rogowski, E. Sommerfeld u. W. Wolman (26); W. Rogowski u. O. Wolf (27); P. Hochhäusler (1); W. Rogowski, E. Flegler u. P. Rosenlöcher (20), W. Krug (1); A. Matthias, M. Knoll u. H. Knoblauch (14); H. Norinder (1); W. Krug (2); W. Rogowski, O. Wolff u. H. Schäffer (32); E. Flegler, O. Wolff, J. Röhrig u. H. Klemperer (7); L. Binder (10); W. Krug (3); W. Rogowski (11); M. Knoll (1); W. Fucks u. H. Kroemer (3); W. Rogowski (14); M. v. Ardenne (1); L. W. Woodruff (1); W. Holzer u. G. Schwarz (3); A. Bigalke (1); M. v. Ardenne (2); W. Gaarz u. P. E. Klein (1); A. Bigalke (2); H. Thielen (1); H. Pieplow (1); St. Buchkremer (1), (2); A. Bigalke (4); F. Bruchmann; A. Bigalke u. H. Pieplow (6); A. Bigalke (3); Marcel Demontvigenier; A. Bigalke (5); D. J. McGillewie; Paul E. Klein (1) u. (2); H. Thielen (2), (3); J. D. Veegens; K. H. Gäth; K. Berger (6); H. Thielen (4); W. Rentsch; B. v. Borries u. E. Ruska (2); H. Ganswindt; H. Leitner; H. Katz; H. Norinder (5); H. Pieplow (2); A. Bigalke (7) u. (8); A. M. Angelini; K. A. Egerer; H. Ganswindt u. H. Pieplow; K. Berger (11); M. v. Ardenne (3); E. Parker u. P. R. Wallis; H. Pieplow (3); R. v. Felgel; P. K. Hermann (2).

BRAUNschen Rohres stark vorangetrieben, so daß heute abgeschmolzene Rohre mit geheizter Kathode hergestellt werden, die sehr hohe Schreibgeschwindigkeit bei starker Strahlintensität und große Nachleuchtdauer des Schirmmaterials vereinigen [vgl. P. K. HERMANN (2)].

Der zeitliche Verlauf von Spannungen und Strömen kann auch durch punktweise Aufnahme ermittelt werden[1]. Man wird jedoch in den hier besprochenen Fällen die Aufnahme mit Oszillographen vorziehen.

Abb. 23. Hochspannungs-Kathodenstrahl-Oszillograph für eine Schreibleistung von etwa 50000 km/sec. Empfindlichkeitsbereich: 3 ÷ 3000 Volt für 1 mm Amplitude (Hochspannungs-Gesellschaft, Köln Zollstock).

An Stelle des vorgeschlagenen Versuches können viele andere Hochspannungsuntersuchungen dazu benutzt werden, um Übung im Oszillographieren zu erhalten. Beispielsweise können interessante Untersuchungen über die Kurvenverzerrung angestellt werden, die an Hochspannungstransformatoren eintreten können[2]. Ferner sind die Unterschiede in den Kurvenformen auf der Primär- und auf der Sekundärseite von Hochspannungstransformatoren für viele Untersuchungen von Wichtigkeit. Untersuchungen von Koronaerscheinungen an Hochspannungsleitern oder von Entladungen an Hochspannungsgeräten können mit dem Schleifenoszillographen und mit dem BRAUNschen Rohr durchgeführt werden[3]. Es lassen sich damit die Anfangsspannungen in beiden Spannungshalbwellen und der Verlauf des Vorentladungsstromes ermitteln; daraus können Schlüsse auf die Art und Größe der Verluste gezogen werden. Auch Aufnahmen an Wechselstromlichtbogen zwischen Kohle- oder Metallelektroden müssen mit

[1] Siehe M. BÜGE; W. GEYGER (3).
[2] Siehe R. VIEWEG u. G. PFESTORF (6); J. GOLDSTEIN.
[3] Siehe F. W. PEEK jr. (7) S. 104; F. FAULHABER.

Oszillographen durchgeführt werden. Wir werden bei verschiedenen der später behandelten Versuche wieder oszillographische Aufnahmen ausführen oder auf solche Aufnahmen hinweisen.

4. Versuch: Erzeugung von hohen Gleichspannungen.

a) Allgemeine Grundlagen. Hohe Gleichspannungen werden meist aus Wechselspannungen mit Hilfe von elektrischen Ventilen erzeugt. Solche Ventile lassen *dann* Strom durch, wenn die Anode positiv ist gegenüber der Kathode; bei umgekehrter Spannungsrichtung verhindern sie den Stromdurchgang. Beim Fließen eines Stromes tritt ein Spannungsabfall am Ventil auf, dieser ist aber bei Hochspannungsversuchen meist gegenüber den anderen Spannungsunterschieden in der Schaltung zu vernachlässigen. Ein solches Ventil arbeitet also wie ein elektrischer Schalter: Ist die Anode positiv gegenüber der Kathode, dann ist dieser Schalter geschlossen (Durchlaßzeit, Ventilwiderstand $R_V \approx 0$); bei entgegengesetzter Spannungsrichtung ist der Schalter offen und der Stromkreis ist unterbrochen (Sperrzeit, $R_V = \infty$). Ventile, die stets öffnen, wenn eine Spannung in der richtigen Polarität an ihnen liegt, nennt man ungesteuerte echte Ventile. In diesem Versuch wird nur mit solchen Ventilen gearbeitet.

Für Hochspannungsprüfzwecke werden Hochvakuum-Glühkathodenventile oder mechanische Gleichrichter benutzt. Neuerdings werden auch Hochspannungs-Transformatoren mit eingebauten Trockengleichrichtern hergestellt. Die bei diesem Versuch verwendeten Ventilarten können nur mit geringer Stromstärke betrieben werden. Die Spannung, die das Ventil in der Sperrzeit abzuriegeln vermag, kann dagegen recht hoch gemacht werden. Wir wollen diese Spannung, die in kV (Scheitelwert) gemessen wird, mit „Sperrfähigkeit des Ventils“ bezeichnen. Bei jeder Benutzung von Ventilen ist darauf zu achten, daß erstens die Stromstärke im Ventil nicht zu groß wird, und daß zweitens die Spannung in der Sperrzeit nicht größer wird als die Sperrfähigkeit des Ventils. In beiden Fällen können Zerstörungen des Ventils durch Rückzündungen eintreten.

Für die Erzeugung von hohen Gleichspannungen bestehen je nach dem vorliegenden Zweck ganz verschiedene Schaltungen, mit denen besonders hohe Spannungen, möglichst große Leistungen, gute Ausnutzung der Transformatoren, geringe Welligkeit der Gleichspannung usw. erzielt werden können. Die Glättung der erzeugten hohen Gleichspannung erfolgt bei Hochspannungsprüfanlagen im allgemeinen mit Kondensatoren.

b) Praktische Bedeutung. Hohe Gleichspannungen werden für die elektrische Entstaubung sowie für Röntgenanlagen gebraucht. Ferner prüft man verlegte Hochspannungskabel mit hoher Gleichspannung, weil bei Wechselspannung eine sehr große Blindleistung nötig sein würde. Im Laboratorium werden für viele Untersuchungen physikalischer oder technischer Art (z. B. grundsätzliche Untersuchungen über die elektrische Festigkeit, Versuche über die Atomzertrümmerung) hohe Gleichspannungen benötigt. Zur Speisung von Stoßspannungsgeneratoren und von Anlagen zur Erzeugung hochfrequenter Hochspannungen benutzt man meist ebenfalls hohe Gleichspannungen.

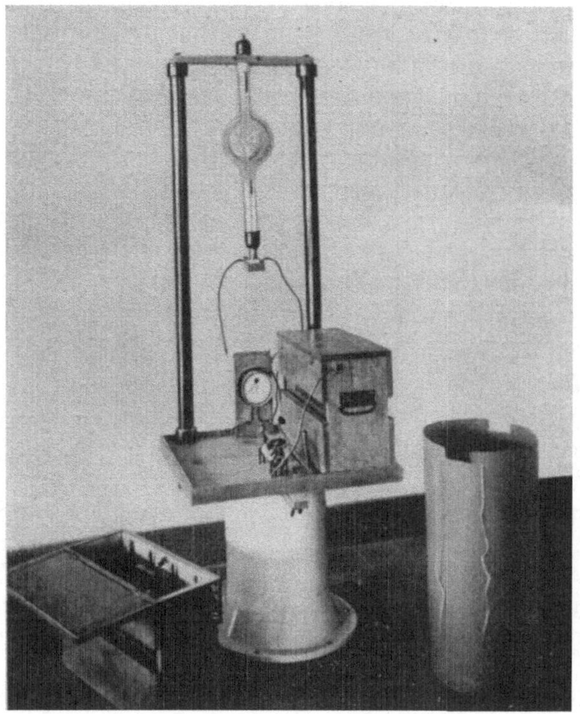

Abb. 24. Isolierter Aufbau eines Hochvakuum-Glühkathoden-Ventilrohres mit Heizeinrichtung.

Bei sehr langen Übertragungsleitungen bietet hochgespannter Gleichstrom gegenüber dem Wechselstrom wesentliche Vorteile. Deshalb ist damit zu rechnen, daß Übertragungen von sehr großen elektrischen Leistungen über weite Entfernungen später mit hochgespanntem Gleichstrom durchgeführt werden. Zur Zeit sind Ventile mit sehr hoher Sperrfähigkeit und großer Durchlaßstromstärke, wie sie für Kraftübertragungszwecke nötig wären, noch nicht praktisch durchgebildet[1].

[1] Literaturangaben über die Erzeugung und Verwendung von hohen Gleichspannungen siehe S. 91.

c) Versuchsplan, Aufbau und Geräte. Bei den Versuchen ist die Verwendung von Hochvakuum-Glühkathodenventilen vorgesehen. Diese Ventile werden zur Zeit in listenmäßigen Ausführungen für Sperrfähigkeiten bis zu etwa 400 kV (Scheitelwert) gebaut. Sie können mit Stromstärken bis etwa 30 mA (algebr. Mittelwert) belastet werden. Zur Heizung der Kathode ist eine Stromquelle von etwa 12 V und 12 A erforderlich. Die Heizung kann über Stromwandler oder mit isoliert aufgestellten Akkumulatorenbatterien ausgeführt werden. Abb. 24 zeigt den isolierten Aufbau eines solchen Ventilrohres mit einer Sperrfähigkeit von 230 kV, wie er sich im Institut des Verfassers sehr gut bewährt hat. Eine Holztafel ist auf einem großen Porzellanfuß befestigt. Auf ihr stehen Akkumulatorenkästen, Schalter, Schiebewiderstand und Spannungsmesser für die Heizung des Ventils. Ferner sind auf der Holztafel zwei Porzellanstäbe senkrecht aufgestellt, die einen Holzbalken tragen, an dem das Ventil hängt. Rechts neben dem Aufbau steht ein Zylinder aus Preßspan, der zur Verdunkelung über das Glühventil geschoben werden kann. Solche Aufbauten werden in einem Hochspannungsinstitut in größerer Zahl benötigt.

Die Lebensdauer des Heizfadens eines Glühventils hängt stark von der Temperatur ab. Man wird deshalb nur so hoch heizen, wie es zur Erzielung des benötigten Emissionsstromes erforderlich ist. Die Lieferfirma der Ventile gibt hierüber nähere Auskunft.

Abb. 25 stellt eine häufig benutzte Gleichrichterschaltung dar; mit ihr sollen zuerst Versuche durchgeführt werden[1]. Der Transformator HTr speist über den Wasserwiderstand WW_{h_1} zwei Glühventile, von denen eines (das rechts liegende) mit der Anode, das andere (das links liegende) mit der Kathode im Punkte a an den Wasserwiderstand angeschlossen ist. Wenn der Transformator positive Spannung gegen Erde erzeugt, liegt an dem rechten Ventil der zum Durchlassen geeignete Spannungsunterschied vor, der Kondensator C_2 wird also positiv aufgeladen. Wir wollen bei unseren Betrachtungen den Spannungsabfall an den Ventilen vernachlässigen. Es fließt stets dann ein Ladestrom in den Kondensator C_2, wenn der Augenblickswert der Transformatorspannung höher ist als die Spannung des Kondensators. Der Kondensator wird also praktisch auf den Scheitelwert der Transformatorspannung aufgeladen. In entsprechender Weise wird der links gezeichnete Kondensator C_1 auf den negativen Scheitelwert der Transformatorspannung aufgeladen. Zwischen den Punkten b und c der Schaltung entsteht also ein Gleichspannungsunterschied, der gleich dem doppelten Scheitelwert der Transformatorspannung ist. Bezeichnet man den Effektivwert der sinusförmig angenommenen Oberspannung des Trans-

[1] Von dieser Schaltung ist auch je eine der beiden Hälften allein benutzbar, dann wird entweder positive oder negative Spannung gegen Erde erzeugt.

formators mit U_h, so erhält man zwischen den Punkten b und c eine Gleichspannung $U_=$, die sich nach der Beziehung berechnet:

$$U_= = 2\sqrt{2}\,U_h.$$

Die Höhe der erzeugbaren Gleichspannung wird durch die verfügbare Transformatorspannung sowie durch die Sperrfähigkeit der Ventile begrenzt. Wenn der Kondensator C_2 voll aufgeladen ist, und wenn keine nennenswerte Stromentnahme auf der Gleichspannungsseite vorliegt, bleibt der Punkt c der Schaltung Abb. 25 auf dem Höchstwert der positiven Spannung, während das Potential des Punktes a sich zwischen positivem und negativem Höchstwert ändert. Die höchste Spannungsdifferenz am Ventil V_{e_2} tritt dann auf, wenn sich a auf dem negativen Spannungsscheitelwert befindet. Die durch das Ventil zu sperrende Spannung ist in diesem Augenblick gleich der doppelten Höhe des Gleichspannungsbetrages, auf den der Kondensator C_2 aufgeladen ist. Mit einem Ventil, das eine Sperrfähigkeit von 230 kV besitzt, kann der Kondensator C_2 also auf höchstens 115 kV Gleichspannung aufgeladen werden. Zwischen den Punkten b und c der Schaltung entsteht dann eine Gleichspannung von 230 kV; der Transformator muß hierfür eine effektive Wechselspannung von etwas mehr als 80 kV erzeugen. Aus Sicherheitsgründen wird man die Sperrfähigkeit der Ventile nicht voll ausnutzen. Man kann aber mit Ventilen für 230 kV nach Abb. 25 unbedenklich Versuche bis 200 kV Gleichspannung ausführen.

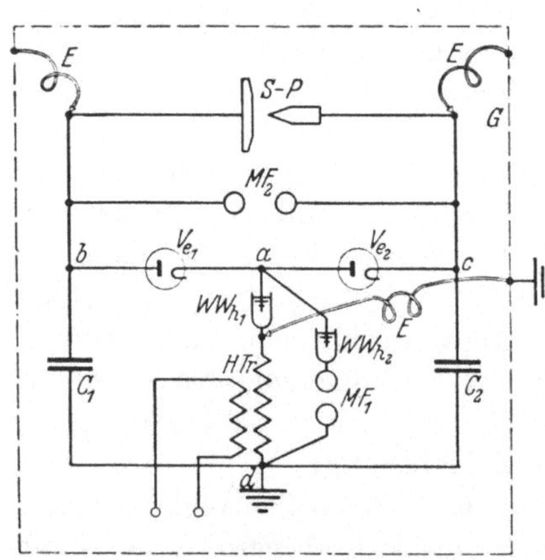

Abb. 25. Gleichrichterschaltung zur Erzeugung einer positiven und einer negativen Gleichspannung gegen Erde. Bezeichnungen s. S. 46. Anschluß der Unterspannung von $H\,Tr$ wie Abb. 17.

Eine Gleichspannungsbelastung kann an die Punkte b und c angeschlossen werden. Bei Belastung tritt jedesmal in *der* Zeit, in der die Ventile nicht geöffnet sind, eine Entladung der Kondensatoren ein, und der arithmetische Mittelwert der Gleichspannung sinkt ab. Die Belastung auf der Gleichspannungsseite darf natürlich nur so groß sein, daß der durch die Ventile fließende Dauerstrom nicht zu groß wird.

Der Scheitelwert der Transformatorspannung und der Höchstwert der erzeugten Gleichspannung können mit den Meßfunkenstrecken MF_1 und MF_2 gemessen werden. Vor die Funkenstrecke MF_1 ist der Hochspannungswiderstand WW_{h_2} geschaltet, um zu verhindern, daß beim Ansprechen dieser Funkenstrecke ein zu starker Strom fließt. Die Polarität der Gleichspannung kann aus der Durchlaßrichtung der Ventile ersehen oder z. B. mit einer Spitze-Platte-Funkenstrecke bestimmt werden. Die Überschlagspannung einer solchen Funkenstrecke ist dann niedriger, wenn die Spitze positive Polarität hat.

In der Schaltung Abb. 25 ist das eine Ende der Hochspannungswicklung des Transformators (Punkt d) geerdet. Durch die Erdverbindung fließt nur ein kleiner Kapazitäts- und Isolationsstrom. An Stelle des Punktes d kann auch jeder andere Punkt der Schaltung mit der Erde verbunden werden, ohne daß am Stromverlauf in der Gleichrichterschaltung etwas Wesentliches geändert wird. Auch die Spannungsunterschiede zwischen den einzelnen Punkten der Gleichrichterschaltung sind unabhängig davon, welcher Punkt der Schaltung mit der Erde verbunden ist. Verbindet man z. B. an Stelle von Punkt d den Punkt b mit der Erde, dann erhält der Punkt c die volle positive Gleichspannung gegen Erde, die gleich dem doppelten Scheitelwert der Transformatorspannung ist. Der Punkt d erhält dann die Hälfte des vollen Gleichspannungswertes gegen Erde, und das Potential von a schwankt zwischen Null und dem vollen Gleichspannungsbetrag. Die Hochspannungswicklung des Transformators muß also in diesem Falle für die genannten Spannungen gegen Erde isoliert sein.

Man erhält völlige Klarheit über das Arbeiten einer solchen Stromrichterschaltung und über die erforderliche Isolation, wenn man für alle wichtigen Punkte der Schaltung den Spannungsverlauf gegen Erde aufzeichnet. Am einfachsten ist diese Aufzeichnung bei einpoliger Erdung der Hochspannungswicklung des Transformators durchzuführen. In Abb. 26 ist eine solche schematische Aufzeichnung für die Schaltung nach Abb. 25 vorgenommen. Der Spannungsabfall der Ventile ist dabei vernachlässigt. Es ist angenommen, daß zu Beginn der positiven Halbwelle die Transformatorspannung eingeschaltet wurde. Zu diesem Zeitpunkt öffnet das Ventil V_{e_2}, und die Spannung des Punktes c gegen Erde beginnt anzusteigen. Da die Emissionsstromstärke der Ventile bei genügend großer Spannungsdifferenz konstant ist, wird der Kondensator C_2 mit konstanter Stromstärke aufgeladen, die Spannung steigt also geradlinig an ihm an[1]. In dem Zeitpunkt, in dem die Spannungskurve von a mit der von c zusammentrifft, sperrt das Ventil V_{e_2}, und der Kondensator C_2 ist von der ihn speisenden Stromquelle abgetrennt. Ein Kondensator entlädt sich über einen konstanten

[1] Die Beziehung zwischen Kapazitätsstrom und Spannung an einem Kondensator lautet: $i = C\,(du/dt)$. Bei konstantem Strom wird also auch die zeitliche Spannungsänderung konstant. Je größer die Stromstärke ist, um so steiler steigt die Spannung an. In Abb. 26 ist die Anstiegssteilheit willkürlich angenommen.

Widerstand R bekanntlich nach einer Exponentialfunktion mit der Zeitkonstanten $T = C \cdot R$. Bei großer Gleichspannungslast (kleines R) geht diese Entladung rasch, bei kleiner Last langsam vor sich. In Abb. 26 ist ein geringes Absinken der Spannung an C_2 jedesmal zwischen zwei Durchlaßzeiten des Ventils V_{e_2} angenommen. Stets, wenn das Potential von a wieder größer werden will als das Potential von c, öffnet das Ventil V_{e_2}, und das Potential von c wird wieder erhöht. Wenn c an den Scheitelwert der Wechselspannung herankommt, öffnet das Ventil V_{e_2} im allgemeinen nur während eines kleinen Teiles der Periodendauer. Das Entsprechende gilt für den in Abb. 26 ebenfalls eingezeichneten Spannungsverlauf des Punktes b gegen Erde. Mit der Meßfunkenstrecke MF_2 kann man den während des Betriebes auftretenden Höchst-

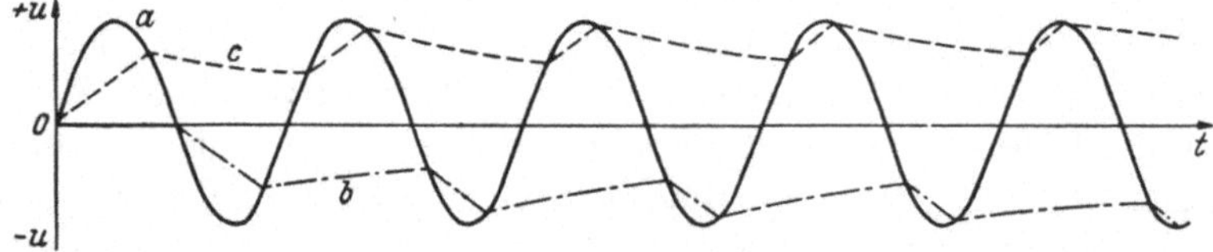

Abb. 26. Zeitlicher Verlauf der an den wichtigsten Punkten der Schaltung nach Abb. 25 herrschenden Spannungen gegen Erde.

wert des Spannungsunterschiedes zwischen b und c messen. Dieser Wert ist, wie man aus Abb. 26 sieht, einige Zeit nach dem Einschalten etwa gleich dem doppelten Scheitelwert der Transformatorspannung.

Wird ein anderer Punkt der Schaltung Abb. 25 mit der Erde verbunden, dann tritt eine Verschiebung der in Abb. 26 aufgezeichneten Kurven gegenüber der Nullinie ein. Das Potential des neuen geerdeten Punktes wird zur Nullinie; alle Kurven behalten jedoch untereinander die gleichen senkrechten Abstände.

Als weitere Schaltung für die Erzeugung von hohen Gleichspannungen wird die in Abb. 27 aufgezeichnete zur Untersuchung empfohlen[1]. Die Spannungs- und Stromvorgänge in dieser Schaltung sind, kurz zusammengefaßt, folgende: Der Punkt a führt Wechselspannung gegen Erde. Der Kondensator C_1 ist zunächst nicht aufgeladen, so daß der Punkt b denselben Spannungsverlauf gegen Erde besitzt wie a. Wenn jedoch b negativ gegen Erde wird, öffnet das Ventil V_{e_1}; während der negativen Spannungshalbwelle an a wird also der Kondensator C_1 aufgeladen. Im negativen Höchstwert von a ist, da b in diesem Zeitpunkt Erdpotential besitzt, C_1 auf den Spannungsscheitelwert aufgeladen. C_1 behält diese Spannungsdifferenz bei, bis ein neuer Stromkreis geöffnet ist, durch den eine Entladung dieses Kondensators erfolgen kann.

[1] Die Wirkungsweise dieser Schaltung ist allerdings etwas schwerer verständlicha ls die der Schaltung nach Abb. 25.

Wenn *a* vom negativen Spannungsscheitelwert aus ansteigt bis zum positiven Scheitelwert, hat das Potential von *b* das Bestreben, von Null an bis zum doppelten positiven Scheitelwert anzusteigen. Hierbei wird *b* positiv gegenüber *c*, so daß das Ventil V_{e_2} öffnet und der Kondensator C_2 aufgeladen wird. Es ergibt sich daraus, daß an *c* im Verlauf von mehreren Perioden der Wechselspannung der doppelte positive Scheitelwert der Transformatorspannung erzeugt wird. Diese Spannungshöhe kann also hier mit einem einpolig geerdeten Hochspannungstransformator erzeugt werden.

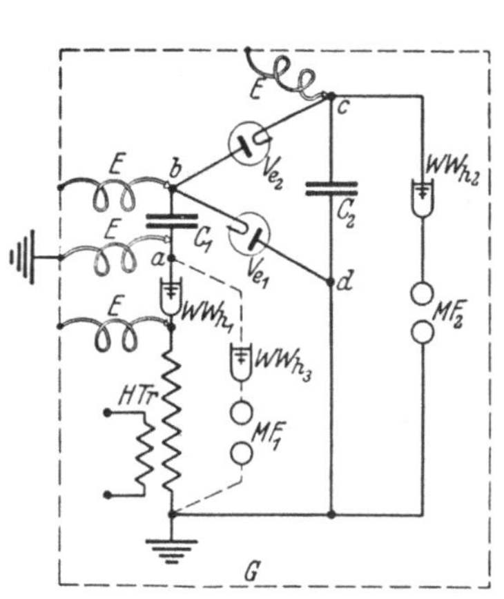

Abb. 27. Schaltung zur Erzeugung einer hohen Gleichspannung gegen Erde.

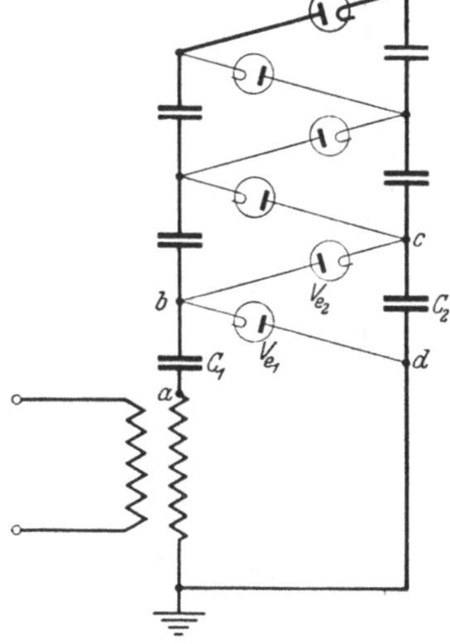

Abb. 28. Vielfachschaltung zur Erzeugung besonders hoher Gleichspannungen.

Der besondere Vorzug dieser Schaltung nach Abb. 27 ist der, daß man sie durch Hinzufügen weiterer, aus Kondensatoren und Ventilen bestehender Glieder beliebig erweitern kann. Abb. 28 zeigt eine solche Gleichspannungs-Vielfachschaltung. Die Schaltung Abb. 28 enthält gegenüber der Schaltung Abb. 27 zwei weitere Glieder, von denen jedes aus zwei Kondensatoren, entsprechend C_1 und C_2, und aus zwei Ventilen, entsprechend V_{e_1} und V_{e_2}, zusammengesetzt ist. Jedes dieser Glieder erhöht die erzeugte Gleichspannung um den doppelten Scheitelwert der Transformatorspannung, weil sich die Spannungen jedes Gliedes auf den Spannungen des vorausgehenden Gliedes aufbauen. Die Wirkungsweise der Schaltung läßt sich an Hand des Spannungsverlaufes der einzelnen Punkte verfolgen (entsprechend Abb. 26 für die Spannungen der Schaltung Abb. 25). Der Punkt *A* der Schaltung Abb. 28 erhält also eine Gleichspannung vom sechsfachen Betrage des Scheitelwertes der Transformatorspannung. Mit dieser Schaltung können also ganz besonders hohe Gleichspannungen erzeugt werden[1].

Für Versuche mit den Schaltungen Abb. 25 und 27 sind z. B. die folgenden Geräte geeignet. Die genannten Werte gelten für eine Gleichspannungsanlage für 200 kV.

Abb. 29. Versuchsaufbau für Gleichspannungs- und Stoßspannungsversuche.

V_{e_1} und V_{e_2}: Hochvakuum-Glühkathodenventile für eine Sperrfähigkeit von 230 kV.

HTr: Hochspannungstransformator für 80 kV.

C_1 und C_2: Hochspannungs-Hartpapierkondensatoren mit einer Kapazität von 5000 pF oder mehr.

Die Kondensatoren sind bei der Schaltung nach Abb. 25 für eine Betriebsgleichspannung zu bemessen von mindestens 100 kV. In der Schaltung nach Abb. 27 muß der Kondensator C_1 für 100 kV, der Kondensator C_2 für 200 kV Gleichspannung geeignet sein.

MF_1 und MF_2: Meßfunkenstrecken mit 10 bzw. 25 cm Kugeldurchmesser.

WW_{h_1}, WW_{h_2} und WW_{h_3}: Widerstandskerzen (siehe S. 21), gefüllt mit destilliertem Wasser.

[1] Abb. 10 zeigt den Aufbau einer solchen Anlage. Literaturangaben siehe S. 28.

S—P: Spitze-Platte-Funkenstrecke. Spitze mit einem Öffnungswinkel von etwa 30°; Platte mit einer ebenen Fläche von etwa 15 cm Durchmesser und gut abgerundetem Rand. Die Elektroden werden am besten so gebaut, daß sie an Stelle von Kugeln in ein Meßfunkenstreckengestell eingesetzt werden können. Ihr Abstand kann dann unter Spannung verändert werden. Der größte einstellbare Abstand zwischen Spitze und Platte möchte wenigstens 15 cm betragen.

Abb. 29 zeigt den Aufbau der Geräte für einen solchen Versuch. Die gleiche Versuchsanordnung kann für Stoßspannungsversuche (5. und 10. Versuch) benutzt werden.

d) Versuchsdurchführung. Zuerst soll mit der Schaltung Abb. 25 gearbeitet werden. Nach Fertigstellung und Prüfung des Versuchsaufbaues werden die Ventile geheizt, und die Hochspannungsquelle wird in der vorgeschriebenen Weise eingeschaltet. Es empfiehlt sich, zur Prüfung des Versuchsaufbaues die Spannung vor Beginn des eigentlichen Versuches so weit zu erhöhen, bis die volle Gleichspannung, für die die Anlage gebaut ist, vorliegt. Dann wird auf einzelnen Stufen der Unterspannung jedesmal die Messung des Effektivwertes der Unterspannung, des Scheitelwertes der Oberspannung des Transformators mit der Meßfunkenstrecke MF_1 und des Gleichspannungswertes mit der Meßfunkenstrecke MF_2 durchgeführt.

Bei einer bestimmten hohen Gleichspannung wird eine Nachprüfung der Polarität der Gleichspannung mit der Spitze-Platte-Funkenstrecke S—P vorgenommen. Eine solche Funkenstrecke eignet sich zur Polaritätsbestimmung sehr gut, weil die Durchschlagspannungen sehr stark von der Polarität abhängen. Abb. 30 zeigt die Durchschlagspannungen in Abhängigkeit vom Abstand[1]. Man sieht, daß bei positiver Spitze eine wesentlich niedrigere Durchschlagspannung vorliegt als bei negativer Spitze. Dementsprechend erhält man bei gegebener Spannung einen erheblich größeren Durchschlagweg, wenn die Spitze positiv ist, als wenn sie negativ ist. Zur Feststellung der Polarität einer Gleichstrom-Hochspannungsanlage verringert man bei unveränderter Spannung den Abstand der Elektroden einer solchen Spitze-Platte-Funkenstrecke allmählich, bis ein Überschlag zwischen Spitze und Platte eintritt. Der Abstand beim Überschlag wird ermittelt. Dann werden die Anschlüsse an der Spitze-Platte-Funkenstrecke vertauscht, so daß nunmehr die Spitze an dem anderen Pol der Gleichspannungsquelle liegt. Bei gleicher Spannungshöhe wird erneut der Elektrodenabstand verringert und beim Überschlag gemessen. Derjenige Pol der Gleichspannungsanlage, der

[1] Entnommen aus Erwin Marx (10). Benutzt wurde bei dieser Aufnahme eine Nähnadelspitze gegenüber einer gut abgerundeten Platte, deren ebene Fläche in allen Fällen wesentlich größer war als der Abstand Spitze—Platte.

beim Vorliegen des größeren Überschlagabstandes an der Spitze angeschlossen war, ist der positive Pol. Die Polarität muß natürlich mit der aus der Schaltung der Ventile sich ergebenden Polarität übereinstimmen.

Wenn der Transformator HTr beiderseitig isoliert ist, können ferner einige entsprechende Versuchspunkte bei Erdung der Gleichrichteranlage im Punkt b oder c an Stelle der Erdung an d durchgeführt werden.

Ferner kann die Höhe der Gleichspannung mit der Meßfunkenstrecke MF_2 in Abhängigkeit von einem Belastungsstrom ermittelt werden. Eine solche Belastung ist am einfachsten durch eine Gruppe von Spitzen zu erzielen, die in einem stark veränderlichen Abstand vor einer Plattenelektrode aufgestellt wird. (Eine solche Elektrodenanordnung wurde bereits im 2. Versuch empfohlen, siehe S. 65.) Wenn diese Spitzen-Platte-Strecke unter Spannung in ihrem Abstand verändert werden kann, dann läßt sich der Belastungsstrom bei jedem Spannungswert auf den gewünschten Betrag bringen (z. B. auf 1 oder 2 mA). Hierbei muß sorgfältig darauf geachtet werden, daß der zulässige Dauerstrom in den Ventilen nicht zu groß wird. Man schaltet hierzu vor die Ventile je einen empfindlichen, isoliert aufgebauten Drehspulstrommesser. Diese Strommesser geben zugleich die Stromstärke in dem Belastungswiderstand an.

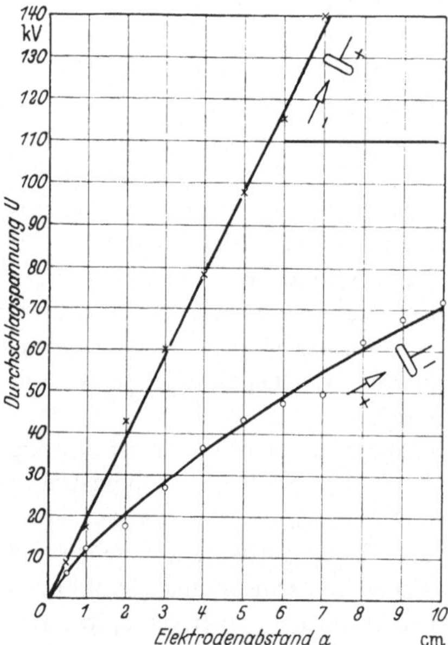

Abb. 30. Durchschlaggleichspannung einer Spitze-Platte-Funkenstrecke bei verschiedener Polarität.

Im Anschluß an die Untersuchung der Schaltung nach Abb. 25 kann eine Untersuchung der Schaltung nach Abb. 27 durchgeführt werden. Es können dabei verschiedene Größen der Kondensatoren C_1 und C_2 verwendet werden, um einen Überblick über die notwendige Mindestgröße dieser Kondensatoren zu erhalten. Bei Belastung sinkt die Spannung dieser Schaltung stark ab. Die in einer Schaltung nach Abb. 25 oder nach Abb. 27 erzeugte Gleichspannung kann zu Überschlag- oder Durchschlagversuchen benutzt werden. Besonders interessant ist ein Überschlagversuch an der Anordnung Abb. 43c mit Wechselspannung und dann mit Gleichspannung. Dieser Versuch zeigt, daß die bei

Wechselspannung auftretenden Gleitfunken beim Anlegen von Gleichspannung nicht vorhanden sind und daß dadurch die Überschlaggleichspannung viel höher wird als die Überschlagwechselspannung (siehe auch 7. Versuch).

e) Auswertung und Beurteilung der Versuchsergebnisse. Die aufgenommenen Werte sind in Tabellen und Kurven einzutragen. Die Höhe der gemessenen Gleichspannung ist mit dem aus dem Scheitelwert der Transformatorspannung errechneten Wert zu vergleichen. Der Spannungsverlauf der wichtigsten Punkte der Schaltung nach Abb. 27 kann in entsprechender Weise, wie dies Abb. 26 für die Schaltung nach Abb. 25 zeigt, dargestellt werden. Die aus dem Versuch mit der Spitze-Platte-Funkenstrecke bestimmte Polarität ist mit der aus der Schaltung der Ventile ersichtlichen Polarität zu vergleichen.

Bei Überschlag- und Durchschlagversuchen mit Gleichspannung tritt gegenüber den Erscheinungen bei hoher Wechselspannung (siehe 7. Versuch) ein Polaritätseinfluß auf. Die Überschlag- oder Durchschlagspannung ist *dann* niedriger, wenn die stärker gekrümmte Elektrode positiv ist. Mit Wechselspannung kann diese Erscheinung natürlich nicht ohne weiteres festgestellt werden.

Bei Gleichspannung fällt die „Gleitfunkenbildung" weg, die an Anordnungen mit hoher Oberflächenkapazität bei Wechselspannung stark in Erscheinung tritt.

f) Literaturübersicht. — Andere Versuchsmöglichkeiten. Über die verschiedenartigen Anlagen zur Erzeugung sehr hoher Gleichspannungen für Hochspannungsversuche wurden bereits auf S. 28 Angaben gemacht. Dort sind auch zahlreiche Literaturhinweise enthalten.

Hohe Gleichspannungen werden, wie auf S. 81 ausgeführt wurde, außer zu Forschungszwecken für die Prüfung von Hochspannungskabeln[1] usw. benutzt. Für die spätere Zukunft sind ferner Gleichstromkraftübertragungsanlagen von großer Leistung zu erwarten[2].

[1] Siehe z. B. K. ROTTSIEPER (1); H. MEHLHORN (1) u. (3); elektrische Entstaubungsanlagen siehe R. STRIGEL (2); H. EDLER (1); G. MIERDEL (2), (3) u. (4); R. HEINRICH (1); G. MIERDEL u. R. SEELIGER (5); R. HEINRICH (2); J. SCHUBERT; J. R. GIES; W. F. STRONG; M. ANDRITZKY; Röntgenanlagen siehe A. ROTH (4) S. 633; A. BOUWERS (1) S. 281; R. LEUSCHKE; A. KUNTKE u. H. VERSE (2); E. A. W. MÜLLER (2); über die neueste amerikanische Entwicklung auf dem Gebiet der Röntgenanlagen siehe ETZ Bd. 71 (1950) S. 18.

[2] Aus der sehr umfangreichen Literatur über die Gleichstrom-Hochspannungsübertragung und mit ihr zusammenhängende Fragen seien die folgenden Arbeiten angeführt: R. THURY; E. SCHJÖLBERG-HENRIKSEN; W. GOSEBRUCH (1); H. GLASER; W. GOSEBRUCH (2); O. BURGER; A. v. TIMASCHEFF (1); E. KERN u. K. BERGER (3); W. BÖHLAU (2); A. RACHEL (3); A. MATTHIAS (8); A. RACHEL (4); A. MATTHIAS (9); H. KLEWE; K. ROTTSIEPER (2); H. GRÜNEWALD (5); O. E. NÖLKE

Der beschriebene Versuch kann auch mit anderen als den vorgeschlagenen Schaltungen durchgeführt werden. An Stelle der Hochvakuumventile sind für die Versuche auch mechanische Gleichrichter gut geeignet. Ferner bilden Spitze-Platte-Funkenstrecken einen einfachen, zu Versuchszwecken geeigneten Weg zur Gleichrichtung hoher Spannungen[1].

Neben der Messung des Spannungsscheitelwertes mit der Kugelfunkenstrecke kann der effektive Mittelwert mit einem elektrostatischen Gerät ermittelt werden. Der arithmetische Mittelwert der Gleichspannung kann über einen sehr hohen Vorwiderstand (siehe S. 20) mit einem Drehspulgerät gemessen werden[2]. Die oszillographische Aufnahme des Gleichspannungsverlaufes bietet wegen der geringen, bei Versuchsanlagen vorhandenen Leistung und wegen der Unmöglichkeit der Verwendung kapazitiver Spannungsteiler gewisse Schwierigkeiten.

Ausführbar ist die oszillographische Aufnahme auf dem folgenden Wege: Man schaltet eine große Zahl von Kohlewiderständen, wie sie für Rundfunkanlagen handelsüblich sind, in Reihe. Diese Kohlewiderstände sind mit 1 bis 2 Watt belastbar; sie besitzen einen Widerstandswert von einigen Megohm je Stück. Man ordnet diese Widerstände wendelförmig um ein leichtes Isoliergestell an und baut das Gestell dann in ein ölgefülltes Isolierrohr ein. Ein solcher Widerstand kann z. B. mit einem Betrag von 50 bis 100 Megohm versehen werden, man kann ihn zusammen mit einem BRAUNschen Rohr zum Oszillographieren von sehr hohen Gleichspannungen verwenden.

5. Versuch: **Erzeugung von Stoßspannungen.**

a) Allgemeine Grundlagen. Unter Stoßspannungen versteht man Spannungen, die sehr rasch ansteigen und die nach Erreichen des Höchstwertes ohne nennenswerte Schwingungen wieder abfallen. Der Anstieg der Spannung (Stirn der Stoßspannung) erfolgt in einigen Mikrosekunden, der Abfall der Spannung (Rücken der Stoßspannung) verläuft im allgemeinen wesentlich weniger steil als der Anstieg. Stoßspannungen werden erzeugt durch Kondensatorentladungen; die einfachste Schaltung hierfür zeigt Abb. 31. Der Kondensator C wird mit hoher Gleichspannung aufgeladen, wie wir dies im 4. Versuch kennengelernt haben. An dem Punkt a ist eine Kugelfunkenstrecke (Zünd-

(1); MAX STÖHR; H. KELLER (1); E. KERN (1) u. (2); P. EGLOFF u. I.-I. FELIX; D. STEIN; A. A. ČERNYŠEV; E. TSCHANTER; KD. MEYER; R. LANGLOIS-BERTHELOT (1); A. LEONHARD (2); CH. EHRENSPERGER (1) u. (2); R. LUNDHOLM; A. MENGE; R. TRÖGER (2); W. BORGQUIST (2); A. LEONHARD (3); A. U. LAMM (1) u. (2); A. ERK; W. WANGER (5); F. J. ERROLL u. Lord FORRESTER; G. OBERDORFER (4); ERICH SCHULZE; J. BIERMANNS (15); K. BAUDISCH (2); E. HUBEL; J. BIERMANNS (16) S. 617.

[1] Siehe S. 28.

[2] Siehe auch HARALD MÜLLER u. H. MEHLHORN (24).

funkenstrecke ZF) angeschlossen. Von dieser aus führt die Leitung an den Punkt b, an dem über einen Dämpfungswiderstand R_d eine Parallelschaltung, bestehend aus einer Meßfunkenstrecke MF und einem Prüfling, z. B. dem Isolator I, angeschlossen ist. Zwischen die rechts dargestellte Kugel der Zündfunkenstrecke und Erde ist außerdem der Entladewiderstand R_e geschaltet. Wenn die Spannung am Punkt a genügend groß geworden ist, tritt ein Durchschlag an der Zündfunkenstrecke ZF ein. Der Durchschlagfunke an ZF (kurzzeitiger Lichtbogen) stellt einen Kurzschluß zwischen den beiden Kugeln dar, so daß der Punkt b praktisch auf dieselbe Spannung aufgeladen wird, wie sie a besitzt. Der

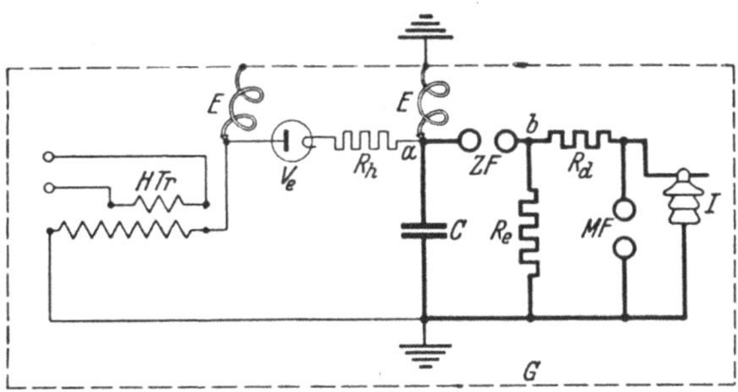

Abb. 31. Einfachste Schaltung zur Erzeugung von Stoßspannungen. Bezeichnungen s. S. 46 ZF: Zündfunkenstrecke. R_d: Dämpfungswiderstand. R_e: Entladewiderstand. Unterspannung von HTr wie Abb. 16.

Dämpfungswiderstand R_d hat die Aufgabe, Schwingungen bei dem Aufladevorgang zu verhindern und dem Spannungsanstieg am Prüfling I eine bestimmte gewollte Steilheit zu geben. Durch das Ansprechen von ZF wird also die zwischen b und Erde bestehende Kapazität von dem Kondensator C aus auf eine hohe Spannung aufgeladen. Die gesamte Ladung wird durch den Entladewiderstand R_e allmählich nach der Erde hin abgeführt. Der zeitliche Verlauf des Spannungsstoßes, den wir später (im 10. Versuch) genauer untersuchen werden, ist in der Hauptsache durch die Größe der Kapazitäten sowie der Widerstände R_d und R_e bedingt.

Nach Auftreten einer Stoßspannung vergeht eine gewisse Zeit, bis der Kondensator C aus der Gleichspannungsquelle erneut aufgeladen ist. Nach Ablauf dieser Zeit tritt wieder ein Durchschlag an ZF auf. Man kann den zeitlichen Abstand zwischen zwei Durchschlagfunken an ZF durch die Spannungshöhe am Transformator HTr verändern. Beim Versuch regelt man diese Spannungshöhe so, daß Stoßspannungen in zeitlichen Abständen von etwa 1 s auftreten. Der Widerstand R_h zwischen Gleichspannungsanlage und Stoßspannungsschaltung muß genügend groß (Größenordnung 1 Megohm) sein, da sonst ein Kurzschluß der Gleichspannungsanlage über die Zündfunkenstrecke und den Widerstand R_e eintritt.

Wenn man den Abstand an *ZF* vergrößert und zugleich die Spannung des Transformators steigert, dann erhält die Stoßspannung einen höheren Scheitelwert. Der Scheitelwert der Stoßspannung ist durch die Meßfunkenstrecke *MF* meßbar. Bei Spannungssteigerung erhält man schließlich Überschläge am Isolator *I*. Auch diese Überschlagspannung kann mit der Meßfunkenstrecke *MF* ermittelt werden.

Durch Verdoppelung der Schaltung Abb. 31 erhält man die Schaltung nach Abb. 32 (vgl. Schaltung Abb. 25 im 4. Versuch). Die beiden Kondensatoren C_1 und C_2 werden auf Gleichspannung von entgegengesetzter Polarität aufgeladen, bei genügender Spannungshöhe über die Zündfunkenstrecke ZF_1 und ZF_2 auf den Prüfling *I*, sowie die Meßfunkenstrecke *MF* geschaltet und über die beiden Widerstände R_{e_1} und

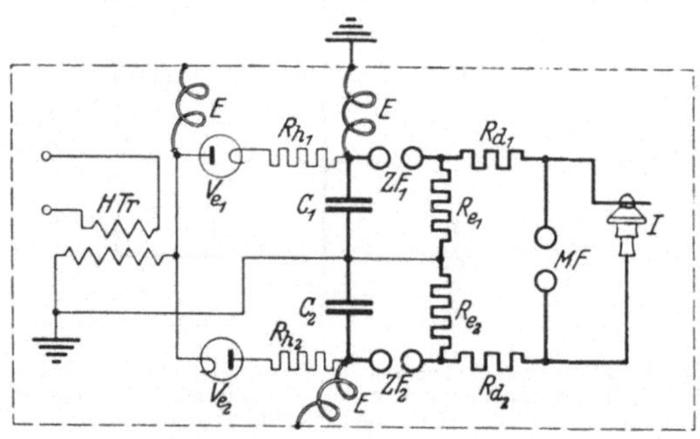

Abb. 32. Vereinigung von zwei Schaltungen nach Abb. 31 zur Vergrößerung des Scheitelwertes der Stoßspannung. Bezeichnungen wie Abb. 31.

R_{e_2} entladen. Die Schaltung besitzt den Nachteil, daß zwei Zündfunkenstrecken vorhanden sein müssen. Die Stoßspannung erhält nur dann eine definierte Form, wenn beide Zündfunkenstrecken zu gleicher Zeit ansprechen würden. An Stelle dieser Schaltung Abb. 32 wird deshalb meist die Schaltung nach Abb. 33 benutzt, die die gleiche Wirkung hat wie die Schaltung nach Abb. 32. Der Vorgang bei der Schaltung Abb. 33 ist der folgende: Der Kondensator C_1 wird im Punkt *a* positiv aufgeladen, Punkt *c* liegt nach Abklingen des Ladestromes von C_1 infolge der Mittelerdung der Widerstände R_{e_1} und R_{e_2} annähernd auf dem Potential Null. Der Kondensator C_2 wird im Punkt *b* negativ aufgeladen, das Potential von *d* ist annähernd gleich Null. Spricht die Zündfunkenstrecke *ZF* an, dann verschwindet in außerordentlich kurzer Zeit die Spannungsdifferenz zwischen deren beiden Kugeln. Die beiden Kugeln erhalten durch diesen Durchschlag aus Symmetriegründen annähernd das Potential Null gegen Erde. Die Kondensatoren C_1 und C_2 behalten während dieser Spannungsänderung an *ZF* ihre Ladung und Spannungsdifferenz bei. Wenn also das Potential des Punktes *a* vom positiven Gleichspannungswert $(+U)$ auf Null geht, muß das Potential des Punktes c von Null auf $-U$ gelangen. In entsprechender Weise wird bei Änderung des Potentials des Punktes b vom Werte $-U$ auf Null das Potential des Punktes d vom Werte Null auf $+U$ kommen. Durch das Ansprechen der Zündfunkenstrecke entsteht also zwischen den Punkten c und d und damit am Prüfling eine Stoßspannung vom Betrage $2 \cdot U$, wie dies auch bei der Schaltung nach Abb. 32 der Fall war[1].

Durch die Schaltung nach Abb. 34 wird mit einem einfachen Kunstgriff die erzeugbare Stoßspannung verdoppelt. Zur Aufladung der Kondensatoren C_1 und C_2 wird hierbei eine vollständige Gleichrichter-

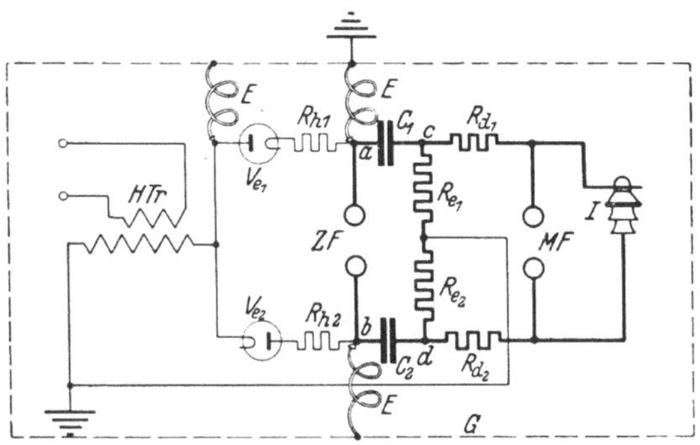

Abb. 33. Stoßschaltung mit zwei Kondensatoren, aber nur einer Zündfunkenstrecke. Bezeichnungen wie Abb. 31.

schaltung, wie sie Abb. 25 darstellt, benutzt. Mit Hilfe der beiden Kondensatoren C' und C'' entsteht zwischen den Punkten a und b eine ruhende Gleichspannung, die gleich dem doppelten Scheitelwert der Transformatorspannung ist. Über den Widerstand R_1 wird jedoch jetzt der Punkt c der Schaltung auf den Betrag $-U$ gebracht, so daß der Kondensator C_1 auf die Spannungsdifferenz $2 \cdot U$ aufgeladen wird. C_2 erhält die gleiche Aufladespannung. Durch den Durchschlag an ZF geht das Potential des Punktes a vom positiven Gleichspannungswert $+U$ auf Null, folglich verändert sich das Potential des Punktes c in der gleichen Zeit, in der a auf Null geht, von $-U$ auf den Betrag $-2 \cdot U$. Diese plötzliche Veränderung des Potentials des Punktes c ergibt sich wieder aus der Tatsache, daß die Spannungsdifferenz am Kondensator C_1 während der Ausbildung des Durchschlagfunkens an ZF unverändert bleibt. Durch die Veränderung des Potentials des Punktes b

[1] Zur Vertiefung des Verständnisses der Wirkungsweise dieser Stoßschaltungen empfiehlt sich die Aufzeichnung des Potentialverlaufes der einzelnen Punkte der Schaltung über der Zeit. Eine entsprechende Aufzeichnung wurde in Abb. 26 für eine Gleichspannungsschaltung vorgenommen. Gleichartige Darstellungen für Stoßanlagen finden sich bei M. TOEPLER (4).

vom Wert $-U$ auf Null wandert das Potential des Punktes d von $+U$ auf $+2 \cdot U$. Zwischen den Punkten c und d entsteht also durch den Überschlag an *ZF* plötzlich eine Spannungsdifferenz vom Betrage $4 \cdot U$. Aus der Aufladegleichspannung vom Betrage $2 \cdot U$ wird also eine Stoßspannung von doppeltem Scheitelwert erzeugt.

Bei der Schaltung nach Abb. 34 liegt zwischen den Punkten c und d, also auch am Isolator I, bereits vor dem Auftreten der Stoßspannung eine Gleichspannung vom Betrage $2 \cdot U$. Der Stoß überlagert sich also einer Gleichspannung. Will man mit einer Stoßspannung arbeiten, die vom Wert Null an bis zum Wert $4 \cdot U$ ansteigt, dann muß in den

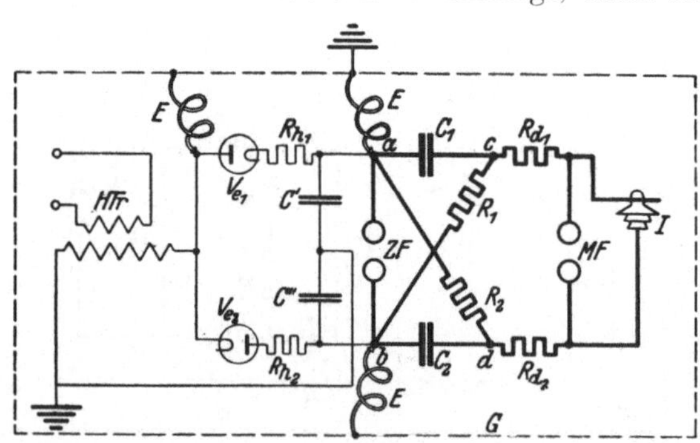

Abb. 34. Schaltung zur Verdoppelung der Spannungshöhe. Bezeichnungen wie Abb. 31.

Leitungszug vor Isolator und Meßfunkenstrecke noch je eine Trennfunkenstrecke (TrF_1 und TrF_2) eingebaut werden, wie das in Abb. 35 aufgezeichnet ist. Durch den Widerstand R_e in dieser Schaltung wird die Spannungsdifferenz am Prüfling vor dem Auftreten der Stoßspannung auf Null gehalten.

Die Wirkungsweise der Schaltungen Abb. 34 und 35 kann in einfacher Weise auch wie folgt erklärt werden: Die Kondensatoren C_1 und C_2 werden zunächst in Parallelschaltung über die hohen Widerstände R_1 und R_2 mit Gleichspannung aufgeladen. Wenn die Aufladung so weit fortgeschritten ist, daß an *ZF* ein Durchschlag eintritt, so erfolgt dadurch plötzlich und selbsttätig eine Reihenschaltung der Kondensatoren C_1 und C_2. Diese Reihenschaltung von zwei auf gleiche Spannungen aufgeladenen Kondensatoren ruft in bekannter Weise eine Verdoppelung der Spannungshöhe hervor.

Kurz zusammengefaßt lautet dieses Schaltungsprinzip: *Aufladung von Kondensatoren über hohe Widerstände in Parallelschaltung, hiernach selbsttätige Reihenschaltung dieser Kondensatoren durch das Ansprechen von Funkenstrecken* [siehe ERWIN MARX (2) und DRP. 455933]. Da dieses Prinzip nicht auf zwei Kondensatoren beschränkt ist, sondern beliebig erweitert werden kann, lassen sich auf diesem Wege beliebig hohe Stoßspannungen erzeugen. Abb. 36 stellt eine solche „Vielfachschaltung“ dar. Die Anordnung in der Schaltung ist so gewählt, daß man ohne weiteres die Aufladung der Kondensatorengruppen C_1 bis C_5 über die Widerstandsgruppen R_1 bis R_5 in Parallelschaltung erkennt.

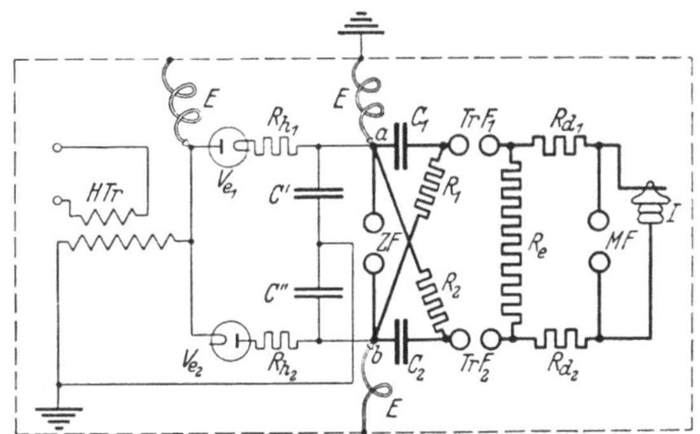

Abb. 35. Schaltung zur Verdoppelung der Spannungshöhe mit zwei Trennfunkenstrecken (TrF_1 und TrF_2). Bezeichnungen wie Abb. 31.

Diese Kondensatorengruppen werden also alle auf annähernd die gleiche Spannung aufgeladen. Das Ansprechen der Zündfunkenstrecke ZF_1 zieht einen Durchschlag an den anderen Zündfunkenstrecken ZF_2 bis ZF_4 sowie an der Trennfunkenstrecke TrF nach sich. Dadurch schließt sich der stark gezeichnete Stromkreis, in dem die Kondensatoren in

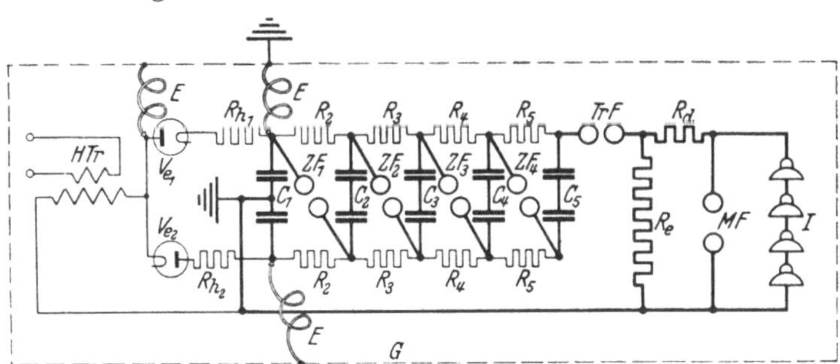

Abb. 36. Vielfachschaltung zur Erzeugung sehr hoher Stoßspannungen. Bezeichnungen wie Abb. 31.

Reihenschaltung enthalten sind. Die Höhe der Stoßspannung wird durch die Aufladewiderstände R_1 bis R_5 nicht nennenswert beeinträchtigt, weil die Kondensatoren ihre Ladung über diese hohen Widerstände nur langsam abgeben können.

b) Praktische Anwendungen. Stoßspannungen werden seit einigen Jahren in immer steigendem Maße zu Prüfzwecken und Untersuchungen in der Hochspannungstechnik angewandt. Dem liegt die Tatsache zugrunde, daß Störungen in Hochspannungsanlagen zum größten Teil durch Stoßspannungen verursacht werden, die durch Gewitter, Erdschlüsse, Schaltvorgänge oder ähnliches entstehen. Bei stoßweiser Spannungsbeanspruchung sind die Überschlag- und Durchschlagspannungen von Anlageteilen andere als bei Wechselspannungs- oder Gleichspannungsbeanspruchung. (In ähnlicher Weise hängt auch die mechanische Festigkeit von Maschinenteilen vom zeitlichen Verlauf ihrer Beanspruchung ab.) Es ergab sich dadurch die Notwendigkeit, eingehende Untersuchungen mit solchen Stoßspannungen durchzuführen und auch die Prüfung von Hochspannungsgeräten laufend mit solchen Stoßspannungen vorzunehmen. Die Ergebnisse dieser Prüfungen haben schon viele grundsätzliche Aufklärungen und mannigfache Verbesserungen in der Hochspannungspraxis zur Folge gehabt. Auch bei der Entwicklung und Prüfung von Überspannungsschutzgeräten haben Stoßspannungsuntersuchungen entscheidende Bedeutung erlangt.

Mit Stoßvielfachschaltungen kann man auf verhältnismäßig einfachem Wege extrem hohe Spannungen erzeugen. Die höchsten künstlich erzeugten Spannungen gewinnt man mit diesen Schaltungen. Anlagen für Forschungen auf dem Gebiete der Atomzertrümmerung und für die Erzeugung von intensiven Strahlen, z. B. zur Krebsbekämpfung, arbeiten deshalb vielfach mit Stoßspannungen.

c) Versuchsplan, Aufbau und Geräte. Für das Arbeiten im Hochspannungspraktikum kommen in erster Linie die Schaltungen nach Abb. 33 und 34 in Frage. Der Aufbau der Schaltung Abb. 33 kann so vorgenommen werden, daß durch einfaches Umlegen von Anschlüssen die Schaltung Abb. 34 entsteht. Der Aufbau der einzelnen Geräte entspricht etwa dem beim 4. Versuch (Abb. 29).

Geeignete Werte für die Schaltung sind: Stoßkapazitäten C_1 und C_2 je 2000 pF, Dämpfungswiderstände R_{d1} und R_{d2} je 2000 Ω. Die Widerstände R_{e1}, R_{e2}, R_1 und R_2 können als Widerstandskerzen ausgeführt und mit Leitungswasser gefüllt werden (vgl. S. 21). Für die Aufladeschaltung kommen etwa in Frage: C' und C'' je 500 oder 1000 pF. Aufladewiderstände R_{h1} und R_{h2}, Widerstandskerzen, Füllung mit destilliertem Wasser. Die Funkenstrecken müssen unter Spannung verstellt werden können; wenn sie ohne Betreten des abgesperrten Hochspannungsraumes abgelesen werden können, so ist dies sehr wertvoll. Die Kugeldurchmesser sind entsprechend der Spannungshöhe zu wählen. Arbeitet man mit einem Transformator für 80 kV und mit Glühventilen mit einer Sperrfähigkeit von 230 kV, dann reichen Kugeln von 25 cm Durchmesser für die Funkenstrecken aus. Mit der Schaltung Abb. 34 läßt sich in diesem Falle eine Scheitelspannung von etwa 400 kV erzeugen, die mit 25-cm-Kugeln noch annähernd gemessen werden kann (siehe Abb. 14). Als Prüflinge können eine Spitze-Platte-Funkenstrecke, ähnlich wie beim 4. Versuch, ferner verschiedene Isolatoren

Verwendung finden. Auf die Art der Isolatoren kommt es hier nicht an. Der Zweck des Versuchs ist der, einige Stoßschaltungen und ihre Wirkungsweise kennenzulernen und Übung im Messen von Überschlagstoßspannungen zu gewinnen.

d) Versuchsdurchführung. Es wird zuerst mit der Schaltung Abb. 33 gearbeitet. An die Schaltung wird ein Isolator angeschlossen, der bei der höchsten erreichbaren Stoßspannung noch nicht überschlagen wird. Ferner stellt man die Meßfunkenstrecke *MF* auf einen Wert ein, bei dem keine Durchschläge an ihr auftreten (z. B. 15 cm). Dann wird an der Zündfunkenstrecke *ZF* ein kleiner Abstand, z. B. $^1/_2$ oder 1 cm, eingestellt. Nach Einschalten der Heizstromkreise der Glühventile wird in der vorgeschriebenen Weise der Hochspannungstransformator eingeschaltet. Man erhöht langsam die Unterspannung des Transformators so weit, daß in Abständen von etwa 1 s Durchschläge an der Zündfunkenstrecke auftreten. Der Unterspannungswert, der zum Hervorrufen des ersten Durchschlags an *ZF* erforderlich ist, wird abgelesen[1]. Während des Auftretens der Durchschläge an *ZF* wird die Meßfunkenstrecke allmählich so weit in ihrem Kugelabstand verringert, bis von je zwei Stoßspannungen etwa je eine zum Durchschlag an der Meßfunkenstrecke *MF* führt. Man erkennt die Tatsache, ob auch an *MF* Durchschläge erfolgen, deutlich an dem Knall, von dem die Stoßspannung begleitet ist. Der Durchschlagfunke an *ZF* leuchtet nur schwach und ist nur von einem Geräusch von geringer Lautstärke begleitet, wenn *MF* nicht mit durchschlägt. Treten dagegen auch an *MF* Durchschläge ein, dann werden die Stoßkondensatoren C_1 und C_2 über einen widerstandsarmen Kreis geschlossen, und es treten helleuchtende und laut knallende Funken auf.

Bei verschiedenen Abständen an der Zündfunkenstrecke werden nacheinander die Unterspannungen, die zum Durchschlag an *ZF* notwendig sind, sowie diejenigen Abstände an der Meßfunkenstrecke, bei denen von je zwei Stoßspannungen einer zum Durchschlag führt, aufgenommen.

Im Anschluß an diesen Versuch wird ein kleinerer Isolator an die Stoßschaltung angeschlossen, so daß auch Überschläge an diesem erzeugt werden können. Es soll der Scheitelwert derjenigen Stoßspannungen bestimmt werden, von denen etwa die Hälfte zum Überschlag am Isolator führt. Man nennt diesen Scheitelwert die „50%-Überschlagstoßspannung“ des Isolators, weil hierbei 50% der insgesamt erzeugten

[1] Während des Arbeitens der Stoßschaltung kann der Spannungsmesser auf der Unterspannungsseite des Transformators nicht abgelesen werden, da die Spannung beim Auftreten der Stoßspannungen schwankt. Deshalb soll *der* Spannungswert ermittelt werden, der zum *ersten* Überschlag an der Zündfunkenstrecke führt.

Stöße zum Überschlag führen. Man verfährt hierzu wie folgt: Die Meßfunkenstrecke ist zuerst so weit einzustellen, daß kein Durchschlag an ihr auftritt. An der Zündfunkenstrecke beginnt man mit kleinem Abstand und vergrößert diesen allmählich. Während dieser Abstandsvergrößerung wird ständig die Unterspannung des Transformators nachgeregelt, so daß an der Zündfunkenstrecke in Abständen von etwa 1 s Durchschläge auftreten. Der Scheitelwert der Stoßspannungen wird auf diesem Wege so weit gesteigert, bis von je zwei Stoßspannungen durchschnittlich etwa eine zum Überschlag am Isolator führt. Erfolgt bei jeder Stoßspannung ein Überschlag am Isolator, so ist der Zündfunkenstreckenabstand zu verkleinern; treten keine Überschläge am Isolator auf, dann ist der Zündfunkenstreckenabstand zu vergrößern. Jedesmal ist die Spannungshöhe am Transformator so zu regeln, daß die zeitlichen Abstände zwischen den Stößen etwa 1 s betragen. Wenn die richtige Einstellung von Zündfunkenstrecke und Transformatorspannung erreicht ist, läßt man beide unverändert, so daß im regelmäßigen Takte die Stoßspannungen am Isolator auftreten. Dann wird der Abstand an der Meßfunkenstrecke so weit verringert, bis etwa die Hälfte aller Stoßspannungen an der Meßfunkenstrecke zu Durchschlägen führt. Aus Kugeldurchmesser und Abstand der Meßfunkenstrecke ergibt sich der Scheitelwert dieser Stoßspannungen, die 50%-Überschlagstoßspannung[1].

Dieser Versuch kann bei verschiedenen Isolatorentypen oder anderen Anordnungen, wie beispielsweise einer Spitze-Platte-Funkenstrecke, wiederholt werden. Mit der Spitze-Platte-Funkenstrecke kann, ähnlich wie im 4. Versuch bei Gleichspannung, die Polarität der Stoßspannungen ermittelt werden.

Im Anschluß an die Verwendung der Schaltung Abb. 33 werden die gleichen Versuche mit der Verdoppelungsschaltung nach Abb. 34 durchgeführt. Das Vorgehen ist hierbei das gleiche. Die Spannung an der Meßfunkenstrecke und am Isolator wird jetzt beim gleichen Zündfunkenstreckenabstand etwa doppelt so hoch als bei Benutzung der Schaltung Abb. 33, so daß größere Isolatoren überschlagen werden können.

e) Auswertung und Beurteilung der Versuchsergebnisse. Aus Abstand und Durchmesser der Kugelelektroden der Zündfunkenstrecken und Meßfunkenstrecken sind nach Tabelle 2 S. 49 oder der entsprechenden Eichkurve der Abb. 13, 14 oder 15 die Scheitelwerte der Spannungen in kV zu ermitteln. Dabei müssen unter Umständen Barometerstand und Temperatur berücksichtigt werden, wie das im 1. Versuch

[1] Diese 50%-Überschlagstoßspannung eines Isolators ist stark vom zeitlichen Verlauf der Stoßspannung abhängig. Darauf wird später (im 10. Versuch) eingegangen.

beschrieben ist. Aus der Unterspannung des Transformators und seinem Übersetzungsverhältnis läßt sich ferner der Effektivwert der Oberspannung berechnen. Für beide Schaltungen sind Effektivwert der Transformatoroberspannung und Spannung an der Meßfunkenstrecke über der zugehörigen Spannung an der Zündfunkenstrecke aufzuzeichnen. Man sieht, daß etwa Proportionalität zwischen diesen Spannungen besteht. Bei der Verdoppelungsschaltung (Abb. 34) liegen die Spannungen an der Meßfunkenstrecke etwa doppelt so hoch als an der Zündfunkenstrecke.

Es ergeben sich in der Einfachschaltung Abb. 33 Unterschiede zwischen den Spannungen an der Zündfunkenstrecke und an der Meßfunkenstrecke. Die Spannung an der Meßfunkenstrecke liegt in manchen Fällen höher, in anderen niedriger als die Spannung an der Zündfunkenstrecke. Beispielsweise bei langen Leitungen zwischen Zünd- und Meßfunkenstrecke wird die Meßfunkenstrecke wesentlich höhere Werte anzeigen, weil am Ende dieser Leitungen eine Reflexion der dort als Wanderwellenvorgang (siehe 16. Versuch) auftretenden Spannung erfolgt. Andererseits wird bei großer Kapazität des Prüflings leicht eine Erniedrigung der Spannung an der Meßfunkenstrecke eintreten. Bei kurzen Leitungen und gedrängtem Aufbau der Stoßanlage sowie dann, wenn die Kapazität des Prüflings klein ist gegenüber der Stoßkapazität, werden sich die Angaben von Zünd- und Meßfunkenstrecke bei der Einfachschaltung im allgemeinen um nicht mehr als etwa 10% unterscheiden.

Der zeitliche Verlauf der Spannungsunterschiede zwischen den wichtigsten Punkten der Schaltungen und der Erde kann unter Zugrundelegung des im 4. Versuch (Abb. 26) Gesagten aufgezeichnet werden.

Die 50%-Überschlagstoßspannungen von Isolatoren und sonstigen Anordnungen mit unhomogenem elektrischen Felde liegen höher als ihre Überschlagwechselspannungen oder ihre Überschlaggleichspannungen. Das Verhältnis von Überschlagstoßspannung zum Scheitelwert der Überschlagwechselspannung wird als *Stoßverhältnis* bezeichnet. Der Grund für diese Erscheinung ist folgender: Zu einem elektrischen Überschlag ist eine gewisse Zeit notwendig. Da nun bei einem Stoßvorgang die Spannung nur während weniger Mikrosekunden in der Nähe ihres Scheitelwertes bleibt, muß dieser Scheitelwert nicht unerheblich über *den* Wert erhöht werden, der beim längeren Anliegen einer Spannung zum Überschlag hinreichen würde. (Näheres siehe 10. Versuch.)

f) Literaturübersicht. — Andere Versuchsmöglichkeiten. Die wichtigsten Festsetzungen für die Erzeugung und Verwendung von Stoßspannungen für Prüfzwecke sind in Leitsätzen des Verbandes Deutscher Elektrotechniker enthalten [Erwin Marx u. P. Jacottet (28)]. Dem

Entwurf dieser Leitsätze ist eine Einführung vorangestellt, in der die Begründung für die einzelnen Bestimmungen sowie die Zusammenhänge mit den entsprechenden internationalen Bestimmungen angegeben sind. In dieser Einführung sind auch Literaturangaben enthalten, so daß hier nur einige allgemeine Arbeiten über die Erzeugung von Stoßspannungen und über Untersuchungen mit solchen Spannungen angeführt seien[1]. Wie bereits früher gesagt wurde, kann man mit Vielfachstoßspannungsanlagen leicht sehr hohe Spannungen erzielen[2]. Die neuere Literatur enthält besonders viele Untersuchungen über den Einfluß des zeitlichen Verlaufes der Stoßspannungen auf die Höhe von Überschlag- und Durchschlagspannungen. Auf diese Frage wird im 10. Versuch eingegangen.

An Stelle der diesem Versuch zugrunde gelegten Schaltungen Abb. 33 und Abb. 34 können auch die übrigen dargestellten Stoßschaltungen in gleicher Weise bei einem Praktikumsversuch benutzt werden. Ferner können Überschlag- oder Durchschlagversuche an beliebigen anderen Elektrodenformen, Isolatoren oder Hochspannungsgeräten durchgeführt werden. Solche Versuche kann man in Luft, in Isolierflüssigkeiten oder mit festen Stoffen anstellen. Wasser besitzt bei Stoßspannungen eine sehr hohe Durchschlagfestigkeit. Die Leitfähigkeit des Wassers, die Durchschlagversuche mit anderen Spannungen unmöglich machen würde, spielt bei Stoßspannungen nur eine geringe Rolle. Es können also auch Stoßspannungsversuche mit Wasser oder an festen Isolierstoffen unter Wasser angestellt werden.

Besonders wertvoll ist es natürlich, wenn beim Versuch der zeitliche Verlauf der Stoßspannungen beobachtet und photographisch festgehalten werden kann. Da Stoßvorgänge sich in außerordentlich kurzer Zeit abspielen, sind solche Aufnahmen nur mit besonderen Mitteln durchführbar. Auch hierüber werden im 10. Versuch nähere Angaben gemacht.

6. Versuch: **Erzeugung von gedämpften hochfrequenten Schwingungen.**

a) Allgemeine Grundlagen. Gedämpfte hochfrequente Schwingungen lassen sich bekanntlich mit elektrischen Schwingungskreisen hervorrufen, in denen Kapazitäten und Induktivitäten enthalten sind. Um dabei genügend hohe Spannungen zu erhalten, benutzt man Tesla-Transformatoren. Dadurch ergibt sich zugleich die Möglichkeit, in dem sekundären Schwingungskreise die Dämpfung klein zu halten und die kennzeichnenden Merkmale der hochfrequenten Schwingung deutlich zu

[1] W. Bucksath (1) u. (2); M. Toepler (4) u. (5); Erwin Marx (2); L. Binder (4); Harald Müller (14); W. Furkert (1); R. Elsner (1); R. Strigel (13) u. (14); P. Paasche (2); R. Strigel (19).

[2] Literatur siehe S. 27.

bekommen. Wir wollen die Vorgänge an Hand des Schaltbildes Abb. 37 verfolgen. Der Transformator *HTr* lädt über den Widerstand WW_h und das Ventil V_e den Kondensator C_1 mit Gleichspannung auf. Wenn die Spannung an C_1 genügend hoch geworden ist, tritt ein Durchschlag an *ZF* auf. Dadurch entlädt sich C_1 über die Induktivität L_1, so daß eine gedämpfte Schwingung angenähert mit der Frequenz

$$f_1 = \frac{1}{2\pi} \frac{1}{\sqrt{L_1 C_1}}$$

entsteht. Die beiden magnetisch gekoppelten Spulen mit den Induktivitäten L_1 und L_2 stellen den Tesla-Transformator *TT* dar.

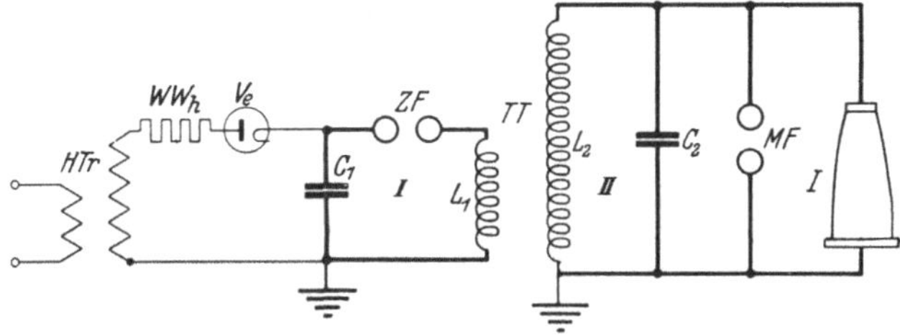

Abb. 37. Schaltung zur Erzeugung hochfrequenter Schwingungszüge. Bezeichnungen s. S. 46. *TT*: Tesla-Transformator. Unterspannungen und Sicherheitsmaßnahmen nach Abb. 16.

Wenn die Sekundärspule mit der Induktivität L_2 weit von der Primärspule entfernt ist, so daß praktisch keine magnetische Einwirkung der Spulen aufeinander eintritt, so liegt im Kreise *I* eine gedämpft abklingende Schwingung vor; die Dämpfung ist hauptsächlich bedingt durch den Widerstand des Funkens an der Funkenstrecke *ZF*.

Nähert man die Sekundärspule der Primärspule, so daß der in der Primärspule erzeugte magnetische Fluß zum Teil durch die Windungen der Sekundärspule hindurchtritt, dann wird in dieser eine Spannung induziert[1]. Der Kreis *II* wird *dann* zu erheblichen Schwingungen angeregt, wenn die beiden Kreise annähernd die gleiche Eigenschwingungszahl besitzen. Wir wollen annehmen, daß dieser Zustand, den man „Resonanz" nennt, vorliegt; wie er erreicht wird, soll später erläutert werden. Jede Schwingungshalbwelle im Kreise *I* stößt dann den Kreis *II* erneut verstärkend an, so daß der Scheitelwert der Schwingungen im Kreise *II* so lange anwächst, wie sich der Kreis *I* im Schwingungszustand befindet. Wenn im Kreise *I* der Schwingungsscheitelwert zu Null geworden ist, erlischt *bei loser Kopplung* der Tesla-Spulen der Hochfrequenzlichtbogen an der Funkenstrecke *ZF*. Kreis *II* schwingt dann allein weiter, und zwar im allgemeinen mit geringer Dämpfung, weil

[1] Die Vorgänge im Tesla-Transformator werden als bekannt vorausgesetzt. Literatur siehe S. 114. Hier ist nur kurz das Wichtigste zusammengefaßt.

in dem Schwingungskreise *II* keine Funkenstrecke vorhanden ist. Abb. 38 zeigt diese Spannungsvorgänge[1]. Oben ist die stark gedämpfte Schwingung des Kreises *I*, unten die zuerst rasch ansteigende und dann schwach gedämpft abklingende Schwingung des Kreises *II* dargestellt. Wenn die Schwingung im Primärkreis abgeklungen ist, liegt die Energie, die zuerst in der Kapazität C_1 des Primärkreises aufgespeichert war, im Sekundärkreis vor, soweit sie nicht bereits in den Wirkwiderständen der Schwingungskreise in Wärme umgesetzt worden ist.

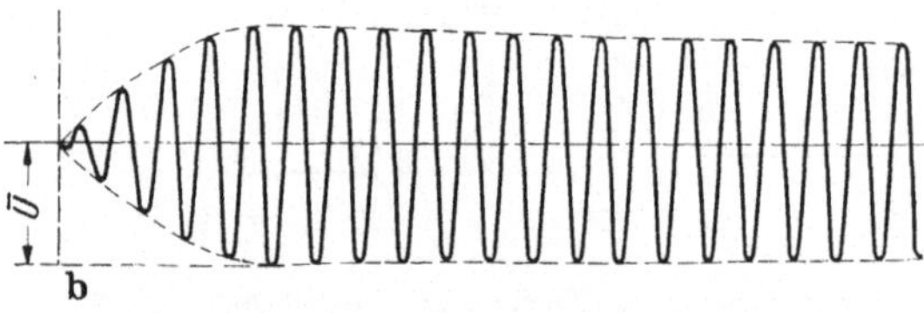

Abb. 38. Spannungsverlauf an der Primärspule (a) und an der Sekundärspule (b) eines Tesla-Transformators bei loser Kopplung.

Die in Abb. 38 dargestellte Kurve *b* wird bei Hochfrequenzversuchen im allgemeinen angestrebt, weil durch mehrere annähernd gleich große Amplituden der Einfluß der hohen Frequenz bei Überschlag- und manchen Durchschlagvorgängen zur Geltung kommt. Gekennzeichnet wird dieser Spannungsverlauf durch die folgenden Größen:

1. Betrag des höchsten Scheitelwertes ($\bar{U}$).
2. Frequenz der Schwingung (f).
3. Anzahl der Schwingungen, die vom Einsetzen der Spannung bis zum Erreichen des Höchstwertes $\bar{U}$ vergehen (z).
4. Logarithmisches Dämpfungsdekrement (d).

In Abb. 38 ist $d = 0{,}01$ angenommen. Danach vergehen $1/d = 100$ Schwingungen, vom Höchstwert an gerechnet, bis die Schwingungsamplitude auf den Wert $\bar{U}/\varepsilon = 0{,}368 \cdot \bar{U}$ abgesunken ist (ε: Basis des natürlichen Logarithmensystems).

5. Zeit, die vom Beginn eines Schwingungszuges bis zum Beginn des nächsten vergeht.

Zu 1. Die Größe $\bar{U}$ läßt sich durch den Abstand an der Zündfunkenstrecke *ZF* und durch die Spannungshöhe des Transformators *HTr* einstellen. $\bar{U}$ wird durch die Meßfunkenstrecke *MF* gemessen.

[1] Die Abb. 38 und 39 sind entnommen aus Erwin Marx (4). Dort sind nähere Angaben über die Berechnung und den Bau einer Anlage zur Erzeugung von hochfrequenten Schwingungszügen zu Prüfzwecken gemacht.

Zu 2. Die Frequenz f ist, wie schon gesagt wurde, durch die Konstanten der Schwingungskreise gegeben. Sie kann also durch die Veränderung der Kapazitäten und der Induktivitäten auf bestimmte Werte gebracht werden.

Zu 3. Die Zahl z hängt von der Kopplung der Spulen des Tesla-Transformators ab. Der Kopplungsfaktor k ist durch die Gleichung gegeben:

$$k = \frac{M}{\sqrt{L_1 L_2}},$$

worin mit M der Koeffizient der gegenseitigen Induktion der Spulen bezeichnet ist. L_1 und L_2 können berechnet oder gemessen werden. M wird durch Messung der scheinbaren Induktivität bei Gegenschaltung und Reihenschaltung der Primär- und Sekundärspule oder durch Messung der scheinbaren Induktivität der einen Spule bei kurzgeschlossener und bei offener anderer Spule ermittelt (siehe REIN-WIRTZ S. 154). z ergibt sich aus k annäherungsweise nach der Beziehung: $z = 1/4k$.

Zu 4. Das logarithmische Dekrement d ergibt sich für den Sekundärkreis aus der Gleichung

$$d = \pi R_2 \sqrt{\frac{C'_2}{L_2}}.$$

R_2 ist darin der Wirkwiderstand des Sekundärkreises, C'_2 seine gesamte wirksame Kapazität, die sich aus der Kapazität der Kondensatoren (C_2), der Meßfunkenstrecke und der Sekundärspule zusammensetzt. C'_2 läßt sich aus der Eigenfrequenz des Sekundärkreises, die durch einen Wellenmesser bestimmt werden kann, ermitteln. Wenn so hohe Spannungen erzeugt werden, daß Koronaentladungen auftreten, dann wird die Dämpfung wesentlich großer werden, als es sich aus dieser Rechnung ergibt. R_2 wird ferner durch die Stromverdrängung in dem Leiter meist wesentlich größer als der Gleichstromwiderstand des Drahtes.

Zu 5. Schließlich ist die Zeit von einem Durchschlag der Zündfunkenstrecke *ZF* bis zum nächsten zu erörtern. Diese läßt sich, wie wir das beim 5. Versuch an Stoßgeneratoren kennengelernt hatten, bei unverändertem Zündfunkenstreckenabstand durch die Spannungshöhe des Hochspannungstransformators *HTr* bequem regeln.

Man sieht also, daß sich alle für den Spannungsverlauf wesentlichen Größen auf verhältnismäßig einfachem Wege ermitteln lassen. Vorausgesetzt ist hierbei, daß die Kopplung lose, also der Kopplungsfaktor klein gemacht wird.

Bei *fester Kopplung* zwischen den beiden Spulen der Kreise wird der Kreis *I* dann, wenn in ihm die Schwingungsscheitelwerte zu Null geworden sind, im allgemeinen erneut durch den Kreis *II* zu Schwingungen angeregt, wie dies in Abb. 39 gezeigt ist. Die Schwingungsenergie pendelt dann zwischen den Kreisen *I* und *II* hin und her. Die Spannungskurve auf der Sekundärseite verliert hier ihren speziellen hochfrequenten Charakter und ähnelt in ihrer Auswirkung der Stoßspannung. Dies wird im allgemeinen bei Versuchen mit Tesla-Transformatoren unerwünscht sein. Wir müssen, wenn wir Versuche mit hochfrequenten Spannungen ausführen wollen, bestrebt sein, mit so loser Kopplung zu arbeiten, daß die Zündfunkenstrecke dann verlischt, wenn die Spannungsscheitelwerte auf der Primärseite erstmalig zu Null geworden sind. Den Abstand von Primär- und Sekundärspule noch größer zu machen, als es zur Erreichung dieses Zieles nötig ist, wird man andererseits vermeiden, weil dann das Übersetzungsverhältnis des Tesla-Transformators niedriger wird als notwendig.

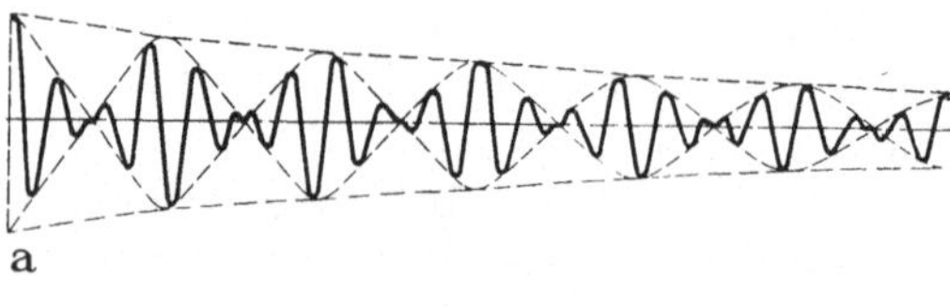

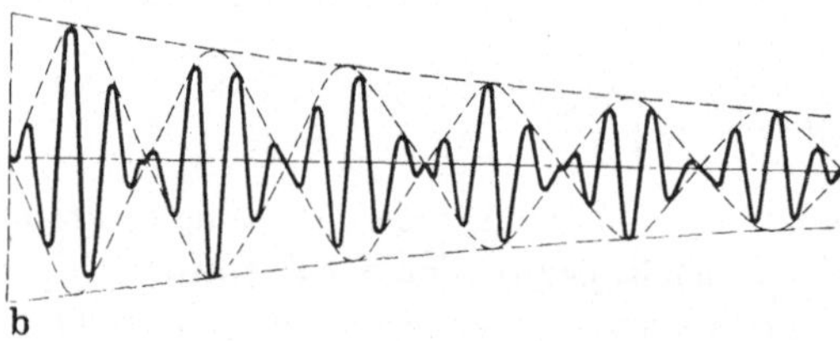

Abb. 39.
Spannungsverlauf an der Primärspule (a) und an der Sekundärspule (b) eines Tesla-Transformators bei fester Kopplung.

Mit der Schaltung nach Abb. 37 lassen sich leicht *Resonanzkurven* aufnehmen. Man stellt die Zündfunkenstrecke *ZF* auf einen bestimmten kleinen Abstand, z. B. 1 cm, ein und regelt die Spannung des Transformators *HTr* so, daß in Zeitabständen von etwa 1 s Überschläge an ihr eintreten. Dann stellt man die Meßfunkenstrecke *MF* so ein, daß von zwei Zündungen durchschnittlich etwa eine an ihr zum Überschlag führt. Aus Kugelabstand und Kugeldurchmesser findet man dann die zugehörige Spannung (siehe Tabelle 1, S. 48, oder Abb. 13 bis 15). Man kann für diese Spannungen die Eichkurven für niederfrequente Wechselspannung als annähernd richtig annehmen. Nach diesem Versuch ändert man die primäre Windungszahl des Tesla-Transformators, indem man die Zuleitung zur Spule an einem anderen Punkte anschließt, und wiederholt die Messung. Trägt man die so gemessenen Sekundärspannungen über der primären Windungszahl auf, dann erhält man eine Resonanzkurve: Die Sekundärspannung erhält nämlich dann ihren Höchstwert, wenn Resonanz zwischen Primär- und Sekundärkreis vorliegt, d. h. wenn die Eigenschwingungszahlen dieser Kreise übereinstimmen. Grundsätzlich kann zur Ermittlung der Resonanz auch eine stufenweise Änderung der Kapazitäten C_1 oder C_2 oder eine Änderung der Induktivität L_2 vorgenommen werden. Bei Hochspannungsversuchen läßt sich jedoch eine Veränderung der primären Windungszahl am einfachsten ausführen. Diese Resonanzkurven verlaufen bei fester Kopplung flach, bei loser Kopplung steil. Wenn die Kopplung so lose ist, daß bei weiterer Vergrößerung des Abstandes zwischen Primär- und Sekundärspule eine Änderung der Steilheit der Resonanzkurve nicht mehr eintritt, dann ist anzunehmen, daß sich der Charakter der Sekundärspannung nicht mehr ändert. Die Energie wird also von dieser Lage an nicht mehr in den Primärkreis zurückwandern, sondern der Sekundärkreis wird, wie wir dies anstreben, schwach gedämpft ausschwingen. Durch die Aufnahme von Resonanzkurven bei verschiedener Kopplung kann also diejenige Kopplung bestimmt werden, bei der sich gerade noch regelmäßig ein sekundärer Spannungsverlauf nach Abb. 38b einstellt.

Wenn wir nun auch nach diesen Angaben den Spannungsverlauf der Anlage ohne Berücksichtigung des Einflusses eines Prüflinges feststellen können, so ist es doch besonders wertvoll, wenn man die Spannungskurven während der Untersuchungen an Hochspannungsgeräten beobachten kann. (Beispielsweise bei Überschlagversuchen an Isolatoren, an denen Gleitentladungen vor dem Überschlag auftreten, kann man die Veränderung der Spannungskurve durch den Prüfling rechnerisch nicht erfassen.) Es sollen deshalb im Abschnitt *c* auch Hinweise gegeben werden, wie man während der Prüfung die Spannungskurven unter Zuhilfenahme eines Elektronenstrahl-Oszillographen beobachten kann. Der Versuch wird dadurch für den Studierenden besonders anschaulich.

Mit der Schaltung nach Abb. 37 kann man hochfrequente Schwingungszüge in zeitlichen Abständen von etwa 1 s erzeugen (vgl. auch den 5. Versuch). Lädt man den Kondensator C_1 unter Fortlassung des Ventils V_e über einen nicht zu großen Widerstand mit hoher Wechselspannung von 50 Per/s auf, dann treten die hochfrequenten Schwingungszüge in Abständen von $^1/_{100}$ s auf, weil jeder Spannungsscheitelwert zu einem Überschlag an *ZF* führt. Diese Funkenstrecke muß bei so rascher Funkenfolge mit einem kräftigeren Luftstrom angeblasen oder als rotierende Funkenstrecke ausgebildet werden, um das Stehenbleiben eines niederfrequenten Lichtbogens zu vermeiden. Derartige, in kurzen Zeitabständen einander folgende Schwingungszüge führen bei Untersuchungen über die elektrische Festigkeit zu ähnlichen Erscheinungen wie ungedämpfte hochfrequente Schwingungen (siehe auch S. 30 und Abb. 11).

b) Praktische Bedeutung. Da die elektrische Durchschlag- und Überschlagspannung vom zeitlichen Verlauf der Spannung abhängt, und da auch in der Hochspannungspraxis die verschiedensten Spannungsarten vorkommen, sind Versuche mit verschiedenem zeitlichen Verlauf der Prüfspannung erforderlich. Wir haben in den vorhergehenden Versuchen die Erzeugung, Regelung und Messung von niederfrequenten

Wechselspannungen, Gleichspannungen und Stoßspannungen kennengelernt. Als weitere Spannungsart kommen jetzt hochfrequente Schwingungen hinzu. Damit sind die möglichen und praktisch auftretenden Spannungsarten noch nicht erschöpft. Es kommen z. B. noch Überlagerungen der verschiedenen Spannungsarten sowie in Fernmeldeanlagen ungedämpfte hochfrequente Schwingungen vor. Durch Arbeiten mit den vier genannten Spannungsarten werden wir jedoch in den meisten Fällen ein ausreichend genaues Bild über die Abhängigkeit der elektrischen Festigkeit von der Spannungsart erhalten[1].

Gedämpfte hochfrequente Schwingungen können in Starkstrom-Hochspannungsanlagen auftreten in Form von Ausgleichsvorgängen, die bei Schaltungen, bei plötzlichen Laständerungen und infolge von Störungen entstehen. Auch periodisch sich wiederholende Schwingungszüge kommen in Starkstromanlagen, z. B. bei intermittierenden Erd- oder Kurzschlüssen, vor. Da so schwach gedämpfte Schwingungszüge, wie sie Abb. 38 unten zeigt, in Starkstromanlagen nur in Ausnahmefällen zu erwarten sind, ist die praktische Bedeutung der Versuche mit dieser Spannungsart für Kraftübertragungsanlagen geringer als die der Stoßspannungsuntersuchungen.

c) Versuchsplan, Aufbau und Geräte. Der Versuch kann in der Schaltung nach Abb. 37 vorgenommen werden. Der wichtigste Teil ist dabei der Tesla-Transformator; seine Bemessung richtet sich in erster Linie nach der mit ihm zu erzeugenden Spannungshöhe. Es ist verhältnismäßig leicht, mit solchen Tesla-Transformatoren sehr hohe Spannungen zu erzeugen, da sie kein Eisen enthalten und mit einlagigen Spulen ausgeführt werden können. Bei besonders hohen Spannungen ist es allerdings notwendig, eine oder beide Spulen unter Öl zu stellen, damit die Isolationsabstände nicht zu groß gemacht werden müssen. Zu große Isolationsabstände führen außerdem zu einer zu losen Kopplung[2]. Die innere Spule des Tesla-Transformators wird bei Verwendung von Spulen in Luft am besten an einem isolierten Seilzug aufgehängt, so daß während des Versuches die Kopplung verändert werden kann. Die Frequenz kann bei sehr hohen Spannungen aus den folgenden Gründen nicht beliebig erhöht werden: Sehr hohe Spannungen lassen sich nur mit großen sekundären Windungszahlen erzeugen. Der Durchmesser der Sekundärspule kann nicht zu klein gemacht werden, weil sonst der durch die Windungen umfaßte magnetische Fluß zu niedrige

[1] Eine Sonderrolle spielt die Beanspruchung von flüssigen oder festen Isolierstoffen durch ungedämpfte hochfrequente Spannungen. Hierüber wird im 15. Versuch einiges gesagt werden.

[2] Zwei Tesla-Transformatoren, deren innere Spulen in ölgefüllten Hartpapierzylindern untergebracht sind, zeigt Abb. 1. Mit diesen Tesla-Transformatoren sind die in Abb. 11 wiedergegebenen Entladungen erzeugt worden. Auch bei Spulen in Luft wird im allgemeinen die Sekundärspule innen angeordnet.

Werte annimmt. Großer Durchmesser und hohe Windungszahl ergeben einen großen Betrag der sekundären Induktivität. Die erheblichen Abmessungen der Sekundärspule bedingen ferner eine große Eigenkapazität. Die Frequenz wird, wie aus der Formel S. 103 hervorgeht, bei wachsender Induktivität und Kapazität kleiner. Die Verwendung einer besonderen sekundären Kapazität erübrigt sich dann.

Für einen Versuch im Hochspannungspraktikum sind etwa die folgenden Daten zu empfehlen:

$C_1 \approx 0{,}1\,\mu$F,

L_1: Spule mit etwa 1,5 m Durchmesser und etwa 25 Windungen. Länge der Spule etwa 80 cm.

L_2: Spule mit etwa 80 cm Durchmesser und 1,5 m Länge. Sekundäre Windungszahl etwa 700 bis 1000.

Die Wicklung möchte einlagig ausgeführt werden, da sonst bei hoher Spannung Durchschläge von Windung zu Windung auftreten. Es muß stark isolierter Draht benutzt werden oder zwischen den einzelnen Windungen muß eine zusätzliche Isolation, etwa durch einen mit dem Draht aufgewickelten Hanfstrick geschaffen werden. Die gesamte Sekundärspule kann nachträglich mit einem Paraffinüberzug versehen werden.

$$C_2 \approx 150\,\text{pF}.$$

Die Frequenz dieser Anordnung wird dann 20000 bis 25000 Per/s betragen. Die Frequenz möchte nicht höher als etwa 30000 Per/s gewählt werden, da sich sonst Schwierigkeiten bei der oszillographischen Aufnahme der Schwingungen ergeben. Die Erscheinungen werden durch eine weitere Erhöhung der Frequenz nicht wesentlich verändert.

Die Messung der Frequenz kann mit einem Wellenmesser vorgenommen werden. — Die Messung des Scheitelwertes der Spannungen erfolgt wie üblich mit der Kugelfunkenstrecke.

Für die Beobachtung und photographische *Aufnahme der Spannungskurven* mit einem Elektronenstrahl-Oszillographen sei der folgende Vorschlag gemacht. (Grundsätzliches über solche Aufnahmen wurde im 3. Versuch ausgeführt. Dieser Versuch wird hier als bekannt vorausgesetzt.)

1. Strahlablenkung infolge der hochfrequenten Schwingung (Vorgangsablenkung). Neuere Elektronenstrahl-Oszillographen mit geheizter Kathode benötigen zur Ablenkung des Strahles eine Spannung von etwa 100 Volt. Es darf dem Oszillographen also nur ein kleiner Teil der Primär- und Sekundärspannung des Tesla-Transformators zugeführt werden. Auf der Primärseite entnimmt man die Ablenkspannung am einfachsten einer Windung der Primärspule. Wenn diese Spannung noch zu hoch ist, kann man eine Unterteilung mit Wirkwiderständen vornehmen. Die Verwendung eines zusätzlichen veränderlichen Spannungsteilers empfiehlt sich auch zur Regelung des Ausschlages am Oszillographen bei Veränderung der Spannungshöhe der Prüfanlage. Kapazitive Spannungsteiler eignen sich im vorliegenden Falle weniger gut, weil sich Restladungen auf den Zwischenverbindungen ansammeln können und die einzelnen Vorgänge im Oszillographen bei wiederholtem Ansprechen der Zündfunkenstrecke nicht mehr zur Deckung kommen. Man könnte auch daran denken, zum Kondensator C_1 (Abb. 37) einen größeren Kondensator in Reihe zu schalten, um diesem die Vorgangsablenkspannung zu entnehmen. Das empfiehlt sich nicht, weil ja C_1 zuerst mit Gleichspannung aufgeladen wird, und weil sich der Ladevorgang dann in unliebsamer Weise im Oszillographen mit bemerkbar macht.

Auf der Sekundärseite kann entweder eine Anzapfung an der Sekundärspule zum Oszillographieren angebracht werden, oder es kann ein Kondensator C_0 zu C_2 in Reihe geschaltet werden. Die Spannung an C_0 wird dem Elektronenstrahl-Oszillographen zugeführt; C_0 ist durch einen hohen Widerstand zu überbrücken, damit die Spannung an ihm bei jedem neuen Schwingungszug mit dem Werte Null beginnt. Auch auf der Sekundärseite muß der Oszillographenausschlag regel-

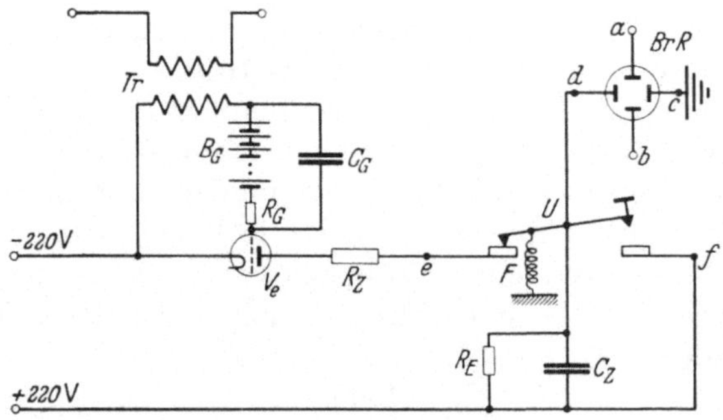

Abb. 40. Schaltung für die Zeitablenkung eines Elektronenstrahl-Oszillographen zur Aufnahme der hochfrequenten Schwingungen.

bar gemacht werden, damit man die Spannungskurven auch bei Veränderung des Scheitelwertes der hochfrequenten Schwingungszüge beobachten kann.

Die Zuleitungen zum Oszillographen müssen natürlich, da bei den Versuchen starke magnetische und elektrische Felder auftreten, sorgfältig geschützt werden. Man verdrillt die beiden Leiter und verlegt sie in einer geerdeten metallischen Hülle.

2. *Zeitabhängige Strahlablenkung* (Zeitablenkung). Die Zeitablenkung muß bekanntlich den Strahl während des Auftretens der aufzunehmenden Schwingung waagerecht über den Leuchtschirm bewegen. Es ist beim vorliegenden Versuch nicht notwendig, diese Bewegung mit konstanter Geschwindigkeit auszuführen, da es sich ja um einen periodischen Vorgang handelt. Es ist sogar vorteilhaft, wenn die Zeitablenkspannung erst rasch, dann langsamer anwächst, weil dadurch der erste, wichtigere Teil des Vorganges besonders deutlich zu erkennen ist. Zur Zeitablenkung ist also die Spannung eines Kondensators, der aus einer Stromquelle mit konstanter Spannung über einen Wirkwiderstand aufgeladen wird, gut geeignet.

Ferner muß die Zeitablenkung zugleich mit dem Vorgang beginnen. Man kann dazu ein gesteuertes dampfgefülltes Glühkathodenventil verwenden, das praktisch sofort beim Auftreten der Spannung öffnet und den Strahl in horizontale Bewegung setzt.

Für diese Zeitablenkung ist die in Abb. 40 aufgezeichnete Schaltung zweckmäßig[1]. *Br R* ist das Braunsche Rohr. *a* und *b* sind die Anschlüsse für die Vor-

[1] Die Entwicklung und Erprobung dieser Schaltung erfolgte durch Peter Jungk, Braunschweig.

gangsablenkung, c und d die Anschlüsse für die Zeitablenkung. c ist fest geerdet (zum Beispiel kurze Verbindung mit der Mittelerdung eines 440-Volt-Gleichstromnetzes). Der Anschluß d ist mit dem Tastumschalter U verbunden. Infolge der Feder F besteht Verbindung zwischen d und e, solange der Taster nicht betätigt wird. Die Speisung des Zeitablenkkreises erfolgte aus einem 440-Volt-Gleichstromnetz mit geerdeter Mitte. Wenn das Ventil V_e gesperrt ist, dann ist der Kondensator C_z über den Widerstand R_E entladen, und an d liegt die Spannung $+220$ Volt. Der Elektronenstrahl endet dann am linken Rande des Leuchtschirmes. Wird nun das Ventil V_e geöffnet, dann wird C_z über den Widerstand R_z auf 440 Volt aufgeladen. R_E ist wesentlich größer als R_z, so daß es den Aufladevorgang nicht stört. Infolge dieser Aufladung wandert das Potential von d vom Betrage $+220$ Volt allmählich bis nahe an -220 Volt. Dabei wandert der Leuchtfleck von links nach rechts. R_z und C_z müssen so bemessen sein, daß der gesamte Schwingungsvorgang auf dem Leuchtschirm zu sehen ist.

Die *Freigabe des Ventiles* V_e geschieht wie folgt: In den Primärkreis des Tesla-Transformators ist in Reihe mit der Primärspule eine Transformatorwicklung von einigen Windungen eingebaut. Diese Wicklung erhält schlagartig eine Spannung, wenn die Zündfunkenstrecke ZF (Abb. 37) anspricht. Diese kurzfristig auftretende Spannung wird über den kleinen Transformator Tr (Abb. 40) dem Gitter des Ventils zugeführt. Solange der Transformator spannungslos ist, sorgt die Batterie B_G von etwa 30 Volt dafür, daß das Gitter negativ gegenüber der Kathode ist. Wenn die Zündfunkenstrecke anspricht, tritt ein Spannungsvorgang am Gitter auf (durch Probieren stellt man die richtige Polarität fest), der das Ventil öffnet. In üblicher Weise wird noch ein Gitterwiderstand R_G von etwa 10 kΩ vor das Gitter gelegt. Parallel zur Batterie B_G und zum Gitterwiderstand R_G legt man eine Kapazität C_G (von etwa 0,1 μF), die den Spannungsstoß an Tr unmittelbar dem Gitter zuführt.

Es gibt nun für das Arbeiten dieser Schaltung zwei Möglichkeiten. Erstens: Der Widerstand R_E ist so groß, daß das Ventil V_e nach Aufladung der Kapazität C_z von selbst unterbricht (jedes dampfgefüllte Ventil besitzt eine gewisse Mindeststromstärke, unterhalb derer es verlischt; bei $R_E = 200$ kΩ wird dies im allgemeinen der Fall sein). Zweitens: R_E besitzt einen kleineren Betrag, so daß über die Reihenschaltung von R_z und R_E ein Dauerstrom fließt, der das Ventil V_e offenhält. Im ersten Falle wandert der Elektronenstrahl nach Unterbrechung des Ventilstromes von selbst wieder in seine Ausgangslage zurück, da ja der Kondensator C_z über R_E wieder entladen wird. Bei der nächsten Zündung im Primärkreise des Tesla-Transformators wiederholt sich der gleiche Vorgang auf dem Leuchtschirm, so daß dieselbe Kurve wiederholt überschrieben werden kann. Ein Nachteil besteht hierbei darin, daß der Leuchtfleck beim Rücklauf in die Ausgangsstellung langsam über den Leuchtschirm hinwegwandert, so daß bei einer photographischen Daueraufnahme von mehreren Vorgängen die Nullinie sehr hell, die Schwingungsvorgänge dementsprechend schwach erscheinen. Man kann diesen Nachteil dadurch abschwächen, daß man den Teil des Leuchtschirmes, auf dem der Leuchtfleck sich in der Ruhelage befindet und auf dem er rückwandert, mit schwarzem Papier überklebt. Trotzdem ist eine Überstrahlung des übrigen Gebietes des Leuchtschirmes vorhanden. Die Wahl eines großen Widerstandes R_E ist deshalb in erster Linie zur *Beobachtung* der Vorgänge, weniger zum Photographieren geeignet. — Im zweiten Falle, bei kleinerem Betrage von R_E, bleibt der Leuchtfleck auf der rechten Seite des Leuchtschirmes, bis die Umschalttaste U betätigt wird. Durch die Taste wird der Ventilstromkreis unterbrochen, der Kondensator C_z entladen und der Leuchtfleck in die Ausgangslage zurückgeführt. Man kann auf diesem Wege auch brauchbare photographische Aufnahmen mit normalen Elektronenstrahl-Oszillographen (vorteilhaft ist ein Nachleuchtschirm) ausführen. Jedesmal vor der Rückführung des Strahles durch Betätigung der Taste kann man das Objektiv der Kamera abdecken und dadurch das wiederholte Schreiben der Nullinie verhindern. Auf diese Weise sind die Aufnahmen Abb. 41 und 42 hergestellt worden. Es sind je etwa 40 Vorgänge übereinandergeschrieben. Man sieht, daß eine Streuung kaum auftritt. Die Vorgänge sind gut erkennbar. Die wichtigsten Daten der aufgenommenen Vorgänge sind: $f = 22500$ Per/s; Kopplungsfaktor $k \approx 0{,}05$; Primärspannung 5,5 kV_{max}, Sekundärspannung 58,5 kV_{max}.

Es besteht auch die Möglichkeit, einen einzelnen Schwingungszug photographisch aufzunehmen, wenn folgende Punkte berücksichtigt werden:

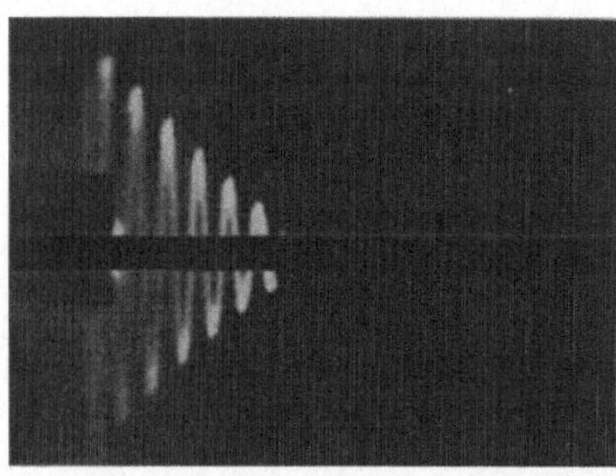

Abb. 41. Spannungskurve auf der Primärseite eines Tesla-Transformators. Aufgenommen mit einem Elektronenstrahl-Oszillographen.

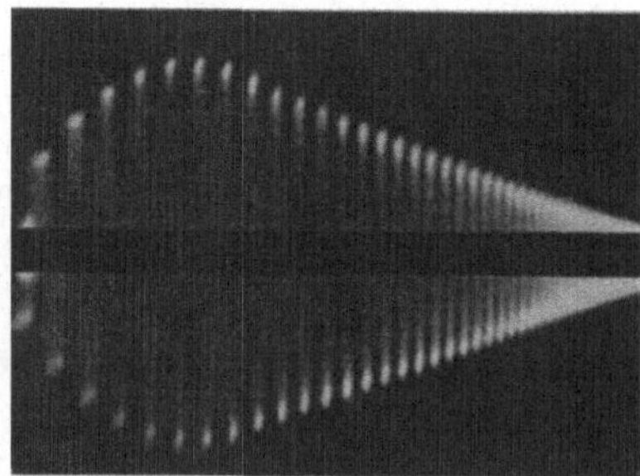

Abb. 42. Die zu dem Vorgang Abb. 41 gehörige Sekundärspannung.

Verwendung eines Elektronenstrahl-Oszillographen mit großer Strahlhelligkeit (z. B. Nachbeschleunigungsrohr Abb. 22 oder Kathodenstrahl-Oszillographen für Aufnahme im Innern des Rohres, siehe Abb. 23);

Benutzung eines besonders lichtstarken Objektives;

Anwendung einer Vorablenkung des Strahles.

Hierbei wird der Strahl in eine Ruhelage weit außerhalb des Leuchtschirmes gebracht. Beim Auftreten des Vorganges wird er durch eine besondere schnelle Zeitablenkung auf den Schirm verlegt, wo dann die normale Zeitablenkung einsetzt.

Gebrauch einer besonderen „Hellschaltung“ für den Strahl, die jedesmal bei Beginn des Vorganges in Tätigkeit gesetzt wird. Das Braunsche Rohr ist dann vor der Aufnahme gesperrt, so daß die photographische Platte erst durch den Vorgang selbst belichtet wird. Nach Ablauf des Vorganges kann das Rohr wieder gesperrt werden. Die Verwendung einer solchen „Hellschaltung“ ist für die Aufnahme von Tesla-Schwingungen ganz besonders zweckmäßig.

Schließlich kann der Leuchtfleck mit Hilfe einer zusätzlichen Spannung außerhalb des Leuchtschirmes in seine Ausgangslage zurückgeführt werden.

Für das Hochspannungspraktikum ergeben aber die meisten dieser Maßnahmen zu große Erschwerungen, so daß man sich mit einer einfacheren Schaltung, z. B. der in Abb. 40 gezeigten, begnügen kann.

Die hochfrequenten Schwingungszüge können ebenso wie die niederfrequente Wechselspannung, die Gleichspannung und die Stoßspannungen zu Überschlag- und Durchschlagversuchen benutzt werden. Man kann mit diesen Schwingungszügen die Durchschlagspannung von

Funkenstrecken in Luft bei verschiedenen Elektrodenformen und verschiedenen Abständen ermitteln, die Überschlagspannung der gebräuchlichen Isolatorenarten feststellen sowie auch die elektrische Festigkeit von Flüssigkeiten und festen Stoffen bestimmen. Besonders kennzeichnend für den Einfluß der hohen Frequenz ist die Untersuchung von Isolatoren, auf denen sich sog. „Gleitentladungen" (siehe 7. Versuch) ausbilden können. Die Stromstärke in diesen Gleitentladungen ist, da es sich um Kapazitätsströme handelt, der Frequenz proportional. Stromstarke Gleitentladungen führen aber schon bei verhältnismäßig niedrigen Spannungen zu Überschlägen an Isolatoren. Wir können also bei den Spannungsformen, wie wir sie mit dem Tesla-Transformator erzeugen, sehr viel niedrigere Überschlagspannungen messen als bei niederfrequenter Wechselspannung, Gleichspannung oder Stoßspannung. Wir verwenden hierzu einen langen glatten Stützisolator, wie er in geschlossenen Schaltanlagen zum Tragen von Leitungen hoher Spannung benutzt wird, oder einen glatten Porzellanstab, an dem wir den Elektrodenabstand leicht verändern können. Die Überschlagspannung dieses glatten Isolators wollen wir mit der eines Isolators mit Rippen vergleichen.

d) Versuchsdurchführung. Zunächst muß bei loser Kopplung zwischen beiden Spulen eine Abstimmung der Schwingungszahlen des Primär- und des Sekundärkreises des Tesla-Transformators vorgenommen werden. Der Prüfling (z. B. der glatte Isolator) soll dabei an den Sekundärkreis angeschlossen sein. Man verändert, wie wir das bereits auf S. 106 beschrieben, stufenweise die Windungszahl der Primärspule und läßt dabei den Kugelabstand der Zündfunkenstrecke *ZF* konstant. Bei jeder Windungszahl mißt man den Scheitelwert der Oberspannung mit der Meßfunkenstrecke *MF*. Die Aufzeichnung dieser Oberspannungsscheitelwerte über der primären Windungszahl ergibt eine Kurve, die ein ausgesprochenes Maximum besitzt. Die Windungszahl, bei der dieses Maximum vorliegt, ergibt Resonanz, d. h. annähernd gleiche Schwingungszahlen im Primär- und Sekundärkreis. Mit dieser primären Windungszahl werden die weiteren Versuche durchgeführt. Die Resonanzfrequenz ist mit dem Wellenmesser zu bestimmen.

Es werden nun bei verschiedener Kopplung, d. h. bei verschiedenen Abständen von Primär- und Sekundärspule, die Spannungskurven im Primär- und Sekundärkreise mit dem Elektronenstrahl-Oszillographen beobachtet. Durch den Versuch soll diejenige Kopplung ermittelt werden, bei der gerade noch regelmäßig Verlöschen des primären Schwingungskreises eintritt, wenn die Schwingungsscheitelwerte in diesem Kreise erstmalig zu Null geworden sind.

Mit einer solchen Kopplungseinstellung sind bei verschiedenen Elektrodenabständen bis zu möglichst hohen Spannungen Überschlagversuche an dem glatten Isolierstab und an dem Isolierstab mit Rippen vorzunehmen. Die an den Isolatoren auftretenden Entladungserscheinungen sind zu beobachten. Wenn möglich, soll auch eine Feststellung und Nachzeichnung der Spannungskurven vorgenommen werden, die beim Vorliegen von Überschlägen an den Isolatoren im Sekundärkreis des Tesla-Transformators herrschen.

Im Anschluß an diesen Versuch kann eine Aufnahme der Überschlagspannung des glatten Isolators in Abhängigkeit vom Kopplungsfaktor des Tesla-Transformators erfolgen.

e) Auswertung und Beurteilung der Versuchsergebnisse. Aus den Ergebnissen der Aufnahmen sind, soweit möglich, Kapazität und Induktivität des Primär- und Sekundärkreises, Kopplungsfaktor und logarithmisches Dämpfungsdekrement zu berechnen.

Die gemessenen Überschlagspannungen sind über dem Überschlagweg bzw. über dem Kopplungsfaktor aufzuzeichnen. Die beobachteten Erscheinungen sind zu schildern[1].

f) Literaturübersicht. — Andere Versuchsmöglichkeiten. Im vorliegenden Versuch wurde die Verwendung von schwach gedämpften hochfrequenten Schwingungszügen mit allmählich ansteigender und dann langsam wieder abnehmender Amplitude zu Hochspannungsmessungen vorgeschlagen. An Stelle solcher Spannungen können auch Stoßspannungen mit anschließenden hochfrequenten Schwingungen zu Versuchen benutzt werden[2]. Ungedämpfte hochfrequente Wechselspannungen sind ebenfalls oft zu Hochspannungsuntersuchungen angewandt worden[3]. Ihre Erzeugung erfolgt im allgemeinen mit Röhrensendern.

Mit Funkenstrecken können auch hochfrequente Schwingungen mit Wellenlängen bis herab zur Größenordnung von einem Zentimeter erzeugt werden (Literatur hierüber siehe S. 20).

Berechnung und Bau von Tesla-Transformatoren zur Erzeugung von sehr hohen Spannungen sowie die Verfahren zur Messung der wichtigsten Größen von Tesla-Transformatoren wurden in Lehrbüchern und Aufsätzen vielfach behandelt[4]. Über die Aufnahme solcher Spannungsvorgänge mit dem Elektronenstrahl-Oszillographen und die hierfür erforderlichen Schaltungen wurde ebenfalls verschiedentlich berichtet[5]. Die Aufgabe, die Zeitablenkung zugleich mit der Vorgangsablenkung einzuleiten und eine vorherige sowie nachherige Bestrahlung des Leucht-

---

[1] Die Ergebnisse der Überschlagversuche werden erst nach Ausführung des 7. und 10. Versuches völlig verständlich sein.

[2] Siehe Harald Müller (13). Dort ist auch weitere Literatur angegeben.

[3] Literatur siehe S. 125 u. 126.

[4] Siehe Rein-Wirtz S. 144ff.; Erwin Marx (4) ,(6) u. (7); P. Hochhäusler (2); A. Weber (1); A. Bouwers (1) S. 26ff.

[5] Allgemeine Literaturangaben siehe S. 97. An speziellen Arbeiten kommen hier die Aufsätze A. Bigalke (2); F. Bruchmann in Frage.

schirmes oder der photographischen Schicht zu vermeiden, liegt auch beim Oszillographieren von Stoßspannungen vor. Dort sind die Änderungsgeschwindigkeiten der Spannung noch erheblich größer als bei dem hier beschriebenen Versuch, so daß die Aufnahmeschwierigkeiten noch beträchtlicher sind.

Überschlag- und Durchschlagvorgänge bei hochfrequenten Spannungen sind in der Literatur oft behandelt worden[1]. Da es im vorliegenden Versuch in erster Linie auf die Erzeugung der Spannungen zu Versuchszwecken ankam, wollen wir auf diese Veröffentlichungen hier nicht eingehen.

Andere Versuchsmöglichkeiten haben wir schon in den vorhergehenden Abschnitten wiederholt angeführt. Dem ist hier nichts weiter hinzuzufügen.

II. Versuchsgruppe: Elektrische Durchschlag- und Überschlagvorgänge in Gasen.

7. Versuch: **Messung von Durchschlag- und Überschlagspannungen in Luft bei niederfrequenter Wechselspannung.**

a) Allgemeine Grundlagen. Durchschlag- und Überschlagspannungen von beliebigen Anordnungen müssen im allgemeinen durch den Versuch ermittelt werden. Bei solchen Versuchen müssen die Aufstellung des zu untersuchenden Gerätes und die Spannungsart den Verhältnissen im praktischen Betriebe entsprechen. Wir wollen in diesem Versuche eine Wechselspannung von 50 Per/s benutzen.

Man spricht von *Überschlag*spannung, wenn die elektrische Entladung, wenigstens zum Teil, auf der Oberfläche eines Isolierstoffes vor sich geht. Wenn keine Isolierstoffoberfläche in dem Gebiete zwischen den Elektroden vorhanden ist, spricht man von *Durchschlag*[2]. Als gemeinsame Bezeichnung für Durchschlag- und Überschlagspannung wird oft die Bezeichnung „Durchbruchspannung" gewählt.

Dem vollen Durchbruch geht bei den in der Praxis gebräuchlichen Anordnungen fast in allen Fällen eine *Vorentladung* (*unvollkommener Durchbruch*) voraus. Eine Vorentladung tritt dann ein, wenn in einem Teilgebiet des zwischen den Elektroden befindlichen Stoffes (des Dielektrikums) die Feldstärke höher wird als die Durchschlagfeldstärke des betreffenden Stoffes unter den vorliegenden Bedingungen. Man kann eine ganze Reihe verschiedener Vorentladungsformen feststellen; die wichtigsten sind: die Korona (oder das Glimmen), die Büschel und die Gleitbüschel. Von „*Korona*" spricht man, wenn an einer oder an beiden

[1] Siehe z. B. F. Grünewald (1); Erwin Marx (4); Harald Müller (9). Vgl. ferner die auf S. 125 angeführten Arbeiten mit ungedämpften hochfrequenten Schwingungen.

[2] Siehe jedoch Anm. 1 auf S. 47.

Elektroden ein glimmendes Leuchten sichtbar wird. Diese Entladung überzieht oft Teile der Elektroden in Form einer Glimmhaut, in der unter Umständen einzelne heller leuchtende Fußpunkte sichtbar werden. Der Raum zwischen den Elektroden ist in dem übrigen Gebiet dunkel. Die Korona ist meist von einem zischenden Geräusch begleitet. — „*Büschel*" wachsen bei Spannungssteigerung aus der Koronaentladung heraus. Mit Büschel bezeichnet man eine Vielzahl von leuchtenden Fäden, die von einem Punkte einer Elektrode ausgehen. Die einzelnen Leuchtfäden sind insbesondere an ihren nach der Gegenelektrode hinweisenden Enden rasch vergängliche Erscheinungen. Eine Büschelentladung stellt demgemäß eine unruhige, flackernde und oft ihren Ansatzpunkt wechselnde Erscheinung dar. Verbunden ist diese Entladungsform mit einem knisternden oder prasselnden Geräusch. — Wenn von einer Elektrode ein hell leuchtender Stiel ausgeht, der sich im Raum büschelförmig in Leuchtfäden aufspaltet, so nennt man dies „Stielbüschel". Der Stiel dieser Entladung steht oft still, während die Leuchtfäden wieder unruhig umherirren. — „*Gleitbüschel*" treten nur auf der Oberfläche von Isolierstoffen auf. Verlauf und Aussehen von Gleitbüscheln entsprechen im übrigen den Büscheln im Raume. Unter den auf Flächen auftretenden Gleitentladungen sind ganz besonders wichtig die „Gleitstielbüschel". Sie nehmen bei Wechselspannung und bei großer Oberflächenkapazität (Kapazität zwischen einem Oberflächenteilchen und der Gegenelektrode; siehe auch 9. Versuch) oft erhebliche Abmessungen an. Die Länge der Gleitstielbüschel wächst in roher Annäherung mit der 3. Potenz der Spannung. Sie leiten durch diese starke Längenzunahme oft schon bei verhältnismäßig niedriger Spannung den vollkommenen Überschlag ein. Gleitstielbüschel werden begleitet von lautem prasselndem oder knallendem Geräusch.

Die Vorentladungen gehen bei wachsender Spannung plötzlich über in den vollkommenen Durchbruch, der sich als Funke oder als Lichtbogen zeigt. Unter „Funken" versteht man einen kurz dauernden Lichtbogen, der den Raum zwischen den Elektroden durch einen hell leuchtenden Pfad überbrückt. Der Durchbruch erfolgt in Form eines Funkens, wenn die den Durchbruch hervorrufende Spannungsquelle nicht in der Lage ist, bei Kurzschluß einen nennenswerten Dauerstrom zu liefern. Ein andauernder Lichtbogen entsteht, wenn eine Stromquelle von nicht zu kleiner Leistung zum Versuch benutzt wird, und wenn der zwischen Stromquelle und Prüfling eingeschaltete Widerstand nicht zu hoch ist. Als Anhalt mag gelten, daß ein Lichtbogen beim Hochspannungsversuch dann entsteht, wenn die Dauerstromstärke nach dem Durchbruch mindestens in der Größenordnung von 1 Ampere liegt.

Durch elektrische Vorentladungen entstehen Raum- oder Oberflächenladungen, das sind elektrisch nicht neutrale Teilchen, die das zuvor vorhandene elektrische Feld oft erheblich ändern. Besonders stark ist die Wirkung der Ladungen zwischen den Elektroden, wenn die Ladungen sich auf der Oberfläche von Isolierstoffen ansammeln können. Diese Ladungen werden bei Wechselspannung in jeder Halbperiode in Bewegung gesetzt. Der dadurch bedingte Strom auf der Oberfläche der Isolierstoffe äußert sich in der bereits erwähnten Form der Gleitentladungen.

Durch den sehr stark verschiedenen Feldlinienverlauf der in der Hochspannungstechnik vorkommenden Anordnungen und durch die erheblich und grundsätzlich abweichenden Oberflächenausbildungen von verschiedenen Isolatorenarten können die Durchbruchspannungen auch bei gleichen Elektrodenabständen stark voneinander abweichende Werte annehmen. Zweck des Versuches ist, die Durchbruchserscheinungen an einigen besonders wichtigen Grundformen von Isolieranordnungen kennenzulernen und dadurch einen Blick für günstige und für ungünstige Gestaltungen zu gewinnen.

b) Praktische Bedeutung. Von jedem Isolator und von jeder Leiteranordnung, die in Hochspannungsanlagen benutzt wird, muß die Durchschlag- und die Überschlagspannung bei den im Betriebe vorliegenden Spannungsarten bekannt sein. Für alle Teile von Starkstromanlagen muß also durch den Versuch diejenige niederfrequente Wechselspannung bestimmt werden, bei der ein Überschlag oder ein Durchschlag eintritt. Das Verhältnis dieser Durchbruchspannung zur Betriebsspannung nennt man den Sicherheitsgrad. Er stellt eine wichtige Grundlage bei der Projektierung von Hochspannungsanlagen dar.

Der Sicherheitsgrad ist natürlich abhängig von dem Zustand der Anlage, z. B. von Verschmutzung, Feuchtigkeit usw. Ferner muß bei Starkstromanlagen darauf Rücksicht genommen werden, daß die meisten Störungen durch stoßartig verlaufende Spannungen hervorgerufen werden, die der Betriebswechselspannung überlagert sind. Als Grundlage für die Bemessung wird aber in den meisten Fällen zunächst einmal der Sicherheitsgrad bei Wechselspannung ermittelt.

Man kann den in der Praxis benutzten Leitern und den Isolatoren die verschiedensten Formen geben. Die Aufgabe, die für einen bestimmten Zweck geeignetste Gestalt zu finden, kann man nur lösen, wenn man die Durchbruchserscheinungen beim Versuch genau kennengelernt hat.

Die außerordentlich große praktische Bedeutung der Durchschlag- und Überschlagvorgänge in Gasen geht im übrigen aus der sehr umfangreichen Literatur über dieses Gebiet hervor (siehe S. 121 ff.).

c) Versuchsplan, Aufbau und Geräte. Es wird empfohlen, die in Abb. 43 zusammengestellten vier einfachen Isolieranordnungen zu untersuchen. Die oben gezeichnete Elektrode E, deren Abstand gegenüber der unteren geerdeten Elektrode verändert werden kann, ist bei den Anordnungen a) bis c) gleich ausgebildet; sie kann aus einem Metallring oder einer Feder bestehen. Bei der Anordnung Abb. 43a ist die obere Elektrode E an der Hochspannungszuleitung A aufgehängt, so daß beim Steigern der Spannung zwischen E und dem geerdeten Elektrodenring B ein freier Luftdurchschlag eintritt. Bei der Anordnung Abb. 43b ist durch die Elektroden E und B hindurch ein voller Isolierstab JSt gesteckt. Die elektrische Entladung wird nun zum großen Teile auf der Oberfläche dieses Isolierstoffes vor sich gehen. Als Isolierstoff wählt man am besten einen keramischen Stoff oder Glas, weil Hartpapier oder ähnliche Stoffe durch Überschläge zerstört werden würden. Bei der Anordnung nach der Abb. 43c ist ein Isolierrohr JR durch B hindurchgesteckt. Die innere Oberfläche dieses Isolierrohres muß leitend gemacht sein, z. B. durch Einkleben eines Stanniolbelages (Leitender Belag LB in Abb. 43c) oder durch Füllung mit Leitungswasser. Durch das Innere des Rohres wird ein Bolzen C gesteckt, der leitend mit der Hochspannungszuleitung A, mit der Elektrode E und mit der inneren Oberfläche des Isolierrohres verbunden ist. Auch bei dieser Anordnung läßt sich der Abstand zwischen den Elektroden E und B verschieben, so daß die Überschlagspannung bei verschiedenen Elektrodenabständen gemessen werden kann. (Bei dem Versuch kann das Isolierrohr auch waagerecht angeordnet werden. Der Aufbau wird dann einfacher.) Die Anordnung b) stellt schematisch einen Stützisolator[1] dar, wie er zum Tragen von Leitungen in Schaltanlagen viel benutzt wird. Die Anordnung c) ist dagegen das Modell einer Durchführung, mit der ein Leiter durch eine geerdete Wand isoliert hindurchgeführt werden kann.

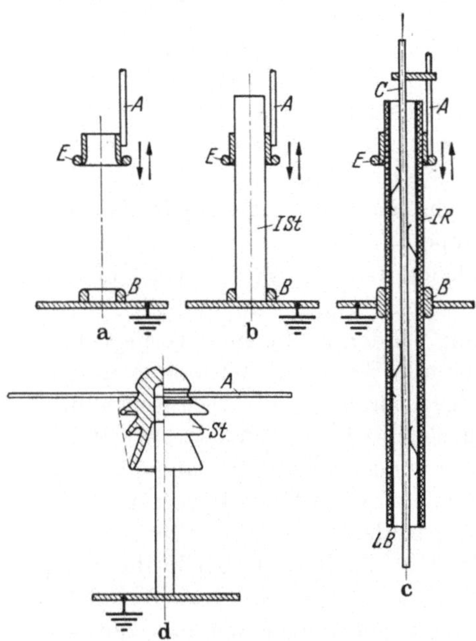

Abb. 43. Isolieranordnungen zur Messung von Durchbruchspannungen in Luft. a) Durchschlagstrecke in Luft zwischen kreisringförmigen Elektroden. b) Überschlagstrecke an glattem Isolierstab. c) Überschlagstrecke an glattem, im Inneren leitend gemachten Durchführungsrohr. d) Stützenisolator mit Leiter in der Halsrille.

Unter d) ist als vierte Anordnung ein Stützenisolator[1] St dargestellt,

[1] Stützenisolatoren sind auf einer senkrecht stehenden Eisenstütze befestigt. Solche Isolatoren werden in Hochspannungsfreileitungen benutzt. Stützisolatoren haben keine metallische Stütze. Sie kommen in Schaltanlagen zur Verwendung.

der ebenfalls auf einer geerdeten Platte unter Benutzung einer normalen Isolatorenstütze aufgestellt ist. Der Leiter *A* ist ebenso wie in der Praxis in der Halsrille des Isolators befestigt. Für den Versuch werden verschiedene Isolatorengrößen benötigt.

Der Höchstabstand zwischen den beiden Elektroden sowie die Größe des Isolators *St* richten sich nach der verfügbaren Hochspannung. Beträgt ihr Effektivwert z. B. 100 kV, dann kann man bei a) etwa 16 cm und bei b) 20 cm überschlagen. Der Höchstabstand zwischen *E* und *B* in der Anordnung Abb. 43c möchte etwa 50 cm betragen, so daß das Isolierrohr mehr als 1 m Länge besitzen muß. Bei geringer Wandstärke des Rohres treten Gleitfunken schon bei niedriger Spannung auf. Die Wandstärke sollte deshalb nicht mehr als 1 cm betragen. Bei 100 kV wird als größter Isolator für die Anordnung d) etwa Type HD 20 (genormte VDE-Bezeichnung) benötigt.

Als Schaltung zum Versuch kommt die nach Abb. 16 in Frage. Die Isolieranordnungen werden nacheinander zur Meßfunkenstrecke *MF* parallel geschaltet. Die Regelung der Spannung muß stufenlos vorgenommen werden. Die zu untersuchenden Isolieranordnungen müssen in nicht zu großem Abstande vom Gitter so aufgestellt werden, daß sie gut beobachtet werden können; der Versuchsraum muß völlig zu verdunkeln sein. Zum Ablesen des Spannungsmessers in der Dunkelheit kann man eine verdunkelte Taschenlampe verwenden.

d) Versuchsdurchführung. Zuerst ist, wie beim ersten Versuch, mit der Meßfunkenstrecke der Scheitelwert der Hochspannung in Abhängigkeit vom Effektivwert der Unterspannung zu bestimmen. Bei den vier Anordnungen können infolge der Verschiedenheit der Kapazität der Prüflinge Verschiedenheiten in dieser Abhängigkeit bestehen. Die Abweichung wird jedoch meist nur gering sein, so daß die Durchführung dieser Messung unter Verwendung der Anordnung nach Abb. 43a auch für die anderen Prüflinge genügt. Diese Aufnahme muß bis dicht unter die Durchschlagspannung beim größten Abstand ausgeführt werden.

Dann werden der Reihe nach die Anordnungen a) bis c) Abb. 43 bei verschiedenen Elektrodenabständen untersucht. Im verdunkelten Raum wird die Spannung langsam gesteigert, und es werden die Effektivwerte der Unterspannungen aufgenommen, bei denen die verschiedenen sichtbaren und hörbaren Vorentladungen erkennbar sind. Es empfiehlt sich, zuerst bei dem größtmöglichen Elektrodenabstand anzufangen und die Spannung langsam bis zum Durchbruch zu steigern, um festzustellen, ob der Versuchsaufbau das Arbeiten bis zur Funken oder Lichtbogenentladung beim größtmöglichen Abstand gestattet. Zur einwandfreien Ermittlung der Durchbruchspannung muß die Spannungssteigerung kurz vor dem Durchbruch sehr langsam und gleichmäßig erfolgen. Jeder der charakteristischen Spannungswerte ist 2- bis

3mal hintereinander aufzunehmen. Bei gleichmäßiger und langsamer Spannungssteigerung werden sich die einzelnen Werte nur sehr wenig voneinander unterscheiden.

In der Anordnung d) ist die Überschlagspannung von Isolatoren verschiedener Größe zu ermitteln.

e) Auswertung und Beurteilung der Versuchsergebnisse. Zuerst ist die Abhängigkeit des Scheitelwertes der Oberspannung vom Effektivwert der Unterspannung nach den Messungen mit der Meßfunkenstrecke aufzuzeichnen. Aus dieser Kurve ist zu den bei den Überschlagversuchen aufgenommenen Effektivwerten der Unterspannung jeweils der Oberspannungsscheitelwert zu entnehmen. Die Kurve muß dazu bis zum eigentlichen Durchbruchswert verlängert werden.

Bei den vier Anordnungen sind dann die Spannungswerte, bei denen besondere Erscheinungen zu erkennen waren, über dem Elektrodenabstand aufzuzeichnen. Bei der Anordnung Abb. 43d ist der Elektrodenabstand nach der im Bild eingezeichneten gestrichelten Linie zu messen. Die Kurven werden also *die* Spannungen angeben, bei denen das Auftreten der Korona zu erkennen war (Korona-Anfangspannung), bei denen Büschelentladungen bzw. Gleitentladungen auftraten (Büschelanfangspannung bzw. Gleitanfangspannung) und bei denen der Durchbruch erfolgte [bei a) Durchschlagspannungen, bei b) bis d) Überschlagspannungen].

Besonders interessant ist eine Aufzeichnung der Durchbruchspannungen über dem Elektrodenabstand für alle vier Anordnungen auf dem gleichen Kurvenblatt. Man ersieht daraus, daß bei der Anordnung b) infolge der Anwesenheit der Isolierstoffoberfläche eine Herabsetzung der Durchbruchspannung gegenüber a) eintritt. Der Grund hierfür ist u. a. in der Aufhäufung von Ladungen auf der Isolierstoffoberfläche zu suchen. Bei verschmutzter oder feuchter Oberfläche fließen außerdem nicht unbeträchtliche Isolations- und Verschiebungsströme über die Oberfläche. Dadurch wird diese erwärmt und die Überschlagspannung herabgesetzt. Die Anordnung c) zeigt besonders bei großem Elektrodenabstand bei weitem die niedrigsten Überschlagwerte. Der Grund hierfür sind die schon frühzeitig auftretenden Gleitstielbüschel, deren Länge weit stärker anwächst als die Spannung (siehe auch 9. Versuch). Eine Durchführungsanordnung ist also in elektrischer Hinsicht als besonders ungünstig anzusprechen, weil man sehr große Abstände zur Einhaltung eines bestimmten Sicherheitsgrades bei gegebener Betriebspannung benötigt. Man sucht diesem Übelstande in der Praxis z. B. durch Kleinhalten der Oberflächenkapazität, durch Anbringen von Wulsten oder Schirmen auf der Oberfläche von Durchführungen oder durch metallische Einlagen im Dielektrikum (Kondensatordurchführungen) neuerdings auch durch Halbleiter-Einlagen zu begegnen.

Die Überschlagkurve in Abhängigkeit vom Elektrodenabstand bei der Anordnung d) liegt zwischen den Kurven der Anordnungen b) und c) wie das nach der Oberflächengestalt der Stützenisolatoren zu erwarten ist.

Es ist aus dem Versuch zu ersehen, daß keineswegs zu einem gegebenen Elektrodenabstand eine bestimmte Durchbruchspannung gehört. Es treten je nach Gestalt der Isolieranordnung sehr starke Verschiedenheiten auf. Ursache hierfür ist vor allem der große Unterschied in der Spannungsverteilung auf der Oberfläche dieser Isolatoren, wie er sich aus den Oberflächenkapazitäten ergibt[1]. Wir werden auf diese Erscheinungen bei den Versuchen 8 und 9 zurückkommen.

f) Literaturübersicht. — Andere Versuchsmöglichkeiten. Messungen, wie sie im vorstehenden Versuch beschrieben wurden, sind in Hochspannungslaboratorien sehr häufig auszuführen. Bei allen grundlegenden Untersuchungen über die elektrische Festigkeit werden Überschlag- oder Durchschlagspannungen gemessen. In Industrie-Versuchs- und -Prüffeldern werden laufend solche Messungen durchgeführt, um neue Isolierstoffe oder Isolatorenformen zu erproben und um festzustellen, ob fertiggestellte Hochspannungsisolatoren oder -geräte eine einwandfreie Beschaffenheit besitzen. An jede Hochspannungseinrichtung wird vor ihrer Lieferung zur Prüfung Hochspannung angelegt und bis zum Überschlag oder wenigstens bis nahe an die Überschlagspannung gesteigert. Angaben über die Durchführung solcher Untersuchungen und Prüfungen sind in der Literatur enthalten [Harald Müller (12), VDE (6) u. (7)].

Die Vorgänge beim elektrischen *Durchschlag von Gasen* sind theoretisch recht weitgehend geklärt. Die hierfür nötigen Ladungen und Ladungsträger werden in der Hauptsache durch „Stoßionisation" gebildet[2]. Für die Technik spielen natürlich neben dem vollkommenen Durchschlag einer Gasstrecke auch die *Vorentladungen* eine große Rolle. Solche Entladungen können sich in der verschiedensten Weise

[1] Zum näheren Studium sei auf die eingehenden Untersuchungen von A. Schwaiger (7) verwiesen, der die Oberflächen-Spannungsverteilung für die verschiedenen Isolatorenformen durch Berechnungen und Messungen ermittelt.

[2] Die wichtigste Grundlage für die Durchschlagvorgänge in Gasen gibt die Townsendsche Theorie. Sie wurde durch grundlegende Arbeiten von W. O. Schumann und von W. Rogowski wesentlich ergänzt. Aus der sehr umfangreichen Literatur über dieses Gebiet seien nur die folgenden Arbeiten genannt: W. O. Schumann (1), (4) u. (5); O. Mayr (3); A. Güntherschulze (5); P. Böning (2); W. Rogowski (10); O. Mayr (6) u. (7); W. Rogowski (12) u. (13); W. Krug (5); Kapzov; W. Rogowski u. W. Fucks (23) u. (24); R. Seeliger (1); Steenbeck (1); M. Knoll, F. Ollendorff u. Rompe (2); E. Flegler u. H. Raether (5); W. Rogowski (16); W. Fucks (1); M. Messner; J. S. Townsend; W. Rogowski u. A. Wallraff (30) u. (31); E. Flegler (4); A. Güntherschulze (7); A. Güntherschulze u. W. Bär (8); G. Mierdel u. R. Seeliger (6); A. Günther-

abspielen; wir haben beim Versuch nur die wichtigsten Gruppen kennengelernt[1]. Gase werden in der Hochspannungstechnik bei den verschiedensten Drucken, Temperaturen, Elektrodenformen, Spannungsarten, Feuchtigkeiten, Verschmutzungen sowie bei Anwesenheit der verschiedenartigsten Oberflächen usw. elektrisch beansprucht. Alle diese Einflüsse wirken sich auf die Vorentladungen und auf die Durchbruchspannungen aus. Man kann daraus ersehen, daß bei den Fragen der elektrischen Festigkeit viele und teils recht komplizierte Gesichtspunkte zu berücksichtigen sind.

Ganz besonders wichtig ist der Begriff der „*Durchschlagfeldstärke der Gase*". Man versteht darunter diejenige elektrische Feldstärke, bei der das Gas seine isolierenden Eigenschaften verliert. Diese Durchschlagfeldstärke hängt in der Hauptsache von der Gasdichte, vom Elektrodenabstand sowie von der Elektrodenform ab[2]. Bei Atmosphärendruck, normaler Temperatur und bei einem Elektrodenabstand von 2 cm beträgt die Durchschlagfestigkeit der Luft etwa 30 kV_{max}/cm. (In kV_{max} messen wir Spannungsscheitelwerte.) Mit diesem mittleren Werte wird oft bei überschlägigen Rechnungen in der elektrischen Festigkeitslehre gearbeitet. Die größte praktische Bedeutung kommt natürlich unter den Gasen der Luft zu. Bei den meisten anderen Gasen liegen die Durchschlags- und Überschlagsverhältnisse ähnlich wie in Luft. Stärkere Abweichungen, wie sie beispielsweise bei elektronegativen Gasen bestehen, werden behandelt von H. H. SKILLING u. W. C. BRENNER, W. WEBER (6), R. F. GOSSENS (1), G. CAMILLI u. J. J. CHAPMAN.

Die in der Hochspannungspraxis gebräuchlichen Elektrodenformen haben fast stets elektrische Felder zur Folge, die vom homogenen Felde sehr stark abweichen. Dementsprechend treten auch meist schon weit unterhalb der Durchbruchspannung Vorentladungen an den Elektroden auf. Die Frage des ersten Einsatzes dieser Entladungen ist oft von Wichtigkeit [siehe z. B. W. SCHILLING (1), H. KROPP]. Entscheidend für die Betriebssicherheit der Hochspannungsanlagen ist meist das Verhältnis der Durchbruchspannung der Anlagenteile zur Betriebspannung, der

SCHULZE u. H. MEINHARDT (11); W. ROGOWSKI (17); W. FUCKS u. H. BONGARTZ (2); H. RAETHER (1), (2) u. (3); W. M. THORNTON; C. RAMSAUER (3); A. GÜNTHERSCHULZE u. W. TOLLMIEN (12); J. M. MEEK; R. STRIGEL (20); H. G. MÖLLER; W. FUCKS (4); L. H. FISHER; J. P. MOLNAR. — Eine kurze zusammenfassende Darstellung der Ionisierungsvorgänge gibt A. ROTH (4) S. 157.

[1] Eine nähere Bezeichnung der verschiedenartigen Vorentladungen siehe DIN 1326: Formen elektrischer Entladungen in Luft und anderen Gasen und Dämpfen (Gasentladungen) vom September 1937 [siehe auch HARALD MÜLLER (16); HANS NEUMANN].

[2] Die Durchschlagfeldstärke der Luft im homogenen Felde sowie zwischen koaxialen Zylindern ist von vielen Forschern gemessen worden. Übersichtliche Zusammenstellungen der Meßwerte siehe bei W. O. SCHUMANN (1) S. 25 u. 82 und A. SCHWAIGER (7) Tafeln I u. IV.

schon mehrfach erwähnte *Sicherheitsgrad* der Anlage[1]. Da dieser Sicherheitsgrad stark von dem zeitlichen Verlaufe der Spannung abhängt, werden wir erst im 10. Versuch näher auf ihn eingehen. Aus wirtschaftlichen Gründen hat man fast in allen Fällen das Bestreben, mit möglichst kleinem Elektrodenabstand eine große Durchbruchspannung zu erzielen. Dieser Forderung würden an sich Plattenelektroden mit sehr gut abgerundeten Rändern (Literatur siehe S. 59) am besten entsprechen, die Verwendung solcher Platten ist aber in Hochspannungsanlagen und Geräten aus praktischen Gründen meist ausgeschlossen. Zur Entscheidung der Frage, welche Elektrodenformen sonst in elektrischer Hinsicht günstig sind, ist die folgende Regel von Wichtigkeit: Die Durchschlagspannung wird bei gegebenem Elektrodenabstand im allgemeinen um so größer, je kleiner das Verhältnis der Feldstärke an der höchstbeanspruchten Stelle zur mittleren Feldstärke auf dem Durchschlagweg ist. Um dieses Verhältnis zu ermitteln, zeichnet man sich das elektrische Feld der Anordnung auf (siehe 8. Versuch). Aus diesem Feldbild ist die Stelle, an der die höchste Feldstärke vorliegt, meist leicht zu ersehen (an dieser Stelle ist der Abstand der Feldlinien der kleinste!). Weiterhin ist aus dem Feldbild der wahrscheinliche Durchschlagweg zu ersehen. Man trägt nun die Feldstärke auf der Durchschlagstrecke über dem Wege auf. Aus dieser Darstellung ist das Verhältnis zwischen Höchstwert und mittlerem Wert der Feldstärke leicht zu ersehen. — Der günstigste Wert dieses Verhältnisses, nämlich 1, liegt bei Plattenelektroden vor. Die niedrigste Durchschlagspannung liegt dagegen zwischen einer Spitzenelektrode und einer Platte vor. (Durch Vorentladungen im Gebiete zwischen den Elektroden werden allerdings Raumladungen gebildet, die das ursprünglich vorhandene Feld stark verzerren können. Die obengenannte Regel gilt also streng nur für den unvollkommenen Durchschlag[2].)

Die Durchschlagfestigkeit der Gase hängt stark von *Druck und Temperatur* ab. In einem weiten Bereiche ist die Festigkeit annähernd proportional der Gasdichte [siehe A. Bölsterlin (1), C. Reher, O. Zeier, A. Palm (2), Tretjak et Shvetz, E. Finkelmann, W. Baer, A. H. Howell, B. Gänger (3), N. Felici u. Y. Marchal, J. G. Trump, R. W. Cloud, J. G. Mann u. E. P. Hanson]. Wir hatten diese Tatsache bereits zur Korrektur der Funkenstrecken-Eichwerte benutzt (siehe 1. Versuch, S. 49). Bei manchen elektrostatischen Meßgeräten,

[1] W. Estorff (7) u. (8); W. Wanger u. W. Frey (4); S. Rump (2); W. Hütter (3).

[2] A. Schwaiger berechnet für verschiedene Elektrodenanordnungen die Durchschlagspannungen. Er führt dabei die Begriffe „Fiktiver Abstand“ und „Ausnutzungsfaktor“ ein, aus denen man einen guten Überblick über die Güte einer Anordnung bezüglich ihrer Durchschlagspannung erhält. Siehe A. Schwaiger (7) S. 59.

bei Kondensatoren, bei Druckgasschaltern, bei Druckkabeln, bei elektrischen Hochdruck-Lichtbogenventilen, gelegentlich auch bei Transformatoren, nutzt man die hohe elektrische Festigkeit von Gasen unter Druck praktisch aus[1].

Es leuchtet ein, daß schwebende *Fremdstoffe* zwischen zwei Elektroden die Durchschlagspannung herabsetzen können [siehe S. Franck (2) u. (3), H. H. Race (1), A. Kuntke (1)]. Auch eine hohe *Elektrodentemperatur* kann zu einer solchen Durchschlagspannungserniedrigung führen (siehe R. Deppe).

Von recht erheblichem Einflusse auf die Durchschlagspannung kann schließlich der *zeitliche Verlauf der* zwischen den Elektroden bestehenden *Spannung* sein. Wir haben den vorstehend beschriebenen Versuch mit einer Wechselspannung von 50 Per/s durchgeführt, weil diese Spannungsart in den meisten Hochspannungsanlagen als Betriebsspannung benutzt wird, und weil sie sich am einfachsten erzeugen läßt. Wir können jedoch auch mit hoher Gleichspannung solche Versuche ausführen. Wir werden dabei die interessante Feststellung machen, daß die Gleitfunkenstielbüschel bei der Anordnung Abb. 43c völlig verschwinden. Damit ist der Beweis erbracht, daß es sich bei Gleitfunkenstielbüscheln um Kapazitätsströme handelt, denn diese werden bei Gleichspannung gleich Null (siehe auch S. 91). Ferner kann man bei Gleichspannungsversuchen *Polaritätseffekte* feststellen, die normalerweise bei Wechselspannung verborgen bleiben. Die Durchschlagspannung der Anordnung Abb. 43a hängt davon ab, ob der obere Ring positiv oder negativ ist. Besonders stark zeigt sich diese Erscheinung bei der Anordnung Spitze-Platte, weil diese die stärkste Ungleichheit der Feldstärke an den Elektroden aufweist. Bei großem Elektrodenabstand nimmt die Durchschlagspannung bei negativer Spitze einen etwa dreimal höheren Wert an als bei positiver Spitze (siehe Abb. 30). Allgemein gilt die Regel, daß die Durchschlagspannung einer Anordnung dann niedriger ist, wenn die positive Elektrode die stärkere Krümmung aufweist[2]. Bei Gleichspannung werden viele Erscheinungen anders geartet sein als bei Wechselspannung. Raumladungen und Oberflächenladungen haben in beiden Fällen verschiedene Größe, und sie wirken sich verschieden aus. Bei grundsätzlichen Untersuchungen über die elektrische Festigkeit muß man also Messungen mit beiden Spannungsarten durchführen.

Bei Versuchen mit Wechselspannung werden die zu prüfenden Anordnungen wechselweise mit Spannungen verschiedener Polarität beansprucht. Ein Durchbruch wird bei *der* Polarität eintreten, bei der die

---

[1] Siehe z. B. M. Schultze, G. Camilli u. J. J. Chapman.

[2] Durchbruchsvorgänge im unhomogenen Felde und die Polaritätserscheinungen wurden z. B. behandelt von Erwin Marx (10), (13), (14) u. (15); H. Buchwald (1); M. Oyama; W. Rogowski (15).

geringere elektrische Festigkeit vorliegt. Eine wirkungsvolle Erhöhung der Durchbruch-Wechselspannung läßt sich im allgemeinen nur erreichen, wenn die Polarität bekannt ist, bei der die ersten Durchschläge oder Überschläge einsetzen. Zur Feststellung dieser Polarität kann man Oszillographen benutzen, wie wir dies im 3. Versuch kennengelernt haben. Es bestehen außerdem eine Reihe von Kunstschaltungen, die mit Hilfe von Ventilröhren die Durchbruchspolarität aufzunehmen gestatten [siehe H. Buchwald (1), W. Weber (3), K. Debus u. E. Hueter (1), W. Raske (6)].

Auch die Abhängigkeit der Durchschlagspannungen der Gase von der *Frequenz* ist wiederholt untersucht worden [siehe E. Goebeler, J. Kampschulte, K. Grossmann, F. Miseré (1), F. Müller (1), H. Böcker (1), E. W. Seward, B. Gänger (4), J. A. Pim]. Es zeigt sich im allgemeinen bei wachsender Frequenz ein Absinken der Durchschlagspannungen. Bei Stoßspannungen, die ebenfalls zu Untersuchungen über die elektrische Festigkeit sehr viel benutzt werden, ergibt sich im Gegensatz dazu eine Erhöhung der Durchschlagspannung. Diese Erscheinungen werden im 10. Versuch gesondert behandelt.

Wenn Oberflächen von Isolierstoffen zwischen den Elektroden vorliegen, dann spricht man, wie schon gesagt wurde, von elektrischem *Überschlag*. Die Überschlagvorgänge in Gasen sind praktisch ebenso wichtig wie die Durchschlagvorgänge, da ja alle Hochspannungsleiter an Isolatoren befestigt werden müssen. Von der Zuverlässigkeit dieser Isolatoren hängt die Betriebssicherheit unserer Hochspannungsanlagen ab. Grundlegende Arbeiten über die Überschlagvorgänge wurden besonders von A. Schwaiger ausgeführt[1].

Es wurde bereits darauf hingewiesen, daß *Gleiterscheinungen*, und zwar speziell die Gleitstielbüschel, die Überschlagspannung besonders stark herabsetzen. Gleitstielbüschel treten vor allem an Isolatoren mit großer Oberflächenkapazität in Erscheinung, wie wir dies bei dem Versuch an der Anordnung nach Abb. 43c beobachtet hatten. Aus diesem Grunde sind *Durchführungen* die am meisten durch Überschlag gefährdeten Isolatoren. Der Bau von Durchführungen für besonders hohe Spannungen bereitet große Schwierigkeiten (siehe z. B. Abb. 4); an Durchführungen treten erfahrungsgemäß am leichtesten Störungen in Hochspannungsanlagen auf. Der Bau und die Untersuchung von Durchführungen ist deshalb oft in Veröffentlichungen behandelt worden [siehe z. B. M. Wellauer (1), W. Estorff (4), J. Wallich, A. Schwaiger (12), K. Draeger (12), W. Hüter (2), H. Wirth, A. Weber (2),

[1] Siehe A. Schwaiger (3), (4), (6) u. (7). Siehe ferner: Hänlein; L. Inge u. A. Walther (7); W. Weicker (5); H. Ritz (2); F. Hippauf; Harald Müller (22); H. Puppikofer (3). Die Abhängigkeit der Überschlagspannung vom Luftdruck wird behandelt von W. Weber (5); H. Böcker (4).

R. ELSNER u. J. REBHAHN (12); W. A. COOK; H. J. LINGAL, H. L. COLE u. T. R. WATTS; H. KAPPELER (1); B. DILGEN; B. N. BOWERS].

Die *Beschaffenheit der* Isolatoren-*Oberfläche* ist natürlich von großem Einflusse auf die Höhe der Überschlagspannung. Feuchtigkeit der Luft schlägt sich auf den Isolatoren nieder und führt durch Bildung eines leitenden Überzuges zu einer Herabsetzung der Überschlagspannung[1]. Eine noch stärkere Erniedrigung der Überschlagsicherheit liegt bei Regen vor. Man rüstet die Isolatoren, die für Anlagen im Freien vorgesehen sind, mit Schirmen aus, um unter diesen Räume zu erhalten, die trocken bleiben. Vor allem muß durch diese Schirme vermieden werden, daß Regenwasser ungehindert an der Isolatorenoberfläche entlang laufen kann. Nach Arbeiten von W. WEICKER ist dabei die Leitfähigkeit des Regenwassers von großem Einflusse. Wenn die Isolatoren durch Ablagerungen verschmutzt worden sind, dann treten noch weiter Verschlechterungen der Überschlagspannung ein. Dort, wo man mit solchen Möglichkeiten rechnen muß (Nähe von chemischen Fabriken, Nähe der Meeresküste, wo häufig Salzablagerungen auf den Isolatoren beobachtet werden), sind die Isolatoren mit besonders großen Überschlagwegen auszurüsten und unter Umständen mit Schirmen zu versehen, die gegenüber dieser Verschmutzung günstige Eigenschaften aufweisen[2].

Der zeitliche Verlauf der Spannung ist auf die Überschlagspannung meist von noch größerem Einflusse als auf die Durchschlagspannung. Dies hängt mit der bereits mehrfach erwähnten Tatsache zusammen, daß Gleitentladungen nur bei Wechselspannung auftreten, weil sie durch Kapazitätsströme hervorgerufen werden. Besonders stark müssen demnach Gleitentladungen bei hochfrequenten Spannungen in Erscheinung treten[3].

Gelegentlich werden Isolatoren in der Praxis mit *Schutzarmaturen* versehen, um den Lichtbogen von den Isolatoren selbst fernzuhalten und die Isolatoren dadurch vor Beschädigungen durch den Lichtbogen zu schützen. Bei Kettenisolatoren rufen diese Schutzarmaturen zugleich eine Verbesserung der Spannungsverteilung an den Ketten hervor (siehe 12. Versuch). Die Bemessung und Anordnung solcher Armaturen muß so erfolgen, daß die Durchschlagspannung zwischen ihnen bei allen Spannungsarten niedriger liegt als die Überschlagspannung des

[1] Siehe z. B. G. PFESTORF u. K. H. STRAUSS (6); W. WEICKER (14).

[2] Über die Einflüsse von Barometerstand, Feuchtigkeit und Verschmutzung auf die Überschlagspannung von Isolatoren siehe: P. H. McAULEY; P. JACOTTET (9); P. L. BELLASCHI u. P. EVANS jr. (7); O. GERBER (1); W. A. ADLER; W. H. WICKHAM u. M. S. O. OLDACRE; H. A. FREY. Siehe auch S. 34, Anm. 2.

[3] Siehe z. B. F. GRÜNEWALD (1); ERWIN MARX (4). Siehe auch 6. Versuch. — Die Spannungsverteilung auf Isolatoren bei Gleichspannung wird untersucht von H. ZIEGLER.

Isolators. Diese Forderung ist oft nicht leicht zu erfüllen [siehe Harald Müller (3) u. (5)].

Aus diesen umfangreichen Angaben und Literaturhinweisen geht die Mannigfaltigkeit der Durchschlag- und Überschlagerscheinungen hervor. Der geschilderte Versuch kann nur einen rohen Einblick in die vorliegenden Verhältnisse geben. Es können mit dem gleichen oder einem ähnlichen Versuchsaufbau viele andere Praktikumsversuche über diesen Gegenstand durchgeführt werden. Einige solche Möglichkeiten seien als Beispiele angeführt. Bei der Ausführung dieser Versuche wird man die vorstehenden Literaturangaben verwenden.

1. Messung der Durchschlagspannung zwischen Plattenelektroden mit gut abgerundetem Rande, um die Durchschlagfestigkeit der Luft bei verschiedenen Abständen zu ermitteln.

2. Messung der Durchschlagspannung zwischen koaxialen Zylindern, um die Abhängigkeit der Durchschlagfeldstärke vom Radius des Innenzylinders festzustellen. Hierbei läßt sich auch demonstrieren, daß bei manchen Anordnungen dem vollkommenen Durchschlag Vorentladungen vorausgehen, während in anderen Fällen der vollkommene Durchschlag unmittelbar aus der entladungsfreien Anordnung erfolgt.

3. Messung der Spannungsverteilung auf der Oberfläche von Isolatoren in Verbindung mit der Aufnahme der Überschlagspannung (siehe auch 8. Versuch, S. 133 sowie 12. Versuch).

4. Untersuchung von Isolatoren mit verschiedener Oberflächenform, z. B. mit verschieden großen Rippen oder Schirmen.

5. Aufnahme der Regen-Überschlagspannung im Vergleich zur Überschlagspannung im trockenen Zustand.

6. Feststellung der Polarität beim Wechselspannungsüberschlag (am klarsten bei Verwendung eines Oszillographen, Schaltung Abb. 19, zu erkennen!).

7. Ausführung von Durchschlag- und Überschlagversuchen mit Gleichspannung von verschiedener Polarität.

8. Vergleich von Durchbruch-Gleichspannungen mit Durchbruch-Wechselspannungen an den gleichen Anordnungen.

8. Versuch: **Aufnahme von elektrischen Feldern.**

a) Allgemeine Grundlagen. Zwischen zwei Leitern, zwischen denen ein Spannungsunterschied vorhanden ist, besteht ein elektrisches Feld. Man pflegt das elektrische Feld durch Feldlinien darzustellen. Die Richtung dieser Feldlinien gibt die Richtung der elektrischen Feldstärke an und die Dichte der Linien (Anzahl der Linien, die 1 cm^2 einer senkrecht zu den Linien stehenden Fläche durchsetzen) entspricht der Größe der elektrischen Feldstärke. Aus einem Feldbild kann man also die Richtung des Feldes an allen Punkten ersehen und Schlüsse auf die Stärke des Feldes ziehen.

Jedes Feld stellt sich so ein, daß sein Energieinhalt möglichst klein wird. Es werden dementsprechend vom elektrischen Feld mechanische Kräfte ausgeübt, die seinen Energieinhalt zu verkleinern versuchen. Da der Energieinhalt des Feldes um so kleiner wird, je größer die Dielektrizitätskonstante des Stoffes ist, in dem sich das Feld befindet, sucht das Feld möglichst weitgehend in festen Stoffen zu verlaufen. Auf feste, stabförmige Körper mit hohen Dielektrizitätskonstanten werden folglich in Luft Kräfte ausgeübt, die diese längs in die Richtung der Feldlinien zu stellen versuchen[1]. Man kann diese Tatsache dadurch zur Ermittlung des Feldlinienverlaufes benutzen, daß man ein leicht drehbares Stäbchen nacheinander an verschiedene Stellen des elektrischen Feldes bringt und jedesmal den Schattenriß des Stäbchens aufzeichnet.

Es können mit diesem Verfahren nur die in einer zur Zeichenebene parallelen Ebene verlaufenden Feldlinien aufgenommen werden. Bei Isolieranordnungen, die Rotationsgebilde sind, verlaufen die Feldlinien in Ebenen. Bei den meisten praktischen Anordnungen sind aber die Leiter zusammen mit den Isolatoren nicht axialsymmetrisch. Man muß dann das elektrische Feld in verschiedenen Ebenen aufnehmen, um Klarheit zu erhalten.

b) Praktische Bedeutung. Die elektrische Feldstärke, gemessen in V/cm, ist für die Hochspannungstechnik eine der wichtigsten Größen. Die Feldstärke ergibt die elektrische Beanspruchung des betreffenden Stoffes auf Durchschlag. Die Fragen der elektrischen Festigkeit hängen also mit der Ermittlung der Feldstärke eng zusammen. Man kann über die Feldstärke an verschiedenen Punkten einer Anordnung nur dann etwas aussagen, wenn man den gesamten Feldverlauf kennt. Der Hochspannungsingenieur, insbesondere der Konstrukteur von Hochspannungsgeräten, muß sich bei der Beurteilung einer Isolieranordnung stets den Feldlinienverlauf vorstellen können. Nur dann wird er Verbesserungen anbringen können, die die Spannungsverteilung günstiger gestalten, durch die besonders ungünstige Punkte vermieden werden, usw. Die eigene Aufnahme von elektrischen Feldern wird die Vorstellung der elektrischen Feldlinien an allen Isolieranordnungen stark erleichtern.

Das elektrische Feld läßt sich nur bei einfachen Anordnungen rechnerisch bestimmen. Hinzu kommt, daß beim Auftreten von Vorentladungen elektrische Ladungen im Gebiet zwischen den Elektroden erzeugt werden, die das vorher vorhandene Feld in einer meist nicht berechenbaren Weise verzerren. Auch beim Vorhandensein von Vor-

---

[1] Entsprechendes gilt bekanntlich bei magnetischen Feldlinien mit Eisenfeilspänen.

entladungen kann man den Feldverlauf auf die beschriebene Weise wenigstens angenähert ermitteln.

Im 7. Versuch (S. 123) war bereits beschrieben worden, in welcher Weise man aus dem Feldlinienverlauf Schlüsse auf die Durchschlagspannung einer Anordnung ziehen kann.

c) Versuchsplan, Aufbau und Geräte. Die Versuchsanordnung ist in Abb. 44 von oben gesehen skizziert. *J* ist der Isolator, an dem das elektrische Feld aufgenommen werden soll, *L* ist der hochspannungsführende Leiter, der am Isolator befestigt ist, und *H* ist die Hochspannungszuleitung. Links ist im Punkte *B* eine Bogenlampe vorhanden, die den Schatten der Isolieranordnung auf die Zeichenebene *Z* wirft. *S* ist das drehbare Isolierstäbchen, das am einfachsten aus einem 2 bis 3 cm langen Stück eines Strohhalmes besteht. Senkrecht zu der Achse des Halmes wird durch den Schwerpunkt ein Brennloch angebracht, und der Strohhalm wird drehbar auf ein dünnes Drahtstück *D* aufgesteckt. An den Enden des Drahtstückes werden Seidenfäden *F* befestigt, die an den Enden *E* während des Versuches festgehalten werden. Der Schatten des Strohhalmes wird ebenfalls auf die Zeichenebene geworfen. Er wird nacheinander an möglichst vielen Stellen aufgezeichnet.

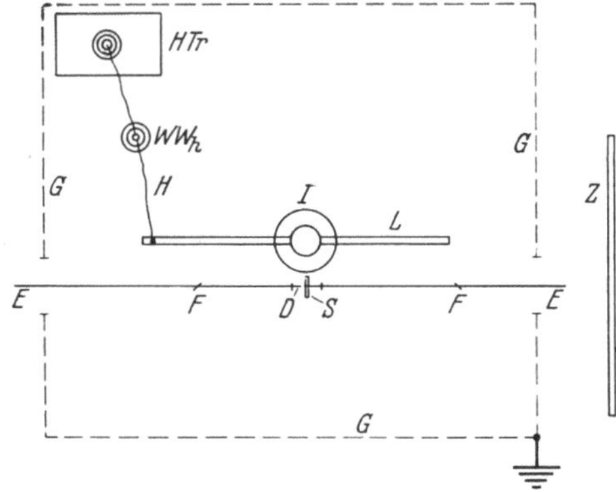

Abb. 44. Versuchsaufbau zur Aufnahme des elektrischen Feldes (von oben gesehen).

Das Absperrgitter *G* wird am besten dort, wo der Seidenfaden *F* bewegt werden muß, so mit Ausschnitten versehen, daß das Stäbchen unter Spannung an alle wesentlichen Punkte gebracht werden kann. Die hochspannungsführenden Teile müssen natürlich so angeordnet werden, daß man nicht durch das Gitter hindurch in ihre Nähe gelangen kann.

Die Speisung des Hochspannungstransformators, der mit im Absperrgitter aufgestellt wird, sowie die Meßgeräte und Sicherheitsmaßnahmen, entsprechen denen beim 1. und 7. Versuch.

Neben der Aufnahme des Feldverlaufes mit dem Strohhalm empfiehlt sich die Demonstration des Feldes mit Geislerröhren[1]. Hängt man eine solche Röhre an einem langen Isolierstab und an einem Seidenfaden auf, so kann man deutlich diejenigen Gebiete in der Nähe des Isolators

[1] Nach REGERBIS (1) eignen sich am besten Röhren von 3 bis 5 cm Länge und 0,5 bis 1 cm Durchmesser, die mit Helium oder Neon gefüllt sind.

feststellen, in denen die Röhre aufleuchtet. Innerhalb dieser Gebiete überschreitet die Feldstärke den zum Ansprechen der Röhre erforderlichen Betrag. Führt man diesen Versuch bei verschiedener Spannungshöhe durch, dann kann man in einzelnen Stufen Feldstärkenbereiche ermitteln. — In ähnlicher Weise kann man mit einem großen gasgefüllten Rohr zeigen, daß bei Hochspannungsversuchen im gesamten Versuchsraum (mit Ausnahme der Gebiete hinter geerdeten Gittern) elektrische Felder vorliegen, daß also Wände und Gegenstände im Versuchsraum einen Einfluß auf die Versuchsergebnisse ausüben können.

d) Versuchsdurchführung. Das elektrische Feld soll an drei bis vier verschiedenen Isolatoren aufgenommen werden, z. B. an einem großen Freileitungsstützenisolator, an einer Isolatorenkette, an einem langen geraden Stützisolator und an einer Durchführung. Die Spannung während der Feldaufnahme kann etwa 50 bis 80% der Überschlagspannung betragen. Die Isolatoren müssen bei der Aufnahme möglichst betriebsmäßig aufgestellt bzw. aufgehängt werden, so daß auch der Verlauf des elektrischen Feldes zwischen Hochspannungsleiter und Erde dem während des Betriebes vorhandenen annähernd entspricht. Die Abb. 45 und 46 zeigen als Beispiele solche Aufnahmen an Isolieranordnungen [sieheW. Regerbis (1)].

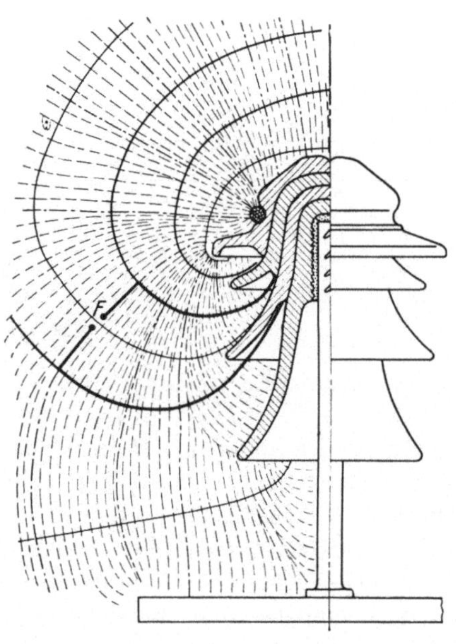

Abb. 45. Feldlinien- und Äquipotentiallinien-Verlauf an einem großen mehrteiligen Freileitungs-Stützenisolator.

Das Feldbild ist von der Lage der Ebene, in der die Feldlinien aufgenommen werden, stark abhängig. Das elektrische Feld ist in Abb. 45 in einer Ebene aufgenommen worden, die senkrecht auf dem Hochspannungsleiter steht, während Abb. 46 das Feld in der Ebene zeigt, die längs durch die Achse des Hochspannungsleiters und durch die Achse der Isolatorenkette läuft. Es empfiehlt sich deshalb, bei wenigstens einem der Isolatoren auch ein zweites Bild in einer Ebene senkrecht zur ersten Aufnahmeebene zu ermitteln.

Bei Ausführung des Versuches muß darauf geachtet werden, daß sich das Stäbchen S bei Aufzeichnung des Schattens immer in der durch die Mittelachse des Isolators laufenden, zur Zeichenebene parallel liegenden Ebene befindet. Ferner muß das Drahtstück D senkrecht zur Zeichenebene stehen.

Nach Aufnahme eines Feldbildes ist die Spannung an dem betreffenden Isolator im verdunkelten Raum langsam bis zum Überschlag zu steigern. Es sind dabei diejenigen Stellen an den Isolatoren festzustellen, an denen das erste Glimmen auftritt, und es sind die Entladungen auf den Isolatorenoberflächen zu beobachten.

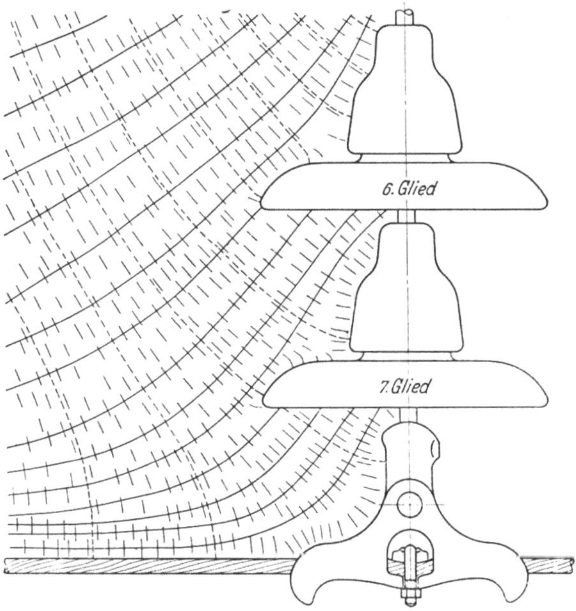

Abb. 46. Feldlinien- und Äquipotentiallinien-Verlauf an den untersten Gliedern einer 7gliedrigen Kappen-Isolatorenkette.

e) Auswertung und Beurteilung der Versuchsergebnisse. In die aufgenommenen Schattenbilder sind einige Feldlinien einzuzeichnen und es sind ferner, wie dies in den Abb. 45 und 46 geschehen ist, Äquipotentiallinien einzutragen. Die Anzahl der Schattenbilder des Strohhalmes ist kein Maß für die Feldstärke, weil es ja denen, die den Versuch ausführen, überlassen ist, wie viele Schattenbilder an den einzelnen Stellen aufgezeichnet wurden. Dagegen kann man aus einer nach dem Schattenbild vorzunehmenden Aufzeichnung des gesamten Feldlinien- und Äquipotentiallinienverlaufes weitgehende Schlüsse auf die Feldstärke ziehen. Die Feldstärke ist dort am größten, wo die Äquipotentiallinien den kleinsten Abstand haben. Dabei ist es notwendig, das Feld in zwei senkrecht aufeinanderstehenden Ebenen zu betrachten.

f) Literaturübersicht. — Andere Versuchsmöglichkeiten. Das elektrische Feld, das ja für die Hochspannungstechnik von ausschlaggebender Bedeutung ist, wird in allen Werken über dieses Fachgebiet behandelt[1]. Die Aufnahme von elektrischen Feldern mit der Strohhalmmethode ist von REGERBIS eingehend beschrieben worden[2]. Bei niedriger

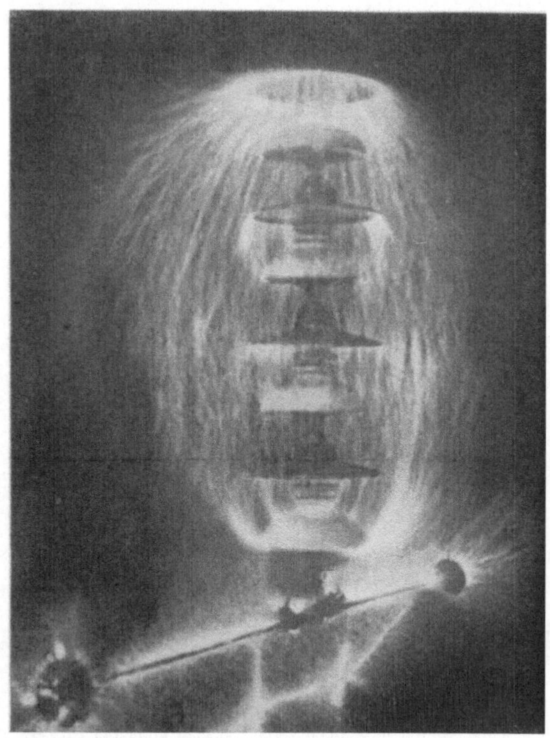

Abb. 47. Entladungen bei Stoßspannungen an einer Kette aus Doppelkappen-Isolatoren mit Metallschirm.

Spannung sind Feldaufnahmen mit Bärlappsamen oder Gipskristallen möglich (siehe R. POHL). Man verfährt hierbei ähnlich wie bei Aufnahmen des magnetischen Feldes mit Eisenfeilspänen.

Feldbilder lassen sich bei hohen Stoßspannungen auch auf photographischem Wege dadurch gewinnen, daß eine photographische

---

[1] Umfassende Darstellungen finden sich bei A. SCHWAIGER (7) S. 1ff.; F. OLLENDORFF (4); A. ROTH (4) S. 1ff.; A. BOUWERS (1) S. 100ff.

[2] REGERBIS (1). — Weitere Verfahren sind beschrieben bei W. ESTORFF (2); W. ZSCHAAGE; N. SEMENOFF u. A. WALTHER; K. DREWNOWSKI (1); J. HIMPAN; G. VAFIADIS; A. BOUWERS (1) S. 138; K. POTTHOFF (3); H. SCHMUDE u. H. SCHWENKHAGEN; R. STRIGEL (15), (17), (18) u. (23); KURT SCHMIDT.

Kamera auf den Isolator gerichtet wird und bei geöffnetem Objektiv zahlreiche Spannungsstöße auf den Isolator gegeben werden, deren Höhe nahe an der Überschlagspannung liegt. Abb. 47 zeigt eine solche Aufnahme [siehe A. WEBER (2)]. Ferner lassen sich auch aus Vorentladungsaufnahmen bei Wechselspannung interessante Schlüsse auf den Feldverlauf ziehen. Abb. 48 zeigt als Beispiel hierfür die Vorentladungen an einer langen Isolatorenkette bei sehr hoher Spannung [siehe F. OBENAUS (2)]. Man erkennt die hohe Feldstärke an den Enden der Isolatorenkette; interessant ist ferner die Feldverteilung auf der Oberfläche des Hochspannungsleiters und der Tragklemme. Bei der Beurteilung dieser Feldverteilung ist zu berücksichtigen, daß in der Nähe von so starken Entladungen die Raumladungen einen entscheidenden Einfluß auf die Feldverteilung besitzen.

Abb. 48. Vorentladungen an einer 15gliedrigen Hängekette aus Kappenisolatoren bei 700 kV.

Neben den Aufnahmen des Feld*verlaufes* ist auch die Bestimmung der Feld*stärke* wichtig, weil dadurch eine quantitative Ermittlung der Feldverteilung möglich ist. Die Messung der Feldstärke kann nach MATTHIAS mit sich spreizenden Strohhalmteilchen erfolgen [A. MATTHIAS (2)], ferner nach REGERBIS mit kleinen elektrodenlosen Leuchtröhren, die an dünnen Fäden in das elektrische Feld gebracht und im dunklen Raum beobachtet werden [REGERBIS (1) S. 564].

In das Gebiet der Feldermittlung gehört auch die versuchsmäßige Bestimmung der Oberflächenspannungsverteilung, die einen guten Einblick in die Überschlagvorgänge von Isolatoren gibt [siehe A. SCHWAIGER (3) u. (7), H. SCHERING u. W. RASKE (7), HANS ZIEGLER (2); siehe auch 12. Versuch, Abschn. f].

Es wurde vorgeschlagen, Isolatoren aus Isolierstoffen mit stark verschiedenen Dielektrizitätskonstanten aufzubauen, um die Überschlagspannung zu erhöhen. Die Feldverteilung in der Umgebung solcher Isolatoren läßt erkennen, auf welchem Wege solche Fortschritte zu erzielen sind [siehe F. OBENAUS u. F. STEYER (7)].

Aus den genannten Veröffentlichungen ergeben sich viele andere Möglichkeiten zur Durchführung des vorstehenden Versuches.

9. Versuch: **Aufnahme von Entladungsbildern.**

a) Allgemeine Grundlagen. Viele Hochspannungsvorgänge lassen sich am besten aus Entladungsbildern erkennen und beurteilen. Das Bild einer Vorentladung auf der lichtempfindlichen Schicht einer photographischen Platte läßt uns weitgehende Schlüsse auf die Höhe, die Polarität und den zeitlichen Verlauf der Spannung ziehen. Solche Bilder geben uns ferner oft Hinweise auf die Natur der Entladungsvorgänge in verschiedenen Gasen, die Entwicklung des vollkommenen Durchschlags aus den Vorentladungen, den Einfluß von Wänden und Rippen, die Bedeutung der Oberflächenkapazität von Isolatoren usw. Entsprechend der Aufgabe dieses Buches soll die Theorie der Entladungen, die in sehr zahlreichen Veröffentlichungen behandelt ist (siehe S. 121 ff.), hier nicht besprochen werden, sondern es soll die Herstellung von Entladungsbildern versuchsmäßig erprobt werden.

Vorentladungen kann man dadurch im Bilde festhalten, daß man sie in einer dünnen Schicht von Bärlappsamen oder Schwefelblüte hervorruft. Wesentlich genauer ist der Verlauf zu erkennen, wenn die Entladung auf der lichtempfindlichen Schicht einer photographischen Platte erzeugt wird, die nachher in gleicher Weise entwickelt wird wie bei normalen photographischen Aufnahmen. Wir wollen dieses Verfahren, Entladungen auf der lichtempfindlichen Schicht zu erzeugen, „unmittelbares Aufnahmeverfahren“ nennen. Die Einwirkung der Entladungen auf die Schicht ist dabei sehr stark; man erhält schon bei einer Entladungsdauer von Bruchteilen einer millionstel Sekunde vollständige und klare Bilder. Bei „mittelbaren Aufnahmen“ werden Entladungen im Raum oder auf Oberflächen von Isolierstoffen mit einem photographischen Apparat aufgenommen. Hierbei werden viel längere Belichtungszeiten oder sehr große Helligkeit der Entladungen benötigt. Durchschlagfunken und elektrische Lichtbögen lassen sich besonders auf diesem Wege photographisch festhalten.

b) Praktische Bedeutung. Es wurde bereits darauf hingewiesen, daß aus dem Verlauf von Entladungsvorgängen wichtige theoretische und praktische Folgerungen gezogen werden können. Es seien einige Beispiele für die praktische Verwendung der Aufnahmen von Entladungsbildern angeführt: Bei der Entwicklung von Isolatoren und Hochspannungsgeräten geben Entladungsaufnahmen (und zwar Aufnahmen von Vorentladungen, von Durchbruchsfunken und von Lichtbögen) bei Wechselspannungen, Gleichspannung und hochfrequenten Spannungen wichtige Hinweise auf die höchstbeanspruchten Stellen und die Spannungsverteilung auf den Oberflächen. Hieraus lassen sich wertvolle Schlüsse ziehen auf die zweckmäßigste Gestaltung der Isolatorenoberfläche und auf die Formgebung der Elektroden (z. B. Verwendung von besonderen Elektrodenteilen zur Entlastung der höchstbeanspruchten Stellen, von Strahlungskappen oder von Hauben zur Verbesserung der Spannungsverteilung). Entladungsbilder werden ferner zu der Feststellung benutzt, ob an Stellen, die der unmittelbaren Beobachtung nicht zugänglich sind, Teildurchschläge auftreten, wie z. B. in Nuten von Maschinen, im Innern von Isolatoren, unter Öl usw. Man bringt an diese Stellen ein Stück eines Filmes und stellt nach einer bestimmten Betriebszeit fest, ob sich eine Schwärzung ergeben hat. Im Klydonographen (Literatur siehe S. 143) benutzt man Entladungsbilder zur Feststellung der Höhe, der Polarität und des Verlaufes von Überspannungen in Hochspannungsnetzen. Aufnahmen von Lichtbögen geben schließlich wichtige Hinweise für die Gestaltung von Armaturen und Isolatoren, um Zerstörungen durch die Lichtbogenwärme zu vermeiden (siehe auch 21. Versuch). Bei Untersuchungen über die Löschung von Lichtbögen spielen ebenfalls photographische Aufnahmen eine wichtige Rolle (siehe 22. und 23. Versuch).

c) Versuchsplan, Aufbau und Geräte. Zu *unmittelbaren Entladungsaufnahmen* verwendet man am besten Stoßspannungen, die nach den im 5. Versuch gemachten Angaben erzeugt werden. Wir können hier, wo nur verhältnismäßig niedrige Spannungen (bis etwa 30 kV) benötigt werden, am einfachsten die Schaltung nach Abb. 31 zur Stoßspannungserzeugung benutzen. Zur Herstellung von Entladungsbildern auf photographischen Platten im Hochspannungspraktikum empfiehlt sich die Benutzung einer lichtdichten Holzkassette ähnlich Abb. 49. Mit den Stoßspannungen werden Gleitfunken auf der Glasplatte P hervorgerufen. Die Anlage zur Stoßspannungserzeugung (der Stoßgenerator) wird an die Zuleitungen a und b angeschlossen. SE ist eine Spitzenelektrode, die senkrecht in dem leicht zu entfernenden Holzträger T befestigt ist und die auf der Platte P aufsteht. Die Verbindungsleitung a wird mit der Spitze SE mit Hilfe eines Bananensteckers verbunden.

Als Gegenelektrode wird eine Plattenelektrode PE benutzt, die am Rande gut abgerundet ist. Mit dieser Anordnung können Entladungsbilder in Bärlappsamen sowie auf photographischen Platten hergestellt werden. Beim Arbeiten mit Bärlappsamen wird der Deckel D der Holzkassette K abgenommen. Der Bärlappsamen wird in dünner Schicht auf die Platte aufgestreut. Ein Spannungsstoß zeichnet Spuren in die Schicht ein; die Abmessungen der Figuren werden allerdings andere als auf photographischen Platten [siehe G. MIERDEL (1) S. 289]. Sollen photographische Aufnahmen ausgeführt werden, dann wird die Glasplatte *P* durch eine photographische Platte ersetzt, die in der Dunkelkammer mit der lichtempfindlichen Schicht nach oben in die Holzkassette *K* eingelegt wird. Nachdem man den Spannungsstoß auf die Anordnung gegeben hat, bringt man den geschlossenen Kasten wieder in die Dunkelkammer, um dort die Platte herauszunehmen und zu entwickeln.

Zwischen der photographischen Platte *P* und der Plattenelektrode *PE* müssen größere Lufträume vermieden werden. Im allgemeinen genügt es, wenn die photographische Platte auf die Plattenelektrode aufgelegt und durch die Spitzenelektrode leicht aufgedrückt wird. Will man eine Luftschicht auf der Unterseite der photographischen Platte mit Sicherheit vermeiden, dann muß man die Platte auf der der lichtempfindlichen Schicht abgewandten Seite mit einem metallischen Belag versehen. Diese Vorsichtsmaßnahme ist aber bei Praktikumsversuchen nicht erforderlich.

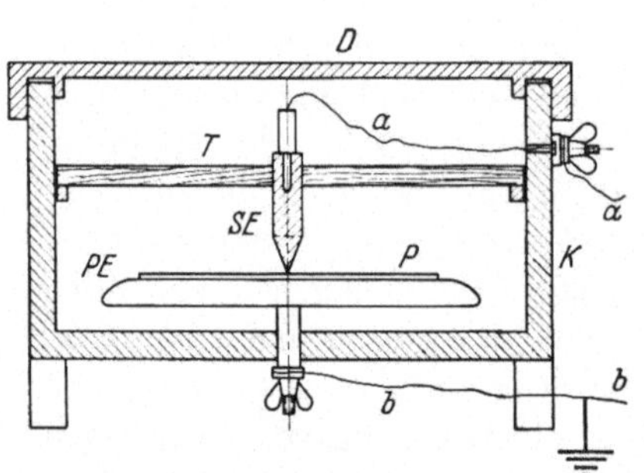

Abb. 49. Anordnung zur Herstellung von unmittelbaren Entladungsaufnahmen.

Als Beispiele für *mittelbare Entladungsaufnahmen* sollen ferner einige Überschlag- und Lichtbogenbilder mit einem normalen photographischen Apparat hergestellt werden, und zwar Stoßspannungsüberschläge und Wechselspannungsüberschläge, beispielsweise an einem Stützenisolator. Für den Stoßspannungsüberschlag kann die gleiche Stoßanlage wie bei den unmittelbaren Aufnahmen benutzt werden. Günstiger ist allerdings für diese Aufnahme das Arbeiten mit einer Stoßanlage für höhere Spannung. Für die Wechselspannungsaufnahme wird der Transformator unmittelbar verwandt. Um den einem Wechselspannungsüberschlag folgenden Lichtbogen deutlich sehen zu können, empfiehlt sich das seitliche Anblasen des Isolators mit einem kleinen Ventilator. Die Ausführung der Aufnahmen wird im folgenden Abschnitt beschrieben.

d) Versuchsdurchführung. *1. Unmittelbare Aufnahmen von Gleitentladungen.* An die Stoßschaltung nach Abb. 31 wird an Stelle des dort eingezeichneten Isolators *J* eine Spitze-Platte-Anordnung nach Abb. 49 angeschlossen. Die lichtdichte Kassette *K* bleibt zunächst offen. Als Platte *P* wird eine einfache Glasplatte von gleicher Dicke, wie die später zu verwendende photographische Platte benutzt. Die Aufstellung der

Elektrodenanordnung muß so erfolgen, daß das Entladungsbild von einer Beobachtungsstelle außerhalb des Gitters aus gut betrachtet werden kann. Bei einem kleinen Abstand an der Zündfunkenstrecke ZF wird dann in der üblichen vorgeschriebenen Weise die Spannung an dem Transformator HTr langsam gesteigert, bis Durchschläge an der Zündfunkenstrecke eintreten. Durch Vergrößern des Abstandes an ZF und Erhöhung der Transformatorspannung wird der Scheitelwert der Stoßspannung allmählich so weit vergrößert, bis die Gleitentladungen etwa die gesamte Glasplatte bedecken. (Wenn Überschläge auftreten, wird die Spannungshöhe um einige Prozente herabgesetzt.) Dieser Scheitelwert wird dann, wie beim 5. Versuch, mit der Meßfunkenstrecke ermittelt. Der Zündfunkenstreckenabstand, bei dem das Entladungsbild fast bis an den Plattenrand gelangt, bleibt bestehen, und es wird nach Abschaltung und Erdung der Spannungsquelle in der Dunkelkammer eine photographische Platte in die Holzkassette eingelegt. Dann wird *eine* Stoßspannung auf die Anordnung gegeben, und die Platte wird in der Dunkelkammer entwickelt. Der Durchmesser des Entladungsbildes wird gemessen. Der gleiche Versuch wird bei verschiedenen niedrigeren Spannungsstufen wiederholt. Es soll dabei jedesmal nur *ein* Stoß erzeugt werden. Um dies leicht zu erreichen, macht man die Stoßkapazität C und den Hochspannungswiderstand R_h (Abb. 31) möglichst groß.

Im Anschluß an diesen Versuch wird die Polarität des Stoßgenerators durch Vertauschen der Anschlüsse des Glühventils geändert, und es wird die gleiche Versuchsreihe aufgenommen. Bei negativer Spitze muß man eine wesentlich höhere Spannung anwenden, wenn auch dabei ein ausreichend großes Entladungsbild erzeugt werden soll. Die Abb. 50 und 51 sind auf diesem Wege gewonnen worden.

In entsprechender Weise können Entladungsbilder nach Aufstreuen einer dünnen Schicht von Bärlappsamen auf eine Glasplatte festgehalten werden.

2. Mittelbare Aufnahmen von Überschlägen und Lichtbögen an Isolatoren. Ein Isolator wird an den Stoßgenerator angeschlossen und es werden Überschläge an ihm hervorgerufen. Bei ausgeschalteter Stromquelle wird dann der photographische Apparat fest außerhalb des Gitters aufgestellt, und man photographiert den Isolator in der üblichen Weise bei Tageslicht oder bei künstlichem Licht, möglichst mit gleichmäßigem dunklen Hintergrund. Bei unverändertem Apparat wird dann der Versuchsraum völlig verdunkelt und das Objektiv des Apparates geöffnet. Durch Steigern der Spannung erzeugt man so viele Stoßüberschläge, wie man auf dem Bilde sehen will und schließt dann den Apparat wieder. Man erhält durch diese Doppelaufnahme das Bild des Überschlagfunkens in der richtigen Lage zum Isolator.

Würde man nur den Überschlagfunken photographieren, so erscheint der Isolator nicht oder nur sehr schwach auf dem Bilde.

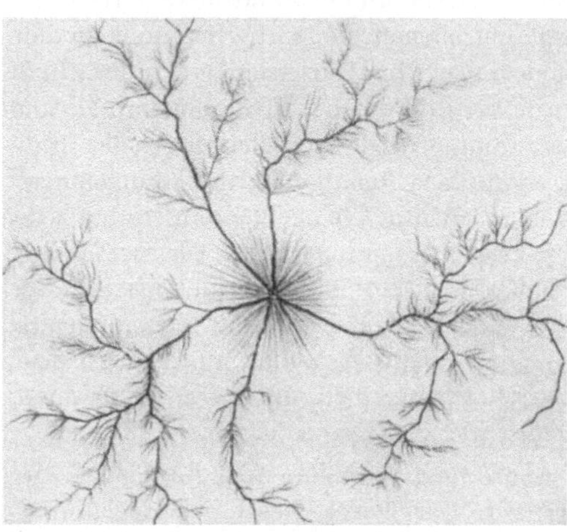

Abb. 50. Positive Gleitentladung, hergestellt mit einer Anordnung nach Abb. 49.

Abb. 51. Negative Gleitentladung.

In entsprechender Weise wird ein Wechselspannungsüberschlag am Isolator aufgenommen. Auch dabei ist es notwendig, zuerst eine normale Aufnahme vom Isolator herzustellen. Vor der Überschlagaufnahme wird man versuchsweise einige Überschläge hervorrufen, um den Lichtbogen in der richtigen Ebene zu erhalten. Der Transformator darf nicht zu kleine Leistung besitzen, wenn ein Lichtbogen entstehen soll. Auf der Unterspannung- und Oberspannungseite des Transformators dürfen ferner nur kleine Wirkwiderstände vorhanden sein. Die Aufnahme wird in folgender Weise am einfachsten vorgenommen: Man stellt die Spannung am Transformator unter Verwendung eines Regeltransformators so ein, daß beim Einschalten des Hauptschalters sofort ein Überschlag am Isolator eintritt. In den Unterspannungskreis des Transformators wird ferner ein Überstromschalter eingebaut, der nach 0,2 bis 0,5 s abschaltet. Wenn der Hauptschalter eingeschaltet wird, entsteht also sofort ein Überschlag. Der Lichtbogen wird nach kurzer Zeit selbsttätig wieder abgeschaltet. Schließlich stellt man einen kleinen Ventilator so auf, daß der Lichtbogen seitlich vom Isolator weggeblasen wird. Nach diesen Vorbereitungen wird die Tageslichtaufnahme des Isolators hergestellt, der Ventilator eingeschaltet, der Raum verdunkelt, der photographische Apparat geöffnet und ein Lichtbogenüberschlag am Isolator hervorgerufen. Der photographische Apparat wird dann geschlossen und die Aufnahme entwickelt. Wenn kein Wert darauf gelegt wird, den ersten Überschlagfunken mit aufzunehmen, kann auch von dem brennenden Lichtbogen mit einer Belichtungsdauer von $^1/_5$ oder $^1/_2$ s eine Aufnahme hergestellt werden. Ein kurzzeitig abschaltender Überstromschalter ist dann nicht erforderlich.

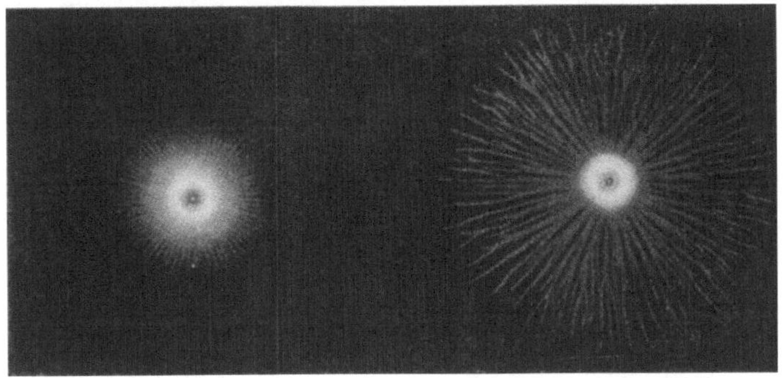

Abb. 52. Gemeinsame Aufnahme einer positiven und einer negativen Entladungsfigur bei etwa 15 kV mit dem Klydonographen.

e) Auswertung und Beurteilung der Versuchsergebnisse. Die jeweilige Größe der Gleitfigur ist über der Spannungshöhe aufzutragen. Man sieht, daß die Gleitfunkenlänge bei beiden Polaritäten viel stärker anwächst als die Spannung[1].

Abb. 52 zeigt eine gemeinsame Aufnahme zweier Entladungsfiguren, die durch Aufstellung zweier Spitzen auf einen Film gewonnen wurden [siehe Harald Müller (2)]. Auf dem Bilde ist links die negative, rechts die bei gleicher Spannungshöhe erzeugte positive Gleitfigur zu sehen. Die positive Figur ist wesentlich größer; die Entladungskanäle enden in scharfen Spitzen. Die negative Entladungsfigur läuft in breiten fächerförmigen Streifen aus. Auch bei den Gleitfiguren der Abb. 50 und 51 ist diese wesentliche Verschiedenheit deutlich zu erkennen. Man kann daraus schließen, daß zwischen den Ionisierungsvorgängen an der positiven und an der negativen Elektrode grundsätzliche Unterschiede bestehen müssen. Praktisch ist die Tatsache sehr wichtig, daß bei positiver

[1] Die Folge von dieser Erscheinung war beim 7. Versuch die, daß bei dem Durchführungsmodell die Überschlagspannung viel weniger stark anstieg als der Elektrodenabstand.

Spitze größere Entladungen und dadurch niedrigere Überschlagspannungen vorliegen.

Ein Beispiel für eine mittelbare Aufnahme eines brennenden Wechselstromlichtbogens zeigt Abb. 53. Diese bei einer seitlichen Luftströmung von etwa 3 m/s hergestellte Photographie zeigt im Lichtbogenbild helle und dunkle Gebiete. Eine helle Linie entsteht jedesmal, wenn die Stromstärke große Werte annimmt, während in den dunklen Streifen die Stromstärke annähernd gleich Null war. Da mit Wechselstrom von 50 Per/s gearbeitet wurde, sind die hellen Lichtbogenlinien in zeitlichen

Abb. 53. Wechselstrom-Lichtbogen an einer 6gliedrigen Kappen-Isolatorenkette. (Aufnahme Hescho.)

Abständen von $^1/_{100}$ s entstanden. Der Lichtbogen verlischt jedesmal beim Nullwerden des Wechselstromes. Nach Verlöschen des Lichtbogens steigt die Spannung am Isolator wieder an, und es erfolgt ein neuer Durchschlag. Interessant und wichtig ist, daß der neue Durchschlag in dem inzwischen etwas weiter bewegten heißen Kanal des vorhergehenden Lichtbogens eintritt und nicht auf dem kürzesten Wege zwischen den Elektroden. Die Durchschlagspannung in dem alten Lichtbogenkanal ist also niedriger als die Überschlagspannung auf dem kürzesten Wege zwischen den Elektroden über den Isolator hinweg. Aus dem aufgenommenen Bild kann schätzungsweise ermittelt werden, wievielmal größer der längste Lichtbogenweg ist als der kürzeste Überschlagweg zwischen den Elektroden. Wir werden später, beim 21. und 22. Versuch, auf diese Fragen im Zusammenhang mit der Untersuchung von Lichtbögen zurückkommen.

Die Abb. 54 und 55 zeigen vier weitere Aufnahmen, aus denen

Kette aus 7 Kappenisolatoren.

Kette aus 4 Vollkernisolatoren

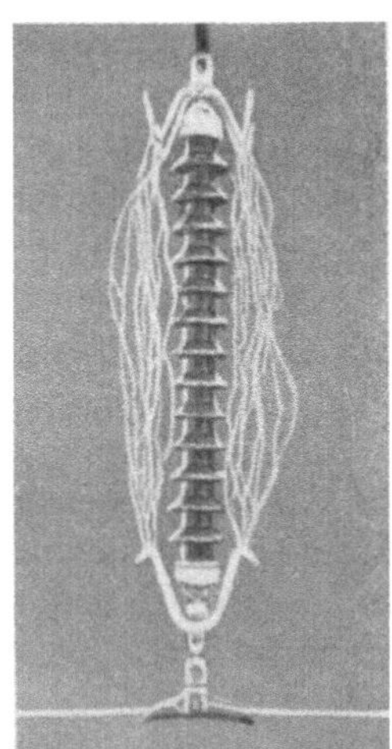

1 Langstabisolator.

Abb. 54. Stoßüberschläge an drei verschiedenen Isolatorenketten.

Schlüsse auf die Sicherheit von Isolatorenketten gegen Lichtbogen gezogen werden können. Auf den drei Aufnahmen der Abb. 54 sind hohe Stoßspannungen auf etwa gleich lange aber verschieden gebaute Isolatorenketten gegeben worden. Bei den beiden links dargestellten Ketten legen sich die Stoßfunkenkanäle an alle Zwischenarmaturen an, so daß ein ähnliches Verhalten auch von einem im praktischen Netzbetrieb nachfolgenden Wechselspannungslichtbogen zu befürchten ist. Bei dem Langstabisolator verlaufen dagegen alle Stoßfunken frei zwischen den Endarmaturen. Der stromstarke Wechselstromlichtbogen wird, wie Abb. 55 zeigt, weit von dem Isolator fortgehalten. Die Tatsache, daß die Stoßfunken vom Isolator fernbleiben, ist darauf zurückzuführen, daß keine Zwischenarmaturen vorhanden sind. Das Abwandern des Hochleistungslichtbogens vom Isolator ergibt sich aus der Formgebung der Lichtbogenschutzarmaturen. Wegen des den Lichtbogen umgebenden magnetischen Feldes hat dieser das Bestreben, in geradliniger Verlängerung der Arma-

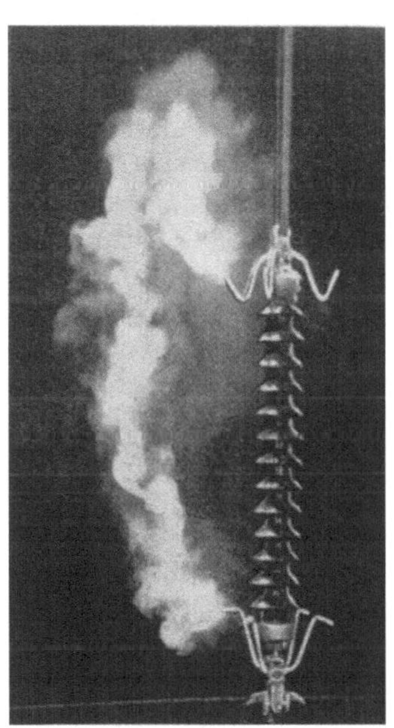

Abb. 55. Hochleistungslichtbogen an einem Langstabisolator mit Sonderhornkreuz-Armaturen.

tur zu brennen [siehe F. OBENAUS (5)]. Diese vier Aufnahmen sind ein Beispiel für die praktische Verwendung von photographischen Aufnahmen zur Beurteilung der Lichtbogensicherheit von Isolatoren.

Mittelbare Vorentladungsaufnahmen zeigen die bereits im 8. Versuch besprochenen Abb. 47 und 48.

f) Literaturübersicht. — Andere Versuchsmöglichkeiten. Eine zusammenfassende Darstellung der elektrischen Entladungen im Hochvakuum und in Gasen ist von J. DOSSE u. G. MIERDEL gegeben worden.

Die Literatur über unmittelbare Aufnahme von Entladungsfiguren und über das Aussehen der Figuren bei verschiedenen Versuchsbedingungen ist sehr umfangreich. Es sind Untersuchungen über Größe und Aussehen der Entladungen in Abhängigkeit von Höhe und zeitlichem Verlauf der Spannung, der Plattendicke (Oberflächenkapazität), Gasart usw. durchgeführt worden [siehe z. B. MAX TOEPLER (1), (2) u. (3); K. PRZIBAM (1); G. MIERDEL (1); P. ROSENLÖCHER; H. KROEMER (1); MAX TOEPLER (9); H. BAASCH, J. MÜLLER-STROBEL (1), (2) u. (4); W. ROGOWSKI, O. MARTIN u. H. THIELEN (33); E. FÜNFER]. Dabei sind viele interessante Erscheinungen und Zusammenhänge gefunden worden. Es sind auch Versuche über Größe und Aussehen der Entladungen in Abhängigkeit vom Druck angestellt worden (G. PRAETORIUS). Auch unter Flüssigkeiten lassen sich Entladungsfiguren unmittelbar aufnehmen [H. STAACK; K. PRZIBAM (2)]. Bei solchen Versuchen ergaben sich bemerkenswerte Gesichtspunkte, die zur Aufklärung der starken Polaritätsunterschiede in den Gleitfiguren dienen können.

Eine abgeänderte Anordnung, bei der die photographische Platte auf der Plattenelektrode senkrecht steht und die Spitzenelektrode längs auf der lichtempfindlichen Schicht aufliegt (siehe Abb. 63), gestattet das Studium des Überganges vom unvollkommenen zum vollkommenen Überschlag (siehe Abb. 56)[1]. Man sieht auf diesem Bilde sehr schön die scharf auslaufenden Enden der positiven Entladungskanäle. Obgleich die Kanäle die rechtsstehende plattenförmige Gegenelektrode an vielen Stellen erreichen, ist ein vollkommener Überschlag nicht eingetreten. Allerdings lag die Überschlagspannung nur wenig höher als die Spannung, bei der das Bild gewonnen wurde. Diese Anordnung eignet sich ebenfalls gut für Praktikumsversuche. Es können bei diesem Aufnahmeverfahren auch verschiedenartige Elektrodenformen benutzt werden; ferner können Entladungen an zwei einander gegenüberstehenden Elektroden zugleich photographisch festgehalten werden.

---

[1] Siehe ERWIN MARX (18), (15) u. (17). In diesen Arbeiten wird der Versuch gemacht, die Verschiedenheit zwischen positiven und negativen Figuren im Verlauf und in der Größe durch Betrachtung der Ionisierungsvorgänge zu erklären. — Versuche über die Aufnahme von Entladungsfiguren in verschiedenen in Reihe geschalteten Stoffen wurden von T. HONDA durchgeführt.

Der Klydonograph, der das Auftreten von Überspannungen in Netzen mit Hilfe von Entladungsfiguren festzustellen und aufzuzeichnen gestattet, ist ebenfalls in der Literatur wiederholt behandelt worden [Harald Müller (2); H. Neuhaus (1); F. Hartge; Max Toepler (8); George Dragu; I. L. Candler].

Bei dem Versuchsvorschlag für unmittelbare Aufnahmen ist ein bestimmter Fall herausgegriffen worden; es bestehen sehr viele andere Versuchsmöglichkeiten. An Stelle von Stoßspannungen können hochfrequente Schwingungen, Gleichspannungen oder niederfrequente Wechselspannungen benutzt werden. Es kann mit verschiedenem zeitlichen Verlauf der Stoßspannungen gearbeitet werden, um dessen Einfluß auf die Ausbildung der Gleitfiguren zu beobachten. Ferner kann die Plattendicke, beispielsweise durch Übereinanderlegen von mehreren Platten, verändert werden, oder es können Hindernisse für die Entladungen errichtet werden, um deren Verhalten daran zu studieren.

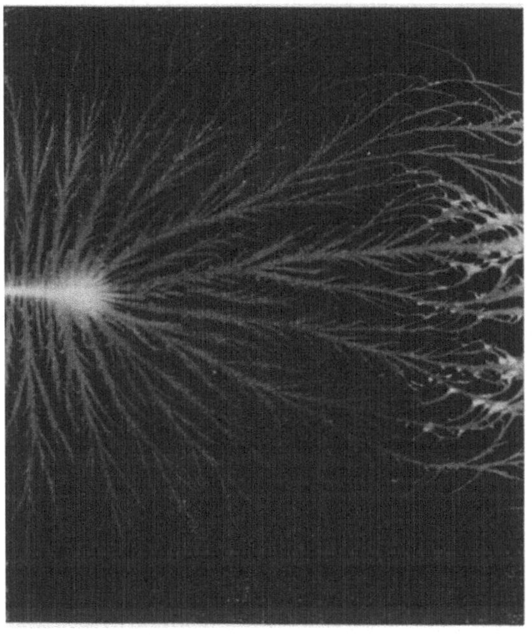

Abb. 56. Entladung zwischen positiver Spitze (links) und negativer Platte (rechts) bei einer Stoßspannung von 54 kV Scheitelwert. Elektrodenabstand 6 cm.

An Stelle der photographischen Platten können auch Filme zu den Aufnahmen benutzt werden. Dadurch läßt sich die Untersuchung auch auf nicht ebene Oberflächen, z. B. Rohre, ausdehnen. Ferner kann der Einfluß von dünnen Isolierschirmen auf photographischem Wege untersucht werden (siehe 11. Versuch).

Mittelbare Aufnahmen können von allen elektrischen Leuchterscheinungen durchgeführt werden. Die Zahl der hierfür bestehenden Möglichkeiten ist ganz besonders groß, wie aus den gezeigten Bildern hervorgeht[1].

[1] In gewissem Zusammenhange mit Entladungsbildern stehen Kriechspuren auf Isolierstoffen; siehe hierzu H. v. Cron.

10. Versuch: **Messungen mit Stoßspannungen von verschiedenem zeitlichen Verlauf.**

a) Allgemeine Grundlagen. *1. Zeitlicher Verlauf von Stoßspannungen für Prüfzwecke.* Bei Versuchen mit Stoßspannungen spielt deren zeitlicher Verlauf eine große Rolle. Bei solchen Versuchen muß deshalb dieser zeitliche Verlauf wenigstens angenähert bekannt sein. Wir haben verschiedene Schaltungen zur Erzeugung von Stoßspannungen im 5. Versuch kennengelernt; dieser Versuch wird hier als bekannt vorausgesetzt. Zur Klärung des zeitlichen Verlaufes einer Stoßspannung wollen wir wieder das in Abb. 31 aufgezeichnete einfache Schaltbild eines Stoßkreises betrachten. C stellt darin die ,,Stoßkapazität" dar, aus der die Energie für die Stoßspannung entnommen wird. C wird durch die am Punkt a angeschlossene Gleichstromhochspannungsquelle aufgeladen. ZF stellt die Zündfunkenstrecke dar, R_e den Entladewiderstand gegen Erde und R_d den Dämpfungswiderstand. Die Meßfunkenstrecke MF dient zur Ermittlung des Scheitelwertes der Stoßspannung. Wir bezeichnen ferner mit L die Induktivität des Stoßkreises, die wir uns mit R_d in Reihe geschaltet denken können, und mit C_b die gesamte Belastungskapazität des Prüflings J, der Meßfunkenstrecke MF und der zu ihnen führenden Zuleitungen gegen Erde. Oft wird zum Prüfling noch eine zusätzliche feste Kapazität C_f parallel geschaltet. Auch C_f ist mit in C_b einzurechnen.

Wenn die Stoßkapazität C genügend hoch aufgeladen ist, entsteht ein Durchschlagfunke an ZF. Hierdurch wird C_b sehr rasch über L und R_d aufgeladen. Die Induktivität L wird durch gedrängten Aufbau der Stoßanlage möglichst klein gehalten, so daß Schwingungen im Verlauf der Stoßspannung nach Möglichkeit vermieden werden. Vernachlässigt man diese Induktivität L, dann steigt die Spannung an der Kapazität C_b nach einer Exponentialfunktion an, deren Zeitkonstante $T = R_d C_b$ ist. Nachdem die Stoßspannung ihren Höchstwert erreicht hat, tritt die Entladung der beiden über die Funkenstrecke ZF parallelgeschalteten Kapazitäten C und C_b über den Entladewiderstand R_e in Erscheinung. Da R_e wesentlich größer gemacht wird als R_d, spielt R_d für diesen Entladevorgang nur eine unwesentliche Rolle. Die Entladung erfolgt also annähernd mit der Zeitkonstanten $T_e = R_e(C + C_b)$. Abb. 57 stellt einen Stoßspannungsverlauf dar, wie er sich aus Überlegungen sowie aus Aufnahmen mit dem Kathodenstrahl-Oszillographen ergibt. Infolge der unvermeidlichen Induktivität L des Stromkreises beginnt der Spannungsanstieg zunächst flach. Die größte Steilheit des Spannungsanstieges liegt etwa beim halben Spannungsscheitelwert vor. Den Spannungsanstieg nennt man ,,Stirn" der Stoßspannung, den abfallenden Teil ,,Rücken" der Stoßspannung. Zur Kennzeichnung des zeitlichen Verlaufes der Stoßspannung werden in erster Linie die Begriffe „Stirnzeit" und „Rückenhalbwertzeit" verwendet. Zur Ermittlung der Stirnzeit kennzeichnet man die Punkte auf der Anstiegkurve der Spannung, in denen der Augenblickswert der Spannung 10% und 90% der Scheitelspannung $\overline{U}$ beträgt (Punkte *a* und *b* Abb. 57). Die durch diese Punkte gelegte gerade Linie schneidet die Zeitachse im Punkte O_1, dem Nennbeginn der Stoßspannung. Die gleiche gerade Linie schneidet die Waagerechte durch den Scheitel der Stoßspannung im Punkte O_2. Die Projektion der Strecke O_1O_2 auf die Zeitachse nennt man „Stirnzeit T_s". Die Zeit vom Nennbeginn O_1 der Stoßspannung bis zu dem Zeitpunkte, an dem die Spannung wieder kleiner wird als der halbe Scheitelwert, nennt man „Rückenhalbwertzeit T_r". An Stelle von Rückenhalbwertzeit T_r wird oft auch die Zeit angegeben, während der die Stoßspannung die Hälfte ihres Scheitelwertes überschritten hat; diese Zeit wird als Halbwertdauer gekennzeichnet. Sie ist, wie Abb. 57 zeigt, etwas kleiner als die Rückenhalbwertzeit. Stirnzeit und Rückenhalbwertzeit werden meist in Mikrosekunden (μs) gemessen.

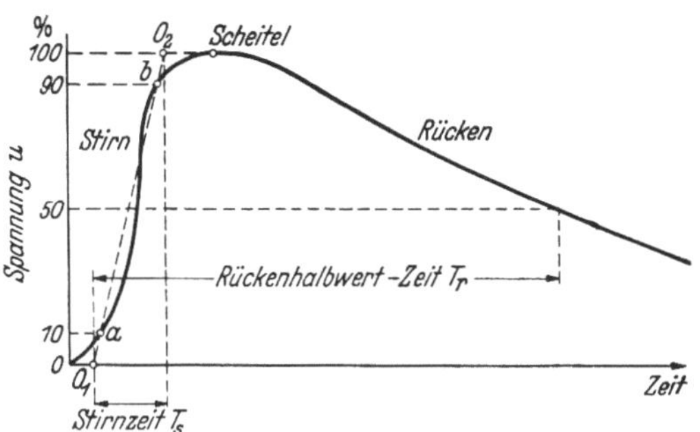

Abb. 57. Zeitlicher Verlauf einer Stoßspannung mit den Kenngrößen.

Zur angenäherten Berechnung der Stirnzeit und der Rückenhalbwertzeit können bei Rückenhalbwertzeiten von 50 oder mehr μs die folgenden Gleichungen benutzt werden:

$$T_s \approx 2{,}5\, R_d \frac{C_b C}{C_b + C},$$

$$T_r \approx R_e (C_b + C) \ln 2\,*.$$

T_s und T_r ergeben sich nach diesen Formeln in Mikrosekunden, wenn die Widerstände in Ohm und die Kapazitäten in Mikrofarad eingesetzt werden. Die Stoßkapazität C soll mindestens 1 nF (1 Nanofarad $= 10^{-9}$ Farad) betragen. Im übrigen können für die Widerstände R_d und R_e sowie für die Stoßkapazität C beliebige Werte gewählt werden, so daß der Verlauf von Stoßspannungen, die mit der Schaltung nach Abb. 31 erzeugt werden, in sehr weiten Grenzen geändert werden kann. Prüfungen von Hochspannungsgeräten sind jedoch nach den genannten VDE-Leitsätzen vorzugsweise mit Stoßspannungen auszuführen, deren

* Die hier benutzten Begriffe und Formeln entsprechen denen in den Leitsätzen des VDE (8).

Stirnzeit 1 μs und deren Rückenhalbwertzeit 50 μs beträgt (genormte VDE-Stoßspannung 1/50). Bei der Nennung von Prüfungsergebnissen sind Stirnzeit, Rückenhalbwertzeit und Polarität der Stoßspannung, die bei dem Versuch am Prüfling vorlag, anzugeben.

Wenn mit einem Stoßgenerator verschiedene Isolatoren oder andere Anordnungen geprüft werden sollen, ohne daß man dabei jedesmal die Widerstände verändern will, um sie der neuen Belastungskapazität anzupassen, dann empfiehlt es sich, dem Prüfling eine zusätzliche feste Kapazität C_f parallel zu schalten. Diese zusätzliche Kapazität ist so zu bemessen, daß eine Veränderung der Kapazität des Prüflings nur eine unerhebliche Änderung der Belastungskapazität C_b zur Folge hat. Bei normalen Untersuchungen über Stoßüberschlagspannungen in Luft eignet sich etwa der Wert $C_f = 200$ pF. Die Stoßkapazität C muß erheblich größer sein als C_b, weil ja die zur Spannungserhöhung an C_b notwendige Energie aus C entnommen wird. Wählt man C nicht genügend groß, dann wird die Stoßspannung am Prüfling wesentlich niedriger als die Ladespannung von C, d. h. der Stoßgenerator wird schlecht ausgenutzt. Bei nicht zu großer Belastungskapazität macht man die Stoßkapazität wenigstens fünfmal, möglichst aber zehn- bis zwanzigmal größer als die Belastungskapazität.

Bei diesen üblichen Verhältnissen können wir also sagen:

Die Stirnzeit T_s hängt in der Hauptsache vom Dämpfungswiderstand R_d und von der Belastungskapazität C_b ab.

Die Rückenhalbwertzeit T_r hängt in der Hauptsache vom Entladewiderstand R_e und von der Stoßkapazität C ab.

Erwähnt sei noch, daß zur Vermeidung von Hochfrequenzschwingungen möglichst die Bedingung

$$R_d > 2\sqrt{\frac{L(C_b + C)}{C_b C}}$$

erfüllt sein soll.

Bei räumlich ausgedehnten Stoßgeneratoren, insbesondere großen Anlagen in Vielfachschaltung (siehe Abb. 36), ist die Berechnung des Stoßspannungsverlaufes aus den Konstanten des Stromkreises recht umständlich und nur mit groben Annäherungen möglich. In diesen Fällen ist ein Kathodenstrahl-Oszillograph zur genauen Ermittlung des Spannungsverlaufes erforderlich. Da ein Kathodenstrahl-Oszillograph, mit dem Stoßspannungen beobachtet und photographisch festgehalten werden können, zur Zeit noch ein recht teures und nicht einfach zu handhabendes Gerät darstellt, ist dieser Versuch so aufgebaut worden, daß er ohne Kathodenstrahl-Oszillographen durchgeführt werden kann. Wenn ein solcher Oszillograph zur Verfügung steht, so ist dies natürlich sehr wertvoll. (Über die Durchführung der Aufnahmen siehe 3. und 6. Versuch.)

2. *Einfluß des zeitlichen Verlaufes von Stoßspannungen auf die elektrische Festigkeit von Anordnungen.* Zur Ausbildung eines elektrischen Überschlages[1] ist eine Zeitspanne notwendig. Liegt zwischen den Elektroden ein homogenes Feld vor, dann ist diese Zeitspanne außerordentlich kurz; man hat durch Messungen festgestellt, daß sich der elektrische Überschlag schon in einer Zeit von 10^{-9} s ausbilden kann. Dagegen ist bei stark unhomogenen Feldern oft eine Zeit von mehreren Mikrosekunden zum Überschlag nötig, da sich hier zunächst Vorentladungen ausbilden müssen, aus denen heraus der vollkommene Durchbruch erfolgt.

Legt man an eine elektrische Anordnung eine Gleichspannung an und steigert diese langsam, dann tritt ein Überschlag ein, wenn die „Überschlag-Gleichspannung" erreicht ist. Diese Überschlag-Gleichspannung ist im allgemeinen von der Polarität der Elektroden abhängig. Die bei einer Wechselspannung von 50 Per/s vorliegende „Überschlag-Wechselspannung" (siehe 7. Versuch) ist bei den meisten Anordnungen annähernd gleich dem niedrigeren der beiden bei verschiedener Polarität gemessenen Werten der Überschlag-Gleichspannung.

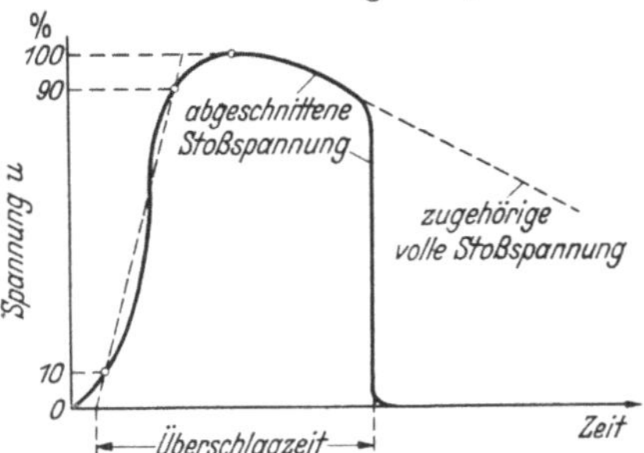

Abb. 58. Abgeschnittene Stoßspannung, wie sie bei einem Stoßüberschlag entsteht.

Bei sehr raschem Spannungsanstieg, wie er bei Stoßspannungen vorliegt, schießt, insbesondere bei Anordnungen mit stark unhomogenem Felde, die Spannung vor dem vollkommenen Überschlag über die Überschlag-Wechselspannung hinaus, und zwar um so höher, je steiler sie ansteigt. Die Zeitspanne, die vom Nennbeginn der Stoßspannung (Punkt O_1 Abb. 57) bis zum Zusammenbruch der Spannung beim Überschlag vergeht, nennt man „Überschlagzeit" (siehe Abb. 58). Diese Überschlagzeit ist also bei Anordnungen mit homogenem Felde klein, bei Anordnungen mit stark unhomogenem Felde und erheblichen Elektrodenabständen recht groß. Andererseits hängt die Überschlagzeit ab von dem zeitlichen Verlauf der Stoßspannung, also insbesondere von den diesen Verlauf kennzeichnenden Größen Stirnzeit und Rückenhalbwertzeit.

Mit Überschlag-Stoßspannung wird in allen Fällen der *Höchstwert* der Spannung bezeichnet, der beim Überschlagversuch am Prüfling auftrat. Der Überschlag und der damit verbundene Zusammenbruch der Spannung am Isolator erfolgt bei Stoßspannungen oft erst dann, wenn

[1] Wir sprechen hier der Einfachheit halber nur von *Überschlägen.* Bei *Durchschlägen* liegen die Verhältnisse ganz ähnlich.

der Augenblickswert der Spannung bereits wieder kleiner geworden ist als der Höchstwert der Stoßspannung. Am Isolator tritt dann eine Spannungskurve auf, wie sie Abb. 58 zeigt. Man nennt diese Spannung eine „Abgeschnittene Stoßspannung“. (Wenn der Überschlag nicht erfolgt wäre, würde die Spannung nach der gestrichelten Kurve weiterverlaufen sein.) Obgleich also bei einem Überschlag hinter dem Höchstwert die Spannung am Isolator im Augenblick des Überschlags kleiner ist als der Höchstwert, bezeichnet man doch den Höchstwert als Überschlag-Stoßspannung. Dieser Höchstwert kann am einfachsten durch eine parallel zum Isolator geschaltete Kugelfunkenstrecke gemessen werden, wie wir das bereits im 5. Versuch kennengelernt haben.

Mit Stoßspannungen kann man zwei verschiedene Arten von Überschlagspannungen messen, nämlich die „50%-*Überschlag-Stoßspannung*“ und die „*Überschießende Stoßspannung*“. Die „50%-Überschlag-Stoßspannung“ liegt dann vor, wenn von einer größeren Zahl von Stoßspannungen mit gleichbleibendem Höchstwerte etwa 50% zum Überschlag führen. Bei dieser Prüfung werden die Überschläge im allgemeinen erst auf dem Rücken der Stoßspannung eintreten, wie dies auf Abb. 58 dargestellt ist. Die Höhe der 50%-Überschlag-Stoßspannung hängt bei einer gegebenen Isolieranordnung natürlich von der Stirnzeit und der Rückenhalbwertzeit der Stoßspannung ab. Steigt die Stoßspannung sehr rasch an, und fällt sie sehr schnell wieder ab, dann braucht man einen höheren Betrag des Höchstwertes, um einen vollkommenen Überschlag zustande zu bringen, als bei flachem Verlauf der Stoßspannung. Bei Nennung von 50%-Überschlag-Stoßspannungen müssen also die Kenngrößen des Stoßes mit angegeben werden. „Überschießende Stoßspannungen“ liegen dann vor, wenn der Höchstwert der Stoßspannungen über die 50%-Überschlag-Stoßspannung hinaus gesteigert wird. Es kommen dabei dementsprechend mehr als 50% der Stöße zum Überschlag; bei wesentlicher Spannungssteigerung schlägt die Anordnung bei jedem Stoße über. Vergrößert man bei einer solchen Prüfung den Zündfunkenstreckenabstand des Stoßgenerators immer mehr, dann wächst der Höchstwert der am Prüfling auftretenden Spannung stetig an. Die Überschlagzeit wird dabei kleiner, weil ja durch die höher ansteigende Spannung der Überschlagvorgang abgekürzt wird. Bei hoch überschießender Spannung findet also der Überschlag nicht mehr auf dem Rücken, sondern auf der Stirn des Stoßes statt. Auch diese überschießende Stoßspannung kann mit einer Meßfunkenstrecke, die parallel zum Isolator liegt, gemessen werden. Dabei ist wieder die Regel zu beachten, daß bei der Messung etwa die Hälfte der erzeugten Stöße an der Meßfunkenstrecke zum Durchschlag führen soll (siehe 5. Versuch). Diese Messung ergibt jedoch bei sehr steilem Spannungsanstieg unrichtige Werte, da auch die Kugelfunkenstrecke eine, wenn auch sehr kleine, Zeit zum Durchschlag benötigt. Wenn die Zeit, während der die hohe Spannung an der Kugelfunkenstrecke liegt, kürzer wird als etwa eine Mikrosekunde, werden die Meßfehler zu groß. Man muß dann einen Kathodenstrahl-Oszillographen zur Ermittlung des Spannungsscheitelwertes heranziehen. Exakte Messungen innerhalb so kurzer Zeiten erfordern auch mit diesem Gerät große Sorgfalt.

b) Praktische Bedeutung. Über die praktische Bedeutung der Stoßspannungen ist bei dem 5. Versuch bereits das Wesentliche gesagt worden. Einige Beispiele sollen zeigen, daß auch dem zeitlichen Verlauf der Stoßspannungen in der Praxis große Wichtigkeit zukommt.

1. Bei Isolatoren soll die Überschlag-Wechselspannung wesentlich niedriger liegen als die Durchschlagspannung, so daß beim Steigern einer Wechselspannung an einem Isolator stets zuerst ein Überschlag eintritt. Beim Auftreten von Stoßspannungen an den Isolatoren wird nun aber die Überschlagspannung um so höher, je steiler die Stoßspannung ansteigt. Die Durchschlag-Stoßspannung der Isolatoren hängt dagegen meist nicht in so hohem Maße von der Steilheit der Stoßspannung ab, weil das elektrische Feld, das den Isolator auf Durchschlag beansprucht, meist einem homogenen Feld nahekommt. Beansprucht man demnach einen Isolator mit immer steiler werdenden Stoßspannungen, dann gelangt man zu einem Punkt, an dem die Überschlagspannung größer wird als die Durchschlagspannung; der Isolator schlägt dann durch.

Die Tatsache, daß in der Praxis auch gelegentlich Durchschläge von an sich einwandfreien Isolatoren vorkommen, beweist uns das Auftreten von sehr steilen Stoßspannungen im praktischen Betriebe. Solche Durchschläge ereignen sich fast ausschließlich bei Gewittern.

Überschläge sind in den Kraftübertragungsanlagen, die in Deutschland fast sämtlich mit Petersen-Spulen (siehe 19. Versuch) zur Vermeidung hoher Erdschlußströme geschützt sind, meist ungefährlich. Überschlaglichtbogen verschwinden in solchen Anlagen oft wieder, ohne zu Störungen zu führen. Dagegen zwingen *Durchschläge* der Isolation zwischen einer Leitung und der Erde stets zur Abschaltung des Anlageteils und zu einer Auswechslung des beschädigten Isolators. Die Frage, ob ein Überschlag oder ein Durchschlag eintritt, ist deshalb für ein Elektrizitätswerk sehr wesentlich; sie hängt, wie aus den vorstehenden Ausführungen hervorgeht, eng mit dem zeitlichen Spannungsverlauf zusammen.

2. Der Sicherheitsgrad der einzelnen Teile einer Hochspannungsanlage muß sowohl mit betriebsmäßiger Wechselspannung wie mit Stoßspannung bestimmt werden. Die Überschlagzeit der einzelnen Isolatorenarten und Geräte ist, wie solche Versuche zeigen, stark verschieden.

Um wertvolle Einrichtungen, wie Transformatoren und Generatoren, vor Zerstörungen durch Überspannungen zu schützen, werden oft an leicht zugänglichen Stellen von Hochspannungsnetzen künstlich „schwache" Punkte geschaffen. Diese erfüllen nur dann ihren Zweck, wenn sie bei allen Spannungsformen früher überschlagen werden als die zu schützenden wertvollen Geräte. Um dies beurteilen zu können, müssen die „Stoßkennlinien" (siehe S. 159) der in Frage kommenden Einrichtungen bekannt sein.

3. Als Überspannungs-Schutzvorrichtungen in Hochspannungsnetzen wurden lange Jahre hindurch Hörnerblitzableiter mit hohen Vorwiderständen benutzt. Die praktischen Erfahrungen zeigten, daß solche Einrichtungen nur in seltenen Fällen einen wirksamen Schutz gegen Überspannungen bedeuteten. In den letzten Jahren sind durch Untersuchungen mit Stoßspannungen Überspannungs-Schutzgeräte entwickelt worden, die wesentlich einfacher gebaut sind als die früheren Hörnerblitzableiter, und die außerdem eine sehr gute Schutzwirkung auch gegenüber der bei Gewitter auftretenden Stoßspannung besitzen. Erst die Erkenntnisse über das Verhalten von Isolieranordnungen gegenüber verschiedenartigen Stoßspannungen haben diese Entwicklung ermöglicht (siehe auch 17. Versuch).

Bei der Bemessung des elektrischen Sicherheitsgrades von Generatoren, Transformatoren, Wandlern, Hochspannungsschaltern, Isolatoren, Freileitungen und sogar Kabeln muß besonders auf Stoßspannungen Rücksicht genommen werden, wie sie bei Gewittern auftreten. Eine grundsätzliche Untersuchung dieser Geräte muß mit Stoßspannungen von verschiedenem zeitlichen Verlauf erfolgen, wenn man völlige Klarheit über ihre Sicherheit erhalten will.

4. Auch in der Hochfrequenztechnik benötigt man oft Stoßspannungen von bestimmtem zeitlichen Verlauf für Impulstastungen und für die Erzeugung von gedämpften hochfrequenten Schwingungen. Solche Stoßspannungen können ebenfalls mit Funkenstrecken hervorgerufen werden. Mit Hilfe von Funkenstrecken erzeugte hochfrequente Schwingungen können sowohl für Sendezwecke wie für die Induktionserhitzung und die dielektrische Erwärmung benutzt werden.

c) Versuchsplan, Aufbau und Geräte. Es sollen zunächst eine Spitze-Platte-Funkenstrecke und einige Isolatoren mit Stoßspannungen verschiedener Polarität sowie verschiedenem zeitlichen Verlauf untersucht werden. Zur Durchführung dieser Versuche wollen wir die Schaltung nach Abb. 35 benutzen, weil wir mit ihr bei Verwendung von Glühventilen mit einer Sperrfähigkeit von 230 kV Stoßspannungen von mehr als 400 kV Scheitelwert erreichen können. Der Einfluß des zeitlichen Verlaufes der Stoßspannungen tritt bei hohen Spannungen deutlicher in Erscheinung. Wir müssen allerdings bei Anwendung der Schaltung nach

Abb. 35 die Notwendigkeit in Kauf nehmen, fünf Hochspannungswiderstände von bekannter Größe sowie zwei Trennfunkenstrecken zu benutzen. Die Versuchsdurchführung wird dadurch etwas erschwert.

Die Versuche wollen wir mit einer Stirnzeit $T_s = 1\,\mu s$ und verschiedenen Rückenhalbwertzeiten (etwa $T_r = 5$, 50, 500 μs) durchführen. Zur Ermittlung der erforderlichen Widerstände R_d und R_e müssen die Kapazitäten C_b und C bekannt sein. Wir schalten in der bereits beschriebenen Weise zum Isolator J oder der Spitze-Platte-Funkenstrecke eine feste Kapazität von 200 pF (am einfachsten einen Hartpapier- oder Ölkondensator) parallel. Dadurch werden wir von geringen Änderungen in der Kapazität des Prüflings und der Meßfunkenstrecke unabhängig. Schätzungsweise beträgt die Summe der Kapazitäten von Prüfling, Meßfunkenstrecke und (kurz zu haltenden) Zuleitungen zu ihnen 50 pF, so daß wir mit $C_b = 250$ pF zu rechnen haben. Jeden der Kondensatoren C_1 und C_2 wollen wir zu 5000 pF wählen. Da beide Kondensatoren während des Auftretens der Stoßspannungen in Reihe geschaltet sind, muß die Stoßkapazität C zu 2500 pF eingesetzt werden. Aus der Gleichung für T_s auf S. 145 ergibt sich nun bei den Rückenhalbwertzeiten 50 und 500 μs und bei der Stirnzeit $T_s = 1\,\mu s$ für den Dämpfungswiderstand R_d folgendes:

$$R_d = \frac{T_s}{2{,}5}\,\frac{C_b + C}{C_b \cdot C} = \frac{1}{2{,}5}\,\frac{(250 + 2500) \cdot 10^{-6}}{250 \cdot 2500 \cdot 10^{-12}} \approx 1700\,\Omega.$$

Bei der Rückenhalbwertzeit von 5 μs ergibt sich in der Berechnung von R_d nach der genannten Formel ein zu großer Fehler. Bei $T_r = 5\,\mu s$ tritt an Stelle des Faktors 2,5 der Faktor 1,47 [siehe ELSNER (10)]. Der Dämpfungswiderstand erhält dadurch bei der Welle 1/5 den Betrag

$$R'_d \approx 3000\,\Omega.$$

Als Entladewiderstände kommen die Widerstände R_1, R_2 und R_e in Frage, weil über diese eine Entladung der Kapazitäten C_1 und C_2 sowie der Kapazität C_b stattfindet. Wie man aus dem Schaltbild leicht ersehen kann, liegt bei einem Kurzschluß an der Zündfunkenstrecke ZF sowie an den beiden Trennfunkenstrecken TrF_1 und TrF_2 die Reihenschaltung von R_1 und R_2 parallel zu R_e. Der gesamte Entladungswiderstand R_E besitzt also bei Gleichheit von R_1 und R_2 den Wert

$$R_E = \frac{2\,R_1\,R_e}{2\,R_1 + R_e}.$$

Aus der Gleichung für T_r auf S. 145 finden wir für $T_r = 50\,\mu s$ folgendes:

$$R_E = \frac{T_r}{(C_b + C)\ln 2} = \frac{50}{(250 + 2500)\,10^{-6}\ln 2} \approx 26000\,\Omega.$$

In entsprechender Weise erhält R_E bei der Rückenhalbwertzeit von 500 μs den Wert 260000 Ω. Bei der Rückenhalbwert-Zeit 5 μs tritt an Stelle des Faktors ln 2 in der Formel für R_E der Faktor 1,23 [siehe ELSNER (10)]. Der gesamte Entladewiderstand muß dementsprechend gleich 1480 Ω gemacht werden. Um mit möglichst wenigen verschiedenen Widerständen auszukommen, sind R_1 und R_2 für alle Fälle gleich 390000 Ω gemacht worden. Die Widerstände für die Stoßspannungen ergeben sich dann aus der folgenden Tabelle:

T_s μs	T_r μs	R_d Ω	$R_1 = R_2$ Ω	R_e Ω	Dann erhält R_E den Betrag in Ω
1	5	3000	390000	1480	1480
1	50	1700	390000	27000	26000
1	500	1700	390000	390000	260000

In entsprechender Weise lassen sich die Widerstände bei anderen Kapazitäten oder bei Wahl anderer Stirn- bzw. Rückenhalbwertzeiten berechnen[1]. Die in der Tafel genannten Widerstände werden am besten als möglichst induktionsfreie Drahtwiderstände hergestellt (z. B. Schniewindtbänder oder Rosenthal-Widerstände in induktionsfreier Ausführung).

Der Aufbau der Stoßanlage muß so erfolgen, daß die Zündfunkenstrecke *ZF*, die Meßfunkenstrecke *MF* und die Spitze-Platte-Funkenstrecke unter Spannung verstellt und ihr Abstand abgelesen werden kann. Die beiden Trennfunkenstrecken TrF_1 und TrF_2 werden am besten in demselben Funkenstreckengestell angebracht, so daß ihr Abstand gemeinsam geregelt werden kann. Auch diese Regelung muß unter Spannung vorgenommen werden; es ist vorteilhaft, wenn die Feststellung des Kugelabstandes während des Betriebes erfolgen kann. Der eigentliche Stoßkreis ist mit kurzen, dicken Leitungen auszuführen, wobei die von den Leitungen umschlossene Fläche klein gehalten werden muß. Dies ist notwendig, damit die Induktivität des Stoßkreises nicht zu hoch wird.

Der aus dem Hochspannungstransformator *HTr*, den Glühventilen Ve_1 und Ve_2, den Wasserwiderständen R_{h1} und R_{h2} sowie den Kondensatoren C' und C'' bestehende Gleichspannungsladekreis (Abb. 35) ist nach den zu Abb. 25 (S. 84) und zu Abb. 29 (S. 88) gegebenen Gesichtspunkten aufzubauen. Auf die Größe der Kondensatoren C' und C'' sowie der Widerstände R_h kommt es dabei nicht an. Die Widerstände dürfen jedoch nicht zu klein sein, damit die Funkenstrecke *ZF* nicht in zu kleinen Zeitabständen arbeitet. Es sind als Widerstände im Ladekreis am besten die üblichen Widerstandskerzen, mit destilliertem Wasser gefüllt, zu gebrauchen.

[1] Genauere Formeln zur Berechnung der Widerstände siehe MARGUERRE (2) und VDE (8).

Gemessen werden können an einer Spitze-Platte-Funkenstrecke und an verschiedenen Isolatoren (z. B. Stützisolatoren[1], Durchführungen, Stützenisolatoren[1], Kettenisolatoren) die verschiedenen Überschlag-Stoßspannungen. Die 50%-Überschlag-Stoßspannung ist bei verschiedener Polarität und bei verschiedenen Rückenhalbwertzeiten festzustellen. Die überschießende Stoßspannung wird ebenfalls bei verschiedener Polarität in Abhängigkeit vom Zündfunkenstreckenabstand ermittelt. Schließlich kann mit einem kleinen Stützenisolator ein Durchschlagversuch ausgeführt werden.

d) Versuchsdurchführung. *1. Messung von 50%-Überschlag-Stoßspannungen.* Diese Aufnahme wurde bereits im 5. Versuch durchgeführt. Als neu kommt hier hinzu, daß in der jetzt zur Benutzung vorgeschlagenen Schaltung nach Abb. 35 Trennfunkenstrecken vorgesehen sind, über deren Betätigung früher noch nichts gesagt wurde, und daß wir die Messungen hier auf verschiedene Rückenhalbwert-Zeiten ausdehnen wollen.

Zur Feststellung der geeignetsten Trennfunkenstreckenabstände wird am besten der folgende Vorversuch angestellt. Bei großem Kugelabstand an der Meßfunkenstrecke und abgetrenntem Prüfling wird ein bestimmter Abstand an der Zündfunkenstrecke eingestellt. Die Spannung des Transformators *HTr* wird dann so geregelt, daß in Zeitabständen von etwa 1 s Überschläge an *ZF* eintreten. Nun wird der Abstand an den Trennfunkenstrecken (gemeinsam für beide Trennfunkenstrecken) so verändert, daß gerade noch bei jeder Zündung an *ZF* Überschläge an beiden Trennfunkenstrecken erfolgen. Dieser Abstand an den Trennfunkenstrecken wird dann aus Sicherheitsgründen um etwa 20% verkleinert. *Der so ermittelte Trennfunkenstreckenabstand gehört fest zu dem betreffenden Zündfunkenstreckenabstand!* Bei verschiedenen Zündfunkenstreckenabständen wird der gleiche Versuch durchgeführt und die gefundenen Trennfunkenstreckenabstände werden in einer Kurve über den zugehörigen Zündfunkenstreckenabständen aufgetragen. Diese Abhängigkeit bleibt bei allen auszuführenden Versuchen die gleiche. Nach jeder Zündfunkenstreckenverstellung hat also die aus dieser Kurve sich ergebende Trennfunkenstreckenabstandsänderung zu erfolgen[2].

Da die Durchführung der Versuche mit der Schaltung nach Abb. 35

[1] Siehe Anm. S. 118.

[2] Die Einhaltung eines bestimmten Trennfunkenstreckenabstandes ist notwendig, weil bei zu geringem Abstand zuerst an einer der Trennfunkenstrecken ein Überschlag eintritt, der dann den Überschlag der übrigen Funkenstrecken nach sich zieht. Man kann dies am Arbeiten der Stoßanlage nicht ohne weiteres feststellen, die Versuchsergebnisse werden jedoch dann unklar, weil die Stoßspannungsscheitelwerte nicht mehr von den Zündfunkenstreckenabständen allein abhängen.

für die Studierenden einige Übung erfordern, seien zur Erleichterung in Stichworten organisatorische Vorschläge gemacht:

Arbeitsverteilung:

1. Stud. Bedienung der Zündfunkenstrecke.
2. Stud. Regelung der Transformatorspannung.
3. Stud. Bedienung der Trennfunkenstrecken und der Meßfunkenstrecke.

Arbeitsgang: Anschluß des Prüflings. Einstellung der Meßfunkenstrecke so, daß sie nicht überschlagen wird. Heizung der Glühventile. Einstellung *ZF* auf bestimmten Wert, Zuruf des *ZF*-Abstandes an die Bedienung der *TrF*. Ermittlung des zugehörigen *TrF*-Abstandes und Einstellung desselben. Regelung der Transformatorspannung auf etwa sekundliche Überschläge an *ZF*. Wiederholung der gleichen Tätigkeiten, beginnend mit der Einstellung an *ZF*, so lange, bis von etwa zwei Stößen einer am Prüfling zum Überschlag führt. (Wenn dies *angenähert* erreicht ist, können die Abstände bestehen bleiben!) Schließlich: Regelung des *MF*-Abstandes so, daß von zwei Stößen etwa einer an *MF* zum Überschlag führt. *MF* gibt dann die 50%-Überschlag-Stoßspannung an.

Wenn sämtliche Funkenstrecken unter Spannung eingestellt und ihre Abstände abgelesen werden können, so braucht zur Aufnahme einer Kurve, z. B. der 50%-Überschlag-Stoßspannung einer Spitze-Platte-Funkenstrecke in Abhängigkeit vom Elektrodenabstand, nicht abgeschaltet zu werden.

Am zweckmäßigsten wird man zuerst die Überschlagspannungen aller für die Untersuchung vorgesehenen Prüflinge bei unverändertem Stoßspannungsverlauf aufnehmen, dann die Widerstände in der auf S. 152 angegebenen Weise verändern und den Versuch mit allen Prüflingen wiederholen.

2. Messung von überschießenden Stoßspannungen. Die Aufnahme der überschießenden Stoßspannungen erfolgt am besten mit einer Stirnzeit von 1 μs und einer Rückenhalbwertzeit von 5 μs, weil dabei die festzustellenden Einflüsse am deutlichsten in Erscheinung treten.

Bei einem bestimmten Prüfling stellt man den Abstand an der Zündfunkenstrecke größer ein, als zur Erzeugung der 50%-Überschlag-Stoßspannung erforderlich ist. Dann regelt man den Trennfunkenstreckenabstand auf den zugehörigen Wert und erhöht die Transformatorspannung bis zu sekundlichen Zündungen. Hierbei wird der Prüfling im allgemeinen regelmäßig überschlagen. Dann verkleinert man den Meßfunkenstreckenabstand, bis von zwei Zündungen etwa eine zum Durchschlag an der Meßfunkenstrecke führt. Aus Kugeldurchmesser und -abstand an der Meßfunkenstrecke findet man dann in der üblichen Weise den Betrag der überschießenden Stoßspannung, der zu dem gewählten Zündfunkenstreckenabstand gehört und bei dem der Überschlag des Isolators erfolgte. Dieser mit der Meßfunkenstrecke gemessene Wert heißt die „Überschießende Stoßspannung" (siehe S. 148). Die Höhe dieser überschießenden Stoßspannung hängt von der Stirnzeit, von der Rückenhalbwertzeit der Stoßspannung sowie von dem Scheitelwert ab, den die Stoßspannung ohne Überschlag am Isolator erreicht haben würde. Die Bestimmung dieses Scheitelwertes wird im nächsten Absatz beschrieben. — Die gleiche Messung führt man nach erneuter Erhöhung des Zündfunkenstreckenabstandes durch. (Es empfiehlt sich, den Zündfunkenstreckenabstand jedesmal um 20 bis 30% zu erhöhen.) Dieser Versuch wird so lange fortgesetzt, bis die Spannung des Stoßgenerators nicht mehr gesteigert werden kann. Um möglichst viele über der 50%-Überschlag-Stoßspannung liegende Werte erhalten zu können, wählt man zu diesem Versuch als Prüfling einen recht kleinen Isolator oder einen kleinen Abstand an der zu prüfenden Elektrodenanordnung.

Im Anschluß an diesen Versuch wird der als Prüfling benutzte kleine Isolator durch einen großen Isolator ersetzt, der auch bei der höchsterreichbaren Spannung der Anlage nicht überschlagen wird, oder der Abstand an der geprüften Elektrodenanordnung wird entsprechend vergrößert. Dann stellt man nacheinander die gleichen Abstände an der Zündfunkenstrecke sowie an den Trennfunkenstrecken ein, wie sie bei dem im vorhergehenden Absatz beschriebenen Versuch benutzt wurden, und mißt jedesmal mit der Meßfunkenstrecke den Scheitelwert der auftretenden Stoßspannungen. Dadurch lernt man den Verlauf der Stoßspannungen ohne Überschlag kennen.

3. Messung der Durchschlag-Stoßspannung eines Isolators. Wählt man zu der Messung der überschießenden Stoßspannung einen sehr kleinen Stützenisolator, dann tritt mit großer Wahrscheinlichkeit bei stufenweiser Steigerung der Spannung ein Durchschlag des Isolators ein. Der Spannungsscheitelwert, der zum Durchschlag ausreichend war, heißt die Durchschlag-Stoßspannung.

e) Auswertung und Beurteilung der Versuchsergebnisse. Die gemessenen 50%-Überschlag-Stoßspannungen trägt man in Kurven auf, wie dies Abb. 59 als Beispiel zeigt. Diese Überschlag-Stoßspannung ist im allgemeinen um so stärker von der Rückenhalbwertzeit abhängig, je mehr das am Prüfling vorliegende elektrische Feld von einem homogenen Felde abweicht. Bei einer Anordnung mit homogenem Felde würden natürlich alle in Abb. 59 aufgezeichneten Kurven in eine einzige waagerechte Linie zusammenfallen.

Auf Abb. 59 sind die Überschlag-Wechselspannungen und Überschlag-Gleichspannungen zum Vergleich mit aufgetragen. Man ersieht daraus wieder die schon oft erwähnte Tatsache, daß die Überschlagspannung einer Anordnung weitgehend vom Spannungsverlauf und der Polarität abhängen kann.

Die zum Überschlag einer bestimmten Anordnung notwendigen Spannungen können auch, wie dies in Abb. 60 geschehen ist, über der Zeit schematisch aufgetragen werden[1]. Man erkennt aus einer solchen Darstellung deutlich, daß die Überschlagspannung bei Verkleinerung von T_r höher werden muß, da dann die Zeit, während der die Spannung nahe dem Scheitelwert verbleibt, kürzer wird.

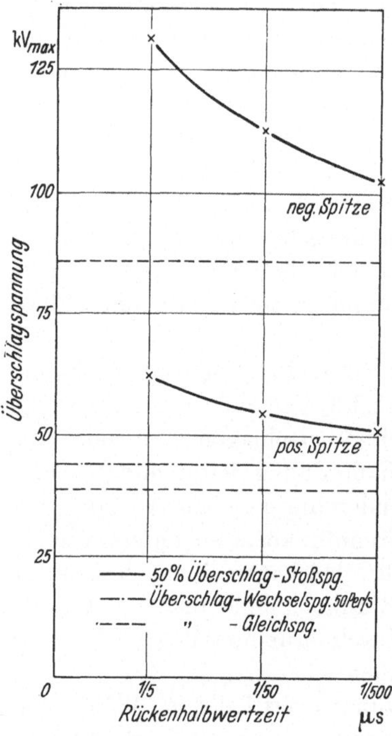

Abb. 59.
Überschlagspannungen einer Spitze-Platte-Funkenstrecke bei verschiedenem Spannungsverlauf. Elektrodenabstand 45 mm.

Die überschießenden Stoßspannungen sind in einer Kurve über den Zündfunkenstreckenabständen aufzuzeichnen. Man erkennt, daß die Überschlagspannung bei großem Zündfunkenstreckenabstand, also hohem Scheitelwert der Stoßspannung, hoch über der Überschlagspannung bei niedrigerer Stoßspannungshöhe liegen kann. — Da wir auch den Scheitelwert der Stoßspannungen ohne Überschlag an der Isolieranordnung gemessen haben, können wir auch die bei diesem Versuche vorliegenden Spannungen angenähert aufzeichnen, wie dies Abb. 61 für eine Spitze-Platte-Funkenstrecke (Abstand der Elektroden 5 cm, Spitze positiv) zeigt. Zuerst zeichnet man die vollen Stoßspannungen unter Verwendung der bei Einbau des großen Isolators gemessenen Scheitelspannung sowie unter Berücksichtigung der errechneten Stirn- und Rückenhalbwertzeit auf. Dann wird auf diesen Kurven *der* Punkt gekennzeichnet, an dem der Überschlag der zu prüfenden Anordnung eintrat. Aus dem Bilde läßt sich nunmehr die Überschlagzeit $T_{ü}$ bei den verschiedenen Stoßspannungen entnehmen. Natürlich wird diese Überschlagzeit bei wachsendem Scheitelwert der Stoßspannung kleiner. Dieses Meßverfahren ergibt zwar Werte, die nur in roher Annäherung richtig sind, aber wir gewinnen doch durch die Aufzeichnung der

[1] Der Anstieg und die Augenblickswerte in der Nähe des Höchstwertes lassen sich nur angenähert, unter Berücksichtigung der Stirnzeit und der Rückenhalbwertzeit, aufzeichnen. Man richte sich hierbei nach den in den Abb. 57 und 58 dargestellten Stoßformen. Der Rücken der einzelnen Stoßspannungen ist als Exponentialfunktion mit der Zeitkonstante $T = R_E\,(C + C_b)$ gezeichnet (siehe S.144).

Kurven einen Einblick in diese Vorgänge. Die Durchführung dieses Versuches an verschiedenen Isolatoren oder Elektrodenanordnungen

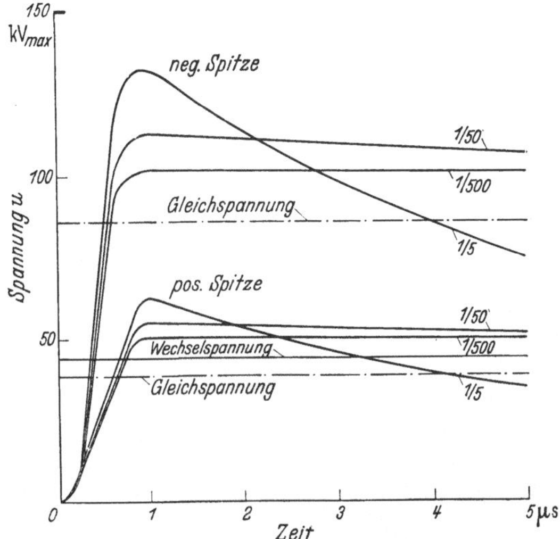

Abb. 60. Verschiedene Spannungsformen, die zum Überschlag einer Spitze-Platte-Funkenstrecke ausreichen. Es bedeuten:

1/5: Stirnzeit 1 μs, Rückenhalbwertzeit: 5 μs,
1/50: „ 1 μs, „ 50 μs,
1/500: „ 1 μs, „ 500 μs.

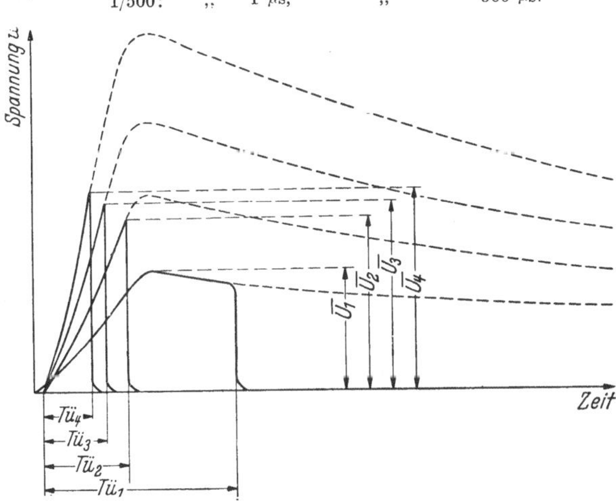

Abb. 61. Abgeschnittene Stoßspannungen, wie sie beim Überschlag einer Spitze-Platte-Funkenstrecke entstehen. Stoßspannung *1* ist auf dem Rücken abgeschnitten. Stoßspannungen *2*, *3* und *4* sind auf der Stirn abgeschnitten. $\bar{U}_1$ ist die 50%-Überschlag-Stoßspannung. $\bar{U}_2$, $\bar{U}_3$ und $\bar{U}_4$ sind überschießende Stoßspannungen.

gewährt uns außerdem die Möglichkeit eines Vergleiches ihrer Überschlagzeiten. Wir können daraus Schlüsse auf ihr Verhalten gegenüber Überspannungen im praktischen Betriebe ziehen.

Eine einwandfreie Messung der Überschlagzeit ist, wie bereits gesagt wurde, nur unter Verwendung eines Kathodenstrahl-Oszillographen möglich.

f) Literaturübersicht. — Andere Versuchsmöglichkeiten. Es blieben bei der Beschreibung dieses Versuches viele Einzelheiten unerwähnt, um den Text nicht zu umfangreich werden zu lassen. Genauere Angaben sind enthalten in den bereits früher erwähnten VDE-Leitsätzen und in der Einführung zu ihnen [siehe VDE (8) sowie ERWIN MARX u. P. JACOTTET (27)]. Es sei ferner zurückverwiesen auf S. 27, wo große Stoßgeneratoren beschrieben sind, und auf den 5. Versuch, in dem die Grundlagen der Erzeugung von Stoßspannungen dargestellt wurden[1].

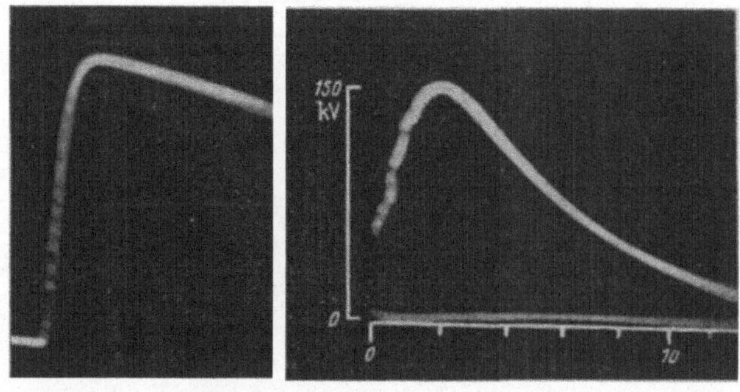

Abb. 62. Mit dem Kathodenstrahl-Oszillographen aufgenommene Stoßkurven. (Zeit in Mikrosekunden.)

In zahlreichen Veröffentlichungen wird die Frage der Erzeugung bestimmter Wellenformen mit Stoßgeneratoren sowie die Vorausberechnung und Messung des Spannungsverlaufes aus den Konstanten des Stoßkreises behandelt [siehe z. B. GERHARD MEYER (2); R. ELSNER (3), (5), (6) u. (10); W. BEINDORF; P. JACOTTET u. W. WEICKER (7); R. HÖFER; WOLF MARGUERRE (1), (2); FR. LEHMHAUS (2); K. DEBUS u. E. HUETER (2); J. R. EATON u. J. P. GEBELEIN, H. KLÄY]. In den meisten dieser Arbeiten sind Aufnahmen der Stoßkurven mit dem Kathodenstrahl-Oszillographen zur Bestätigung der Berechnungen herangezogen worden[2]. Abb. 62 zeigt als Beispiel einige Aufnahmen

---

[1] Allgemeine Arbeiten über die Erzeugung von Stoßspannungen und Untersuchungen mit diesen: HARALD MÜLLER (14); A. ROTH (4); A. BOUWERS (1).

[2] Der Kathodenstrahl-Oszillograph, der im 3. Versuch genauer beschrieben wurde, hat besonders viel zur grundlegenden Klärung der Vorgänge bei der Prüfung mit Stoßspannungen beigetragen. An speziellen Arbeiten über die oszillographische Aufnahme von Stoßvorgängen seien angeführt: W. SCHILLING u. J. LENZ (8); N. LIEBER; H. SCHNEIDER (1); A. M. ANGELINI; R. F. GOSSENS u. P. G. PROVOST (2); P. K. HERMANN (2).

von Stoßspannungen mit einem solchen Oszillographen[1]. Man ersieht aus diesen Kurven, daß auch bei außerordentlich kurzen Zeiten Einzelheiten im Spannungsverlauf zu erkennen sind. Viele dieser Einzelheiten, insbesondere die Veränderungen des Spannungsverlaufes durch elektrische Entladungen am Prüfobjekt, sind der Rechnung nicht zugänglich. Zu genaueren Untersuchungen mit Stoßspannungen ist deshalb ein Kathodenstrahl-Oszillograph unbedingt nötig.

Besonders groß ist die Zahl der Veröffentlichungen über Durchschlag- und Überschlagerscheinungen bei Stoßspannungen. Nachdem die Bedeutung dieser Fragen erkannt war, haben viele Forscher in Deutschland und im Auslande Untersuchungen über den Entladeverzug bei gasförmigen, flüssigen und festen Stoffen sowie über die Vorgänge auf der Oberfläche von festen Stoffen bei stoßartigem Spannungsverlauf durchgeführt. Besonders aufschlußreich für das Verhalten von Isolieranordnungen ist die „*Stoßkennlinie*“, die die Abhängigkeit der Überschlag-Stoßspannung von der Überschlagzeit darstellt. Auch diese Stoßkennlinien werden in verschiedenen Arbeiten behandelt[2].

Bei der Erörterung des elektrischen Sicherheitsgrades von Hochspannungsanlagen müssen insbesondere die Überschlag-Stoßspannungen berücksichtigt werden, weil Überschläge in der Praxis hauptsächlich durch Stoßspannungen hervorgerufen werden[3].

Der vorstehende Versuch läßt sich, wie auch aus den umfangreichen Veröffentlichungen hervorgeht, in vielfältiger Weise abändern. Der zeitliche Verlauf der Stoßspannungen kann sehr weitgehend geändert werden; als Prüflinge kann man alle Hochspannungsanordnungen benutzen. Besonders interessant wird der Versuch, wenn die Kurvenform der Stöße bei den Untersuchungen mit einem Kathodenstrahl-Oszillographen beobachtet werden kann.

---

[1] Entnommen aus N. LIEBER.

[2] Aus der großen Zahl der Veröffentlichungen über das Verhalten von Isolieranordnungen gegenüber Stoßspannungen seien die folgenden genannt: F. W. PEEK jr. (4), (5) u. (6); ERWIN MARX (4) u. (15); O. MAYR (4); E. J. WADE u. G. S. SMITH (2); HARALD MÜLLER (9); W. HOLZER (1); W. FURKERT (1); K. BUSS u. W. VOGEL (3); R. STRIGEL (5) u. (7); A. MATTHIAS (10); R. ELSNER (4); J. REBHAN (7); W. WEBER (2); R. STRIGEL (9) u. (10); P. H. MCAULEY; R. ELSNER (6); J. GOLDMAN; A. A. AKOPJAN; Y. ISHIGURO; H. SCHNEIDER (2); C. M. FOUST and N. ROHATS (1); P. JACOTETT u. W. WEICKER (8); G. W. BOWDLER u. W. G. STANDRING; J. H. HAGENGUTH (1); H. BOEKE (2); B. GÄNGER (6) u. (7); R. STRIGEL (22); R. C. FLETCHER. Untersuchungen an Transformatoren mit Stoßspannungen werden geschildert von M. WELLAUER (3); M. M. LANGLOIS-BERTHELOT, D. RENAUDIN, J. NEUVE EGLISE u. S. KOHN. Über das Verhalten von Wanderwellen in Wicklungen siehe 16. Versuch.

[3] Siehe auch S. 98; ferner HARALD MÜLLER (15); P. JACOTTET (3); W. ESTORFF (5); V. AIGNER (2); P. JACOTTET (4) u. (5).

11. Versuch: Erhöhung der Durchschlagspannung zwischen Elektroden in Luft mit Hilfe von dünnen Schirmen.

a) Allgemeine Grundlagen. Zum elektrischen Durchschlag einer Luftstrecke ist bekanntlich eine Bewegung von nicht neutralen Teilchen erforderlich. Diese Bewegung führt bei ausreichend hoher elektrischer Feldstärke zur Stoßionisation und damit zur Bildung immer neuer nicht neutraler Teilchen, die schließlich den vollkommenen Durchschlag einleiten (siehe 7. Versuch). In stark unhomogenen Feldern gehen dem vollkommenen Durchschlag Vorentladungen voraus. Diese bilden sich vor allem dann in erheblichem Maße aus, wenn die positive Elektrode (Anode) einen kleinen Krümmungsradius besitzt, so daß an ihr eine hohe Feldstärke herrscht. Die von der negativen Elektrode (Kathode) oder vom Gebiet nahe der Kathode ausgehenden Elektronen führen durch Stoßionisation zu Entladungskanälen an der Anode, die mit wachsender Spannung rasch größer werden (siehe Abb. 50, 52 und 56) und dadurch den Durchschlag schon bei verhältnismäßig niedriger Spannung einleiten. Die Durchschlagspannung einer unsymmetrischen Anordnung liegt deshalb dann niedriger, wenn die positive Elektrode stärker gekrümmt ist als die negative.

Man kann dieses Vorwachsen von positiven Entladungskanälen dadurch aufhalten, daß man dünne Schirme zwischen die Elektroden stellt. Solche Schirme halten die Elektronen auf, die von der Kathode kommen, und unterbinden dadurch das weitere Vorwachsen der Kanäle nach der Kathode hin. Durch diese Maßnahme kann die Durchschlagspannung zwischen den Elektroden wesentlich erhöht werden.

Die Abb. 64 und 65 veranschaulichen diese Wirkung eines Isolierschirmes. Diese Aufnahmen wurden gewonnen mit einer Anordnung nach Abb. 63[1]. Legt man im völlig verdunkelten Raum eine Stoßspannung an die Elektroden, wobei die Spitze positiv gegenüber der Platte ist, dann zeigt sich nach Entwicklung der photographischen Platte das in Abb. 56 wiedergegebene Entladungsbild. Die Entladungen verlaufen von der Spitze aus bis an die Plattenelektrode heran. (Bei etwas höherer Spannung trat der vollkommene Durchschlag ein.) Stellt man einen Isolierschirm aus Fließpapier, also einem Stoff mit vielen Poren, zwischen beiden Elektroden auf, dann zeigen die Entladungen das Bild 64. Die meisten von der Spitze ausgehenden Entladungen enden auf dem Zwischenschirm. Einige Kanäle setzen sich nach Überspringen eines Zwischenraumes auf der rechten Seite des Schirmes fort. Es befanden sich an diesen Stellen oberhalb der photographischen Platte Öffnungen im Fließpapier, durch die die Entladungskanäle hindurch-

---

[1] Die Ausführung solcher Aufnahmen wurde im 9. Versuch eingehend behandelt.

gegangen sind. Hinter dem Schirm sind die Kanäle dann wieder zur photographischen Platte gesprungen und haben sich dort in der üblichen Weise fortgesetzt. Das Entsprechende sehen wir auf der Abb. 65. Dort ist eine Glasplatte senkrecht auf die photographische Platte mit Bakelitelack aufgeklebt. Dort, wo die Verbindung dicht ist, sind die Entladungskanäle abgeschnitten. Auf der Abbildung ist oben eine Lücke entstanden. Dort laufen die Kanäle zur Kathode weiter.

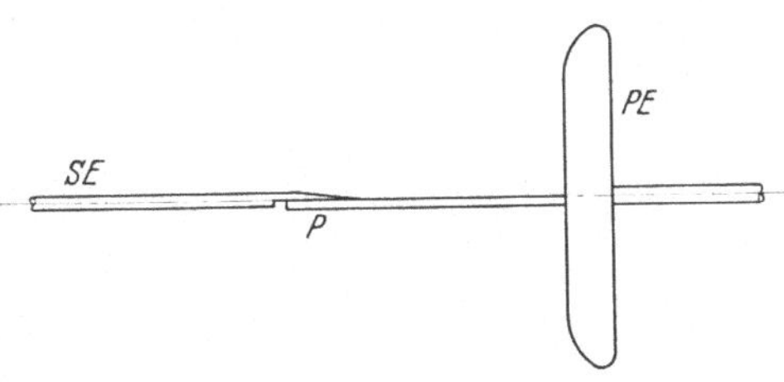

Abb. 63. Anordnung zur Aufnahme von Gleitentladungen zwischen einer Spitzenelektrode (*SE*) und einer Plattenelektrode (*PE*). *P*: Photographische Platte. Lichtempfindliche Schicht oben.

Stellt man entsprechende Versuche mit einer Spitze-Platte-Funkenstrecke an, bei der die Spitze Kathode ist, dann liegen die Verhältnisse anders. Die im Gebiet vor der Kathode auftretenden Entladungen werden durch einen Zwischenschirm nicht wesentlich beeinflußt. Die Durchschlagspannung kann in diesem Falle durch einen Schirm kaum erhöht werden. In vielen Fällen tritt

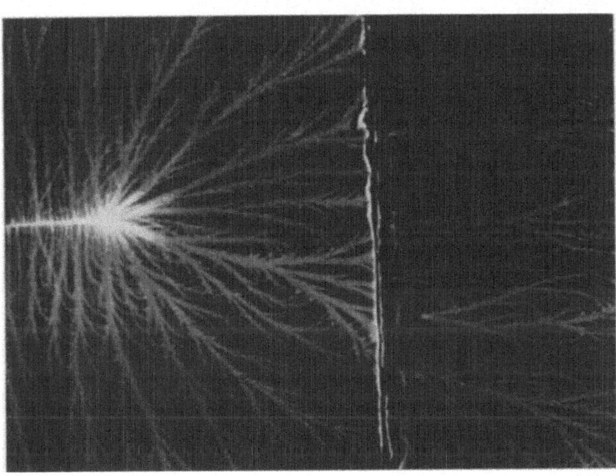

Abb. 64. Gleitentladung zwischen positiver Spitze und negativer Platte bei Aufstellung eines Zwischenschirmes aus Fließpapier senkrecht auf die photographische Platte. Die Aufnahme erfolgte mit einer Stoßspannung von 54 kV_{max}.

sogar eine erhebliche Erniedrigung der Durchschlagspannung durch einen solchen Schirm ein.

Bei Gleichspannung liegen die gleichen Schirmwirkungen wie bei Stoßspannungen vor.

Liegt zwischen Spitze und Platte eine Wechselspannung vor, dann tritt der Durchschlag in *der* Halbperiode ein, in der die Spitze positiv ist (siehe 3. und 7. Versuch). Bei positiver Spitze läßt sich aber, wie wir sahen, die Durchschlagspannung mit einem dünnen Schirm erhöhen. Die Anwendung eines Schirmes hat also auch bei Wechselspannung eine Erhöhung der Durchschlagspannung zur Folge.

Stehen zwei gleiche, stark gekrümmte Elektroden einander gegenüber, dann müssen bei Wechselspannung zwei Schirme benutzt werden, weil ja jede der Elektroden abwechselnd positiv und negativ wird.

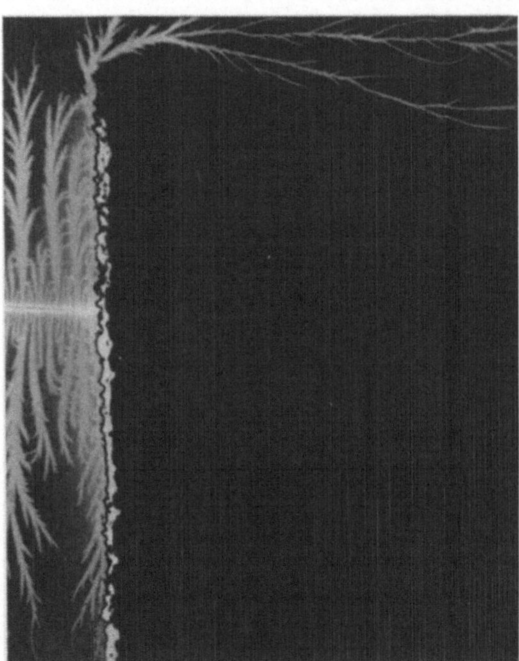

Abb. 65. Gleitentladung bei Aufstellung eines Glasschirmes auf die photographische Platte. Sonst wie Abb. 64.

Im homogenen elektrischen Felde läßt sich in keinem Falle eine Erhöhung der Durchschlagspannung durch dünne Schirme erzielen.

Zusammenfassend kann man sagen: Die Durchschlagspannung zwischen stark gekrümmten Elektroden in Luft kann besonders bei großen Elektrodenabständen mit dünnen Schirmen wesentlich erhöht werden. Diese Schirme müssen so aufgestellt werden, daß sie die Ausbildung der von der positiven Elektrode ausgehenden Entladungskanäle einschränken[1].

An welcher Stelle die Schirme die günstigste Wirkung besitzen und welche Durchschlagspannungserhöhungen sich erzielen lassen, soll der Versuch zeigen.

Grundsätzlich können sowohl leitende wie nichtleitende Schirme benutzt werden. Da jedoch bei leitenden Schirmen die Randausbildung der Schirme oft zu Schwierigkeiten führt und außerdem starke Aufladungen dieser Schirme erfolgen, verwendet man besser nichtleitende Schirme. Diese können z. B. aus dünnen Preßspanplatten oder Ölpapier bestehen.

---

[1] Die Verhältnisse sind genauer dargestellt bei Erwin Marx (13) u. (15). In diesen Arbeiten wird auch auf die Entstehung und auf die Bedeutung der positiven Entladungskanäle für den Durchschlagsvorgang näher eingegangen.

b) Praktische Anwendungen. Dünne Schirme zur Erhöhung der Durchschlagspannung in Luft werden besonders in Prüfanlagen für sehr hohe Spannungen oft angewandt. Die Abb. 66 und 67 zeigen Beispiele hierfür. Die Abb. 66 stellt den oberen Teil der Durchführung des 500-kV-Prüftransformators im Institut des Verfassers dar. Bei etwa 350 kV traten von der Elektrode aus nach der Decke des Raumes Überschläge auf. Durch die über der Durchführung und der von ihr wegführenden Leitung aufgehängte Preßspanplatte ist die Überschlagspannung nach der Decke hin bis auf mehr als 500 kV gesteigert worden, so daß der Transformator bis auf volle Spannung gebracht werden kann. Abb. 67 zeigt eine entsprechende Anordnung im Versuchsfeld der Hermsdorf-Schomburg-Isolatoren G. m. b. H. in Hermsdorf/Thür.[1] Zwischen dem Raum, in dem der Prüftransformator für 1000 kV gegen Erde steht, und dem Versuchsraum besteht die in der Abbildung sichtbare Wand mit einer Öffnung von 6 m Höhe und 4 m Breite. Ohne Schirme traten bei 650 kV Überschläge nach den in 2 m Abstand stehenden seitlichen Wandecken hin auf. Durch die senkrecht aufgehängten Schirme gelang es, Überschläge bis zur vollen Transformatorspannung von 1000 kV zu vermeiden. Die Schirme mußten natürlich hierbei recht große Abmessungen besitzen.

Abb. 66. Schirm über einer Transformatorendurchführung zur Verhinderung von Überschlägen nach der Decke.

Oft ist es auch zweckmäßig, den Hochspannungsleiter in der Mittelachse eines weiten, dünnwandigen Isolierrohres zu verlegen. Die Rohrwandung wirkt dann nach allen Seiten hin als Schirm.

Die praktischen Anwendungen der Schirme erfolgen hauptsächlich in Prüfanlagen, weil die Wirkung der Schirme bei sehr hohen Spannungen besonders ins Gewicht fällt.

c) Versuchsplan, Aufbau und Geräte. Der Versuch kann mit Gleichspannung, mit Wechselspannung oder mit Stoßspannung durchgeführt werden. Am deutlichsten wird der Einfluß eines Schirmes an der schon oft benutzten Spitze-Platte-Funkenstrecke. Man kann bei verschiedener Stellung, Formgebung und Beschaffenheit eines Schirmes sowie bei verschiedener Polarität der Elektroden die Durchschlagspannung aufnehmen. Der zu untersuchende Schirm wird am besten auf einen

[1] Siehe F. Obenaus (2). In dieser Veröffentlichung sind genaue Angaben über den Bau und die Anbringung der Schirme gemacht.

leichten Holzrahmen gespannt, der an jede Stelle des Elektrodenzwischenraumes gebracht werden kann.

Außerdem empfiehlt sich die Ausführung eines Versuches mit Wechselspannung an einer Funkenstrecke mit zwei Spitzenelektroden. Vor jeder der Spitzen wird dabei ein Schirm so aufgestellt, daß eine symmetrische Gesamtanordnung entsteht. Wenn der Versuch nicht mit sehr hohen Spannungen durchgeführt werden kann, dann sollte den Studierenden als Abschluß ein Versuch mit sehr hoher Spannung vorgeführt werden. Man hängt eine Spitzenelektrode, die mit der Hochspannungszuleitung verbunden ist, an der Decke des Versuchsraumes isoliert auf. Die Spitze soll dabei unter Spannung gehoben oder gesenkt werden können. Unter der Spitze wird als Gegenelektrode eine große Kugel oder eine Platte aufgestellt, über der sich in 0,5 bis 1,0 m Abstand eine waagerechtliegende dünne Isolierstofftafel befindet. Betrachtet man diese Anordnung im dunklen Raum unter hoher Spannung, dann erkennt man sehr schön die Wirkung des Isolierschirmes, die Entladungen aufzuhalten. Bei Spannungssteigerung wird die der Spitze zugekehrte Seite des Schirmes vollkommen mit Entladungen überzogen, während die nach der großen Elektrode hin gelegene Seite dunkel bleibt. Der Überschlag tritt schließlich meist über den Schirmrand hinweg ein.

Abb. 67. Schirme zwischen einem Hochspannungsleiter und einer Wand. Durch die Schirme wird die Überschlagsspannung vom Leiter aus nach Erde von 650 kV auf 1000 kV erhöht.

Als Schirmmaterial kann Pauspapier, Zeichenpapier, Ölpapier oder Ähnliches benutzt werden.

d) Versuchsdurchführung. Abb. 68 stellt eine zur Durchführung des Versuchs gut brauchbare Anordnung dar. Man stellt den Isolierschirm nacheinander an verschiedenen Stellen des Elektrodenzwischenraumes auf und steigert jedesmal unter Beobachtung der Entladungserscheinungen die Spannung allmählich bis zum Durchschlag. Wenn der Schirm zu klein ist, treten über seinen Rand hinweg Überschläge auf. Der Schirm muß dann so lange vergrößert werden, bis er durchschlagen wird. Außerdem wird die Durchschlagspannung der Anordnung ohne Schirm zum Vergleich aufgenommen. Den Elektrodenabstand läßt man bei diesem Versuch unverändert.

Abb. 68. Spitze-Platte-Funkenstrecke mit Isolierschirm.

Nach Abschluß einer solchen Versuchsreihe wird die Polarität, die Spannungsart, der Elektrodenabstand, die Elektrodenform oder die Ausführung der Schirme geändert und erneut die günstigste Lage des Schirmes durch eine Reihe von Durchschlagversuchen ermittelt.

Die Versuchsdurchführung bietet im übrigen keine besonderen Schwierigkeiten, so daß hier keine weiteren Hinweise gegeben zu werden brauchen.

e) Auswertung und Beurteilung der Versuchsergebnisse. Die Versuchsergebnisse werden in der üblichen Weise in Kurven aufgetragen. Abb. 69 zeigt als Beispiel eine solche Aufzeichnung. Man erkennt aus diesem Bilde, daß die Durchschlag-Stoßspannung bei positiver Spitze durch den Schirm in der günstigsten Stellung fast auf den doppelten Wert erhöht wird. (Bei Gleichspannung ist die prozentuale Erhöhung noch größer.) Ordnet man zwischen zwei Spitzen zwei Schirme im gleichen Abstand von den Spitzen an, dann erhält man im günstigsten Falle eine Durchschlag-Wechselspannung, die etwa dreimal größer ist als die

Durchschlagspannung ohne Schirm! In allen Fällen ist die Schirmwirkung dann am günstigsten, wenn der Schirm in einem Abstand von der stark gekrümmten positiven Elektrode steht, der 15 bis 30% des gesamten Elektrodenabstandes beträgt.

Es ist bei dieser Sachlage überraschend, daß in Hochspannungsschaltanlagen von dieser Möglichkeit, die Durchschlagspannung mit dünnen Schirmen zu erhöhen, noch selten Gebrauch gemacht wird. Als Grund hierfür ist anzusehen, daß solche Schirme an allen Stellen angebracht werden müßten, an denen eine Durchschlaggefahr besteht. Nur dann würde eine nutzbringende Abstandsverkleinerung vorgenommen werden können. Solche durchgehenden Schirme würden aber die Befestigung der Leitungen sowie die Reinigung und Beaufsichtigung der Anlage erschweren. In Sonderfällen tut man aber gut, sich an diese Schirmungsmöglichkeit zu erinnern, um die Durchschlaggefahr an schwachen Punkten zu vermindern.

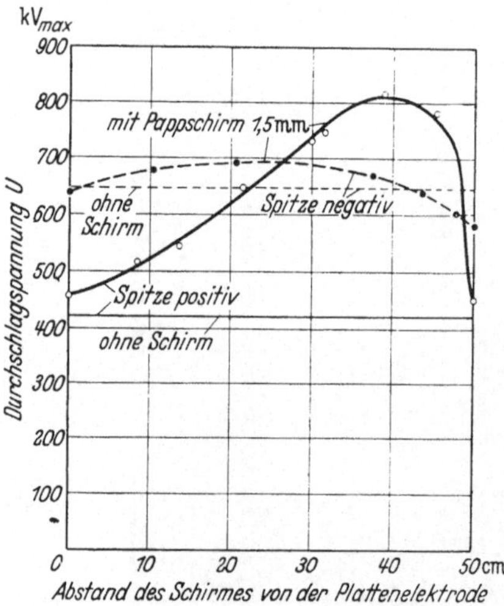

Abb. 69. Durchschlag-Stoßspannungen einer Spitze-Platte-Funkenstrecke mit 50 cm Elektrodenabstand ohne und mit Isolierschirm.

f) Literaturübersicht. — Andere Versuchsmöglichkeiten. Veröffentlichungen über die Verwendung von dünnen Isolierschirmen zur Erhöhung der Durchschlagspannung liegen wenige vor [siehe Erwin Marx (15); H. Roser (1) u. (2); A. Bouwers (1)]. Der Versuch kann mit gleichem Erfolg mit verschiedenartigen Anordnungen ausgeführt werden. Zum Beispiel können die Elektroden mehr an die Praxis angeglichen werden, als dies beim vorstehend beschriebenen Versuch der Fall war. Wenn an Stelle der Spitzenelektrode ein abgerundetes Stabende gewählt wird, das zum Versuch einer Wand oder dem Fußboden gegenübergestellt wird, dann kann man sich dies als Sammelschienenende in einer Schaltanlage vorstellen. Der Schirm kann als Haube ausgeführt und mit leichten Isolatoren auf der Stabelektrode befestigt werden. Ferner läßt sich die Schirmung eines dünnen Leiters in einer Zylinderfunkenstrecke mit einem dünnwandigen Isolierrohr untersuchen. Auch auf der Oberfläche von Isolatoren können dünne Schirme zur Erhöhung der Überschlagspannung angebracht werden. Hier eröffnen sich auch für die Praxis noch große Möglichkeiten.

Schließlich sei noch auf die interessante Tatsache hingewiesen, daß ein Loch von einem oder mehreren Zentimetern Durchmesser im Schirm, das in dem Gebiet hoher Feldstärke liegt, die Schirmwirkung nicht völlig aufhebt. Es ergibt sich aus dieser Erscheinung, daß der Durchschlagvorgang nicht auf ein eng begrenztes Gebiet um einen Kanal herum beschränkt ist, sondern daß auch die Gebiete in größerem Abstande von dem wahrscheinlichsten Durchschlagwege an der Einleitung des Durchschlages mit beteiligt sind.

12. Versuch: **Messung der Spannungsverteilung und der Überschlagspannung an Isolatorenketten.**

a) Allgemeine Grundlagen. In den Isolatorenketten sind in der Praxis in fast allen Fällen gleichartige Glieder (Kettenisolatoren) enthalten. Jeder dieser einzelnen Isolatoren besitzt zwischen seinen Armaturen eine gewisse Kapazität, seine Eigenkapazität. Der Durchgangswiderstand und der Oberflächenwiderstand der Isolatoren sind im normalen Falle sehr viel größer als ihr kapazitiver Widerstand bei 50 Per/s, so daß wir bei unserer Betrachtung die Isolatoren als reine Kapazitäten ansehen können. Eine Isolatorenkette stellt demnach elektrisch gesehen eine Reihenschaltung von gleichen Kondensatoren dar. Die an die Kette angelegte Spannung müßte sich also zu gleichen Teilen auf die einzelnen Glieder einer solchen Kette verteilen.

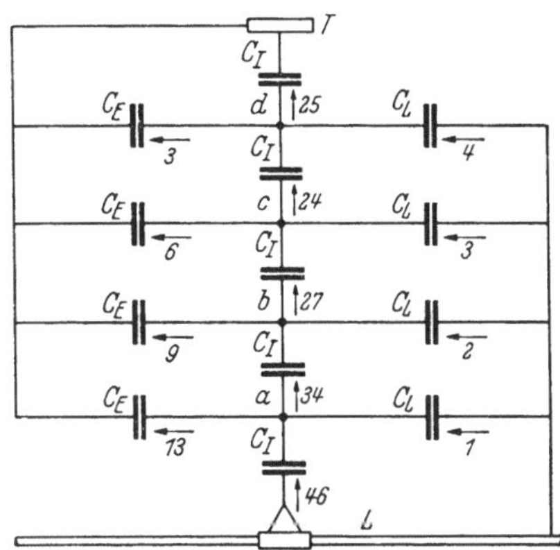

Abb. 70. Schematische Darstellung der an einer Isolatorenkette vorhandenen Teilkapazitäten und Verschiebungsströme. Die Zahlen geben für einen bestimmten Fall die Größe der Verschiebungsströme im Verhältnis zueinander an. L: Hochspannungsleiter; T: Traverse (Erde).

Nun bestehen jedoch neben der bereits genannten Eigenkapazität C_J der Kettenisolatoren noch Kapazitäten C_E zwischen den einzelnen Armaturen der Isolatoren und der Erde sowie Kapazitäten C_L zwischen den Armaturen und dem Hochspannungsleiter. Eine schematische Darstellung aller dieser Kapazitäten zeigt Abb. 70. Es ist dabei die nur angenähert zutreffende Annahme gemacht, daß die Kapazitäten der einzelnen Armaturen gegen Erde untereinander gleich groß sind und daß sich auch die entsprechenden Kapazitäten gegen die Hochspannungsleitung nicht voneinander unterscheiden. Die durch die Spannung auf dem Hochspannungsleiter L hervorgerufenen Kapazitätsströme sind phasengleich. Die positive Stromrichtung ist durch Pfeile an den Kondensatoren gekennzeichnet. Die Größe der Kapazitätsströme ist proportional der Spannung an dem Kondensator und seiner Kapazität. In Abb. 70 sind die Beträge der einzelnen Kapazitätsströme in schematischer Weise durch Verhältniszahlen gekennzeichnet. Der durch den untersten Kondensator C_L fließende Strom ist dabei gleich 1 gesetzt. Die Ströme durch die Kondensatoren C_L werden nach oben hin größer, weil die Spannungen, die an diesen Kapazitäten liegen, in diesem Sinne größer werden. Die Spannungen an den Kondensatoren C_E werden dagegen nach oben hin kleiner, weil die Armaturen immer kleinere Spannungen gegen Erde erhalten, je mehr man sich der Traverse T nähert. Aus dem KIRCHHOFFschen Gesetz ergeben sich ferner für die einzelnen Knotenpunkte a bis d die Gleichungen, aus denen sich der Strom durch die Isolatorenkapazität errechnet. Zum Knotenpunkt a fließt der Strom durch den untersten Isolator mit 46 Einheiten zu, ebenso der Strom durch C_L mit einer Einheit. Von diesen 47 Einheiten fließen durch den untersten Kondensator C_E 13 Einheiten ab, so daß für den zweiten Isolator nur 34 Einheiten übrigbleiben. Der Strom durch den zweiten Isolator ist also beträchtlich kleiner als der durch den untersten. Dem Betrage des Kapazitätsstromes durch einen Isolator ist die Spannung an diesem Isolator proportional. Die Spannungsanteile an den Gliedern der Kette von Abb. 70 sind also den angeschriebenen Zahlen proportional. Wir sehen anschaulich, daß infolge der Erd- und der Leitungskapazitäten der unterste Isolator den bei weitem größten Spannungsanteil erhält, daß die Spannungsanteile dann stetig abnehmen, bis zu dem obersten Isolator, der wieder einen etwas höheren Anteil erhält als der 4. Isolator[1].

Aus diesem Zahlenbeispiel erkennen wir, daß die Spannungsverteilung an vielgliederigen Isolatorenketten besonders ungünstig wird, ferner, daß die Spannungsverteilung von dem Verhältnis der Isolatorenkapazität zur Erdkapazität und Leitungskapazität abhängt. Verkleinerung der Isolatorenkapazität bei gleichbleibenden Beträgen der übrigen Kapazitäten ergibt Verschlechterung der Spannungsverteilung. Die heute gebräuchlichsten Kettenisolatorenarten sind Kappenisolatoren und Vollkern- oder Doppelkappenisolatoren[2]. Kappenisolatorenketten sind auf den Abb. 53 u. 54 (links) zu sehen. Eine Kette aus Vollkernisolatoren zeigt Abb. 54 (Mitte). Neuerdings werden oft Langstabisolatoren benutzt [s. Abb. 54 (rechts) u. 55]. Ein solcher Langstabisolator reicht für eine Betriebsspannung von 100 kV aus. In elektrischer Hin-

[1] A. SCHWAIGER (7) S. 148 nennt eine solche Kondensatoranordnung eine „Kondensatorenkette mit doppelter Verkettung“. Dort ist auch die Berechnung der Spannungsverteilung an solchen Ketten durchgeführt.

[2] Gelegentlich sieht man noch Schlingen- (Hewlett-) Isolatoren auf Freileitungen. Diese Isolatorenart wird jedoch in Deutschland schon seit längeren Jahren nicht mehr gebaut.

sicht stellen die Langstabisolatoren unzweifelhaft einen großen Fortschritt dar. Die Eigenkapazität der Kappenisolatoren beträgt bei Betriebsspannung etwa 45 pF, die der Doppelkappenisolatoren etwa 8 pF. Die Kapazität der Langstabisolatoren, die von der Baulänge abhängt, ist noch kleiner als die der Doppelkappenisolatoren. Kappenisolatoren werden bei einer verketteten Betriebsspannung von 100 kV in Ketten von 6 bis 7 Gliedern benutzt, bei 200 kV wendet man etwa 12 Glieder an. Im Höchstfalle sind Ketten von etwa 20 Gliedern in Freiluftanlagen

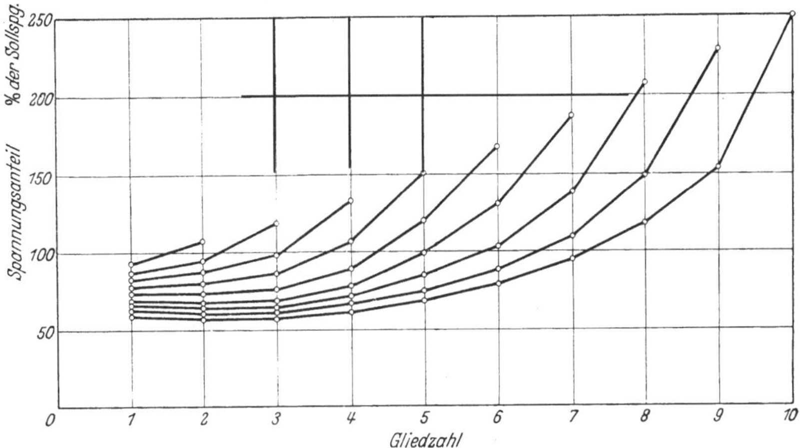

Abb. 71. Spannungsverteilung an Kappenisolatorenketten von verschiedener Gliedzahl.

eingebaut worden. Bei so großen Gliedzahlen ist die Spannungsverteilung sehr stark ungleichmäßig. Abb. 71 zeigt die Spannungsverteilung an Kappenisolatorenketten verschiedener Gliedzahl [siehe W. WEICKER (2)]. Man sieht, daß bei einer 10gliedrigen Kette das unterste Glied den 2,5fachen Betrag der Spannung erhält, die auf jedes Glied bei gleichmäßiger Spannungsverteilung entfallen würde. Bei Doppelkappen- und Langstabisolatorenketten ist die Spannungsverteilung bei gleicher Gliedzahl wegen der niedrigeren Eigenkapazität dieser Isolatoren schlechter. Da jedoch die Gliedzahl bei gleicher Betriebsspannung etwa entsprechend der größeren Baulänge kleiner ist, tritt die schlechtere Spannungsverteilung kaum in Erscheinung.

Die versuchsmäßige Ermittlung der Spannungsverteilung an Isolatorenketten kann auf verschiedenen Wegen erfolgen. Am einfachsten wird der Versuch mit einer kleinen, nacheinander an jedem Gliede der Kette anzubringenden Meßfunkenstrecke durchgeführt. Diese Funkenstrecke darf die Spannungsverteilung nur sehr wenig beeinflussen. Um dies zu erreichen, müssen die Zuleitungen zu der Funkenstrecke möglichst in Äquipotentialflächen verlaufen, damit das elektrische Feld in der Umgebung des Isolators nicht mehr als notwendig gestört wird; ferner dürfen die Kugeln nicht größer gewählt werden, als dies nötig ist, damit die Kapazität der Meßfunkenstrecke klein bleibt, und schließlich muß das Sprühen der Zuleitungen zu den Kugeln kleingehalten werden, was man am einfachsten durch Überschieben kleiner Glasröhrchen über die Leiter erreicht. Bei der Messung muß die Kette möglichst betriebsmäßig aufgehängt werden. Der Versuch müßte also eigentlich auf dem Mast einer Freileitung ausgeführt werden, damit man die natürlichen Erd- und Leitungskapazitäten erhält, auf die es ja, wie wir sahen, in entscheidender Weise ankommt. Wenn wir im Laboratorium arbeiten, so soll der Mast und die Traverse, an der die Kette hängt, durch ein leitendes Gerüst dargestellt werden, der Hochspannungsleiter soll möglichst lang auf beiden Seiten der Kette in gerader Richtung geführt werden, und der Bodenabstand des Leiters darf nicht zu klein sein.

Durch Messung der Spannungsverteilung bei verschiedenen Kettenspannungen sowie aus Überschlagversuchen ergibt sich, daß die Spannungsverteilung mit wachsender Betriebsspannung gleichmäßiger wird. Hierauf wollen wir im nächsten Abschnitt eingehen.

b) Praktische Bedeutung. Zu Beginn der Verwendung von Kettenisolatoren wurde der durch Rechnung oder Versuche ermittelten Spannungsverteilung an Isolatorenketten eine größere praktische Bedeutung beigemessen als heute. Man glaubte zuerst, daß sich der hohe Spannungsanteil am untersten Isolator nachteilig auf dessen Betriebssicherheit und Lebensdauer auswirken würde. Durch Statistiken hat man jedoch festgestellt, daß der oberste an der Traverse hängende Isolator, der den stärksten mechanischen Beanspruchungen durch Vibration der Leitung ausgesetzt ist, prozentual die meisten Störungen zeigt.

Praktisch besonders wichtig ist natürlich die Frage, wie sich eine ungünstige Spannungsverteilung auf die Überschlagspannung einer Isolatorenkette auswirkt. Wir wollen zur Klärung dieser Frage eine Kappenisolatorenkette von 8 Gliedern betrachten. Aus Abb. 71 geht hervor, daß das unterste Glied einen Spannungsanteil erhält, der 207% vom Sollwert beträgt. Der Sollwert ist aber bei einer 8gliedrigen Kette gleich $\frac{100}{8} = 12{,}5\,\%$. Tatsächlich erhält also der unterste Isolator einen Spannungsanteil, der $12{,}5 \cdot 2{,}07 = 26\,\%$ von der Kettenspannung ausmacht. Abb. 72 zeigt nun die Überschlagspannung einer solchen Kappenisolatorenkette in Abhängigkeit von der Gliedzahl [siehe W. Weicker (2)]. Ein Glied hat hiernach eine Überschlagspannung von 87 kV. Die oben behandelte Isolatorenkette schlägt dann über, wenn die Überschlagspannung des untersten (höchstbeanspruchten) Gliedes erreicht ist. Bei 26% Spannungsanteil des untersten Gliedes ist dies der Fall, wenn die Kettenspannung den Wert $\frac{100}{26} \cdot 87 = 335$ kV erreicht hat. Tatsächlich beträgt aber nach Abb. 72 die Überschlagspannung der 8gliedrigen Kette 470 kV! Aus diesem scheinbaren Widerspruch geht hervor, daß die Spannungsverteilung auf der Kette kurz vor Erreichen der Überschlagspannung wesentlich günstiger ist, als dies bei niedriger Spannung der Fall war. Da beim Überschlag der Kette das unterste Glied seine Überschlagspannung erreicht hat, ist der Spannungsteil des untersten Gliedes zu diesem Zeitpunkt gleich $\frac{87}{470} \cdot 100 = 18{,}5\,\%$. Dieser Prozentsatz kommt dem idealen Wert von 12,5% schon recht nahe.

Diese Verbesserung der Spannungsverteilung mit wachsender Spannung, die von außerordentlich großer praktischer Bedeutung ist, wird hervorgerufen durch Vorentladungen an den hochbeanspruchten Isolatoren. Am untersten Isolator treten, wenn die Spannung an ihm nahe an die Überschlagspannung herankommt, starke Vorentladungen auf, die einen Teil seiner Oberfläche überziehen. Dadurch tritt eine scheinbare Vergrößerung der Elektroden am Isolator und der Eigenkapazität des Isolators ein. Da jedoch der durch den Isolator fließende Kapazitätsstrom durch die gesamte Isolatorenkette bestimmt ist, muß eine Vergrößerung der Eigenkapazität eines Isolators zu einer Herabsetzung seines prozentualen Spannungsanteiles führen. Außerdem fließt der durch die Entladungen am untersten Isolator bedingte Wirkstrom durch die übrigen Isolatoren als Kapazitätsstrom weiter und erhöht deren Spannungsanteil.

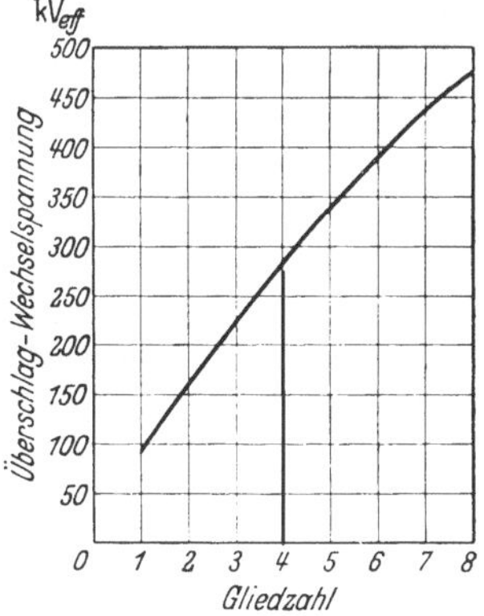

Abb. 72. Überschlagspannung einer Kappenisolatorenkette bei verschiedener Gliedzahl.

Wir sehen also, daß eine sehr hohe Spannung an einer Isolatorenkette für einen Ausgleich der Beanspruchung der Kettenglieder sorgt, so daß die Überschlagspannung der Kette wesentlich höher wird, als nach der Spannungsverteilung bei niedrigerer Spannung erwartet werden müßte.

Für die elektrische Sicherheit einer Hochspannungsleitung ist die Überschlag-Wechselspannung bei Regen, Nebel und Verschmutzung besonders wichtig. Bei Trockenheit und sauberen Ketten spielt in erster Linie die Überschlag-Stoßspannung eine Rolle, weil solche Ketten in der Praxis nur von Stoßspannungen überschlagen werden.

Über die für die Praxis wichtige Feststellung fehlerhafter Isolatoren auf der Strecke werden auf S. 175 einige Angaben gemacht.

Wenn nun auch, wie aus dem Vorstehenden hervorgeht, die Spannungsverteilung auf die Isolatoren einer Kette keine allzugroße unmittelbare praktische Bedeutung hat, so wird die versuchsmäßige Ermittlung dieser Spannungsverteilung doch für recht wichtig gehalten, weil sie dem Studierenden einen wertvollen Einblick gibt in das elektrische Verhalten von Isolatorenketten. Die Kettenisolatoren selbst, die in Stückzahlen von Hunderttausenden unsere Hochspannungsleitungen gegen Erde isolieren, sind unzweifelhaft ein bedeutsames Glied in einer Hochspannungsübertragung.

Die Frage der Spannungsverteilung auf mehrere in Reihe geschaltete Isolierstrecken spielt in der Hochspannungstechnik oft eine große Rolle.

c) Versuchsplan, Aufbau und Geräte. Für den Versuch ist eine Kappenisolatorenkette von etwa 6 Gliedern geeignet. Sie wird an der Nachbildung eines Mastes mit Traverse aufgehängt. Am untersten Isolator ist eine normale Tragklemme mit einem Hochspannungsleiter (am besten einem dünnwandigen langen Messingrohr, dessen Außendurchmesser dem des Leiterseiles entspricht) angebracht. Eine solche Kette wird in der Praxis in einer 100 kV-Drehstromleitung benutzt. Die an der Kette liegende Spannung beträgt im normalen Betriebe $\frac{100}{\sqrt{3}} = 58\,\text{kV}$. Auf diesem Betrage wollen wir bei der Messung der Spannungsanteile die Kettenspannung halten. Der Anteil des untersten Gliedes einer 6gliedrigen Kette beträgt nach Abb. 71 etwa 28% der Kettenspannung, das sind etwa 16 kV. Diese Spannung können wir noch mit Hilfe einer Kugelfunkenstrecke bei Verwendung von 2 cm-Kugeln messen (vgl. 1. Versuch). Die Meßkugeln setzen wir mit ihrem Schaft so in einen leichten Isolierrahmen ein, daß sich der Kugelabstand mit einem Schnurzug F über ein Rädchen verstellen läßt (siehe Abb. 73). Über die Zuleitungen zur Meßfunkenstrecke sind Glasröhrchen (R) geschoben.

Nach Ermittlung der Spannungsverteilung an der Kette soll deren Überschlagspannung in Abhängigkeit von der Gliedzahl trocken und wenn möglich auch bei Regen bestimmt werden. Die Kette muß also mit so großem Abstande von geerdeten Teilen aufgehängt werden, daß die Spannung am Hochspannungsleiter bis zum Überschlag der Kette gesteigert werden kann. Über Beregnungsvorrichtungen wurden auf S. 34 Angaben gemacht.

d) Versuchsdurchführung. Zur Messung der *Spannungsverteilung* an einer Isolatorenkette hängt man die in Abb. 73 dargestellte Meßfunkenstrecke an den untersten Isolator, bringt den Schnurzug zum Regeln der Funkenstrecke so an, daß diese von außerhalb des Gitters betätigt werden kann und schaltet dann auf dem üblichen Wege die Hauptspannung ein. Die Spannungshöhe wird auf den konstanten Wert eingestellt, bei dem die Messung vorgenommen werden soll, also z. B. bei einer 100 kV-Kette auf 58 kV. Dann wird der Kugelabstand an der Meßfunkenstrecke langsam verringert, bis ein Durchschlag an ihr eintritt. Nun wird abgeschaltet, und es werden alle Isolatoren der Kette bis auf den, an dem sich die Funkenstrecke befindet, mit einem Draht überbrückt. An der Lage und dem Kugelabstand der Funkenstrecke darf hierbei nichts geändert werden. Durch allmähliche Spannungssteigerung an dem Isolator mit der Funkenstrecke wird die Durchschlagspannung dieser Meßfunkenstrecke ermittelt. Das Verhältnis der Durchschlagspannung der Meßfunkenstrecke zu der Kettenspannung, die bei dem Ansprechen der Funkenstrecke vorlag, ergibt den Spannungsanteil des untersuchten Kettengliedes. Auf dem gleichen Wege sind nacheinander die Anteile aller Isolatoren zu bestimmen.

Nach dieser Messung der Spannungsverteilung soll die *Überschlagspannung der Isolatorenkette* bestimmt werden. Voraussetzung ist natürlich dabei, daß eine ausreichende Spannung zur Verfügung steht. Wenn dies nicht der Fall ist, muß die Kette durch Abnahme von einzelnen Gliedern so weit verkürzt werden, bis der Überschlag erzielt werden kann. Die weiteren Werte müssen dann durch Rückfrage bei den Lieferfirmen der Isolatoren festgestellt werden.

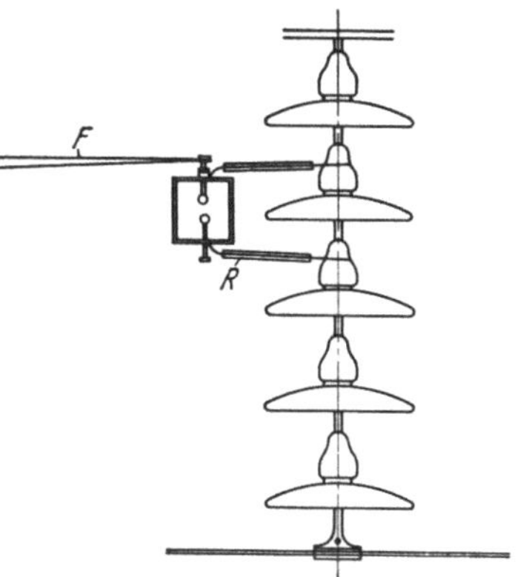

Abb. 73. Meßfunkenstrecke zum Anhängen an die einzelnen Glieder einer Isolatorenkette.

Die Überschlagspannung ist in Abhängigkeit von der Gliedzahl zu ermitteln. Man nimmt hierzu nach jedem Überschlagversuch einen Isolator aus der Kette heraus und hängt die Leitungsklemme an den nächsten Isolator, so daß jede Kette mit den normalen Armaturen versehen ist. Die bei der Spannungssteigerung an der Kette auftretenden Entladungserscheinungen sind zu beobachten und in den Versuchsbericht aufzunehmen.

e) Auswertung und Beurteilung der Versuchsergebnisse. Die gemessenen Spannungsanteile sind graphisch über der Gliedzahl aufzuzeichnen. Die Summe der prozentualen Spannungsanteile aller Glieder muß etwa den Wert 100 ergeben. Da jede Funkenstreckenmessung mit nicht unerheblichen Fehlern behaftet ist (siehe 1. Versuch), da die Meßfunkenstrecke, wie das bereits erörtert wurde, die Spannungsverteilung an der Kette beeinflußt und da sich die Fehler bei den einzelnen Messungen addieren können, besteht die Möglichkeit, daß die Summe wesentlich von 100 abweicht. Im allgemeinen wird die aus der Messung gefundene Summe kleiner als 100 sein, weil durch die Meßfunkenstrecke die Kapazität des betreffenden Gliedes erhöht und dadurch sein Spannungsanteil etwas herabgesetzt wird. Dies tritt besonders stark bei kleiner Eigenkapazität der Isolatoren in Erscheinung.

Auch die Überschlagspannung der Kette ist über der Gliedzahl aufzutragen. Die Überschlagspannung steigt weniger als proportional mit der Gliedzahl an, weil die Spannungsverteilung beim Überschlag nicht völlig gleichmäßig ist. Man kann annehmen, daß das unterste Glied einer Kette zuerst überschlagen wird, weil der Spannungsanteil des untersten Isolators am größten ist, und weil die am untersten Isolator auftretenden Entladungserscheinungen deutlich seinen allmählich einsetzenden Überschlag erkennen lassen (siehe auch Abb. 48). Der unterste Isolator hat also zugleich mit der gesamten Kette seine Überschlagspannung erreicht. Dividiert man die Überschlagspannung eines Gliedes durch die Überschlagspannung der gesamten Kette, dann ergibt sich angenähert der Spannungsanteil des untersten Gliedes im Augenblick des Überschlages[1]. Durch Vergleich mit dem bei der Spannungsverteilungsmessung ermittelten Spannungsanteil sehen wir, daß mit wachsender Kettenspannung ein weitgehender Ausgleich der Spannungsverteilung eingetreten ist. Die Gründe hierfür haben wir bereits auf S. 171 besprochen.

Auch aus den an den einzelnen Gliedern einer Kette bei allmählicher Spannungssteigerung bis zum Überschlag auftretenden Entladungserscheinungen lassen sich interessante Schlüsse auf die Spannungsverteilung ziehen. Der zukünftige Hochspannungsingenieur wird aus dem immer wieder fesselnden Anblick der Entladungen bei sehr hoher Spannung ein einprägsames Bild für seine Arbeit in der Praxis erhalten. Dieser Versuch an einer mehrgliedrigen Isolatorenkette soll zugleich die Gelegenheit zum eingehenden Beobachten der Höchstspannungserscheinungen und zum selbständigen Arbeiten mit sehr hoher Spannung geben.

f) Literaturübersicht. — Andere Versuchsmöglichkeiten. Über die Berechnung und die Messung der Spannungsverteilung an Isolatorenketten sind in der Literatur viele Arbeiten erschienen[2]. Neben der im vorstehenden Versuch angewandten Methode kommt die Benutzung eines Elektrometers oder Elektroskops an Stelle einer Funkenstrecke in Betracht, ferner der Vergleich des Spannungsgefälles an der Isolatorenkette mit den Spannungen an einem zur Kette parallelgeschalteten Spannungsteiler (Hochspannungswiderstand, regelbarer Luftkonden-

[1] Diese Rechnung führt deshalb zu einem nur in roher Annäherung richtigen Ergebnis, weil das elektrische Feld in der Umgebung des Isolators, das für seine Überschlagspannung maßgebend ist, bei der Einzelaufhängung des Isolators stark abweicht von dem Felde in der Umgebung des untersten Isolators einer Kette.

[2] Die in unserem Versuch benutzte Funkenstrecken-Methode wird eingehend untersucht von W. Regerbis (1). Weitere Veröffentlichungen siehe z. B. W. Petersen (5); A. Schwaiger (1) u. (2); W. Weicker (2); A. Salessky; Erwin Marx (3); K. Draeger (2); H. Prinz (5); A. Mauduit (1); P. Böning (16); B. Cozzens u. T. M. Blakeslee.

sator oder Spezialtransformator mit vielen Anzapfungen). Auch die Stromaufnahme der Kette oder das elektrische Feld in der Umgebung der Kette lassen sich zur Beurteilung der Spannungsverteilung heranziehen. Wir haben hier die Funkenstrecke zum Versuch gewählt, weil hierbei die am einfachsten zu beschaffenden Hilfsmittel benötigt werden, und weil diese Methode am leichtesten durchzuführen ist.

In der Praxis benutzt man kleine Funkenstrecken, die über einzelne Kettenisolatoren geschaltet werden, zur Feststellung durchgeschlagener Isolatoren auf der Strecke. Es kommt vor, daß innerhalb einer Isolatorenkette ein Isolator, oder sogar mehrere, durchgeschlagen sind, ohne daß dies im normalen Betriebe in Erscheinung tritt. Da aber der Sicherheitsgrad einer solchen Kette wesentlich geschwächt ist, legt man großen Wert darauf, diese Isolatoren auszuwechseln. An einer kleinen Prüffunkenstrecke, die mit einer langen Isolierstange während des Betriebes nacheinander an die einzelnen Kettenglieder gelegt wird, zeigt sich ein Funke, wenn der Isolator unversehrt ist; wenn der Funke wegbleibt, ist der Isolator defekt und muß bei Gelegenheit nach Abschaltung der Strecke ausgewechselt werden.

Im Zusammenhang mit der Messung der Spannungsverteilung an Isolatorenketten steht die Frage der Verteilung der Spannung auf die Oberfläche eines einzelnen Isolators oder im Inneren eines festen Isolierstoffes. Untersuchungen hierüber sind ebenfalls für Überschlag- und Durchschlagvorgänge von großer Wichtigkeit, weil sich daraus die höchstbeanspruchten Stellen ergeben[1].

Entsprechend der praktischen Bedeutung von Kettenisolatoren ist über deren Bau, ihre Untersuchung und ihre betriebliche Bewährung sehr viel veröffentlicht worden[2].

Die äußeren Formen der Kettenisolatoren haben sich im Laufe der Zeit, die seit Beginn der Hochspannungskraftübertragung vergangen ist, stark gewandelt. Man geht in neuester Zeit immer mehr zu den durchschlagsicheren Kettenisolatoren, den Doppelkappen- und Langstabisolatoren (siehe Abb. 54 u. 55) über. Diese stellen zwar sehr hohe Anforderungen an die herstellenden Firmen, weil der große Porzellankörper mit dem dicken Schaft eine sehr hohe Zugfestigkeit besitzen muß, sie sind aber in elektrischer Hinsicht den früheren Isolatoren weit überlegen.

Die Messung der Spannungsverteilung kann an verschiedenartigen Isolatorenketten durchgeführt werden. Man kann auch verschiedene

[1] Siehe hierzu auch S. 133, ferner A. Schwaiger (11); H. Schering u. W. Raske (7); H. Ziegler (2); H. Prinz (5); P. Böning (6).

[2] Siehe z. B. A. Schwaiger (6); W. Weicker (2) u. (3); O. Borgquist (1); L. Binder (6); W. Hüter (1); K. Draeger (4), u. (5); O. Naumann (2); Harald Müller (10); G. M. Barrow; F. Obenaus (2), (4), (5) u. (10); K. u. E. Ginkmann; H. Ziegler (3); W. Furkert (5); A. Bürklin u. W. Weicker; A. Roggendorf (2).

Isolatorentypen zu einer Kette zusammensetzen. Die Spannungsverteilung spielt ferner an großen mehrteiligen Stützenisolatoren eine wichtige Rolle. Auch an solchen Isolatoren ist eine Spannungsverteilungsmessung mit einer Funkenstrecke möglich (siehe z. B. Abb. 45, auf der eine solche Funkenstrecke zu sehen ist, deren Zuleitungen in Äquipotentialflächen verlegt sind).

Bei dem Versuch können Einflüsse von Schutzarmaturen, von Verschmutzung, des Bodenabstandes, der Aufhängung (senkrecht wie an Tragmasten oder waagerecht wie an Abspannmasten) untersucht werden. Interessant ist auch die Aufnahme der Spannungsverteilung bei verschiedener Höhe der Kettenspannung, auf deren Bedeutung im Text wiederholt hingewiesen wurde.

III. Versuchsgruppe: Untersuchung von Flüssigkeiten und festen Stoffen.

Wie bereits in der Einleitung gesagt wurde, werden die Versuche der III. und IV. Gruppe nur kurz behandelt. Es kann angenommen werden, daß mit Hilfe der ausführlichen Schilderung der Versuche der I. und II. Gruppe die erforderliche Übung in der Durchführung von Hochspannungsversuchen gewonnen wurde, und daß dadurch bei diesen weiteren Versuchen keine erheblichen Schwierigkeiten entstehen werden. Außerdem ist auch hier durch zahlreiche Literaturhinweise dafür gesorgt, daß eine eingehende Unterrichtung über das behandelte Gebiet leicht möglich ist.

13. Versuch: **Öluntersuchungen.**

Öl ist ein sehr wichtiger Isolierstoff. Es besitzt im reinen Zustande eine sehr hohe elektrische Festigkeit, ferner kann man mit seiner Hilfe eine sehr wirksame Kühlung von Gebieten erzielen, die durch Erwärmung gefährdet sind, und schließlich gibt es einen guten Schutz gegen das Eindringen von Feuchtigkeit in feste Isolierstoffe. Nachteile des Öles sind seine Brennbarkeit und seine Fähigkeit, unter dem Einflusse von Lichtbögen Gase zu bilden, die zu explosiblen Gemischen führen können. Diese Nachteile haben dazu geführt, daß die Verwendung von Öl bei dem Bau moderner Leistungsschalter fast völlig verlassen worden ist (siehe 22. Versuch). Dagegen wird das Öl in Transformatoren, Wandlern, zur Tränkung von Kabelisolierstoffen usw. noch in großem Umfange benutzt.

Die wichtigsten für Anwendungen in der Elektrotechnik in Frage kommenden Eigenschaften des Öles sind: Reinheit (Wasserfreiheit), spezifisches Gewicht, Zähigkeit, Flammpunkt, Neutralisationszahl, Verseifungszahl, Verteerungszahl, dielektrische Verluste und Durchschlagfestigkeit.

Die dielektrischen Verluste des Öles spielen in erster Linie bei hohen Frequenzen eine Rolle. Von den elektrischen Eigenschaften ist also für die Starkstromtechnik besonders die Durchschlagfestigkeit von Bedeutung. Da sich das Öl im Betriebe in Transformatoren und besonders in Schaltern verändert, pflegt man die Durchschlagfestigkeit und die wesentlichsten sonstigen Eigenschaften des im Betrieb befindlichen Öles in regelmäßigen Zeitabständen zu prüfen. Für diese Bewertung und Prüfung hat der Verband Deutscher Elektrotechniker Vorschriften herausgegeben [siehe VDE (4)]. Es empfiehlt sich, im Hochspannungspraktikum zunächst an verschiedenen Ölsorten eine Prüfung der Durchschlagfestigkeit nach den VDE-Bestimmungen mit Wechselspannung von 50 Per/s vorzunehmen. Da in diesen Prüfbestimmungen alle hierfür wichtigen Geräte und Maßnahmen genau angegeben sind, ist eine Schilderung des Versuches unnötig. Man stellt fest, daß die Durchschlagfestigkeit von verschiedenen Ölsorten stark voneinander abweicht und daß eine Verschmutzung mit Fasern und Feuchtigkeit zu einer erheblichen Herabsetzung der Durchschlagspannung führt.

Isolierflüssigkeiten zeigen in vielen Hinsichten bei elektrischer Beanspruchung ein ähnliches Verhalten wie Gase. Beispielsweise bestehen in Flüssigkeiten die gleichen Polaritätserscheinungen wie in Gasen. Im Hochspannungspraktikum läßt sich dies mit einer Spitze-Platte-Funkenstrecke beim Anlegen von Gleichspannung oder Stoßspannungen leicht feststellen [siehe Erwin Marx (10) und W. Gattung]. Man erkennt bei allmählich wachsender Spannung an der Spitzenelektrode die Ausbildung von Vorentladungen [siehe A. Nikuradse (1)]. Da eine Stoßionisation im Öl wegen der darin vorliegenden kleinen freien Weglänge nicht möglich ist, muß angenommen werden, daß die Vorentladungen sich in Gasteilchen abspielen, die im Öl vorhanden sind. Die Gasblasen vergrößern sich infolge der Erwärmung in ihnen und führen schließlich zu einem Gesamtdurchschlag der Isolierstrecke. Der Durchschlag von Flüssigkeiten kann als „verschleierte Gasentladung“ angesehen werden [siehe Güntherschulze (1) u. (2)]. Dafür, daß das in der Flüssigkeit vorhandene Gas beim Durchschlag eine entscheidende Rolle spielt, spricht auch die folgende Tatsache: Die Durchschlagfestigkeit von Flüssigkeiten wird bei wachsendem Druck im allgemeinen wesentlich größer. Diese Festigkeitszunahme verschwindet jedoch, wenn die Flüssigkeiten sorgfältig entgast werden [siehe H. Edler (2)]. Auch die Druckabhängigkeit der Durchschlagfestigkeit von Flüssigkeiten läßt sich im Hochspannungspraktikum nachweisen. Es ist jedoch hierzu ein umfangreicher Versuchsaufbau notwendig.

Wie bei Gasen besteht auch in Flüssigkeiten unter dem Einfluß des elektrischen Feldes eine Strömung, die, unabhängig von der Polarität der angelegten Spannung, von einer stark gekrümmten Elektrode hinweg zu einer ebenen Elektrode führt. Diese Erscheinung läßt sich im Praktikum leicht nachweisen durch ein kleines Staurohr (siehe Abb. 74), das in das elektrische Feld einer Spitze-Platte-Funkenstrecke eingebaut wird. Legt man an die Spitze-Platte-Funkenstrecke eine Wechselspannung an, dann steigt das Öl in dem Staurohr an; dies ist ein Beweis dafür, daß eine Ölströmung von der Spitze hinweg vorliegt.

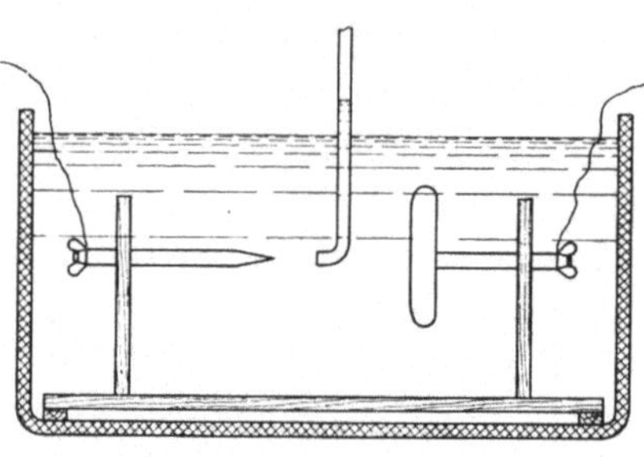

Abb. 74. Anordnung zur Feststellung der Ölströmung.

Für das Verhalten des Öles im praktischen Betriebe ist ferner die folgende Erscheinung sehr wichtig: Unter dem Einfluß des elektrischen Feldes wandern Körper von höherer Dielektrizitätskonstante in den Bereich der höchsten Feldstärke hinein. In besonders starkem Maße trifft dies für Fasern zu, die mit Wasser getränkt sind, da Wasser eine Dielektrizitätskonstante von etwa 80 besitzt. Diese Fasern bilden Brücken im Öl und leiten dadurch schon bei verhältnismäßig niedriger Spannung den Durchschlag ein (siehe Abb. 75). Auch diese Erscheinung läßt sich im Versuch leicht zeigen. Man verwendet dazu ein Glasgefäß mit nicht zu breiter Ölschicht, das von der dem Beobachter gegenüberliegenden Seite aus angeleuchtet wird. Die Elektroden sollen nicht an den Wandungen des Glasgefäßes befestigt werden, da sonst leicht bei Durchschlägen eine Zertrümmerung des Gefäßes eintritt. Man hängt oder stellt die Elektroden am besten mit einer leichten Tragvorrichtung in das Ölgefäß hinein (siehe Abb. 74). Bringt man Fasern und kleine Wassertröpfchen in das Öl, dann stellt sich sehr bald ihre Wanderung zwischen die Elektroden ein. Die Brückenbildung läßt sich dabei sehr schön beobachten und photographisch aufnehmen. In der Praxis wird die Brückenbildung durch eine weitgehende Unterteilung von langen Isolationsstrecken im Öl verhindert oder in ihren Auswirkungen abgeschwächt. Auch das Anbringen eines Überzuges aus Isolierstoff auf den Elektroden vermindert die Bildung derartiger Brücken.

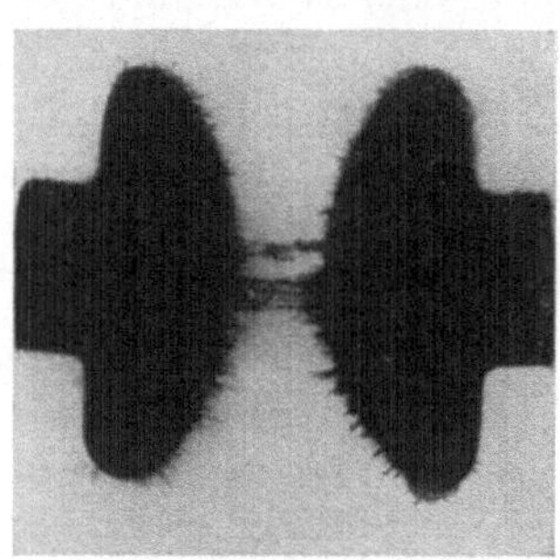

Abb. 75. Brückenbildung durch schwimmende Fasern im Öl.

Es können auch Überschlagversuche unter Öl vorgenommen werden. Man kann hierzu die vier grundsätzlichen Anordnungen der Abb. 43 mit verkleinerten Abmessungen unter Öl aufstellen und prüfen. Es zeigen sich dabei auch unter Öl Gleitfunken. Da an den Spitzen der Gleitfunken eine sehr hohe Durchschlagbeanspruchung auftritt, werden allerdings Rohre oder Platten, mit denen solche Versuche vorgenommen werden, häufig durchschlagen.

In der elektrotechnischen Literatur ist über Isolierflüssigkeiten, insbesondere über Öl, sehr viel enthalten. Eine besonders große Zahl von Veröffentlichungen befaßt sich mit der theoretischen und praktischen Untersuchung der allgemeinen elektrischen Eigenschaften von solchen Flüssigkeiten [siehe z. B. GÜNTHERSCHULZE (1); SPATH; STÄGER (1); SORGE; MINER; A. SCHWAIGER (9); Y. TORIYAMA (1); P. BÖNING (1); A. NIKURADSE (2); E. KIRCH u. W. RIEBEL (8); F. KOPPELMANN (1); W. KEHSE (1); F. KOPPELMANN (2); J. REBHAN (1) u. (3); A. NIKURADSE (3) u. (4); H. RITZ (1); J. DANTSCHER; F. KOPPELMANN (3); A. NIKURADSE (5); J. REBHAN (4); H. W. L. BRÜCKMANN u. M. G. A. HAALEBOS (2); R. BREDNER; F. M. CLARK; H. EISLER; F. KOPPELMANN (4); BUSS (1); A. NIKURADSE (6); A. BÖLSTERLI (2); E. CONRADI; K. CHRIST; A. ROTH (4), S. 121; Y. TORIYAMA; U. SHINOHARA and J. ICHIMURA (3); W. O. SCHUMANN (7); P. BÖNING (12); W. O. SCHUMANN (8); R. KRONIG; A. HÄHNEL; H. H. RACE (2); F. RUHLE (2); H. HURWORTH]. An speziellen Arbeiten seien genannt: Untersuchungen über die elektrische Festigkeit von Flüssigkeiten bei hohen Frequenzen [W. SCHLEGELMILCH (2)]; Verlustwinkelmessungen an verschiedenen Ölsorten [U. MÖLLINGER; H. BECK; G. KEINATH (6); P. HENNINGER; K. BRINKMANN]; Messung der Durchschlagfestigkeit von flüssigen Isolierstoffen in Abhängigkeit vom Druck [F. KOCK; H. EDLER (2); W. G. HOOVER u. W. A. HIXSON; Untersuchungen über den Gasgehalt von Ölen [J. HIRAI; G. BÜTTNER; H.-H. BUCHHOLZ]; Versuche über stoßartige Spannungsbeanspruchung von flüssigen Stoffen [R. NAEHER; R. STRIGEL (3), (11) u. (16); E. SCHEU; ROYAL W. SORENSEN]; Durchschlagfestigkeit von Mischungen dielektrischer Flüssigkeiten [F. RUHLE (1)]; Untersuchungen über den Durchschlag von zusammengesetzten Anordnungen [ERWIN MARX (8); A. NIKURADSE (7); T. HONDA]; Ermittlung des Einflusses von Verkleidungen der Elektroden unter Öl [H. KRAEFT]; Erforschung von Entladungen und Überschlagvorgängen unter Öl [HANS STAACK; L. INGE u. A. WALTHER (8); K. HURRLE]. Für die Praxis besonders wichtig sind verschiedene Arbeiten über das Verhalten des Öles im Betriebe [F. FRANK; A. MATTHIAS (11)], über Ölreinigung [G. SCHENDELL (1); v. D. HEYDEN; F. L. HANA; A. BAADER; A. KETNATH] und über Ölprüfgeräte [W. ESTORFF (3); R. DIETERLE; H. J. ZIMMERMANN; J. S. FORREST (1)].

14. Versuch: **Messung des Verlustwinkels von Isolierstoffen.**

Legt man eine Wechselspannung an einen Isolierstoff an, dann fließt durch ihn ein Strom, der im allgemeinen eine voreilende Phasenverschiebung von fast 90° vor der Spannung hat. Bei einem idealen Isolierstoff, in dem keinerlei Verluste auftreten, fließt ein reiner Kapazitätsstrom. Solchen idealen Isolierstoffen kommen nicht ionisierte Gase sehr nahe. Kondensatoren, bei denen man eine Phasenverschiebung von möglichst genau 90° benötigt, baut man deshalb mit einem Gas als Dielektrikum. Bei allen anderen Stoffen tritt also neben dem Kapazitätsstrom J_C ein Wirkstrom J_V auf, der eine Folge der „dielektrischen Verluste" ist und der eine Erwärmung des Stoffes zur Folge hat. [Auch bei Gleichspannung fließt ein Isolationsstrom, der aber viel kleiner ist als der Wirkstrom bei einer Wechselspannung von gleicher Höhe, siehe H. SCHERING (2) S. 4 sowie S. 367.] In allen den Fällen, in denen die Isolierstoffe bei wachsender Spannung durch einen Wärmedurchschlag zerstört werden (siehe 15. Versuch), ist die Temperatur des Stoffes von ausschlaggebendem Einfluß auf die Durchschlagfestigkeit. Daraus ergibt sich, daß die dielektrischen Verluste der Isolierstoffe von großer praktischer Bedeutung sind.

Man kennzeichnet diese Verluste meist durch den „Verlustwinkel", das ist der Winkel, um den der durch den Isolator fließende Gesamtstrom in seiner Phasenverschiebung gegenüber der Spannung von 90° abweicht. Bezeichnet man, wie üblich, die Phasenverschiebung zwischen der Spannung und dem Strom mit φ, dann besteht also für den Verlustwinkel δ die Gleichung

$$\operatorname{tg}\delta = \frac{J_r}{J_c}.$$

Bei kleinem Verlustwinkel kann man schreiben:

$$\operatorname{tg}\delta \approx \cos\varphi, \text{ wobei } \cos\varphi \text{ der Leistungsfaktor ist.}$$

Die Tangente des Verlustwinkels gibt demnach angenähert das Verhältnis der in einem Isolierstoff auftretenden Verlustleistung zur Scheinleistung an. $\operatorname{tg}\delta$ ist für die Güte unserer Isolierstoffe eine ausschlaggebende Größe; sein Betrag bewegt sich bei Hochspannungs-Isolierstoffen in den Größenordnungen von $1 \cdot 10^{-4}$ bis $100 \cdot 10^{-4}$.

Besonders wichtig für die Bewertung einer Isolieranordnung ist ihre *Durchschlagspannung*. Diese Spannung läßt sich durch einen Versuch ermitteln, die Anordnung wird aber durch eine solche Messung zerstört. Will man ein Urteil über die einwandfreie Beschaffenheit eines Hochspannungsgerätes gewinnen, ohne es zu zerstören, dann gibt uns die Verlustwinkelmessung hierzu die Möglichkeit. Sie hat sich in den letzten Jahren als Prüfverfahren sehr weitgehend in die Elektrotechnik eingeführt. Man mißt heute laufend zur Fabrikationskontrolle und Isolierstoff-Forschung den Verlustwinkel der verschiedensten flüssigen und festen Isolierstoffe. Ferner stellt man aber auch die Beschaffenheit der Isolation von Transformatoren, Maschinen, Kabeln, Kondensatoren, Durchführungen usw. durch Messung des $\operatorname{tg}\delta$ fest.

Die *Messung des Verlustwinkels erfolgt* meist *mit der Schering-Brücke*. Mit ihr kann zugleich die Kapazität des Prüflings ermittelt werden. Abb. 76 stellt die grundsätzliche Schaltung dieser Wechselstrombrücke dar. Die Vorgänge und Beziehungen in einer solchen Brückenschaltung werden hier als bekannt vorausgesetzt [siehe z. B. H. REIN u. K. WIRTZ S. 93, H. SCHERING (1); A. SEMM; H. SCHERING u. R. DIETERLE (6); G. OBERDORFER (3) S. 432; L. TSCHIASSNY; H. SCHERING (3); H. SCHERING u. H. BRÜLLE (4); R. VIEWEG (5); C. G. KOOPS; K. POTTHOFF (3);

A. KELLER (2)], so daß nur kurz auf die wichtigsten Punkte hingewiesen werden soll. In Abb. 76 stellt C_1 den Prüfling dar. Dieser Prüfling ist also als ein mit Verlusten behafteter Kondensator anzusehen. Soll der Verlustwinkel und die Dielektrizitätskonstante von Isolierstoffen in Plattenform ermittelt werden, so sind diese Platten nach den Vorschriften des Verbandes Deutscher Elektrotechniker herzurichten [siehe VDE (3) Bild 10]. Zur Prüfung von Flüssigkeiten verwendet man meist Zylinderkondensatoren. In allen Fällen ist durch Anbringung einer Schutzringelektrode dafür zu sorgen, daß der außen um den Isolator herumfließende Strom nicht mitgemessen wird. C_2 ist ein verlustfreier Vergleichskondensator, z. B. ein Preßgaskondensator nach SCHERING und VIEWEG. Im Brückenzweig *3* liegt ein regelbarer Wirkwiderstand, und im Zweig *4* ist die Parallelschaltung des Wirkwiderstandes R_4 mit der regelbaren Kapazität C_4 angeordnet. Die Brücke ist *dann* abgeglichen, wenn zwischen den Punkten A und B kein Spannungsunterschied mehr besteht.

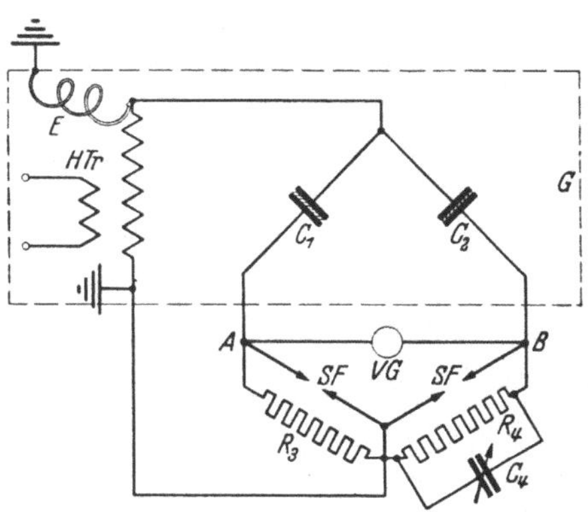

Abb. 76. Brückenschaltung nach SCHERING zur Messung der dielektrischen Verluste. C_1 zu prüfender Kondensator. C_2 verlustfreier Vergleichskondensator. *VG* Vibrationsgalvanometer. Speisung des Transformators *HTr* über einen Regeltransformator.

Zur Feststellung dieses Zustandes dient ein Vibrationsgalvanometer. Man gleicht die Brückenschaltung dadurch ab, daß man zuerst den Widerstand R_3 so lange ändert, bis ein Mindestwert des Ausschlages am Vibrationsgalvanometer erzielt ist. Dann wird die Kapazität C_4 verändert, bis der Ausschlag des Galvanometers völlig verschwunden ist. Zur Messung kleiner Verlustwinkel und bei kleinen Meßspannungen ist es erforderlich, dem Vibrationsgalvanometer einen Verstärker vorzuschalten. Damit wird es möglich, den Verlustfaktor $\operatorname{tg}\delta$ noch bis auf $1 \cdot 10^{-4}$ genau zu bestimmen.

Für eine abgeglichene Wechselstrombrücke gelten allgemein die Beziehungen:

$$\varphi_1 + \varphi_4 = \varphi_2 + \varphi_3,$$

$$z_1 \cdot z_4 = z_2 \cdot z_3,$$

wenn man mit φ die Phasenverschiebungen und mit z die Scheinwiderstände in den einzelnen Brückenzweigen bezeichnet. In der Schering-Brücke ist $\varphi_2 = 90^\circ$ und $\varphi_3 = 0$, so daß

$$\varphi_4 = 90 - \varphi_1 = \delta_1$$

wird. Da im Kreis *4* die Parallelschaltung von R_4 und C_4 vorliegt, wird

$$\operatorname{tg}\delta_1 = \operatorname{tg}\varphi_4 = R_4 \cdot \omega C_4 .$$

δ_1 ist der zu messende Verlustwinkel des Prüflings, $\operatorname{tg}\delta_1$ läßt sich also sehr leicht berechnen. Bei den gebräuchlichen Meßbrücken für 50 Per/s macht man $R_4 = \frac{1000}{\pi}$. Es wird dann

$$\operatorname{tg}\delta_1 = 100000 \cdot C_4 .$$

C_4 wird von den Firmen Hartmann & Braun A.-G. sowie Siemens & Halske A.-G. als Kurbelkondensator hergestellt, an dem die Kapazität in feinen Stufen verändert und in Mikrofarad abgelesen werden kann. $\operatorname{tg}\delta_1$ findet man dann ohne Rechnung durch Multiplikation des abgelesenen Wertes von C_4 in μF mit 0,1. Die Kapazität C_1 des Prüflings berechnet man nach der Gleichung

$$\frac{C_1}{C_2} = \frac{R_4}{R_3} .$$

Aus C_1 kann man ferner bei bekannten Abmessungen des Prüflings die Dielektrizitätskonstante des Isolierstoffes berechnen. Der besondere Vorteil der Schering-Brücke beruht darin, daß das Vibrationsgalvanometer sowie die Zweige *3* und *4*, an denen zur Messung Veränderungen vorgenommen werden müssen, auf sehr niedriger Spannung gegen Erde liegen, auch wenn an den Kapazitäten C_1 und C_2 sehr hohe Spannungen benutzt werden. Die Sicherheitsfunkenstrecken *SF* (z. B. Edelgas-Funkenstrecken) schützen den Messenden, auch wenn am Prüfling oder am Vergleichskondensator ein Durchschlag oder Überschlag eintreten sollte. Der Verlustwinkel kann also mit dieser Einrichtung bis zum Durchbruch gemessen werden.

Bei dem Aufbau der Meßanordnung muß darauf geachtet werden, daß auf den Leitungen von C_1 und C_2 aus zu der Meßschaltung hin keine elektrischen Feldlinien von der Hochspannungsseite her enden. Man verlegt diese Leitungen deshalb im Inneren eines metallischen Schutzmantels. Um die Kapazität zwischen Mantel und Leiter kleinzuhalten, muß der Mantel einen genügend großen Durchmesser (etwa 25 mm) erhalten, und als Isolation muß in der Hauptsache Luft verwandt werden.

Im *Hochspannungspraktikum* empfiehlt sich die Messung des $\operatorname{tg}\delta$ von verschiedenen Isolierstoffplatten, z. B. einer Porzellanplatte und einer Hartpapierplatte. Besonders lehrreich, allerdings mit großem Zeitaufwand verbunden, ist die Aufnahme des Verlustwinkels einer Hartpapierplatte in Abhängigkeit von der Zeit. Beim Anlegen einer konstanten Spannung steigt der Verlustwinkel mit der Zeit an, da sich das Hartpapier infolge des Isolationsstromes erwärmt. Geht die Anstiegkurve des tg δ in eine Waagerechte über, dann tritt bei der benutzten Versuchsspannung kein Durchschlag ein. Liegen dagegen drei Punkte der Anstiegskurve auf einer ansteigenden geraden Linie, dann tritt mit Sicherheit ein Durchschlag ein. Es muß dann baldigst abgeschaltet werden! Auf diesem Wege läßt sich die Dauerspannung, die eine Hartpapierplatte gerade noch verträgt, ohne Durchschlag dieser Platte ermitteln (siehe H. Göschel, R. F. Field).

Mit kleinem Zeitaufwand läßt sich die Abhängigkeit des tg δ von der Spannungshöhe beispielsweise an einer Durchführung aufnehmen. Mit wachsender Spannung steigt der Verlustwinkel an, weil Entladungen, die mit Verlusten verbunden sind, an der Durchführung auftreten. Als Prüflinge können ferner Kabelstücke, Maschinen- oder Transformatorenwicklungen usw. benutzt werden. Es muß jedoch darauf geachtet werden, daß die Kapazität des Prüflings in der gleichen Größenordnung liegt wie die Kapazität des Vergleichskondensators.

Der Wichtigkeit der Verlustwinkelmessungen entspricht die Zahl der *Veröffentlichungen* auf diesem Gebiete. Außer den bereits genannten Aufsätzen liegt eine Reihe von neueren Arbeiten vor, die Ergänzungen zur Schering-Brücke bringen [F. Beldi (1); A. Palm (1); F. Alten; H.-J. Mau; L. Mense]. Eine interessante und praktisch bedeutungsvolle Weiterentwicklung wurde dadurch erzielt, daß die Schering-Brücke mit einem „Selbstabgleich" versehen wurde. Eine solche Brückenschaltung kann mit einer Registriereinrichtung versehen werden, so daß man z. B. tg δ-Kurven in Abhängigkeit von der Zeit selbsttätig aufnehmen lassen kann [W. Geyger (1); G. Keinath (4), (5) u. (7); H. Poleck (1); W. Geyger (2) u. (5)]. Über Hochspannungsmeßkondensatoren sowie über Vibrationsgalvanometer liegen ebenfalls Veröffentlichungen vor [siehe z. B. H. Schering u. Vieweg (9); W. Raske (6); W. Rump; G. Johannsen; C. G. Koops; A. Keller (1)]. Verschiedentlich werden Oszillographen zur Aufnahme des Verluststromes und zum Abgleich der Schering-Brücke benutzt [E. A. W. Austen u. S. Whitehead; F. Liebscher; R. Oetker].

Neben der Schering-Brücke kommen zur Messung von dielektrischen Verlusten Verfahren in Frage, die beispielsweise mit Dynamometern, Elektrometern oder mit Kalorimetern sowie mit speziellen Spannungskurven arbeiten. Ferner sind verschiedene Verlustwinkel-Meßverfahren entwickelt worden, die speziell für hohe Frequenzen geeignet sind. Diese Verfahren werden beschrieben von A. Täuber-Gretler; G. Zickner u. G. Pfestorf; W. O. Schumann (6); H. Vogler; L. Pungs u. H. Rieche; H. Rieche; J. Krutzsch (2); Ch. Schmelzer; E. Brake; H. Schwindt; W. Geyger (4); W. Herzog; R. Ittig; W. Holzmüller; L. Rohde u. G. Wedemeyer (2) u. (3); H. Poleck (4); F. Borgnis (1) u. (2); E. A. Livingston u. J. Porteous. Messungen des Verlustwinkels von bestimmten Isolierstoffen sind in der Literatur vielfach beschrieben worden [H. W. Birnbaum (1); K. Draeger (1); P. Wiegand; H. W. L. Brückmann; H. Handrek (1); W. Boller u. M. Wellauer; J. B. Whitehead (1) u. (2)]. Auch über Verlustwinkelmessungen an Isolatoren, Hochspannungsgeräten und Maschinen wurde oft berichtet [H. STROHBACH; O. KAUTZMANN (1); G. NAUK (1) u. (2); R. ZECHNALL; F. OBENAUS (6); O. NAUMANN (3); W. RASKE (2); W. FURKERT (4); H. KAPPELER (2)].

Es seien zum Schlusse noch einige allgemeinere Veröffentlichungen über Isolierstoffe und ihre Untersuchung angeführt: A. GÜNTHERSCHULZE (3) u. (4); W. HÜTER (1); H. SCHWENKHAGEN (1); P. BÖNING (5); A. SMURO (1); R. VIEWEG u. G. PFESTORF (7); R. VIEWEG (2); A. MEISSNER (1) u. (2); A. IMHOF u. H. STÄGER (3); G. NAUK (2); R. VIEWEG (4); P. BÖNING (11); R. SACHTLEBEN; P. NOWAK; F. H. MÜLLER; P. BÖNING (10); G. PFESTORF u. W. HETZEL (3); VDE (2); E. BLECHSCHMIDT; P. BÖNING (14); R. ELSNER (15); R. VIEWEG u. H. KLINGELHÖFFER (8); K. HEMMANN. (Speziellere Arbeiten über Durchschlagvorgänge bei festen Stoffen sind im 15. Versuch angeführt.) Über keramische Isolierstoffe unterrichten folgende neuere Arbeiten: W. WEICKER; E. KUNSTMANN u. W. DEMUTH (11); W. WEICKER (6); W. ENDRES; H. v. TREUFELS; G. PFESTORF u. E.-G. RICHTER (4); K. SCHAUDINN; E. F. RICHTER (1) u. (2); G. PFESTORF u. W. STEGER (5); VDE (3); W. RATH; W. WEICKER (13); E. F. RICHTER u. W. WEICKER.Über Hochfrequenz-Isolierstoffe und die Messung des Verlustwinkels bei hohen Frequenzen wird berichtet von H. HANDREK (2) u. (3); H. SCHWARZ; R. RUDOLF; L. ROHDE (4); H. STÄGER (2); J. B. WHITEHEAD (5) u. (6); W. RUEGGEBERG.

Auf dem Gebiete der Hochfrequenz-Isolierstoffe ist in den letzten Jahren hervorragende Entwicklungsarbeit geleistet worden. Auch bei der Schaffung neuer Kunststoffe zu Isolationszwecken allgemeiner Art wurden große Fortschritte erzielt[1].

15. Versuch: **Ermittlung der Durchschlagfestigkeit von festen Stoffen.**

Zur zuverlässigen Feststellung der Durchschlagfestigkeit eines festen Stoffes sind viel Zeit und viele Prüfkörper notwendig. Diese Aufgabe eignet sich deshalb kaum als üblicher Praktikumsversuch[2]. Bei der großen praktischen Bedeutung des Durchschlagvorganges von festen Stoffen soll trotzdem wenigstens kurz über solche Versuche berichtet werden.

Nach dem Zweck des Versuches und der Beanspruchung des Isolierstoffes in der Praxis muß entschieden werden, welche Spannungsart zum Durchschlagversuch benutzt werden soll. In Frage kommen in der Hauptsache Wechselspannungen, Gleichspannungen, Stoßspannungen und gedämpfte oder ungedämpfte hochfrequente Schwingungen (siehe 4. bis 7. Versuch). Der Prüfkörper ist einer allmählich anwachsenden Spannung auszusetzen; dabei ist *der* Spannungswert festzustellen, bei dem der Durchschlag eintritt. Überschläge außen um den Prüfkörper herum sind zu vermeiden, ebenso sind Gleitentladungen auf dem Prüf-

---

[1] Siehe z. B. W. HACKETT u. A. MORRIS THOMAS; S. L. BASS; K. POTTHOFF (4); G. PFESTORF (7); E. NAUMANN; W. M. H. SCHULZE.

[2] Im 14. Versuch können im Zusammenhange mit der Verlustwinkelmessung einige Proben bis zum Durchschlag beansprucht werden, so daß dadurch zugleich ein Durchschlagversuch ausgeführt wird.

körper zu unterbinden. Das einfachste Mittel hierzu besteht darin, plattenförmige Prüfkörper zu verwenden, in die eine einseitige kugelförmige Höhlung eingearbeitet ist. Abb. 77 zeigt einen solchen Prüfkörper; diese Form ist vom Verband Deutscher Elektrotechniker für keramische Isolierstoffe vorgesehen [siehe VDE (3)]. Dieser Prüfkörper wird beim Durchschlagversuch unter Öl gesetzt.

Die Ausführung von Höhlungen ist bei geschichteten Isolierstoffen im allgemeinen nicht möglich, ohne die Versuchsergebnisse zu beeinträchtigen. Setzt man auf einen plattenförmigen Isolierkörper von beiden Seiten aus abgerundete Elektroden auf, dann treten auch unter Öl in dem Gebiet, in dem sich die Elektroden vom Isolierstoff entfernen, Teildurchschläge durch das Öl auf. Diese Teildurchschläge wirken wie Spitzen, es ergeben sich daraus schon bei zu niedriger Spannung Durchschläge des festen Isolierstoffes am Elektrodenrand. Zur Vermeidung solcher Teildurchschläge ist vorgeschlagen worden, den Durchschlagversuch in Flüssigkeiten unter Druck auszuführen, weil hierdurch die Durchschlagfestigkeit der Flüssigkeiten erhöht wird (siehe 13. Versuch). Bei Wechselspannungen muß das Produkt aus Dielektrizitätskonstante und Durchschlagfestigkeit bei dem umgebenden Stoff höher sein als bei dem zu prüfenden Stoff, dann werden Teildurchschläge vermieden [siehe ERWIN MARX (11); H. GÖSCHEL]. Bei Verwendung von Gleichspannungen zur Durchschlagprüfung tritt an Stelle der Dielektrizitätskonstanten in der eben aufgestellten Forderung die Leitfähigkeit der Stoffe. Die Leitfähigkeit der Isolierflüssigkeit, in der der Versuch vorgenommen wird, darf jedoch nicht zu groß sein, weil sonst eine unzulässige Erwärmung eintritt. Am einfachsten ist die Versuchsdurchführung mit Stoßspannungen. Dabei kann der Versuchskörper unter Wasser geprüft werden. Wasser hat eine sehr große Dielektrizitätskonstante (etwa 80) und bei Stoßspannungen eine hohe Durchschlagfestigkeit. Die Leitfähigkeit des Wassers spielt bei Versuchen mit Stoßspannungen keine nennenswerte Rolle, da die Spannung nur außerordentlich kurzzeitig an der Prüfeinrichtung anliegt.

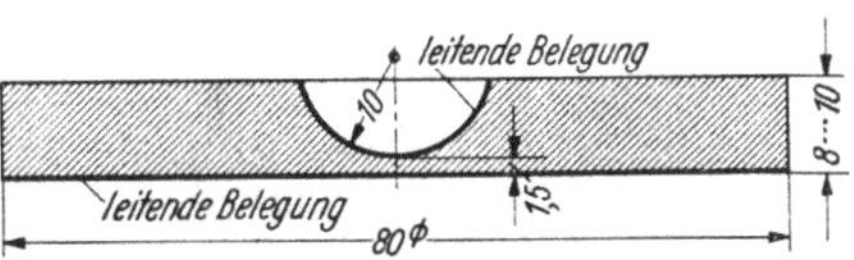

Abb. 77. Prüfkörper zur Bestimmung der Durchschlagfestigkeit von keramischen Isolierstoffen.

Aus Durchschlagversuchen und Verlustwinkelmessungen hat sich ergeben, daß zwei verschiedene Arten von Durchschlägen möglich sind, nämlich 1. sog. „rein elektrische Durchschläge" und 2. sog. „Wärmedurchschläge". Bei rein elektrischen Durchschlägen liegt nur ein sehr geringer Einfluß der Steigerungsgeschwindigkeit der Spannung vor. Ferner ist die Durchschlagspannung von der Temperatur des Prüfkörpers nur in geringem Maße abhängig, und schließlich tritt vor dem

Durchschlag keine merkliche Erhöhung des Verlustwinkels ein. Ein Wärmedurchschlag erfolgt dadurch, daß der Isolierstoff infolge der dielektrischen Verluste unzulässig hoch erhitzt wird. Jede Erwärmung eines festen Isolierstoffes hat eine Steigerung der Leitfähigkeit und ein Wachsen der Verluste zur Folge. Wenn die Spannung ausreichend hoch ist, steigern sich Erwärmung und Verluste gegenseitig so weit, bis eine Zerstörung des Isolierstoffes durch eine zu hohe Temperatur eintritt. Dieser Erwärmungsvorgang braucht naturgemäß Zeit. Man wird also im Gebiet des Wärmedurchschlages eine starke Abhängigkeit der Durchschlagspannung von der Zeit erhalten: Sehr langsame Spannungssteigerung ergibt niedrige Durchschlagwerte, rasche Spannungssteigerung führt zu hohen Durchschlagwerten. Ferner muß bei Wärmedurchschlägen die Ausgangstemperatur stark ins Gewicht fallen. Wenn ein Stoff schon vor der Prüfung hoch erwärmt ist, reicht eine niedrige Spannung zum Durchschlag aus. Schließlich tritt hier, da ja eine allmähliche Entwicklung des Durchschlags erfolgt, vor Erreichen der Durchschlagspannung eine wesentliche Steigerung des Verlustwinkels ein. Durch Versuche lassen sich diese Unterschiede im Durchschlagvorgang deutlich zeigen [siehe K. Halbach (2); K. W. Wagner (7)]. Es gelingt mit *einer* Versuchsplatte durch Aufnahmen des Verlustwinkels bei verschiedenen Ausgangstemperaturen, das Gebiet des Wärmedurchschlages einwandfrei vom Gebiete des rein elektrischen Durchschlages zu trennen. Abb. 78 zeigt eine solche Aufnahme, in der die Durchschlagfeldstärke bei langsamer Spannungssteigerung über der Temperatur aufgetragen ist. Oberhalb von etwa 88° C liegt das Gebiet des Wärmedurchschlages, unterhalb dieser Temperatur tritt rein elektrischer Durchschlag auf. Die Versuche wurden bei hoher Ausgangstemperatur begonnen. Bei einer bestimmten Temperatur wurde die Spannung langsam gesteigert und dabei laufend der Verlustwinkel überwacht. Es zeigte sich, daß beim Erreichen eines bestimmten Spannungswertes der Verlustwinkel auch ohne weitere Spannungssteigerung anwuchs. Bei diesem Spannungsbetrag wurde abgeschaltet, da diese Spannung ja zum Durchschlag geführt haben würde. Der gleiche Versuch wurde dann bei niedrigerer Temperatur wiederholt. Bei einer Temperatur von 88° erfolgte erstmalig der Durchschlag sofort ohne vorherigen Verlustwinkelanstieg. Aus Versuchen mit weiteren Prüfkörpern gleicher Art wurde dann festgestellt, daß unterhalb 88° die Durchschlagspannung unabhängig von der Temperatur bleibt. (Die Versuchsbedingungen sind in der genannten Arbeit von K. Halbach genau geschildert.)

Eine solche Versuchsreihe ist für ein weiter ausgedehntes Hochspannungspraktikum gut geeignet. Die Frage, ob ein Isolierstoff bei gegebenen Versuchsbedingungen infolge von Erwärmung oder infolge rein elektrischer Ursachen durchschlägt, ist theoretisch wie praktisch sehr wichtig.

Die in der Literatur vorhandenen Versuchsergebnisse über die elektrische Festigkeit von festen Isolierstoffen sind bei weitem nicht so vollständig wie bei Gasen. Fragen, die durch weitere Versuche an den meisten Isolierstoffen noch geklärt werden müßten, sind z. B.: Abhängigkeit der Durchschlagfestigkeit von der Dicke des Isolierstoffes, von der Elektrodenform, vom Spannungsverlauf, von der Beanspruchungsdauer. Ergebnisse solcher Versuche werden benötigt für alle in der Praxis benutzten Isolierstoffe. Besonders ungeklärt sind die Durchschlagverhältnisse bei hoher Gleichspannung und großer Schichtdicke. Auch die Vorgänge bei der Durchschlagbeanspruchung von zusammengesetzten Anordnungen bedürfen noch der weiteren Klärung.

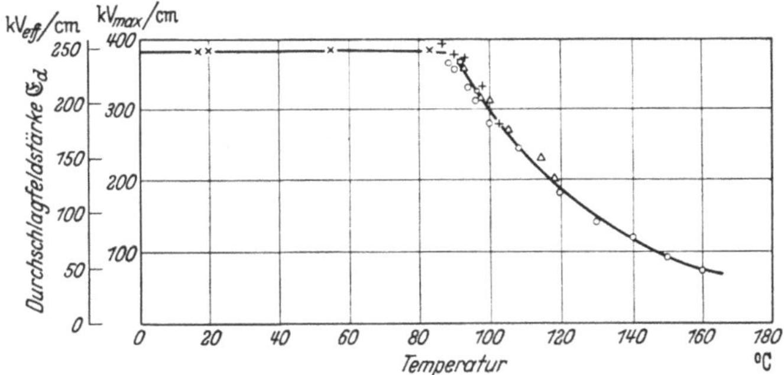

Abb. 78. Abhängigkeit der Durchschlagfeldstärke von der Temperatur bei Dauerbelastung (Porzellan; Schichtstärke 1,6 mm). Da die Kurve der Prüfspannung nicht sinusförmig verlief, sind sowohl Effektivwerte wie Scheitelwerte angegeben.

Die inneren Vorgänge beim Durchschlag fester Stoffe sind viel weniger geklärt als bei Gasen. Es liegt jedoch auch über Durchschlaguntersuchungen von festen und plastischen Stoffen eine große Zahl von Veröffentlichungen vor[1].

---

[1] Zusammenfassende Werke, in denen auch weitere Literaturstellen genannt werden, sind: H. Schering (2); R. Vieweg (4) S. 18; A. Roth (4) S. 43; A. Bouwers (1) S. 180. — Von den sonstigen Veröffentlichungen seien die folgenden genannt: K. W. Wagner (5); A. Güntherschulze (1); F. Grünewald (2); W. Rogowski (3), (4) u. (5); L. Inge, N. Semenoff u. A. Walther (1); E. Mündel; K. Berger (1); P. Böning (7); L. Inge u. A. Walther (3) u. (10); P. Böning (3) u. (4); P. Jordan; V. Fock; G. Pfestorf (1); A. Joffe; R. Jost; P. H. Moon and A. S. Norcross (1); K. Meyer (1); K. Moerder; L. Inge u. A. Walther (5); L. Inge u. B. Wul (6); H. Cumme; J. Rebhan (2); L. Inge u. A. Walther (7); P. H. Moon and A. S. Norcross (2); W. Weber (1); G. Kirch (3); L. Inge u. A. Walther (9); K. Buss (1); R. Strigel (4); P. Böning (7); R. Becker; G. W. Nederbragt; W. Franz (1); P. Böning (8), (9) u. (13); B. Gänger (1) u. (2); W. Franz (2); J. Müller-Strobel (5); E. W. Lindsay u. L. J. Berberich; K. W. Wagner (7).

Eine besondere Rolle spielt die Durchschlagfrage in der Hochspannungskabeltechnik; deshalb sind viele Durchschlaguntersuchungen im Zusammenhange mit Kabeln durchgeführt worden. Über Hochspannungskabel siehe E. KIRCH (1); W. VOGEL (1); M. HÖCHSTÄDTER u. W. VOGEL (1); W. VOGEL (2) u. (3); L. G. BRAZIER; J. R. SCOTT; E. KIRCH (4); W. VOGEL u. K. SCHMITT (4); E. KIRCH (5); H. ROELING; Siemens-Schuckert-Werke; J. BOREL (1); U. MEYER; M. BRAUNS; J. BOREL u. P. E. SCHNEEBERGER (3); J. M. FABER; W. VOGEL (5), (6) u. (7); P. BÖNING (15); CH. HELD (1); A. WALLRAFF; J. B. WHITEHEAD (4); J. BOREL (2); P. CLOKE u. B. BATES; P. PERLICK; G. BUSS u. H. HEUMANN. Spezielle Arbeiten über Massekabel siehe F. SCHROTTKE (1); E. KIRCH (2); F. KAISER; R. W. ATKINSON; über Öldruckkabel siehe F. SCHROTTKE (1); E. KIRCH (2); F. SCHROTTKE (2); F. OTTEN; J. BOREL (1); CH. HELD u. O. GASSER (2); E. KIRCH (6); über Druckgaskabel siehe M. HÖCHSTÄDTER, W. VOGEL u. E. BOWDEN (2); I. I. FAUCETT; L. I. KOMIVES; H. W. COLLING u. R. W. ATKINSON; T. R. P. HARRISON; über Kabel für hohe Gleichspannungen siehe L. DOMENACH; E. PUGLIESE; über Kabelmuffen siehe C. I. ARMSTRONG u. C. T. W. SUTTON; über Kurzzeitbeanspruchungen von Kabeln siehe K. BUSS u. W. VOGEL (3); H. W. LEICHSERING u. CH. HELD; E. W. DAVIS u. W. N. EDDY; L. I. KOMIVES; R. DAVIS; C. M. FOUST u. J. A. SCOTT (2). [Literaturstellen über Hochspannungsdurchführungen siehe S.125 .]

Kurzzeitige Beanspruchungen von festen Stoffen im allgemeinen werden untersucht von F. W. PEEK jr. (6); F. GRÜNEWALD (3); L. INGE u. A. WALTHER (4); H. DITTERT; R. JOST; L. BINDER (9); F. LEHMHAUS (1); R. STRIGEL (12); J. K. FEDČENKO; W. G. STANDRING; über den Durchschlag von zusammengesetzten Anordnungen berichtet ERWIN MARX (8). Eine große Rolle für die Praxis spielen Durchschlagprüfungen von Isolatoren, wie sie beispielsweise bei Abnahmeprüfungen von Lieferungen vorzunehmen sind [siehe HARALD MÜLLER (11); F. OBENAUS (3)].

An neuen Vorschriften für die Prüfung von Isolierstoffen und Isolatoren sind zu nennen: VDE (2), (3) u. (7). — Weitere Literaturstellen über feste Isolierstoffe sind im 14. Versuch angegeben.

IV. Versuchsgruppe: Versuche an Hochspannungsleitungen und Hochspannungsgeräten.

16. Versuch: **Untersuchungen an einer Wanderwellenleitung.**

Bekanntlich pflanzen sich elektrische Vorgänge auf Freileitungen mit Lichtgeschwindigkeit in Form von Wanderwellen fort. Man kann den Verlauf solcher Spannungs- und Stromvorgänge mit Funkenstreckenmessungen weitgehend verfolgen. In neuerer Zeit sind auch Aufnahmen von Wanderwellenvorgängen mit dem Kathodenstrahl-Oszillographen möglich geworden. Solche Aufnahmen geben schneller und deutlicher ein Bild vom Verlauf des Vorganges als Funkenstreckenmessungen. Da jedoch zur Zeit noch nicht jedes Hochspannungsinstitut über einen Kathodenstrahl-Oszillograph verfügt, kann auf die Wanderwellenuntersuchung mit Funkenstrecken noch nicht verzichtet werden.

Über die Durchführung solcher Versuche gibt das Buch von L. BINDER (8) „Die Wanderwellenvorgänge auf experimenteller Grundlage“

vollständige Auskunft. Aus den dort geschilderten Messungen lassen sich leicht geeignete Versuche für ein Hochspannungspraktikum auswählen.

Wanderwellenvorgänge im allgemeinen werden ferner behandelt von K. W. WAGNER (1); W. PETERSEN (2); K. W. WAGNER (2); R. RÜDENBERG (1); L. BINDER (1) u. (2); H. FASSBENDER; O. MAYR; H. PILOTY (3); M. TOEPLER (7); K. KÜPFMÜLLER; H. SCHWENKHAGEN (4) u. (5); L. F. WOODRUFF (2); A. ROTH (4) S. 289; ERNST WEBER. Aufnahmen von Wanderwellenvorgängen mit dem Kathodenstrahl-Oszillographen sind zuerst W. ROGOWSKI und seinen Schülern gelungen [Berichte über Wanderwellenaufnahmen mit dem Kathodenstrahl-Oszillographen s. z. B. bei W. ROGOWSKI, E. FLEGLER u. R. TAMM (21); W. ROGOWSKI u. E. FLEGLER (19); W. ROGOWSKI, E. FLEGLER u. P. ROSENLÖCHER (20); H. NEUHAUS u. R. STRIGEL (2) u. (3); E. HALLÉN; R. ELSNER (11); W. ROGOWSKI, O. WOLFF u. H. KLEMPERER (28) u. (29); G. GOUBEAU; A. MAUDUIT (2). Über Messungen an Wanderwellen berichten HARALD MÜLLER (1); L. BINDER (3); D. GÁBOR; J. KRUTZSCH (1); HARALD MÜLLER (6); W. ROGOWSKI (6); A. M. OPSAHL; S. FRANCK (4). Die Verformung der Wanderwellenstirn sowie die Dämpfung und die Stromverdrängung bei Wanderwellenvorgängen werden untersucht von F. MOELLER (1) u. (2); H. SCHWENKHAGEN (2); W. RIEPL; P. JACOTTET (1); G. FRÜHAUF (1); P. JACOTTET (1); W. SCHILLING u. J. LENZ (7); W. KRUG (4); P. JACOTTET (2); W. SCHILLING (3); F. VOERSTE (1); E. FLEGLER u. J. RÖHRIG (6); F. VOERSTE (2); W. FÖRSTER; R. STRIGEL (8); K. W. WAGNER (6); J. L. JAKUBOWSKI u. A. W. RANKIN; H. OGAWA; H. LAU; S. RUSCK. Schließlich sind Versuche und theoretische Erörterungen über das Verhalten von Wanderwellen in Wicklungen zu nennen [K. W. WAGNER (3); O. BÖHM; K. W. WAGNER (4); W. ROGOWSKI (1); W. REICHE (2); E. FLEGLER (1); E. REIMANN; H. EINHORN; R. RÜDENBERG (2) u. (3); E. FRIEDLÄNDER; R. ELSNER (16); W. KNAAK; P. L. BELLASCHI (6); M. WELLAUER (2) u. (4); E. T. NORRIS; E. L. WHITE u. W. NETHERCOT; E. FLEGLER (9); A. T. CHADWICK, J. M. FERGUSON, D. H. RYDER u. F. STEARN; A. HOCHRAINER (3)]. Die Fehlerstellenanzeige in Transformatorwicklungen wird behandelt von E. C. RIPPON u. F. H. HICKLING; F. BELDI (3).

Neuerdings wird die Fehlerortsbestimmung auf Hochspannungsleitungen vielfach mit Hilfe von Wanderwellen vorgenommen [siehe E. HUETER (4); G. LE PARQUIER; R. F. STEVENS u. T. W. STRINGFIELD; C. L. KOBER; L. R. SPAULDING u. C. C. DIEMOND].

17. Versuch: **Untersuchung eines Überspannungsschutzgerätes.**

Überspannungsschutzgeräte sollen Störungen, die in elektrischen Anlagen durch Überspannungen entstehen können, verhindern. Wie wir in früheren Versuchen sahen, können bei plötzlichen Spannungserhöhungen Überschläge oder Durchschläge auftreten. Auch eine zu große Steilheit von Stoßspannungen kann zu Beschädigungen von Hochspannungsgeräten, und zwar zu Durchschlägen zwischen zwei Windungen einer Wicklung führen.

Die letzten Jahre haben durch systematische Forschungsarbeiten mit Stoßspannungen und unter Verwendung von Kathodenstrahl-Oszillographen zur Entwicklung von Überspannungsschutzgeräten geführt, die die Betriebssicherheit der Hochspannungsanlagen wesentlich vergrößern. Zur Untersuchung im Hochspannungslaboratorium eignet sich besonders der Überspannungsableiter, in dem eine Funkenstrecke, die möglichst verzögerungsfrei ansprechen und beim Stromnulldurchgang wieder verlöschen soll, mit einem Widerstand in Reihe geschaltet ist. Dieser Widerstand wird meist so ausgeführt, daß er eine starke Spannungsabhängigkeit besitzt (sein Widerstandswert verkleinert sich bei wachsender Spannung, siehe A. BRAUN; G. BUSCH u. P. SCHERRER). Ein solcher Ableiter wird zwischen Hochspannungsleitung und Erde eingebaut. Tritt eine hohe Spannung auf, dann spricht die Funkenstrecke des Ableiters an und führt den aus der Überspannung sich ergebenden Strom nach Erde ab. Da die Ableiter-Funkenstrecke als Löschfunkenstrecke ausgebildet ist, und da Überspannungen meist sehr kurzzeitig (in Form von Wanderwellen) auftreten, verlischt der Lichtbogen im Ableiter sehr rasch wieder. Der Ableiterwiderstand braucht deshalb nur wenig Wärme aufzunehmen. Derartige Überspannungsableiter werden für alle Betriebsspannungen bis 220 kV ausgeführt; sie sind bereits in sehr vielen Hochspannungsnetzen eingebaut und haben sich im allgemeinen sehr gut bewährt.

Die Untersuchung von Überspannungsschutzgeräten erfolgt am besten nach den „Leitsätzen für Überspannungsschutzgeräte in Starkstromanlagen“ des Verbandes Deutscher Elektrotechniker [siehe VDE (12)[1]]. Es ist dort die Aufnahme der „Stromspannungskennlinie“, und der „Schutzkennlinie“ von Überspannungsableitern in allen Einzelheiten festgelegt. Die grundsätzlichen Zusammenhänge sowie die Arbeitsweise des Überspannungsableiters werden durch einen solchen Versuch am besten klargelegt. Wenn die erforderliche Versuchseinrichtung vorhanden ist, kann auch die „Arbeitsprüfung“ von Überspannungsableitern durchgeführt werden.

In der Literatur sind viele Veröffentlichungen über Überspannungsvorgänge, Versuche mit Überspannungsschutzgeräten und Betriebserfahrungen mit diesen enthalten [W. PETERSEN (3), (4), (6) u. (8); J. BIERMANNS (1); E. M. K. SOMMER; O. MAYR (5); D. MÜLLER-HILLEBRAND (1); E. FLEGLER (2); J. BIERMANNS (7); W. SCHILLING (4); G. SCHENDELL (2); E. R. BENDA; G. FRÜHAUF (5); W. HOFFMANN (1); R. VIEWEG (1); D. MÜLLER-HILLEBRAND (4); L. GERHARD; D. MÜLLER-HILLEBRAND (6); J. K. HODUETTE; A. SCHWAIGER (13); B. L. GOODLET; H. GRÜNEWALD (4); G. FRÜHAUF (2); VDE 0675/I 38 (12); B. MENGELE (3); P. ALTBÜRGER; K. NEUROTH; R. FOITZIK (1); G. FRÜHAUF (3); O. KRINES; A. METRAUX (1); W. KRUSE; G. FRÜHAUF (4); H. ZIEGLER (4); H. GEISSLER; W. RABUS u. H. HATTENDORF (2); H. HALPERIN; H. KYSER S. 384; WM. E. BERKEY; G. MAERKIRSCH; A. SCHWAIGER (18); A. ROTH (7); A. GANTENBEIN; E. R. WHITEHEAD; I. W. GROSS; G. D. MCCANN u. E. BECK (1); TH. BROWNLEE; W. ESTORFF (9); B. SVENSON; S. TESZNER (2); G. BALACHOWSKY; H. F. JONES u. C. J. O. GARRARD; I. B. JOHNSON u. J. BERDY; E. M. HUNTER u. N. E. DILLOW; H. L. RORDEN; CH. DEGOUMOIS; V. J. VOGEL; H. BOSSI (2); W. ZOLLER].

---

[1] Erläuterungen durch MÜLLER-HILLEBRAND (7).

Die häufigste Ursache von Überspannungen sind Gewitter. Deshalb nehmen auch in der elektrotechnischen Literatur Arbeiten über Gewittervorgänge und deren Einwirkung auf elektrische Anlagen einen großen Raum ein [A. MATTHIAS (1); L. BINDER (7); A. MATTHIAS (5); K. BERGER (3); E. FLEGLER (3); D. MÜLLER-HILLEBRAND (2); H. SCHWENKHAGEN (3); G. LEHMANN (2); W. SCHILLING (5); H. GRÜNEWALD (2); A. MATTHIAS (7); D. MÜLLER-HILLEBRAND (3); K. BERGER (4); H. GRÜNEWALD (3); H. NORINDER (3); H. ZADUK; H. GRÜNEWALD (6) u. (7); D. MÜLLER-HILLEBRAND (5); V. AIGNER (1); W. ZWANZIGER; H. NORINDER (2); HARALD MÜLLER (17); O. KAUZMANN (2); B. KOETZOLD; HARALD MÜLLER (20); H. GRÜNEWALD u. H. ZADUK (13); A. MATTHIAS (12); H. GRÜNEWALD (10) u. (11); E. BLUM u. W. FINKELNBURG; N. V. PESTEREFF; P. L. BELLASCHI (5); G. LEHMANN (1); K. BERGER (5); A. SCHWAIGER (14) u. (16); A. MATTHIAS (12); H. NORINDER (4); W. BAUMEISTER; A. MATTHIAS u. W. BURKHARDTSMAIER (13); A. SCHWAIGER (15); A. SCHWAIGER u. H. ZIEGLER (17); P. L. BELLASCHI (2) u. (3); R. ELSNER (11) u. (16); WERNER WEBER (4); V. FRITSCH; W. FINDEISEN; H. NORINDER (5); C. F. WAGNER u. G. D. MCCANN; H. MEYER (1); FRANZ WOLF; K. BERGER (9) u. (10); R. H. GOLDE; H. NORINDER (6); H. GRÜNEWALD (14); H. NORINDER u. O. KARSTEN (7); W. T. J. ATKINS; H. M. LACEY; W. W. LEWIS; M. BÖCKMANN; T. M. BLAKESLEE u. E. L. KANOUSE; J. S. FORREST (2); H. BAATZ].

18. Versuch: **Messung von Koronaverlusten.**

An Hochspannungsfreileitungen treten bekanntlich bei sehr hohen Betriebsspannungen Koronaverluste auf. Wenn die Durchschlagfeldstärke der Luft an der Oberfläche der Leiter überschritten wird, setzt eine Koronaentladung (Glimmen) ein, durch die diese Verluste verursacht werden.

Diese Erscheinung ist deshalb praktisch von sehr großer Bedeutung, weil durch sie die Übertragungsspannung unserer Hochspannungsleitungen nach oben hin begrenzt wird. Man wurde gern die Betriebsspannung bei sehr großen zu übertragenden Leistungen und großen Entfernungen noch höher wählen, als das heute üblich ist; dann werden aber die Koronaverluste so hoch, daß der Wirkungsgrad der Übertragung zu niedrig wird. Es ist zwar möglich, durch Vergrößerung des Leiterdurchmessers (Ausführung des Leiters als Hohlseil oder als Bündelleiter) die Feldstärke auf der Oberfläche zu verringern; es treten aber dann bei Regen an den auf dem Leiter befindlichen Tropfen sehr hohe Glimmverluste auf. Die höchste, gerade noch als ausführbar angesehene Betriebsspannung beträgt 400 kV (Effektivwert der Außenleiterspannung bei Drehstrom).

Die Messung der Koronaverluste bei Wechselspannung kann mit der Schering-Brücke vorgenommen werden (siehe 14. Versuch). Man errichtet sich hierzu meist eine zylindrische Reuse, in deren Achse sich der zu untersuchende Leiter befindet. Die Feldstärke auf dem Leiter läßt sich dann leicht aus den Abmessungen und der Spannung errechnen. Wie in der Literatur wiederholt erläutert wurde, kann man ferner aus den an der Reuse gemessenen Verlusten die an einer Drehstromleitung auftretenden Verluste rechnerisch ermitteln.

Im allgemeinen wird man die Koronaverluste in Abhängigkeit von der Spannung aufnehmen. Es ergibt sich dabei eine Kurve, die bei der Korona-Anfangsspannung beginnt und die dann bei wachsender Spannung mit zunehmender Steilheit ansteigt. Wenn es die Versuchsanlage gestattet, wird man ferner die Verluste auch bei Regen ermitteln. Bei ausreichender Zeit kann der Versuch mit verschiedenen Leiterdurchmessern, bei Abänderung der Leiteroberfläche (Rohre, Seile usw.) sowie mit verschiedenen Leitermaterialien und Luftdrucken durchgeführt werden. Nach langer Betriebsdauer erhöhen sich die Koronaverluste infolge Aufrauhens der Leiteroberfläche.

Interessant ist eine gleichzeitige Aufnahme der Strom- und Spannungskurven mit dem BRAUNschen Rohr oder dem Schleifenoszillographen. Man erkennt daraus die starke Verzerrung der Stromkurve durch die Koronaentladungen sowie die Verschiedenheiten in der positiven und negativen Halbperiode.

Wenn eine Gleichspannungs-Prüfanlage mit genügend hoher Spannung und Leistung zur Verfügung steht, kann zum Vergleich die Aufnahme der Koronaverluste bei Gleichspannungen verschiedener Polarität vorgenommen werden. Das Meßverfahren gestaltet sich dabei einfacher, da zur Bestimmung der Verluste die Kenntnis der Stromstärke ausreicht.

Die theoretischen Grundlagen der Koronaverluste und eine große Reihe von Versuchsergebnissen sind in der Literatur behandelt [F. W. PEEK jr. (1), (2) u. (3); R. HOLM (1); A. SCHWAIGER (7) II. Aufl. S. 290; W. O. SCHUMANN (3); C. T. HESSELMEYER u. J. K. KOSTKO; G. KUBACH; R. SCHIEN; C. H. WILLIS; W. L. LOYD u. E. C. STARR; SPIELHAGEN; W. O. SCHUMANN (6) S. 458; K. DRAEGER (13); P. MÜLLER; STEPHENSON; F. MISERÉ (2); VARROLL and SIMMONS; BRUCE (1); K. POTTHOFF u. B. MATHIESEN (2); R. STRIGEL (6); K. POTTHOFF (1); U. MÜLLER; O. DAUBENSPECK; R. UENISI; A. GÜNTHERSCHULZE u. H. BETZ (9) u. (10); W. HOLTZ u. R. MÜLLER; A. BOUWERS (1) S. 199; H. PRINZ (7) u. (8); P. GEISER u. F. BELDI; H. BÖCKER u. CH. KNELLER (5); H. LÄPPLE (4); O. J. M. SMITH; R. STRIGEL (21); K. KOHLER; W. S. PETERSON, BRADLEY COZZENS u. J. S. CARROLL].

In der letzten Zeit sind viele Untersuchungen über Koronaverluste im Hinblick auf die in der Ausführung begriffenen oder in Aussicht genommenen Erhöhungen der Drehstrom-Übertragungsspannungen über 300 kV hinaus durchgeführt worden. Hierbei werden an Stelle von Einzelleitern meist Bündelleiter benutzt, bei denen zur Verminderung der Koronaverluste zwei oder mehr Leiter in geringem Abstand parallel geführt werden[1].

Auch über Gleichspannungs-Koronaverluste sind schon wiederholt Messungen durchgeführt worden [ERWIN MARX u. H. GÖSCHEL (28); W. STOCKMEYER

[1] Siehe F. BELDI (2); R. PÉLISSIER u. D. RENAUDIN; F. CAHEN u. R. PÉLISSIER; W. RUDOLPH; PH. SPORN u. A. C. MONTEITH (3); O. GERBER (2); I. W. GROSS, C. F. WAGNER, O. NAEF u. R. L. TREMAINE (2).

(2); E. KÜHN; H. PRINZ (1) u. (2); KURT LANGE; H. HINDERER u. A. WALTER; B. HENNING; M. PAUTHENIER, G. DUHAUT u. L. DEMON (2)].

Schließlich sei eine Veröffentlichung über Stoßkorona erwähnt, in der die räumliche Ausdehnung von Koronaentladungen bei Stoßspannungen und die Abflachung von Wanderwellen durch Korona behandelt werden [Y. TORYAMA (2)].

19. Versuch: **Untersuchung einer Erdschlußspule (Petersenspule).**

An Hochspannungsfreileitungen treten von Zeit zu Zeit durch Überschläge oder Durchschläge an Isolatoren Erdschlüsse auf. Überschläge können eingeleitet werden durch Gewitterüberspannungen, durch Vögel, Bäume oder Äste, besonders starke Verschmutzung der Isolatoren oder ähnliche Vorgänge. Wenn im Hochspannungsnetz kein sonstiger Punkt mit der Erde verbunden ist, dann fließt durch einen Erdschluß ein Kapazitätsstrom, der von der Betriebsspannung, der Kapazität der Leiter gegen Erde und der Frequenz abhängig ist. In Drehstromnetzen nimmt der Erdschlußstrom J_E den Wert an:

$$J_E = \sqrt{3} \cdot U \omega C,$$

wobei mit U die Außenleiterspannung und mit C die Kapazität eines Leiters gegen Erde bezeichnet ist. Roh kann die Größe des Erdschlußstromes nach der folgenden Faustformel bestimmt werden:

$$J_E = \frac{U \cdot l}{300},$$

worin die Außenleiterspannung U in kV und die Leitungslänge l in Kilometern einzusetzen ist, siehe VDE (1).

Bei hohen Spannungen und großen Leitungslängen kann der Erdschlußstrom eine beträchtliche Größe annehmen, so daß durch ihn der betroffene Hochspannungsleiter oder in der Nähe befindliche Isolatoren erheblich beschädigt werden können. Im allgemeinen fließt der Erdschlußstrom an der Erdschlußstelle in Form eines Lichtbogens. Dieser Lichtbogen verlischt meist erst dann wieder, wenn die Leitung abgeschaltet wird. — Durch einen solchen Erdschluß erhalten die beiden gesunden Leiter die volle verkettete Spannung gegen Erde. Hierdurch und insbesondere bei „aussetzendem Erdschluß“ [siehe W. PETERSEN (8)] kann leicht ein zweiter Erdschluß an einem anderen Leiter des Netzes eintreten. Ein solcher Doppelerdschluß gleicht einem Kurzschluß, der zur Abschaltung der Leitung führt. — Schließlich ruft ein Erdschluß dadurch Gefahren hervor, daß eine erdgeschlossene Hochspannungsleitung in ihrer Umgebung wesentlich stärkere magnetische und elektrische Felder zur Folge hat als eine ungestörte Leitung. Es treten durch diese Felder Beeinflussungen von Fernmeldeleitungen auf.

Die Gefährdungen infolge von Erdschlüssen werden erheblich gemildert durch die Erdschlußspule nach PETERSEN. Sie stellt eine besonders wichtige Erfindung der Kraftübertragungstechnik dar. Die

Erdschlußspule wird, wie dies Abb. 79 zeigt, zwischen dem Nullpunkt M des Hochspannungstransformators und Erde eingebaut. Bei einem Erdschluß, beispielsweise des Leiters T, fließt durch die Erdschlußstelle ein Kapazitätsstrom über die Kapazitäten C_S und C_R nach den beiden gesunden Leitern hin. Diesem Kapazitätsstrom überlagert sich ein Strom durch die Spule E, der, wenn man die Verluste in der Erdschlußspule vernachlässigt, gerade entgegengesetzt gleich dem Kapazitätsstrom gemacht werden kann. Die Spule muß hierzu eine Induktivität besitzen, die sich aus der Gleichung berechnet:

$L = \frac{1}{3\omega^2 C}$ [siehe DRP. 304823 und W. PETERSEN (10)]. Die Induktivität der Erdschlußspule muß also der Kapazität der zu schützenden Leitung angepaßt werden. Wenn eine Spule ein ganzes Netz zu schützen hat, dann

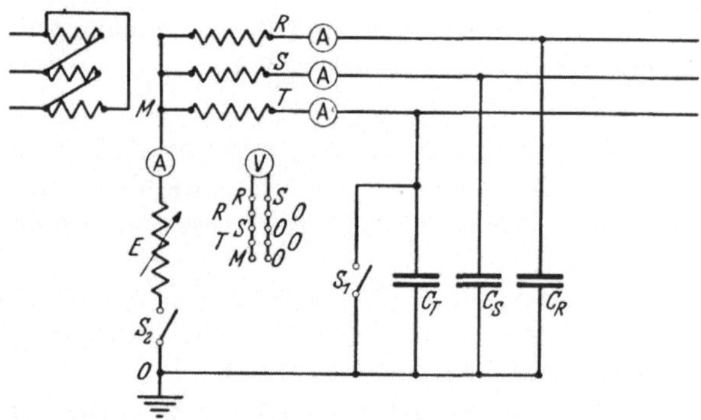

Abb. 79. Schaltung zur Untersuchung der Petersenspule.

muß ihre Induktivität bei jeder Hinzuschaltung oder Abschaltung von Leitungen in der entsprechenden Weise verändert werden.

Beim Einbau einer Petersen-Spule bleibt an der Erdschlußstelle nur ein kleiner Reststrom bestehen, der sich in der Hauptsache aus den Verlusten der Drosselspule ergibt. Dieser Reststrom ist meist nicht in der Lage, einen Lichtbogen aufrechtzuerhalten. Erdschlüsse, die durch Überschläge hervorgerufen werden, verlöschen dadurch im allgemeinen unbemerkt. Bei Isolatorendurchschlägen ist man in der Lage, trotz eines Erdschlusses den Betrieb aufrechtzuerhalten, bis die betreffende Leitung ohne Nachteile abgeschaltet werden kann. Die Erdschlußspule erhöht dadurch die Betriebssicherheit der Hochspannungsübertragungen in weitgehendem Maße. Es gibt in Deutschland nur ganz wenige Hochspannungsleitungen, die nicht durch eine Erdschlußspule geschützt sind. Auch in vielen anderen Ländern wird von der Petersen-Spule Gebrauch gemacht.

Die Abb. 79 stellt zugleich eine Schaltung dar, in der ein Versuch mit der Erdschlußspule ausgeführt werden kann. Bei offenen Schaltern S_1 und S_2 zeigen die Strommesser in den Drehstromleitern den normalen Kapazitätsstrom an. Durch den Schalter S_1 kann ein Erdschluß hergestellt werden. Wenn der Schalter S_2 offen ist, liegt ein unkompensiertes Netz vor. Der Strommesser im Leiter T gibt den Erdschlußstrom an. Bei geschlossenem Schalter S_2 kann die Induktivität der Spule E so lange verändert werden, bis der Erdschlußstrom im Leiter T einen Mindestwert erreicht hat. (Die Spule E kann beim Versuch durch eine Drosselspule mit veränderlichem Luftspalt dargestellt werden.) Bei dem niedrigsten Wert des Erdschlußstromes liegt die richtige Abstimmung der Drosselspule vor. Ihre Induktivität kann durch Strom- und Spannungsmessung ermittelt und nach der Formel von Petersen nachgeprüft werden. Das Zeigerdiagramm für die Spannungen und Ströme kann ohne und mit Erdschlußspule aufgezeichnet werden. Ferner können bei Verwendung eines Schleifenoszillographen interessante Untersuchungen über den Einfluß von Oberwellen durchgeführt werden.

An Stelle einer Spule zwischen dem Nullpunkt des Transformators und der Erde können zur Löschung des Erdschlußstromes auch Spulen zwischen den drei Phasen des Drehstromsystems und der Erde verwandt werden.

Eine ausführliche Behandlung aller mit dem Erdschluß zusammenhängenden Fragen siehe bei G. Oberdorfer (2). Von weiteren Veröffentlichungen über Erdschlußvorgänge und Erdschlußlöschung seien erwähnt: W. Petersen (7) u. (9); R. Bauch (1); A. Roth (1); Erwin Marx (1); M. Schleicher u. W. Gaarz; R. Bauch (2); A. Rachel (1); E. C. Stone; F. Ollendorf (1); O. Mayr (2); H. Piloty (1) u. (2); K. Fischer (2); F. Ahrberg; H. Piloty (4); G. Oberdorfer (1); F. Ollendorf (2); R. Klein; Gerhard Meyer (1); W. Bollmann; E. Gross (1); Th. Buchhold S. 276; A. G. Arnold; H. Scheu; E. Senn (1); H. Meyer (2); H. Rösch; A. T. Vrethem; H. W. Hartzell, S. S. Cook u. A. A. Johnson; A. Salzmann (1); H. Grünewald (15).

Auch über praktische Erfahrungen mit Erdschlußspulen wird in der Literatur häufig berichtet [siehe z. B. E. Neumann; J. M. Oliver u. W. W. Eberhardt; R. Bauch (3); H. W. Taylor (1); E. Lippa; A. H. Gray; J. Weber; H. W. Taylor and P. E. Stritzl (2); R. E. Neidig; H. M. Rankin and R. E. Neidig; H. E. Forrest; W. Diesendorf; P. Gires; Hauor; J. H. Sumner; E. T. B. Gross; S. Lalander].

In großen Netzen, in denen oft Leitungen zu- und abgeschaltet werden, muß die Abstimmung der Erdschlußspulen regelmäßig nachgeprüft werden. Dies kann während des Betriebes von der Schaltwarte oder von der Lastverteilungsstelle aus geschehen [siehe z. B. H. Piloty (5); E. Hueter u. W. Schäfer (3); D. Feistner; B. Mengele (2); A. van Gastel; A. Salzmann (2)].

Bei besonders hohen Betriebsspannungen und sehr großen Leitungslängen sind der Anwendbarkeit der Petersen-Spule Grenzen gesetzt, weil dann der Reststrom so hohe Werte annehmen kann, daß eine Löschung des Erdschlußlichtbogens nicht mehr erfolgt [siehe z. B. A. Maret; E. Senn (1); Th. Boveri; W. v. Mangoldt].

20. Versuch: **Feststellung und Beseitigung von Rundfunkstörungen durch Hochspannungsentladungen.**

Durch elektrische Entladungen an Hochspannungsisolatoren können hochfrequente Felder entstehen, die in der Nähe liegende Rundfunkgeräte stören. Praktisch spielt dies vor allem bei Hochspannungsfreileitungen eine Rolle, wenn diese durch dicht bewohnte Gebiete führen.

Elektrische Vorentladungen sind in fast allen Fällen äußerst kurzzeitige Vorgänge. Sie stellen Durchschläge in Luft dar, durch die plötzliche Änderungen des elektromagnetischen Feldes hervorgerufen werden. Besonders stark sind die störenden Einflüsse von Gleitstielbüscheln auf der Oberfläche von Isolatoren, weil diese einen starken Strom führen und große Kapazitätsänderungen hervorrufen (siehe 9. Versuch). Wie Messungen ergaben, treten diese Störungen im allgemeinen auf dem gesamten Rundfunkfrequenzbereich auf.

Störungen dieser Art werden nur durch hohe Wechselspannungen erzeugt. Bei Gleichspannungen zeigt sich fast völlige Störfreiheit. Auch diese Tatsache weist darauf hin, daß vor allem Gleiterscheinungen, die ja nur bei Wechselspannungen in starkem Maße auftreten, die Ursache für Rundfunkstörungen sind.

Bei einem Hochspannungsversuch können zunächst verschiedenartige Isolatoren (Stützenisolatoren, Kettenisolatoren, Durchführungen) auf ihre Störfähigkeit hin untersucht werden. Ferner können Abhilfemaßnahmen, die vor allem in der Unterdrückung der Entladungen beruhen, getroffen und in ihrer Auswirkung erfaßt werden. Die zu dem Versuch benötigten Meßmittel sowie Ergebnisse von solchen Versuchen sind in der Literatur wiederholt beschrieben worden. Auf diese Veröffentlichungen sei zum näheren Studium verwiesen [siehe W. FURKERT (2) u. (3); R. VIEWEG (3); A. DENNHARDT (1) u. (2); B. MENGELE (1); H. ZIEGLER (1); W. ROJAHN; CHARLES J. MILLER jr. (1); K. HAGENHANS u. F. MÜLLER; CH. J. MILLER jr. (2); F. CONRAD; W. MENNERICH; W. PATZSCHKE; B. HENNING; G. R. SLEMON; PH. SPORN u. A. C. MONTEITH (3)].

21. Versuch: **Starkstromlichtbogen in Hochspannungskreisen.**

Ein elektrischer Lichtbogen stellt einen Stromdurchgang durch ein Gas dar. Das Gas ist in diesem Falle zu einem guten Leiter geworden. Der Lichtbogen kann eine erwünschte und technisch ausgenutzte Erscheinung sein, wie in der Bogenlampe, beim Lichtbogenschweißen, im Lichtbogenofen und in Lichtbogenventilen. In anderen Fällen, z. B. beim Abschalten großer Leistungen bei hohen Spannungen und nach Überschlägen in Hochspannungsnetzen, treten Lichtbogen auf, die große

Zerstörungen anrichten können, und deren Beherrschung oft erhebliche Schwierigkeiten macht.

Versuche an Lichtbogen können den Zweck haben, das Verhalten von Lichtbogen bei verschiedenen Betriebsbedingungen kennenzulernen. Die wichtigsten Eigenschaften des Lichtbogens sind: der Spannungsabfall an der Kathode, an der Anode und auf der freien Gasstrecke, der Durchmesser und die Temperatur des Lichtbogens in seinen verschiedenen Gebieten. Diese Größen hängen ab von der Stromstärke, dem Drucke, der Gasart, dem Elektrodenmaterial, der Elektrodenkühlung und von sonstigen Bedingungen, unter denen der Lichtbogen brennt, insbesondere von der Gasströmung. Da ein Lichtbogen von großer Stromstärke und großer Länge sehr viel Wärme entwickelt, erhitzt er das ihn umgebende Gas in starkem Maße. Das erwärmte aufsteigende Gas nimmt den Lichtbogen mit und verlängert ihn dadurch. Man sieht deshalb nie einen frei brennenden Lichtbogen von großer Länge geradlinig verlaufen (siehe z. B. Abb. 53 u. 55). Auch die vom magnetischen Felde des Lichtbogens ausgeübten Kräfte tragen im allgemeinen zur Veränderung des Lichtbogenweges bei.

Wenn man einen Lichtbogen im stationären Betrieb untersuchen will, dann muß man eine Einrichtung treffen, durch die der Lichtbogen auch bei großer Länge geradegehalten wird. Die einfachste Möglichkeit hierzu bietet der zuerst von P. Schönherr angegebene Weg, den Lichtbogen durch eine schraubenförmig verlaufende Gasbewegung zu umgeben (siehe P. Schönherr; W. Grotrian; E. Traub). Eine einfach ausführbare Versuchseinrichtung hierfür zeigt Erwin Marx (17) Abb. 29. Man kann an einer solchen Einrichtung leicht Lichtbogen bei verschiedener Länge, Stromstärke, Gasgeschwindigkeit usw. untersuchen. Es kann dazu eine Gleichspannungs- oder Wechselspannungsquelle benutzt werden. Bei Wechselspannung empfiehlt sich die oszillographische Aufnahme des Spannungsabfalles und der Stromstärke. Man kann dann auch die periodische Wiederzündung des Lichtbogens sehr schön bei verschiedenen Versuchsbedingungen verfolgen.

Über die Vorgänge in elektrischen Lichtbögen liegen viele theoretische und versuchsmäßige Arbeiten vor, auf die zur weiteren Unterrichtung verwiesen sei [siehe z. B. R. Seeliger u. G. Mierdel (2) S. 585; O. Mayr (8), (12) u. (13); Erwin Marx (17) S. 31; C. Ramsauer (1); W. Schneider; F. Kesselring (6); B. Kirschstein u. F. Koppelmann (2); R. Seeliger (1); H. Burghoff; O. Becken u. K. Sommermeyer; H. H. Renner; B. Kirschstein (1); M. Steenbeck (2); F. Kesselring u. W. Elenbaas (10); B. Kirschstein u. F. Koppelmann (3) u. (4); A. Roth (4), S. 407; C. G. Suits; M. Steenbeck (3); H. J. Schmiedel; S. Hoh (1) u. (2); W. Lochte-Holtgreven u. H. Maecker; R. Seeliger (3); E. Gross (2); H. Meinhardt; W. O. Schumann (9); W. Kaufmann (6); R. Mannkopff; K. H. Höcker u. W. Finkelnburg; Himler, G. J. Gary, Cohn u. G. I. George; W. Finkelnburg u. K. H. Höcker; P. Fourmarier; T. E. Browne jr.; J. S. Forrest (3)]. R. Foitzik (3) benutzt eine andere

Stabilisierungsart als die oben beschriebene, nämlich den „Wälzbogen". Dieses Verfahren ist für genauere Untersuchungen besonders geeignet, erfordert aber einen etwas komplizierteren Aufbau als die obengeschilderte Anordnung.

Wenn eine Stromquelle von genügend großer Leistung zur Verfügung steht (kurzzeitig möchten für solche Versuche 1000 A bei 1000 bis 3000 V anwendbar sein), lassen sich auch sehr interessante Versuche über die Widerstandsfähigkeit von Hochspannungsisolatoren gegen stromstarke Lichtbögen ausführen. Da die Leistungen in unseren Hochspannungsnetzen im ständigen Wachsen begriffen sind, erhöht sich die Gefahr, daß bei Kurzschlußlichtbogen die Isolatoren zerstört werden, so daß die Leitungen herabfallen. Durch mehrjährige systematische Forschungsarbeiten ist es, wie neueste Arbeiten zeigen, gelungen, eine Abhilfe gegen diese Gefahr zu finden. Es sind Isolatoren entwickelt worden, die das Anliegen des Lichtbogens an den Isolierstoff und an die Armaturen nicht begünstigen. Ferner hat man Schutzarmaturen gefunden, die den Lichtbogen vom Isolator weghalten und die außerdem eine ständige Wanderung des Lichtbogens hervorrufen, so daß eine Verbrennung der Armaturen nicht eintritt. Die zweckmäßigste Ausführung solcher Hochstromversuche kann aus den vorliegenden Veröffentlichungen ersehen werden [HARALD MÜLLER (7); K. DRAEGER (7); HARALD MÜLLER (8); K. DRAEGER (6), (8), (10) u. (11); H. ROTH, P. HOCHHÄUSLER (6); F. OBENAUS (5) u. (8); H. BOEKE (1); H. ZIEGLER (5); A. ROGGENDORF (1) u. (3). Über die Lichtbogenwanderung in Schaltanlagen siehe H. FREIBERGER].

Der elektrische Lichtbogen wird häufig auch zur Erzeugung hochfrequenter Schwingungen benutzt. [Neuere Arbeiten hierüber siehe bei H. KLEINWÄCHTER, R. SCHÄFER].

Auch die Eigenschaften von Kurzschlußlichtbögen können in einem Hochspannungspraktikum untersucht werden (siehe A. J. SCHMIDECK).

22. Versuch: **Untersuchung der Löschfähigkeit von Hochspannungsschaltern.**

In Hochspannungsnetzen ist es erforderlich, daß Netzteile nach Bedarf während des Betriebes hinzu- oder abgeschaltet werden können. Die Unterbrechung eines stromführenden Hochspannungskreises ist deshalb schwierig, weil der Strom das Bestreben hat, bei Auftrennung des Leiters in Form eines Lichtbogens weiterzubrennen. Auch in Wechselspannungsanlagen, in denen der Lichtbogen jedesmal beim Nullwerden des Stromes verlischt, ist die Unterbrechung von Hochspannungs-Stromkreisen nicht ohne weiteres möglich, weil sehr kurze Zeit nach dem Nullwerden des Stromes eine hohe Spannung zwischen den voneinander getrennten Kontakten auftritt, die einen neuen Lichtbogen einleitet. Je stärker der Strom und je höher die Spannung ist, um so schwieriger gestaltet sich die Abschaltung eines Netzteiles. Bei einer Betriebsspannung von 100 kV und einer Stromstärke von einigen 100 A können bereits Lichtbogen von vielen Metern Länge entstehen, die durch ihre außerordentlich hohe Temperatur großen Schaden anrichten können.

Die höchsten Anforderungen an einen Schalter werden dann gestellt, wenn der Schalter einen Kurzschluß unterbrechen muß, weil dann die Stromstärke ganz besonders groß ist, weil in Kurzschlußstromkreisen meist vorwiegend induktive Last vorliegt und weil die Spannung nach dem Nullwerden des Stromes mit hoher Frequenz bis fast zum doppelten Scheitelwert der Betriebsspannung ansteigen kann. Das Produkt aus der Stromstärke, die ein Schalter gerade noch zu unterbrechen vermag, und der Spannung, die nach der Stromunterbrechung an den Schalterkontakten wiederkehrt (bei Drehstrom multipliziert mit $\sqrt{3}$), nennt man die Abschaltleistung des Schalters. Moderne Hochleistungsschalter werden bis zu Abschaltleistungen von mehreren Millionen kVA gebaut. In den letzten Jahren sind auf dem Gebiete der Hochleistungsschalter sehr große Fortschritte erzielt worden. Die früher ausschließlich verwandten Ölschalter mit großem Ölvolumen werden heute in fast allen Fällen durch öllose oder ölarme Schalter ersetzt, so daß die so besonders gefürchteten Ölschalterexplosionen nicht mehr oder nur noch mit weit geringeren Auswirkungen eintreten können.

Die Prüfung von Schaltern wird in Hochleistungs-Prüffeldern vorgenommen. Es werden hierzu meist Maschinensätze benutzt, denen kurzzeitig die gesamte Abschaltleistung entnommen werden kann. Es sind jedoch nur an wenigen Stellen Prüfeinrichtungen vorhanden, mit denen Abschaltleistungen erzielt werden können, wie sie in großen Netzen auftreten.

Verschiedentlich ist versucht worden, solche Hochleistungs-Prüfeinrichtungen durch Hilfsschaltungen zu ersetzen. Grundsätzlich muß dies möglich sein, da ja der Strom über die Schalterkontakte und die hohe Spannung zwischen den getrennten Kontakten nicht zur gleichen Zeit, sondern nacheinander auftreten. Derartige Ersatzprüfschaltungen erfordern jedoch ebenfalls einen nicht unerheblichen Aufwand, da sehr kurze Zeit nach dem Verschwinden des Stromes die hohe Spannung einsetzen muß, und da eine zuverlässige oszillographische Aufnahme der Vorgänge, ohne die eine Beurteilung des Prüfergebnisses nicht möglich ist, sorgfältig vorbereitet werden muß. Für Hochspannungsübungen von Studierenden würde ein solcher Versuch mit großer Leistung wohl kaum durchführbar sein, dagegen kommen Prüfungen von Schaltern kleinerer Leistung oder Modellversuche an Schaltern durchaus auch für ein Hochspannungspraktikum in Frage. Es sind hier nur die wichtigsten Gesichtspunkte für solche Prüfungen angeführt worden [Prüfvorschriften für Hochspannungs-Schaltgeräte sind vom VDE herausgegeben worden. Siehe VDE (10) 0670/XII. 40, ferner ERICH KROHNE (1)].

Bei der Wichtigkeit und Bedeutung der Schalterfrage für den Betrieb von Hochspannungsanlagen ist es klar, daß auf diesem Gebiete in der Literatur sehr viele wissenschaftliche Forschungsarbeiten und Berichte über die erzielten technischen Fortschritte erschienen sind.

An grundsätzlichen Arbeiten über Hochspannungs-Hochleistungsschalter seien die folgenden angeführt: F. KESSELRING (1) u. (2); J. BIERMANNS (5); J. KOPELIOWITSCH (2); J. BIERMANNS (8) u. (13); G. BENISCHKE (2); JUILLARD; R. HOLM; B. KIRSCHSTEIN u. F. KOPPELMANN (2); J. BIERMANNS (10); L. HAAG u. O. SCHWENK; A. GÄBERT u. H. APPEL; F. KESSELRING u. F. KOPPELMANN (11); W. KAUFMANN (1) u. (2); G. HAMEISTER (2); R. C. VAN SICKLE (1); B. V. BORRIES u. W. KAUFMANN (1); F. KESSELRING u. F. KOPPELMANN (12); A. ROTH (3); H. PUPPIKOFER (1); E. KROHNE; F. KLOSTERMANN u. W. ESTORFF (4); G. HAMEISTER (3); E. KROHNE u. F. KESSELRING (3); E. PUGNO-VALONI et G. SOMEDA (1); W. KAUFMANN (3); G. HAMEISTER (4); H. S. HALLO (1); S. HORIKOSI; W. WANGER (1); A. ROTH (5); F. KESSELRING (13) u. (14); E. KÖNIG; R. C. VAN SICKLE (2); T. W. SCHROEDER, E. W. BOEHNE u. J. W. BUTLER; L. F. HUNT, E. W. BOEHNE u. H. A. PETERSON; R. W. WILD; D. E. LAMBERT u. J. CHRISTIE; F. GRIEB; BIERMANNS (16) S. 431.

Druckluftschalter werden behandelt von J. BIERMANNS (6); J. SLEPIAN (1); J. BIERMANNS (9); O. MAYR (9); W. UEBERMUTH u. K. BAUERSCHMIDT; O. SCHWENK; G. BROCKHAUS; J. BIERMANNS (12); V. GROSSE; E. MÜLLER; FR. PARSCHALK (2); L. R. LUDWIG u. B. P. BAKER; F. SCHULTHEISS (2); A. K. LEUTHOLD; H. THOMMEN (1) u. (2); A. ALLAN u. D. F. AMER; M. A. LATOUR; C. H. FLURSCHEIM u. E. L. L'ESTRANGE; H. MEYER (3); H. THOMMEN (3); A. AMSTUTZ u. H. MEGER (2); L. R. BERGSTRÖM u. U. SANDSTRÖM.

Über Hartgasschalter siehe z. B.: O. MAYR (10); E. KROHNE, F. KLOSTERMANN u. W. ESTORFF (4); F. PETERMICHL.

Schalter mit Vielfachunterbrechung werden behandelt von L. W. DYER; R. C. DICKINSON; R. C. VAN SICKLE (2).

Über Untersuchungen an Flüssigkeitsschaltern im allgemeinen berichten: F. KESSELRING (3); A. ROTH (2); A. GÄBERT u. H. APPEL; J. SLEPIAN u. L. E. BROWNE jr. (2).

Speziell Ölschalter und ölarme Schalter werden behandelt von: J. KOPELIOWITSCH (1); A. MATTHIAS (3); J. BIERMANNS (3); A. GLASER (1); G. BENISCHKE (1); A. ROTH (2); H. M. WILCOX u. W. M. LEEDS; E. E. J. PILCHER; C. W. MARSHALL; E. VOGELSANGER; H. E. COX u. T. H. WILCOX; C. L. KILLGORE u. W. H. CLAGETT; H. PUPPIKOFER (5) u. A. GANTENBEIN; E. VOGELSANGER u. KURTH; W. M. LEEDS u. R. E. FRIEDRICH (2); E. B. RIETZ.

Angaben über Expansionsschalter und Wasserschalter sind in folgenden Arbeiten enthalten: F. KESSELRING (4); J. BIERMANNS (6); K. RISSMÜLLER; F. KESSELRING (5), L. HAAG u. O. SCHWENK, F. KESSELRING (7); G. KIRCH; F. KESSELRING (8) u. (9); W. M. LEEDS (1).

Ähnliche Strom- und Spannungsvorgänge wie an Hochspannungsschaltern liegen auch bei Hochspannungssicherungen vor. Auch auf diesem Gebiete sind in den letzten Jahren sehr erfreuliche Fortschritte erzielt worden [siehe F. GRÜNEWALD (4); H. LÄPPLE (1) u. (2); K. A. LOHAUSEN (1) u. (2); H. WEBER; K. A. LOHAUSEN (3); F. DRIESCHER;

Fr. Parschalk (1); J. Wrana; H. Läpple (3); F. Schultheiss (1); H. L. Rawlins, A. P. Strom u. H. W. Graybill (1); K. Dannenberg u. W. J. John; H. H. Marsh jr. u. G. B. Dodds; H. Kroemer (2); H. L. Rawlins u. H. H. Fahnoe (2); A. M. de Bellis].

Über die Schalterprüfung liegen ebenfalls verschiedene Veröffentlichungen vor [J. B. McNeill u. W. B. Batten; W. H. Clagett u. W. M. Leeds]. Neuerdings werden Schalterprüfungen häufig mit zwei getrennten Stromquellen ausgeführt. Dieses Prüfverfahren hat bereits zu wertvollen praktischen Entwicklungen geführt; Vergleichsversuche mit Hochleistungsprüffeldern haben die Brauchbarkeit solcher Ersatzprüfschaltungen erwiesen. In der Literatur sind zahlreiche Abhandlungen über diese Prüfschaltungen enthalten [siehe Erwin Marx (22) u. (23); Giovanni Carli; E. Pugno Vanoni u. G. Someda (2); A. M. Cassie, F. U. Mason u. L. H. Orton; V. Ju. Gessen; M. Trautweiler; K. J. R. Wilkinson u. J. R. Mortlock; S. Teszner (1); G. Helmchen; L. Schmitz].

Für die Auswahl von Leistungsschaltern oder Sicherungen für bestimmte Netzteile muß der Kurzschlußstrom an der Einbaustelle bekannt sein. Über die Bestimmung von Kurzschlußströmen siehe J. Biermanns (2); A. Schwaiger (10); F. Ollendorf (3); M. Walter; G. Hameister (1); A. v. Timascheff (2); H. Grünewald (8); F. Punga; H. Dorsch.

In der neuesten Zeit ist in Hochspannungsanlagen die „Kurzschlußfortschaltung“ eingeführt worden. Man versteht hierunter das kurzzeitige Aus- und Wiedereinschalten von Schaltern zur Beseitigung von Kurzschlußlichtbögen im Netz. Bei richtiger Anwendung der Kurzschlußfortschaltung kann eine Störung in einem Netzteil beseitigt werden, ohne daß die Abnehmer hiervon Kenntnis erhalten [siehe z. B. R. Merkel; B. Fleck; W. Kaufmann (5); A. Roth (6); A. Scott-Hansen; Ph. Sporn u. C. A. Müller (1); J. J. Trainor, J. E. Hobson u. H. N. Muller jr. (1); Fr. Parschalk (3); S. B. Crary, L. F. Kennedy u. C. A. Woodrow; O. Mayr (11); S. Schultheiss (3); A. W. Hill u. W. M. Leeds; W. W. Parker u. H. A. Travers; A. C. Schwager; P. Sporn u. J. H. Kinghern (2); S. Margoulies u. E. H. Hubert; J. R. Mortlock; J. J. Trainor u. C. E. Parks (2); G. E. Dana; G. Meiners; A. Amstutz (1); E. H. Hubert u. C. H. Marchal; E. L. Harrington u. E. C. Starr; A. C. Boisseau, B. W. Wyman u. W. F. Skeats (1) u. (2).

23. Versuch: **Untersuchung von Hochspannungsventilen.**

Elektrische Ventile haben vieles Gemeinsame mit Schaltern: In der Durchlaßzeit lassen beide den Strom möglichst ungehindert fließen, während in der Sperrzeit (unterbrochener Stromkreis) der Stromdurchgang verhindert werden muß. Ein Schalter wird aber im allgemeinen nur selten geöffnet oder geschlossen, ein Ventil dagegen öffnet und schließt periodisch. Bei einem Ventil liegt also in sehr kurzen Zeitabständen die Aufgabe vor, die Durchlaßstrecke für den Strom beim Nullwerden des Stromes möglichst rasch wieder undurchlässig zu machen, damit, wenn nötig, auch eine hohe Spannung zwischen den Ventilelektroden vorliegen kann, ohne daß es rückzündet.

Die wichtigsten Eigenschaften von elektrischen Ventilen sind: Die Durchlaßstromstärke (in Ampere), die Sperrfähigkeit (Scheitelspannung in Volt oder Kilovolt), der Spannungsabfall in der Durchlaßzeit (in Volt), die Entionisierungszeit (d. i. die Zeit, die nach dem Nullwerden des Stromes vergehen muß, ehe das Ventil seine Sperrfähigkeit wiedererlangt hat) und die Steuerfähigkeit für den Einsatz und die Unterdrückung des Hauptstromes. Ferner ist es bei einem Ventil wichtig, zu wissen, ob eine Stromumkehr möglich ist (unechtes Ventil) oder nicht (echtes Ventil). Diese Ventileigenschaften lassen sich alle im Versuch ermitteln. Da es sich bei Hochspannungsventilen um meist schwierigere Untersuchungen handelt, die einen umfangreichen Aufbau erfordern, und da sehr vielfältige Wege bestehen, solche Messungen durchzuführen, sollen auch hier Einzelvorschläge nicht gemacht werden. Durch eine Literaturübersicht soll aber einem jeden die Möglichkeit gegeben werden, sich in dieses Gebiet einzuarbeiten. Die Ventilentwicklung hat in den letzten Jahren zu sehr schönen Erfolgen geführt. Ventile und Stromrichter werden unzweifelhaft auch in den nächsten Jahren viel zu weiteren Fortschritten in der Elektrotechnik beitragen.

Auch bei der Prüfung von Ventilen für hohe Leistungen kommt zur Ersparnis von Anlage- und Energiekosten wie bei Schaltern eine Prüfschaltung mit zwei verschiedenen Stromquellen in Frage. Aus einer dieser Stromquellen wird der Hauptstrom, aus der anderen die Sperrspannung entnommen [siehe E. Hameister; H. Verse (1); Erwin Marx (25)].

Über elektrische Ventile für hohe Spannungen und über Stromrichterschaltungen liegt eine große Reihe von allgemeinen und von speziellen Arbeiten vor [A. Güntherschulze (6); R. Strigel (1); E. Orlich (1); J. G. Kaar; W. Stockmeyer (1); A. Rachel u. Rissmüller (5); A. Rachel (2); M. Schenkel (1); O. K. Marti u. H. Winograd; C. Ramsauer (2); B. Kalkner (2); A. Glaser (3); R. Tröger (1); D. D. Knowles u. E. G. Bangratz; Leuthold; G. Reinhardt (1); H. Geffcken u. H. Richter; A. Glaser u. K. Müller-Lübeck (4); K. Baudisch u. W. Leukert; M. Schenkel (2); W. Schilling (6) u. (9); W. J. Rakov u. K. P. Fetisov; H. Glöde u. J. v. Issendorf; H. C. Steiner, J. L. Zehner u. H. E. Zuvers; G. Mierdel (7); J. C. Read; R. Tröger (3); W. Schilling (10); H. de B. Knight; H. Verse (6); A. W. Hull].

Aus der umfangreichen Literatur über Quecksilberdampfventile seien nur einige Veröffentlichungen angeführt: KURT E. MÜLLER-LÜBECK (1); J. v. ISSENDORF, M. SCHENKEL u. R. SEELIGER; F. MERTENS (1); D. E. HOFFMANN; H. SIMON; A. GLASER (2); M. SCHENKEL u. J. v. ISSENDORFF (3); A. PARTZSCH; F. MERTENS (2); G. DOBKE; W. DÄLLENBACH u. E. GERECKE; H. KELLER (2); ERWIN SCHMIDT; H. v. BERTELE (1); TH. WASSERRAB (2).

Für sehr hohe Spannungen und Leistungen wurde das Hochdruck-Lichtbogenventil entwickelt [ERWIN MARX (16); H. BUCHWALD (2); W. BÖHLAU (1); ERWIN MARX (18); ERWIN MARX u. H. BUCHWALD (26); ERWIN MARX (20); HANS W. MEYER; ERWIN MARX (21); A. ERK; H. TOLAZZI].

Als Ventile für hohe Spannungen lassen sich bei kleiner Leistung auch Spitze-Platte-Funkenstrecken verwenden [siehe ERWIN MARX (14); W. ZIEGENBEIN; P. NEDDERHUT; H. BUCHWALD (1)].

Neue Forschungsarbeiten befaßten sich mit der Untersuchung von Entionisierungszeiten, Spannungsabfällen, Eigenschwingungen in Hochspannungs-Stromrichterschaltungen und Steuerungsfragen sowie mit der Prüfung von Stromrichtern [siehe W. OSTENDORF; W. E. PAKALA (1); A. HOCHRAINER-MICZA (1); G. REINHARDT (2); TH. WASSERRAB (1); H. FETZ; G. WEHNER; H. ANSCHÜTZ; W. E. PAKALA u. W. B. BATTEN (2); K. MEYER (2); H. v. BERTELE u. TH. WASSERRAB (2); H. L. KELLOGG u. C. C. HERSKIND; A. HOCHRAINER (2); F. MERTENS (3); R. ELSNER (17); W. PAASCH; P. BRÜCKNER (2); E. K. SMITH; K. MÜLLER-LÜBECK (2); J. FÖRSTER].

Schließlich sei noch auf die Erzeugung der Blindleistung in Stromrichteranlagen hingewiesen [siehe z. B. MEYER-DELIUS; ERWIN MARX (24); CH. FREGE; P. BRÜCKNER (1)].

Die zuletzt beschriebenen Versuche sind nur in Ausschnitten für ein normales Hochspannungspraktikum geeignet. Sie sind trotzdem in dieses Buch aufgenommen worden, um für größere experimentelle Arbeiten auf dem Gebiete der Hochspannungstechnik, wie Studienarbeiten, Diplomarbeiten oder wissenschaftliche Arbeiten nach dem Studium, einen Anhalt und einen Literaturüberblick zu bieten.

Literaturverzeichnis.

ADLER, H. A., W. H WICKHAM u. M. S. O. OLDACRE: Flashovers of suspension insulators due to contamination. Trans. Amer. Instn. electr. Engrs. Bd. 67 (1948) S. 1680 [Electr. Engng. Bd. 68 (1949) S. 393]. — AEG: (1) Bauformen von Kugelfunkenstrecken. AEG-Mitt. 1938 H. 11 S. 532 — (2) Die Entwicklung der AEG-Hochspannungs-Prüftransformatoren. AEG-Mitt. 1938 H. 11 S. 535. — AHRBERG, F.: Praktische Winke für den Erdschlußschutz. Elektrotechn. u. Masch.-Bau Bd. 45 (1927) S. 66. — AIGNER, V.:(1) Induzierte Blitzüberspannungen und ihre Beziehung zum rückwärtigen Überschlag. ETZ Bd. 56 (1935) S. 497 — (2) Über den Sicherheitsgrad von Hochspannungsanlagen. ETZ Bd. 58 (1937) S. 1257. — AKOPJAN, A. A.: Einfluß der Form der Stoßspannung auf die Stoßkennlinie von Funkenstrecken. Elektritschestwo Bd. 59 (1939) S. 55 [ETZ Bd. 61 (1940) S. 456]. — ALEXANDER, W., s. E. W. MARCHANT. — ALLAN, A., u. D. F. AMER: The extinction of arcs in air-blast circuit breakers. J. Instn. electr. Engrs. Bd. 94 (1947) Part II S. 333. — ALTBÜRGER, P.: Selbstlöschende Funkenstrecken zur Vermeidung von Gewitterüberschlägen in Stationen. Elektrizitätswirtsch. Bd. 37 (1938) S. 462. — ALTEN, F.: Ein graphischer Beitrag zur Schering-Brücke. ETZ Bd. 57 (1936) S. 807. — AMER, D. F., s. A. ALLAN. — AMSTUTZ, A.: (1) Residual currents and voltages with single-pole rapid reclosing. Brown Boveri Rev. Bd. 35 (1948) S. 220. — AMSTUTZ, A., u. H. MEGER: (2) Netzversuche mit Druckluftschaltern. Brown Boveri Mitt. Bd. 37 (1950) S. 136. — ANDRITZKY, M.: Heutiger Stand der Rauchgasentstaubung. Elektrizitätswirtsch. Bd. 49 (1950) S. 136. — ANGELINI, A. M.: Diviseurs de tension et câbles retardeurs dans l'enregistrement oszillographique des phénomènes transitoires rapides. Bull. schweiz. elektrotechn. Ver. Bd. 32 (1941) S. 305. — ANSCHÜTZ, H.: Messungen in Stromrichteranlagen. Elektrotechn. u. Masch.-Bau Bd. 60 (1942) S. 344. — APPEL, H., s. A. GÄBERT. — ARDENNE, M. v.: (1) Über ein neues Röhren-Kippschwingungsgerät für Elektronenstrahl-Oszillographen. ETZ Bd. 56 (1935) S. 1295 — (2) Entwicklung von Vierfach-Elektronenstrahl-Oszillographen. Arch. techn. Messen Lfg. 78 (1937) J 834—19 — (3) Elektronenstrahl-Oszillographie in Polarkoordinaten. Meßtechn. Bd. 20 (1944) S. 25 [ETZ Bd. 65 (1944) S. 310]. — ARMSTRONG, C. I., u. C. T. W. SUTTON: Behaviour of high-voltage solid-type cable accessories in service. J. Instn. electr. Engrs. Bd. 95 (1948) Part I S. 369. — ARNOLD, A. G.: Die Erdschlußspule in Südafrika. Elektrizitätswirtsch. Bd. 39 (1940) S. 318. — ARTHUR, J. M., s. A. A. JOHNSON, B. M. JONER. — ATKINS, W. T. J.: An Oszillograph for automatic reclosing of disturbances on electric supply systems. Proc. Instn. electr. Engrs. Bd. 96 (1949) Part II S. 276. — ATKINSON, R. W.: High-voltage cable failure. Electr. Engng. Bd. 68 (1949) S. 605. — ATKINSON, R.W., s. I. I. FAUCETT. — ATTA, L. C. VAN, s. R. G. VAN DE GRAAFF. — MCAULEY, P. H.: Atmospheric variations and apparatus flash-over. Electr. Engng. Bd. 60 (1941) Trans. Sect. S. 798 [ETZ Bd. 63 (1942) S. 73] — MCAULY, P. H., s. P. L. BELLASCHI (4). — AUSTEN, A. E. W., u. S. WHITEHEAD: Discharges in insulation under alternating-current stresses. J. Instn. electr. Engrs. Bd. 88 (1941) Part I S. 62.

BAADER, A.: Grundsätzliches zur Ölregeneration. Elektrizitätswirtsch. Bd. 27 (1928) S. 213. — BAASCH, H.: Neuere Untersuchungen über Gleitentladungen. Bull. schweiz. elektrotechn. Ver. Bd. 28 (1937) S. 147. — BAATZ, H.: Blitzeinschlag-Messungen in Freileitungen. ETZ Bd. 72 (1951) S. 191. — BÄR, W., s. A. GÜNTHERSCHULZE (8). — BAER, W.: Spitzenentladungen in Luft bei Drucken von 1 bis 30 at. Arch. Elektrotechn. Bd. 32 (1938) S. 684. — BAKER, B. P., s. L. R. LUDWIG. — BALACHOWSKY, G.: Bemerkungen zum Betriebsverhalten und zur Konstruktion von modernen Überspannungsableitern. Bull. Soc. franç. Electr. Bd. 9 (1949) S. 607. — BARROW, G. M.: Recent Developments in Suspension Insulators. Electr. Engng. Bd. 53 (1934) S. 867. — BASS, S. L.: Silicones — a new continent in the world of chemistry. Electr. Engng. Bd. 66 (1947) S. 381. — BATES, B., s. P. CLOKE. — BATTEN, W. B., s. J. B. MCNEILL, W. E. PAKALA (2). — BAUCH, R.: (1) Ströme und Spannungen in einem Drehstromnetz bei vollkommenem und unvollkommenem Erdschluß. Elektrotechn. u. Masch.-Bau Bd. 37 (1919) S. 113 — (2) Erdschluß und Kurzschluß. Elektrotechn. u. Masch.-Bau Bd. 42 (1924) S. 333 — (3) Erfahrungen mit Löschtransformatoren der SSW bei den Orkanen 1928. Siemens-Z. Bd. 9 (1929) S. 203. — BAUDISCH, K., u. W. LEUKERT: Stromrichter für Hochstromanlagen. ETZ Bd. 56 (1935) S. 1141 — BAUDISCH, K.: (2) Energieübertragung mit Gleichstrom hoher Spannung. Springer 1950.— BAUER, W. M., u. J. D. COBINE: Gap recovery strength of a—c arcs at high pressure. Gen. Electr. Rev. Bd. 44 (1941) S. 315. — BAUERSCHMIDT, K., s. B. UEBERMUTH. — BAUGRATZ, E. G., s. D. D. KNOWLES. — BAUMEISTER, W.: Der unmittelbare Blitzschlag bei Hochspannungs-Freileitungen und Erfahrungen mit Wünschelrutenuntersuchungen. ETZ Bd. 60 (1939) S. 892. — BAUMHAUER, W., u. P. KUNZE: Ein horizontal liegender Bandgenerator nach Van de Graaff. Z. Phys. Bd. 114 (1939) S. 197. — BECHDOLDT, H.: (1) Das zentrale elektrische Versuchsfeld der Hermsdorf-Schomburg-Isolatoren GmbH. Hescho-Mitt. 1927 Heft 32/33 S. 967 — (2) Untersuchung von Isolatoren bei starker Verschmutzung. Hescho-Mitt. 1928 Heft 38 S. 1202 — (3) Das Verhalten von Prüftransformatoren hoher Eigenkapazität. Arch. Elektrotechn. Bd. 24 (1930) S. 833. — BECK, E., s. I. W. GROSS (1). — BECK, H.: Über die dielektrischen Verluste von Isolierölen bei sehr hohen Frequenzen. Phys. Z. Bd. 34 (1933) S. 721. — BECKEN, O., u. K. SOMMERMEYER: Die Vorgänge an der Kathode von Lichtbogen. Z. Phys. Bd. 102 (1936) S. 551. — BECKER, R.: Messung von Durchschlagfeldstärken fester Isolierstoffe im Frequenzbereich 1 MHz bis 15 MHz. Ausbau der Theorie des Wärmedurchschlags. Arch. Elektrotechn. Bd. 30 (1936) S. 411. — BECKMANN, L.: Der van de Graaff-Generator. Tekn. T. Bd. 80 (1950) S. 1109. — BEINDORF, W.: Der Einfluß der Induktivität und des Funkenwiderstandes eines Stoßentladekreises auf die maximale Steilheit des Spannungsanstieges. Arch. Elektrotechn. Bd. 32 (1938) S. 654. — BELDI, F.: (1) Eine Hochspannungsbrücke für Verlustmessungen an Isolierstoffen. Bull. schweiz. elektrotechn. Ver. Bd. 21 (1930) S. 197 — (2) New investigations of the corona losses of a transmission. CIGRE R. 408 (1948) — (3) Die Stoßprüfung von Transformatoren. Brown Boveri Mitt. Bd. 37 (1950) S. 179. — BELDI, F., u. CH. DEGOUMOIS: (4) Die Einrichtung des neuen Laboratoriums. Brown Boveri Mitt. Bd. 30 (1943) S. 218. — BELDI, F., s. P. GEISER. — BELLASCHI, P. L.: (1) Stoßvorgänge in der Natur und im Versuchsfeld. Electr. Engng. Bd. 56 (1937) S. 1253 [ETZ 1938 S. 154] — (2) Lightning strokes. Results of recent studies in field an laboratory. Electrician Bd. 123 (1939) S. 271 — (3) Blitzschläge in der Natur und im Versuchsfeld. Electr. Engng. Bd. 58 (1939) S. 466. — BELLASCHI, P. L., u. P. H. MCAULEY: (4) Impulse calibration of sphere gaps. Electr. J. Bd. 31 (1934) S. 228. — BELLASCHI, P. L.: (5) I fulmini in natura ed in laboratorio. Energia elettr. Bd. 14 (1937) S. 788 —

(6) Lightning surges transferred from one circuit to another through transformers. Electr. Engng. Bd. 62 (1943) S. 731. — Bellaschi, P. L., u. P. Evans jr.: (7) Effect of altitude on impulse and 60-cycle strength of electrical apparatus. Electr. Engng. Bd. 63 (1944) Trans. Sect. S. 236. — De Bellis, A. M.: Fuses replace circuit-breakers on station feeders. Electr. Wld., N.Y., B. 126 (1946) S. 99. — Benda, E. R.: Der neue Hochleistungs-Spannungsableiter. Siemens-Z. Bd. 12 (1932) S. 394. — Benischke, G.: (1) Ein neuer Hochspannungsschalter mit Ölströmung. ETZ Bd. 53 (1932) S. 105 — (2) Hochspannungsschalter ohne Öl und mit Öl. Elektrotechn. u. Masch.-Bau Bd. 50 (1932) S. 480. — Berberich, L. J., s. E. W. Lindsay. — Berdy, J., s. I. B. Johnson. — Berger, K.: (1) Der Durchschlag fester Isolierstoffe als Folge ihrer Erwärmung. Bull. schweiz. elektrotechn. Ver. Bd. 17 (1926) S. 37 — (2) Über die Weiterentwicklung des Kathodenstrahl-Oszillographen von Dufour zur Ermöglichung der Aufnahme von Gewittererscheinungen sowie anderer Vorgänge kürzester Dauer. Bull. schweiz. elektrotechn. Ver. Bd. 19 (1928) S. 292 — (3) Die ersten Beobachtungen des Verlaufes von durch Gewitter verursachten Spannungen in Mittelspannungsnetzen mittels des Kathodenstrahl-Oszillographen des S.E.V. Bull. schweiz. elektrotechn. Ver. Bd. 20 (1929) S. 321 — (4) Fortschritte in der Erkenntnis des Blitzes und im Überspannungsschutz elektrischer Anlagen. Bull. schweiz. elektrotechn. Ver. Bd. 25 (1934) S. 641 — (5) Resultate der Gewittermessungen in den Jahren 1934/35. Bull. schweiz. elektrotechn. Ver. Bd. 27 (1936) S. 145 — (6) Ein neuer Doppel-Kathodenstrahl-Oszillograph. Bull. schweiz. elektrotechn. Ver. Bd. 31 (1940) S. 113. — Berger, K., u. B. C. Robinson: (7) Absolute Eichung von Kugelfunkenstrecken mit dem Kathodenstrahl-Oszillographen als Nullinstrument. Bull. schweiz. elektrotechn. Ver. Bd. 31 (1940) S. 157. — Berger, K., u. E. Schneeberger: (8) Ein Kabel-Stoßgenerator für große Leistung und 1 Million Volt Stoßspannung. Bull. schweiz. elektrotechn. Ver. Bd. 24 (1933) S. 325 — (9) Gewittermessungen der Jahre 1936 und 1937. Bull. schweiz. elektrotechn. Ver. Bd. 34 (1943) S. 353 — (10) Die Blitzmeßstation auf dem Monte San Salvatore. Bull. schweiz. elektrotechn. Ver. Bd. 34 (1943) S. 803 — (11) Eine neue Schaltung für die Erzeugung zeitproportionaler Ablenkspannungen in Kathodenstrahl-Oszillographen. Bull. schweiz. elektrotechn. Ver. Bd. 35 (1944) S. 33. — Bergström, L. R., u. U. Sandström: The field testing of 220 kV-air-blast circuit breakers. Electr. Engng. Bd. 70 (1951) S. 118. — Bertele, H. v.: (1) The continental development of single-anode mercury-arc-rectifier valves of high power. Proc. Instn. electr. Engrs. Bd. 97 (1950) Part II S. 663. — Bertele, H. v., u. Th. Wasserrab: (2) Umschaltschwingungen in Stromrichteranlagen. Elektrotechn. u. Masch.-Bau Bd. 60 (1942) S. 332. — Berkey, Wm. E.: Enclosed Spark gaps. Electr. Engng. Bd. 59 (1940) Trans. Sect. S. 429. — Betz, H., s. A. Güntherschulze (9) u. (10). — Biermanns, J.: (1) Über Wanderwellenschutzeinrichtungen. Arch. Elektrotechn. Bd. 5 (1917) S. 215 — (2) Überströme in Hochspannungsnetzen. Berlin: Springer 1926 — (3) Ölschalter für große Schaltleistungen. AEG-Mitt. 1929 Heft 3 S. 103 — (4) Das Hochspannungs-Laboratorium der AEG. Elektrotechn. u. Masch.-Bau Bd. 47 (1929) S. 697 — (5) Hochspannungsschalter ohne Öl. ETZ Bd. 50 (1929) S. 1075 — (6) Hochleistungsschalter ohne Öl. ETZ Bd. 51 (1930) S. 299 — (7) Blitzschutz von Freileitungen. Forschung und Technik, S. 234. Berlin: Springer 1930 — (8) Über den Unterbrechungsvorgang im Hochleistungsschalter. ETZ Bd. 53 (1932) S. 641 — (9) Der wirtschaftliche Druckgasschalter. ETZ Bd. 54 (1933) S. 229 — (10) Öllose Schalter. Elektrotechn. u. Masch.-Bau Bd. 52 (1934) S. 369 — (11) Fortschritte im Transformatorenbau. ETZ Bd. 58 (1937) S. 622 —(12) Fortschritte im Bau von Druckgasschaltern. ETZ Bd. 59 (1938) S. 165 u. 194 — (13) Die Resultate neuerer Forschungen über den Abschaltvorgang im Wechselstromlicht-

bogen und ihre Anwendung im Schalterbau. Bull. schweiz. elektrotechn. Ver. Bd. 23 (1932) S. 565 u. 605 — (14) Technische Probleme der 400-kV-Drehstrom-Übertragung. ETZ Bd. 71 (1950) S. 455 — (15) Energieübertragung auf große Entfernungen Bücher der Hochspannungstechnik, hrsg. v. Harald Müller, Verlag G. Braun, Karlsruhe 1949 [ETZ Bd. 71 (1950) S. 385] — (16) Hochspannung und Hochleistung, Carl Hanser Verlag, München 1949. — Bigalke, A.: (1) Projektions-Kathodenstrahl-Oszillograph. AEG-Mitt. 1937 Heft 11 S. 381 — (2) Die selbsttätige Aufnahme einmaliger Vorgänge mit dem Elektronenstrahl-Oszillographen. ETZ Bd. 59 (1938) S. 389 — (3) Elektronenstrahl-Oszillograph. Geschichtliche Entwicklung. Arch. techn. Messen Lfg. 96 (1939) J 834—26 — (4) Elektronenstrahl-Oszillograph. Literatur bis Anfang 1939. Arch. techn. Messen Lfg. 93 (1939) J 834—25 — (5) Elektronen-Vierstrahlröhre hoher Schreibgeschwindigkeit. Arch. Elektrotechn. Bd. 33 (1939) S. 108. — Bigalke, A., u. H. Pieplow: (6) Ein neuer Kleinoszillograph mit Braunscher Hochvakuumröhre. ETZ Bd. 60 (1939) S. 357. — Bigalke, A.: (7) Elektronenstrahl-Oszillograph. Braunsche Röhre. Tl. 2: Ablenksteuerung. Arch. techn. Messen Lfg. 117 (1941) J 834—28 — (8) Elektronenstrahl-Oszillograph. Braunsche Röhre. Tl. 3: Leuchtschirm. Arch. techn. Messen Lfg. 143 (1943) J 834—29. — Binder, L.: (1) Über Einschaltvorgänge und elektrische Wanderwellen. ETZ Bd. 35 (1914) S. 177 u. 203 — (2) Wanderwellen in Freileitungen und in Kabeln. ETZ Bd. 36 (1915) S. 241; Bd. 38 (1917) S. 381 — (3) Länge des Wanderwellenkopfes. Arch. Elektrotechn. Bd. 15 (1925) S. 296 — (4) Untersuchungen über die Vorgänge bei der elektrischen Stoßprüfung. ETZ Bd. 46 (1925) S. 137 — (5) Entladeverzug von Meß- und Schutzfunkenstrecken. ETZ Bd. 47 (1926) S. 1511 — (6) Freileitungsisolatoren für 220-kV-Betriebsspannung. Elektrotechn. u. Masch.-Bau Bd. 44 (1926) S. 905 — (7) Einige Untersuchungen über den Blitz. ETZ Bd. 49 (1928) S. 503 — (8) Die Wanderwellenvorgänge auf experimenteller Grundlage. Berlin: Springer 1928 — (9) Ein Mikrozeitschalter. ETZ Bd. 52 (1931) S. 899 — (10) Groß-Kathodenstrahl-Oszillograph für 200 kV Ablenkspannung. ETZ Bd. 52 (1931) S. 735 — (11) Das Hochspannungsversuchsfeld der Technischen Hochschule Dresden. ETZ Bd. 55 (1934) S. 481 — (12) Oszillograph und Beobachter in einer Kugel bei 1 Million Volt gegen Erde. ETZ Bd. 58 (1937) S. 1187. — Binder, L., u. W. Hörcher: (13) Beitrag zur Neu-Eichung der Kugelfunkenstrecke für Niederfrequenz. ETZ Bd. 59 (1938) S. 161 — (14) Metallwiderstand für die Messung höchster Spannungen. Z. techn. Phys. Bd. 19 (1938) S. 48. — Birnbaum, H. W.: (1) Dielektrische Verluste von Kabeltränkmassen. ETZ Bd. 45 (1924) S. 229 — (2) Die neuen Laboratorien und Prüffelder der A.-G. Kabelwerk Duisburg. ETZ Bd. 49 (1928) S. 863. — Blakeslee, T. M., u. E. L. Kanouse: Lightning performance of 287,5 kV Hoover Dam—Los Angeles transmission lines. Electr. Engng. Bd. 69 (1950) S. 706 — Blakeslee, T. M., s. B. Cozzens. — Blechschmidt, E.: Präzisionsmessungen von Kapazitäten, dielektrischen Verlusten und Dielektrizitätskonstanten. Braunschweig. Friedr. Vieweg u. Sohn 1940. — De Blieux, E. V.: High-voltage rectifier circuits. Gen. Electr. Rev. Bd. 51 (1948) No. 2, 3, 4 u. 5. — Blum, E., u. W. Finkelnburg: Die Messung von Blitzstromstärken. ETZ Bd. 58 (1937) S. 604 — Boeckels, H.: Die Erzeugung hoher Gleichspannungen. ETZ. Bd. 55 (1934) S. 603. — Böcker, H.: (1) Die Durchschlagsenkung bei Hochfrequenz. Arch. Elektrotechn. Bd. 31 (1937) S. 166 — (2) Ein Hochspannungsmesser für 600 kV. Arch. Elektrotechn. Bd. 33 (1939) S. 801 — (3) Elektrostatische Hochspannungsmesser. ETZ Bd. 61 (1940) S. 729 — (4) Über die Minimalspannung und den Entladungsvorgang beim Überschlag mit Wechselspannung in feuchter Druckluft. Arch. Elektrotechn. Bd. 40 (1950) S. 37. — Böcker, H., u. Ch. Kneller: (5) Koronamessungen an Aluminiumseilen für Hochspannung. BBC-Nachr. Bd. 30 (1943) S. 49 [ETZ Bd. 66

(1945) S. 41]. — Böcker, H., s. W. Rogowski (18). — Böckmann, M.: Bericht über oszillographische Aufnahmen bei Gewitterstörungen. Tekn. T. Bd. 80 (1950) S. 309 [ETZ Bd. 71 (1950) S. 594]. — Böhlau, W.: (1) Entwicklung und Arbeitsweise mehrphasiger Schaltungen zur Gleichrichtung hoher Wechselspannungen mit Lichtbogenkammern nach Marx. Dissertation Braunschweig 1932 — (2) Gleichstrom-Kraftübertragung unter Verwendung von Lichtbogenkammern. Elektrizitätswirtsch. Bd. 32 (1933) S. 45. — Böhm, O.: Rechnerische und experimentelle Untersuchung der Einwirkung von Wanderwellenschwingungen auf Transformatorwicklungen. Arch. Elektrotechn. Bd. 5 (1916/17) S. 383. — Boehne, E. W., s. L. F. Hunt, T. W. Schroeder. — Boeke, H.: (1) Eine rundfunk- und abbrandsichere Lichtbogen-Schutzausrüstung für Mehrrohr-Durchführungen. Hescho-Mitt. 1940 Heft 81 — (2) Die 50%-Überschlag-Stoßspannung der Hochspannungs-Freileitungsisolatoren der neuen Typenreihe (VDE 0294/VI 43) ETZ Bd. 64 (1943) S. 617. — Bölsterli, A.: (1) Preßgas als Isolation in Hochspannungsapparaten. Bull. schweiz. elektrotechn. Ver. Bd. 22 (1931) S. 245 — (2) Nichtfeuergefährliche Isolierflüssigkeiten. Bull schweiz. elektrotechn. Ver. Bd. 26 (1935) S. 185. — Bölte, K., u. R. Küchler: Transformatoren mit Stufenregelung unter Last. München, Berlin: R. Oldenbourg 1938. — Böning, P.: (1) Zur Theorie des elektrischen Durchschlags in Öl. Z. Fernmeldetechn. Bd. 9 (1928) S. 161 — (2) Zur Theorie des elektrischen Durchschlags. I. Durchschlagsfunktion. Arch. Elektrotechn. Bd. 20 (1928) S. 88 — (3) Zur Theorie des elektrischen Durchschlags. II. Das Minimum der (mittleren) Durchbruchfeldstärke bei Isolierstoffen. Arch. Elektrotechn. Bd. 20 (1928) S. 503 — (4) Zur Theorie des elektrischen Durchschlags. III. Die Verzögerung des Durchschlags. Arch. Elektrotechn. Bd. 21 (1928) S. 25 — (5) Dielektrizitätskonstante und Leitfähigkeit technischer Isolierstoffe und die Gestaltung der Stromkurve beim Stromdurchgang. Z. techn. Phys. Bd. 10 (1929) S. 288 — (6) Experimentelle Ermittlung der Spannungsverteilung in Isolierstoffen bei Gleichspannung. Elektrotechn. u. Masch.-Bau Bd. 47 (1929) S. 613 — (7) Über Raumladungen in festen Isolierstoffen. Mitt. aus d. techn. Inst. der staatl. Tungchi-Univ. Woosung Bd. 2 (1936) H. 8 — (8) Zur Theorie des elektrischen Durchschlags. Der Einfluß der Temperatur. Bull. schweiz. elektrotechn. Ver. Bd. 29 (1938) S. 368 — (9) Zur Theorie des elektrischen Durchschlags. Der Einfluß der Zeit auf die Durchschlagsspannung. Bull. schweiz. elektrotechn. Ver. Bd. 29 (1938) S. 373 — (10) Bemerkenswerte Zusammenhänge zwischen den anomalen Strömen, dem Verlustfaktor, der scheinbaren Kapazität und der Rückspannung bei Isolierstoffen. Z. techn. Phys. Bd. 19 (1938) S. 241 — (11) Elektrische Isolierstoffe, ihr Verhalten auf Grund der Ionenadsorption an inneren Grenzflächen. Braunschweig: Friedr. Vieweg u. Sohn 1938 — (12) Zur Frage des Öldurchschlages. Z. techn. Phys. Bd. 20 (1939) S. 46 — (13) Zur Theorie der Isolierstoffe. Kolloid-Z. Bd. 92 (1940) S. 136 — (14) Weitere Zusammenhänge zwischen den Anomalien der Isolierstoffe. Z. techn. Phys. Bd. 21 (1940) S. 250 — (15) Spannungsverteilung und Durchschlag bei Kabeln und Durchführungen unter Gleichspannung. Z. techn. Phys. Bd. 22 (1941) S. 312 — (16) Verfahren zum Messen der Spannungsverteilung an Isolatoren mittels eines Differentialkondensators. Arch. techn. Messen Lfg. 158 (1948) V 3333—7 — (17) Neue Verfahren zum Erlangen höchster Gleichspannungen. Felten & Guilleaume-Rdsch. Heft 30 (1950) S. 128 — (18) Die Messung hoher Wechselspannungen mittels kapazitiver Spannungsteiler (C-Messung). Arch. techn. Messen Lfg. 184 (1951) V 3333—1. — Boisseau, A. C., B. W. Wyman u. W. F. Skeats: (1) Effect of deionisation time on reclosing circuit breakers. Electr. Engng. Bd. 69 (1950) S. 346 — (2) Die Entionisationsdauer bei Lichtbogen-Überschlägen an Isolatoren. CIGRE R. 135 (1950) [ETZ Bd. 72 (1951) S. 472]. — Boldingh, W. H.: Stoßspannungsanlagen. Philips' techn. Rdsch. Bd. 3

(1938) S. 302. — Boller, W., u. M. Wellauer: Zusammenfassende Darstellung der dielektrischen Verluste in Mikanitisolationen für Generatorspulen hoher Spannung. Bull. schweiz. elektrotechn. Ver. Bd. 22 (1931) S. 589. — Bollmann, W.: Der Anschluß von Erdschlußlöschspulen. BBC-Nachr. (Mannheim) 1934 Heft 3 S. 87. — Bongartz, H., s. W. Fucks (2). — Borden, E., s. M. Höchstädter (2). — Borden, H. L., s. G. T. Lusignan jr. — Borel, J.: (1) Hoch- und Höchstspannungskabel. Bull. schweiz. elektrotechn. Ver. Bd. 29 (1938) S. 227 — (2) Contribution à l'étude du mécanisme de la disruption électrique des câbles. Bull. schweiz. elektrotechn. Ver. Bd. 35 (1944) S. 239. — Borel, J., u. P. E. Schneeberger: (3) Kabel. Bull. schweiz. elektrotechn. Ver. Bd. 30 (1939) S. 564. — Borgnis, F.: (1) Eine neue Methode zur Bestimmung der Dielektrizitätskonstanten und des Verlustfaktors dielektrischer Stoffe im cm-Wellenbereich. Naturwiss. Bd. 29 (1941) S. 516 — (2) Messung der Dielektrizitätskonstanten und des Verlustfaktors dielektrischer Stoffe bei einer Wellenlänge von 14 cm mittels Hochspannungsresonatoren. Phys. Z. Bd. 43 (1942) S. 284. — Borgquist, O.: (1) Über Leitungsisolatoren für Hochspannung. VEW.-Mitt. 1923 S. 263 — (2) Energieübertragung durch hochgespannten Gleichstrom. CIGRE R. 132 (1946) [Bull. schweiz. elektrotechn. Ver. Bd. 38 (1947) S. 279, 346 u. 378; ETZ Bd. 69 (1948) S. 128] — (3) Entwicklung des schwedischen Hochspannungsnetzes. J. Instn. electr. Engrs. Bd. 95 (1948) Part I S. 157 [ETZ Bd. 69 (1948) S. 369]. — Borgquist, W., u. A. Vrethem: (4) Das schwedische 380-kV-System. Arch. elektr. Übertrgng. Bd. 3 (1949) S. 187. — Bornitz, E.: (1) Starkstrom-Kondensatoren und umlaufende Phasenschieber. München u. Berlin: R. Oldenbourg 1942 — (2) Spannungsregelung und Lastverteilung durch Regeltransformatoren und Regelkondensatoren in den Netzen. Elektrotechn. u. Masch.-Bau Bd. 61 (1943) S. 525 [ETZ Bd. 65 (1945) S. 35]. — Borries, B. v., u. W. Kaufmann: (1) Abschaltversuche an Hochleistungsschaltern, Untersuchungen mit dem Kathodenstrahl-Oszillographen. Z. VDI Bd. 79 (1935) S. 597. — Borries, B. v., u. E. Ruska: (2) Hochleistungs-Oszillographen mit abgeschmolzener Braunscher Röhre. Arch. Elektrotechn. Bd. 34 (1940) S. 106. — Bossi, H.: (1) Mittel zur Spannungsregulierung. Bull. schweiz. elektrotechn. Ver. Bd. 28 (1937) S. 243 — (2) Die Bedeutung und der Einsatz des Ableiters im modernen Überspannungsschutz. Brown Boveri Mitt. Bd. 38 (1951) S. 96. — Bouwers, A.: (1) Elektrische Höchstspannungen. Berlin: Springer 1939. — Bouwers, A., u. A. Kuntke: (2) Ein Generator für 3 Millionen Volt Gleichspannung. Z. techn. Phys. Bd. 18 (1937) S. 209. — Bouwers, A., u. P. G. Cath: (3) Die maximale elektrische Feldstärke für einige einfache Elektrodenanordnungen. Philips' techn. Rdsch. Bd. 6 (1941) S. 274. — Boveri, Th.: Betrachtungen über die Verwendung von Löschspulen in Höchstspannungsnetzen. Bull. schweiz. elektrotechn. Ver. Bd. 35 (1944) S. 270. — Bowdler, G. W., u. W. G. Standring: The impulse characteristics of porcelain insulators. J. Instn. electr. Engrs. Bd. 88 (1941) S. 422. — Bowdler, G. W., s. R. Davis. — Bowers, B. N.: Improved oil-filled bushings for high-voltage apparatus. Gen. Electr. Rev. Bd. 53 (1950) No. 4, S. 30. — Brake, E.: Über die Messung von Phasenwinkeln und Leistungen bei Hochfrequenz nach einer elektrooptischen Methode. Elektr. Nachr.-Techn. Bd. 14 (1937) S. 232. — Braun, A., G. Busch u. P. Scherrer: Spannungsabhängige Widerstände. Helv. phys. Acta Bd. 14 (1941) S. 140. — Brauns, H.: Aufbau und Betrieb von Höchstspannungskabelanlagen. Elektrizitätswirtsch. Bd. 38 (1939) S. 677. — Brazier, L. G.: Der Durchschlag von Kabeln infolge von thermischer Instabilität. J. Inst. electr. Engrs. Bd. 77 (1935) S. 104 [Elektrotechn. u. Masch.-Bau Bd. 54 (1936) S. 212]. — Bredner, R.: Die Durchschlagfestigkeit von Isolierölen bei verschiedenen Schlagweiten. ETZ Bd. 55 (1934) S. 556. — Brenner, W. C., s. H. H. Skilling. —

BRINKMANN, CURT: Eigenentladung und Zeitkonstante des Hochspannungs-Öl-kondensators. Arch. Elektrotechn. Bd. 37 (1943) S. 49. — BRINKMANN, KARL: Untersuchungen an Kabelisolierölen deutscher Herkunft. Arch. Elektrotechn. Bd. 40 (1951) S. 192. — BROCKHAUS, G.: AEG-Freistrahl-Druckgasschalter. AEG-Mitt. 1937 Heft 12 S. 446. — BROWNE jr., T. E.: A Study of a—c arc behaviour near current zero by means of mathematical models. Trans. Amer. Inst. electr. Engrs. Bd. 67 (1948) Part I S. 141. — BROWNE jr., T. E., s. J. SLEPIAN (2). — BROWNLEE, TH.: Modern impulse generators for testing lightning arresters. Electr. Engng. Bd. 61 (1942) Trans. Sect. S. 539. — BRUCE: (1) Zur Theorie der Wechselstrom- Koronaentladung. Phys. Z. Bd. 36 (1935) S. 341 — (2) Calibration of uniform-field spark-gaps for high-voltage measurement at power frequencies. J. Instn. electr. Engrs. Bd. 94 (1947) Part II S. 138. — BRUCHMANN, F.: Erweiterte Anwendungsmöglichkeiten des Elektronenstrahl-Oszillographen durch neues Zubehör. AEG-Mitt. 1939 Heft 11 S. 471. — BRÜCKMANN, H. W. L.: (1) Untersuchungen über dielektrische Verluste bei Dauerbeanspruchung und verschiedenen Temperaturen. ETZ Bd. 50 (1929) S. 1873. — BRÜCKMANN, H. W. L., u. M. G. A. HAALEBOS: (2) Über die elektrischen Eigenschaften der Mineralöle. ETZ Bd. 55 (1934) S. 1269. — BRÜCKNER, P.: (1) Blindleistungserzeugung und -regelung in wechselrichtergespeisten Drehstromnetzen. ETZ Bd. 69 (1948) S. 52 — (2) Der Einfluß der Ventilkapazitäten auf den Stromrichterbetrieb. ETZ Bd. 71 (1948) S. 515. — BRÜLLE, H., s. H. SCHERING (4). — BUCH, R., u. E. HUETER: Über Transformatoren mit annähernd sinusförmigem Magnetisierungsstrom. ETZ Bd. 56 (1935) S. 933. — BUCHHOLD, TH.: Elektrische Kraftwerke und Netze. Berlin: Springer 1938. — BUCHHOLZ, H.-H.: Über den Einfluß des Gasgehaltes in flüssigen Isolierstoffen auf ihr dielektrisches Verhalten. Diss. Braunschweig 1951. — BUCHKREMER, S.: (1) Hochspannungsmessungen mit dem Kathodenstrahl-Oszillograph. Dissertation Aachen 1938 — (2) Neuere konstruktive Entwicklung der Hochleistungs-Kathodenstrahl-Oszillographen. ETZ Bd. 59 (1938) S. 1035. — BUCHWALD, H.: (1) Der Polaritätsunterschied der Luft-Durchschlagspannungen in unhomogenen, unsymmetrischen elektrischen Feldern unter Berücksichtigung ihrer Verwendungsfähigkeit als Gleichrichter für sehr hohe Spannungen. Dissertation Braunschweig 1930 — (2) Über Lichtbogenstromrichter für sehr hohe Spannungen nach Marx. Elektrotechn. u. Masch.-Bau Bd. 50 (1932) S. 553. — BUCHWALD, H., s. ERWIN MARX (26). — BUCKSATH, W.: (1) Elektrische Stoßprüfung von Porzellanisolatoren. ETZ Bd. 44 (1923) S. 943 — (2) Elektrische Stoßprüfung von Isolatoren. Rosenthal-Mitt. 1924 Heft 2. — BÜGE, M.: Über punktweise Aufnahme quasistationärer Vorgänge. Arch. Elektrotechn. Bd. 24 (1930) S. 44. — BÜRKLIN, A., u. W. WEICKER: Einführung zu den neuen Bestimmungen über Freileitungs-Kettenisolatoren. ETZ Bd. 61 (1940) S. 374. — BÜTTNER, G.: Über den Einfluß gelöster Gase auf die Stabilität des Öl-Papier-Dielektrikums. Felten & Guilleaume-Rdsch. Heft 28 (1950) S. 34. — BURGER, O.: Berechnung von Gleichstromkraftübertragungen. Berlin: Springer 1932. — BURGHOFF, H. H.: Über die magnetische Ablenkung von Lichtbögen. Elektrotechn. u. Masch.-Bau Bd. 52 (1934) S. 49. — BURKHARDTSMAIER, W., s. A. MATTHIAS (13). — BURMESTER, A., s. H. SCHERING (5). — BUSCH, G., s. A. BRAUN. — BUSS, G., u. H. HEUMANN: Übersicht über den Stand der Höchstspannungs-Kabeltechnik im In- und Ausland. Elektrizitätswirtsch. Bd. 49 (1950) S. 5. — BUSS, K.: (1) Statischer Durchschlag von festen und flüssigen Körpern. Arch. Elektrotechn. Bd. 28 (1934) S. 55 — (2) Ein neuartiger Stoßspannungsgenerator zur Kabelprüfung. ETZ Bd. 59 (1938) S. 437. — BUSS, K., u. W. VOGEL: (3) Stoßspannungsversuche an Hochspannungskabeln. VDE-Fachber. 1935 S. 61. — BUTLER, J. W., s. T. W. SCHROEDER.

CAHEN, F., u. R. PÉLISSIER: Abhängigkeit des Koronaeffektes vom Leiterdurchmesser und -profil. Rev. gén. Electr.Bd. 58 (1949) S. 279 [ETZ Bd. 71 (1950) S. 122]. — Camilli, G., u. J. J. Chapman: Gaseous insulation for high voltage apparatus. Gen. Electr. Rev. Bd. 51 (1948) No. 2 S. 35. — Candler, I. L.: Developments in surge recording by means of the klydonograph. J. Instn. electr. Engrs. Bd. 87 (1940) S. 597. — McCann, G. D. s. I. W. Gross (1), C. F. Wagner. — Carli, G.: Ricerche su prove indiretti degli interruttori. (Untersuchungen über indirekte Prüfungen von Schaltern.) Ric. sci. progr. tecn. econom. naz. Bd. 1 (1938) S. 116; Bd. 10 (1939) S. 452. — Carroll, J. S., s. W. S. Peterson. — Cassie, A. M., F. U. Mason u. L. H. Orton: Steuerung der Stoßspannung bei Schaltversuchen mit getrennter Strom- und Spannungsquelle. Rev. gén. Electr. Bd. 46 (1939) S. 877. — Cath, P. G., s. A. Bouwers (3). — Černyšev, A. A.: Elektrifizierung der UdSSR. und Energieübertragung mit hochgespanntem Gleichstrom. Elektritschestwo Bd. 61 (1940) S. 4. — Chadwick, A. T., J. M. Ferguson, D. H. Ryder u. G. F. Stearn: Design of power transformers to withstand surges due to lightning, with special reference a new type of winding. Proc. Instn. electr. Engrs. Bd. 97 (1950) Part II S. 737. — Chapman, J. J. s. G. Camilli. — Chin, P. T., u. E. E. Moyer: A graphical analysis of the voltage and current wave forms of controlled rectifier circuits. Electr. Engn. Bd. 63 (1944) Trans. Sect. S. 501. — Christ, K.: Raumladungen und Ionisierungsvorgänge in Öl. Z. Phys. Bd. 98 (1935) S. 23. — Christie, J., s. D. E. Lambert. — Clagett, W. H., u. W. M. Leeds: Kurzschlußversuche mit 4370000 kVA, 230 kV. Electr. Engn. Bd. 65 (1946) S. 729 [ETZ Bd. 70 (1949) S. 520] — Clagett, W. H., s. C. L. Killgore. — Clark, F. M.: Der elektrische Durchschlag von flüssigen Dielektriken. J. Franklin-Inst. Bd. 216 (1933) S. 429 [Elektrotechn. u. Masch.-Bau Bd. 52 (1934) S. 329]. — Clark, C. H. W. s. W. J. John (2). — Clark, St. C.: 100000 Volt pulses measured with capacitance voltage divider. Gen. Electr. Rev. Bd. 51 (1948) No. 5, S. 20. — Claussnitzer, J.: Zur Messung mit Kugelfunkenstrecken. ETZ Bd. 57 (1936) S. 177. — Cloke, P., u. B. Bates: True dielectric breakdown strength of cable papers. Electr. Engng. Bd. 67 (1948) S. 1072. — Cloud, R. W., s. J. G. Trump (2). — Cobine, J. D., s. W. M. Bauer. — Cohn, s. Himler. — Cole, H. L., s. H. J. Lingal. — Colling, H. W., s. I. I. Faucett. — Compton, K. P., s. R. J. van de Graaff. — Condon, E. U.: Die Entwicklung der van de Graaff-Generatoren in Amerika. ETZ Bd. 59 (1938) S. 1039. — Conrad, F.: Zur Kennzeichnung der Störfähigkeit von Hochspannungsleitungen. ETZ Bd. 63 (1942) S. 367. — Conradi, E.: Untersuchung über den Durchschlag und die Vorgänge bei elektrischer Beanspruchung von Isolierölen verschiedener Festigkeit. Arch. Elektrotechn. Bd. 30 (1936) S. 677. — Cook, W. A.: Outdoor bushings, their construction, testing and standardisation. J. Instn. electr. Engrs. Bd. 88 (1941) Part I S. 198. — Cook, S. S., s. H. W. Hartzell. — Cooper, R.: A note on the measurement of short-duration recurrent voltage impulse by means of spark-gaps. J. Instn. electr. Engrs. Bd. 95 (1948) Part II S. 378. — Cox, H. E., u. T. H. Wilcox: The performance of high-voltage oil circuit-breakers incorporating resistance switching. J. Instn. electr. Engrs. Bd. 94 (1947) Part II S. 351. — Cozzens, B., u. T. M. Blakeslee: Performance of dust-contaminated insulators in fog. Electr. Engng. Bd. 68 (1949) S. 226 — Cozzens, B., s. W. S. Peterson. — Crämer, R.: (1) Fahrbare Stoßanlagen. ETZ Bd. 57 (1936) S. 1227 — (2) Fahrbare Stoßanlagen für Spannungen bis 4 Millionen Volt. AEG-Mitt. 1938 S. 85 — (3) 10-t-Prüftransformator für 1 MV Betriebsspannung. ETZ Bd. 59 (1938) S. 228. — Crary, S. B., L. F. Kennedy u. C. A. Woodrow: Analysis of the application of high-speed reclosing breakers to transmission systems. Electr. Engng. Bd. 61 (1942) Trans. Sect. S. 339. — Cron, H. v.: Über Kriechspurbildung auf Isolierstoffen bei Hochspannung. Arch. Elektrotechn. Bd. 37 (1943) S. 123. —

Cumme, H.: Untersuchungen über die höchstzulässige elektrische Beanspruchung von Kabelausgußmassen. Dissertation Braunschweig 1931.

Dällenbach, W., u. E. Gerecke: Entwicklungen und Fortschritte am Bau von Eisengleichrichtern. ETZ Bd. 61 (1940) S. 705 u. 734. — Daene, H., u. W. Hubmann: Elektrometerröhren. AEG-Mitt. 1937 Heft 10 S. 352. — Dana, G. E.: Experience with high-speed reclosing. Electr. Engng. Bd. 67 (1948) S. 942. — Dannenberg, K., u. W. J. John: A high-voltage high-rupturing-capacity cartridge fuse and its effect on protection technique. J. Instn. electr. Engrs. Bd. 89 (1942) Part II S. 565. — Dantscher, J.: Untersuchung der elektrischen Feldverteilung in Flüssigkeiten mittels der elektrischen Doppelbrechung. Ann. Physik Bd. 9 S. 179. — Dattan, W.: (1) Zur Eichung von Kugelfunkenstrecken bei Stoßspannungen und Normalfrequenz. ETZ Bd. 57 (1936) S. 377 — (2) Beitrag zur Frage des Anordnungs- und Polaritätseinflusses auf die Durchbruchspannung bei einpolig geerdeten Kugelfunkenstrecken. Arch. Elektrotechn. Bd. 31 (1937) S. 342. — Daubenspeck, O.: Experimentelle Untersuchungen der Koronaentladung in Luft, Wasserstoff und Kohlensäure. Arch. Elektrotechn. Bd. 30 (1936) S. 581. — Davis, E. W., and W. N. Eddy: Impulse strenght of cable insulation. Electr. Engng. Bd. 59 (1940) Trans. Sect. S. 394. — Davis, R.: (1) The impulse electric strength of high-voltage cables. J. Instn. electr. Engrs. Bd. 85 (1942) S. 52 — Davis, R., and G. W. Bowdler: (2) The calibration of sphere-gaps with impulse voltages. J. Instn. electr. Engrs. Bd. 82 (1938) S. 645. — Dawes, C. L., C. H. Thomas and A. B. Drought: The measurement of impulse voltages by repeated structure networks. Electr. Engng. Bd. 69 (1950) S. 673. — Debus, K., u. E. Hueter: (1) Ein einfacher Überschlags-Polaritätsanzeiger. ETZ Bd. 60 (1939) S. 195 — (2) Über die Bestimmung der Kennwerte von Spannungsstößen mit anzeigenden Meßgeräten. ETZ Bd. 61 (1940) S. 797. — Degoumois, Ch.: Überspannungsableiter für langdauernde Blitzströme. Brown Boveri Mitt. Bd. 37 (1950) S. 171 — Degoumois, Ch., s. F. Beldi (4). — Demon, D., s. M. Pauthenier (2). — Demontvigenier, M.: Applications aux mesures de l'oscillographe à rayons cathodiques. Rev. gén. Electr. Bd. 45 (1939) S. 419 u. 454. — Demuth, W., s. W. Weicker (11). — Dennhardt, A.: (1) Ursache und Messung der hochfrequenten Störfähigkeit von Isolatoren. Elektrizitätswirtsch. Bd. 34 (1935) S. 15 — (2) Über Möglichkeiten zur Minderung der hochfrequenten Störfähigkeit von Hochspannungsisolatoren. Elektrizitätswirtsch. Bd. 35 (1936) S. 718. — Deppe, R.: Einfluß der Elektrodentemperatur auf die Durchschlagspannung an Luft bei verschiedenen Spannungsarten. Dissertation Braunschweig 1933. — Dickinson, R. C.: High-power De-ion „air circuit breaker for centralstation" service. Electr. Engng. Bd. 58 (1939) Trans. Sect. S. 421. — Diemond, C. C., s. L. R. Spaulding. — Diesendorf, W.: The arc quenching effect of Petersen coils. J. Instn. Engrs. Austr. Bd. 18 (1946) S. 237. — Dieterle, R.: Methoden und Apparate zur Ermittlung der Durchschlagspannung von flüssigen und von vergießbaren elektrischen Isolierstoffen. ETZ Bd. 45 (1924) S. 513. — Dieterle, s. H. Schering (6). — Dilgen, B.: Eine neue 220 kV-Kondensator-Durchführung mit Öl-Papier-Dielektrikum. Felten & Guilleaume Rdsch. Heft 28 (1950) S. 30. — Dillow, N. E., s. E. M. Hunter. — Dittert, H.: Über die elektrische Durchschlagfestigkeit von festen Isolierstoffen bei kurzzeitiger Beanspruchung unter besonderer Berücksichtigung des Einflusses von Füllstoff, Elektrodenform und Temperatur. Dissertation Dresden 1930. — Dobke, G.: Dampfdichte und Dampfströmung im Quecksilberdampf-Großgleichrichter. Jb. AEG-Forsch. Bd. 6 (1939) S. 124. — Dodds, G. B., s. H. H. Marsh jr. — Domenach, L.: Kabel für hohe Gleichspannungen. Bull. schweiz. elektrotechn. Ver. Bd. 38 (1947) S. 279, 346 u. 378 [ETZ Bd. 69 (1948) S. 128]. — Dosse, J., u. G. Mierdel: Der elektrische Strom im

Hochvakuum und in Gasen. („Physik und Technik der Gegenwart", Abteilung Fernmeldetechnik, herausgegeben von H. FASSBENDER, Bd.12) Verlag v. S. Hirzel, Leipzig, 1943. — DORSCH, H.: Angenäherte Bestimmung des Dauerkurzschlußstromes bei Netzkurzschlüssen. ETZ Bd. 65 (1944) S. 167. — DRAEGER, K.: (1) Über Verlustwinkel und Kapazitätsmessungen an Porzellan. Rosenthal-Mitt. 1925 Heft 7 — (2) Über die Spannungsverteilung an Isolatorenketten bei verschiedenen Spannungsarten. VDE-Fachber. 1926 S. 63 — (3) Durchschlagspannung und Verlustwinkel bei festen Isolatoren, insbesondere bei Porzellan. Elektro-J. Bd. 6 (1926) S. 179 — (4) Moderne Kettenisolatoren, insbesondere der Kegelkopfbauart. Rosenthal-Mitt. 1927 Heft 11 — (5) Über einige Fragen zur Isolierung von Hochspannungsfreileitungen. Rosenthal-Mitt. 1928 Heft 13 — (6) Lichtbogenüberschläge hoher Leistung an Freileitungsisolatoren mit Schutzvorrichtungen. Rosenthal-Mitt. 1929 Heft 15 — (7) Lichtbogenschutz an Isolatorenketten für Höchstspannungs-Freileitungen. VDE-Fachber. 1929 S. 47 — (8) Lichtbogenüberschläge hoher Leistung an Freileitungsisolatoren. AEG-Mitt. 1929 Heft 10 S. 659 — (9) Das Rosenthal-Hochvolthaus für 2000 kV gegen Erde. ETZ Bd. 51 (1930) S. 933 — (10) Überschlagspannung und Lichtbogenschutzvorrichtungen bei Isolatorenketten. ETZ Bd. 51 (1930) S. 1097 — (11) Neue Untersuchungen über die Hochleistungslichtbogen an Freileitungsisolatoren. Rosenthal-Mitt. 1931 Heft 18 — (12) Keramische Mehrrohrdurchführungen mit gesteuerter Spannungsverteilung. ETZ Bd. 52 (1931) S. 769 — (13) Die Abhängigkeit der Strahlungsverluste von Hochspannungsleitern großen Durchmessers von den atmosphärischen Bedingungen. VDE-Fachber. 1931 S. 92. — DRAGU, G.: Untersuchungen von Gleitfiguren im Klydonographgebiet durch Strom- und Spannungsmessungen mit dem Kathodenstrahloszillographen. Arch. Elektrotechn. Bd. 31 (1937) S. 131. — DREWNOWSKI, K.: (1) Die Ausmessung elektrischer Hochspannungsfelder mittels Kompensationsmethoden. Arch. Elektrotechn. Bd. 27 (1933) S. 229 — DREWNOWSKI, K., u. J. L. JAKUBOWSKI: (2) Einige Betrachtungen über die kapazitive Hochspannungsmessung und deren Fehler. Arch. Elektrotechn. Bd. 28 (1934) S. 8. — DRIESCHER, F.: Neue Wege im Bau von Hochleistungspatronen. ETZ Bd. 59 (1938) S. 264. — DROUGHT, A. B., s. C. L. DAWES. — DUHAUT, G., s. M. PAUTHENIER (2). — DYER, L. W.: The Deion Grid is the latest contribution to the art of high-voltage current interruption. Electr. J. Bd. 27 (1930) S. 142.

EATON, J. R., and J. P. GEBELEIN: Circuit constants for the production of impulse test waves. Gen. Electr. Rev. Bd. 43 (1940) S. 322. — EBERHARDT, W. W., s. I. M. OLIVER. — EDDY, W. N., s. E. W. DAVIS. — EDLER, H.: (1) Über elektrische Gasreinigung. ETZ Bd. 51 (1930) S. 1705 — (2) Über die Druckabhängigkeit der Durchschlagspannung bei dielektrischen Flüssigkeiten. Arch. Elektrotechn Bd. 24 (1930) S. 37. — EDLER, R.: Die Kugelfunkenstrecke. Elektrotechn. u. Masch.-Bau Bd. 43 (1925) S. 809. — EDWARDS, F. S., u. G. J. SCOLES: (1) A 2,000-kV impulse generator. Engineering Bd. 144 (1937) S. 222 [ETZ Bd. 59 (1938) S. 48] — EDWARDS, F. S., and J. F. SMEE: (2) The calibration of the sphere spark-gap for voltage measurement up to one million volts (effektive) at 50 cycles. J. Inst. electr. Engrs. Bd. 82 (1938) S. 655. — EGERER, K. A., H. GANSWINDT und H. PIEPLOW: Neuere Ergebnisse der Hochleistungsoszillographie. Z. techn. Phys. Bd. 24 (1943) S. 3 [ETZ Bd. 65 (1944) S. 56]. — EGLOFF, P., u. I.-I. FELIX: Die erste elektrische Gleichstromkraftübertragung mit 50 kV mit Hilfe von Stromrichtern. Electricité Bd. 23 (1939) S. 237 [ETZ Bd. 61 (1940) S. 591]. — EHRENSPERGER, CH.: (1) Probleme der Gleichstrom-Energieübertragung bei sehr großen Leistungen und Distanzen und der wirtschaftliche Vergleich zwischen der Fernübertragung mit Drehstrom und Gleichstrom. Bull. schweiz. elektrotechn. Ver. Bd. 33 (1942) S. 145 — (2) Gegenüberstellung der Energieübertragung mit Drehstrom oder Gleichstrom. Brown Boveri Mitt. Bd. 32 (1945) S. 284 [ETZ Bd. 69 (1948) S. 97]. — Elenbaas, W., s. F. Kesselring (10). — Eichler, F., u. W. Gaarz: (1) Der neue Siemens-Universaloszillograph. Siemens-Z. Bd. 10 (1930) S. 598 — (2) Ein neuer tragbarer Oszillograph. Siemens-Z. Bd. 14 (1934) S. 121.— Einhorn, H.: Modellversuche zur Ermittlung der Sprungwellenbeanspruchung von Transformatorenwicklungen. Elektrotechn. u. Masch.-Bau Bd. 52 (1934) S. 309. — Eisler, H.: Öluntersuchung mittels Stromspannungsmessungen. ETZ Bd. 55 (1934) S. 809. — Elsner, R.: (1) Die Erzeugung sehr hoher Gleichspannungsstöße mit der Marxschen Vervielfachungsschaltung. Arch. Elektrotechn. Bd. 29 (1935) S. 655 — (2) Die Eichung einer 100-cm-Kugelfunkenstrecke mit Stoßspannung. ETZ Bd. 56 (1935) S. 1405 — (3) Erzeugung normgerechter Spannungsstöße bei Stoßanlagen für sehr hohe Spannungen. VDE-Fachber. Bd. 8 (1936) S. 159 — (4) Neuere Untersuchungen zur Frage der Stoßbeanspruchung von Transformatoren. Arch. Elektrotechn. Bd. 30 (1936) S. 368 — (5) Die Berechnung der Zündschwingung eines vielstufigen Marxschen Stoßgenerators. Arch. Elektrotechn. Bd. 30 (1936) S. 445 — (6) Zur Frage der rechnerischen Ermittlung von Überschlagverzugskennlinien aus der Stoßkennlinie als Funktion der Halbwertdauer. ETZ Bd. 59 (1938) S. 315 — (6a) Die Vorausberechnung von Stoßgeneratoren und ihrer Stoßwellen. ETZ Bd. 59 (1938) S. 375 — (7) Zur Theorie des schwingungsfreien Drehstromtransformators. Wiss. Veröff. Siemens-Werk Bd. 18 (1939) Heft 1 S. 1 — (8) Die Messung steiler Hochspannungsstöße mittels Spannungsteiler. Arch. Elektrotechn. Bd. 33 (1939) S. 23 — (9) Stoßspannungsanlagen. Z. VDI Bd. 83 (1939) S. 623 — (10) Der Geltungsbereich der in den neuen VDE-Leitsätzen für die Erzeugung von Stoßspannungen enthaltenen Näherungsformeln. ETZ Bd. 60 (1939) S. 1368 — (11) Das Verhalten des Sternpunktes von Drehstromtransformatoren bei Gewitterüberspannungen. Elektrotechn. u. Masch.-Bau Bd. 58 (1940) S. 213 — Elsner, R., u. J. Rebhan: (12) Die Überschlagfestigkeit von Hochspannungsdurchführungen bei Stoß- und Wechselspannung. Arch. Elektrotechn. Bd. 31 (1937) S. 398 — Elsner, R., u. R. Strigel: (13) Anlagen zur Erzeugung von Beschleunigungsfeldern für atomphysikalische Untersuchungen. Bandgeneratoren (elektrostatische Spannungserzeuger). Z. VDI Bd. 83 (1939) S. 989 — (14) Anlagen zur Erzeugung von Beschleunigungsfeldern für atomphysikalische Untersuchungen. Hochspannungsanlagen mit Gleichrichterventilen und Kondensatoren in Vervielfachungsschaltung. Z. VDI Bd. 83 (1939) S. 1061 u. 1083 — (15) Der Temperaturanstieg durch dielektrische Verluste in dicken Isolierschichten. Wiss. Veröff. Siemens-Werk Bd. 20 (1942) S. 74 — (16) Die Gewittersicherheit moderner Hochspannungstransformatoren. Elektrotechn. u. Masch.-Bau Bd. 61 (1943) S. 493 — (17) Zündschwingungen eines sterngeschalteten Hochspannungstransformators beim Gleichrichterbetrieb in der Drehstrom-Brückenschaltung. Elektrotechn. u. Masch.-Bau Bd. 62 (1944) S. 269. — Endres, W.: Über das Verhalten von porös und dicht gebrannten Porzellanisolatoren in hochfrequenten Wechselfeldern. Hescho-Mitt. Heft 80 (1939) S. 2561. — Erk, A.: Versuchsanlagen für die Gleichstrom-Hochspannungsübertragung unter Verwendung von Hochdruck-Lichtbogenventilen nach Marx. Bull. schweiz. elektrotechn. Ver. Bd. 38 (1947) S. 295 [ETZ Bd. 69 (1948) S. 25]. — Erroll, F. J., u. Lord Forrester, M. A.: Some projects favourable to direct-current transmission, and the role of the British electrical industry in relation thereto. Proc. Instn. electr. Engrs. Bd. 96 (1949) Part I S. 77. — Estorff, W.: (1) Die Kugelfunkenstrecke. ETZ Bd. 37 (1916) S. 61 — (2) Die Ausmessung der elektrostatischen Felder von Isolatoren nach dem Elektrolytverfahren. ETZ Bd. 39 (1918) S. 53 — (3) Ölprüfer zur Bestimmung der dielektrischen Festigkeit von Isolierölen. ETZ Bd. 44 (1923) S. 1111 — (4) Kondensator-Wanddurchführungen. ETZ

Bd. 47 (1926) S. 1001 — (5) Beitrag zur Frage des elektrischen Sicherheitsgrades. ETZ Bd. 58 (1937) S. 525 — Estorff, W., M. Toepler, S. Franck: (6) Spannungsmessungen mit der Kugelfunkenstrecke in Luft. ETZ Bd. 51 (1930) S. 777. — (7) Die Bedeutung der Isolationsbemessung für den Betrieb elektrischer Hochspannungsanlagen. Elektrizitätswirtsch. Bd. 41 (1942) S. 98 — (8) Sicherheitsgrad und Betriebssicherheit elektrischer Hochspannungsanlagen. ETZ Bd. 65 (1944) S. 390 — (9) Das Erfassen der inneren Überspannungen in Hochspannungsanlagen. ETZ Bd. 65 (1944) S. 189. — Estorff, W., s. E. Krohne (4). — L'Estrange, E. L., s. C. H. Flurscheim. — Evans jr., P., s. P. L. Bellaschi (7).

Faber, J. M.: Periodische Kabelprüfungen mit hoher Gleichspannung und die damit erzielten Ergebnisse im Hochspannungsnetz der Stadt Amsterdam. Elektrotechniek Bd. 18 (1940) S. 4. — Fahnoe, H. H., s. H. L. Rawlins (2). — Fassbender, H.: Die Fortpflanzungsgeschwindigkeit der Wanderwellen in elektrischen Leitungen. Arch. Elektrotechn. Bd. 13 (1924) S. 392. — Faucett, I. I., L. I. Komives, H. W. Colling u. R. W. Atkinson: 120-kV compression-type cable. Electr. Engng. Bd. 61 (1942) Trans. Sect. S. 658. — Faulhaber, F.: Das Glimmen von Drähten im Zylinderfeld. Arch. Elektrotechn. Bd. 35 (1941) S. 433. — Fedčenko, I. K.: Summierungsvorgänge bei Stoßdurchschlägen von Kondensatorpapier. Elektritschestwo Bd. 61 (1940) S. 68. — Feistner, D.: Überwachung der Erdschlußkompensierung im 100-kV-Netz der A.-G. Sächsische Werke. Elektrizitätswirtsch. Bd. 31 (1932) S. 415. — Felgel, R. v.: Der Farvigraph. ETZ Bd. 70 (1949) S. 171. — Felici, N., u. Y. Marchal: Neue Untersuchungen über die elektrische Festigkeit verdichteter Gase. Rev. gén. Electr. Bd. 32 (1948) S. 155 [ETZ Bd. 70 (1949) S. 298]. — Felix, I.-I., s. P. Egloff. — Ferguson, J. M., s. A. T. Chadwick. — Fetisov, K. P., s. W. J. Rakov. — Fetz, H.: Über die Beeinflussung eines Quecksilbervakuumbogens mit einem Steuergitter im Plasma. Ann. Phys., Lpz. (5) Bd. 37 (1940) S. 1. — Field, R. F.: The basis for nondestructive testing of insulation. Electr. Engng. Bd. 60 (1941) Trans. Sect. S. 890. — Findeisen, W.: Über die Entstehung von Gewitterelektrizität. Meteor. Z. Bd. 57 (1940) S. 201. — Finkelmann, E.: Der elektrische Durchschlag verschiedener Gase unter hohem Druck. Arch. Elektrotechn. Bd. 31 (1937) S. 282. — Finkelnburg, W., u. K.-H. Höcker: Zur Systematik der Lichtbogentypen. Naturwiss. Bd. 33 (1946) S. 55 [ETZ Bd. 69 (1948) S. 372] — Finkelnburg, W., s. K.-H. Höcker, E. Blum. — Fischer, K.: (1) Hochspannungsprüfanlage für das elektrotechnische Institut der Techn. Hochschule Aachen. ETZ Bd. 46 (1925) S. 186 — (2) Einführung in die Hochspannungstechnik. I und II. Berlin u. Leipzig: Sammlung Göschen 1926 — (3) Öllose Prüfeinrichtungen für sehr hohe Spannungen. Helios, Lpz. Bd. 44 (1938) S. 664. — Fisher, L. H.: Mechanism of the spark breakdown. Electr. Engng. Bd. 69 (1950) S. 613. — Fleck, B., u. F. Schultheiss: Druckgasschalter für Kurzschlußfortschaltung. AEG-Mitt. 1940 Heft 3/4 S. 71. — Flegler, E.: (1) Spule und Wanderwelle nach Untersuchungen mit dem Kathoden-Oszillographen. VDE-Fachber. 1928 S. 86 — (2) Der Schutz elektrischer Anlagen gegen Überspannungen. ETZ Bd. 51 (1930) S. 73 — (3) Der Blitzschlag in Hochspannungsanlagen und seine Folgen. ETZ Bd. 52 (1931) S. 129 — (4) Die Ausbildung von Ionisierungsvorgängen in Gasen. ETZ Bd. 58 (1937) S. 1262 — Flegler, E., u. H. Raether: (5) Untersuchung von Gasentladungsvorgängen mit der Nebelkammer. Z. techn. Phys. Bd. 16 (1935) S. 435 — Flegler, E., u. J. Röhrig: (6) Die Verschleifung von Sprungwellen auf Hochspannungsleitungen. Arch. Elektrotechn. Bd. 27 (1933) S. 38 — Flegler, E., O. Wolff, J. Röhrig, H. Klemperer: (7) Untersuchungen in Hochspannungsnetzen mit dem Kathoden-Oszillographen. ETZ Bd. 52 (1931) S. 13 — Flegler, E.: (8) Hochspannungstechnik. Physik in regelm.

Ber. Bd. 9 (1941) S. 91 — (9) Die Stoßwellenbeanspruchung von Maschinen- und Transformatorenwicklungen. ETZ Bd. 70 (1949) S. 285 — FLEGLER, E., s. W. ROGOWSKI (21) u. (22). — FLETCHER, R. C.: Stoßdurchschlag von Luft im 10^{-9} sec-Bereich. Phys. Rev. Bd. 76 (1949) S. 1501 [ETZ Bd. 71 (1950) S. 404]. — FLURSCHEIM, C. H., and E. L. L'ESTRANGE: Factors influencing the design of high-voltage air-blast circuit breakers. Proc. Instn. electr. Engrs. Bd. 96 (1949) Part II S. 557. — FOCK, V.: Zur Wärmetheorie des elektrischen Durchschlages. Arch. Elektrotechn. Bd. 19 (1927) S. 71. — FÖRSTER, J.: Eine neue Kurzschlußfortschaltung für Hochspannungs-Gleichrichter. AEG Mitt. Bd. 41 (1951) S. 148. — FÖRSTER, W.: Zur Frage der Umgestaltung von Wanderwellen durch Korona. ETZ Bd. 56 (1935) S. 530. — FOITZIK, R.: (1) Untersuchungen an Kathodenfallableitern mit hohen Stoßströmen. ETZ Bd. 59 (1938) S. 201 — (2) Versuche mit großen Stoßströmen. ETZ Bd. 60 (1939) S. 89 u. 128 — (3) Untersuchungen am stabilisierten elektrischen Lichtbogen (Wälzbogen) in Stickstoff und Kohlensäure bei Drücken von 1 bis 40 at. Wiss. Veröff. Siemens-Werk Bd. 19 (1940) Heft 1 S. 28. — FORREST, H. E.: The Petersen arc supression coil. Electr. Engineer Bd. 11 (1941) S. 300. — FORREST, J. S.: (1) Ein elektrisches Prüfverfahren für Isolieröle. J. Instn. electr. Engrs. Bd. 95 (1948) Part II S. 337 [ETZ Bd. 70 (1949) S. 60] — (2) The performance of the British Grid-System in thunderstorms. Proc. Instn. electr. Engrs. Bd. 97 (1950) Part II S. 345 — (3) The development and deionisation time of heavy-current a—c-arcs. Brit. J. appl. Phys. Bd. 1 (1950) S. 10. — LORD FORRESTER, M. A., s. F. J. ERROLL. — FORTESCUE, M. A., and P. D. HALL: The high-voltage electrostatic generator at the atomic energy research establishment. Proc. Instn. electr. Engrs. Bd. 96 (1949) Part I S. 77. — FOURMARIER, P.: Eigenschaften des elektrischen Lichtbogens. Bull. sci. AIM Liége Bd. 61 (1948) S. 361 [ETZ Bd. 70 (1949) S. 410]. — FOUST, C. M., and N. ROHATS: (1) Some recent developments in impulse-voltage testing. Electr. Engng. Bd. 59 (1940) Trans. Sect. S. 257 — FOUST, C. M., u. J. A. SCOTT: (2) Stoßspannungsdurchschlagversuche an ölimprägnierten papierisolierten Hochspannungskabeln. Electr. Engng. Bd. 59 (1940) Trans. Sect. S. 389 [ETZ Bd. 62 (1941) S. 396]. — FRÄGARDH, K. H., s. D. ZETTERHOLM. — FRANCK, S.: (1) Meßentladungsstrecken. Berlin: Springer 1931 — (2) Stauboberflächenbewegungen in elektrischen Feldern. Phys. Z. Bd. 34 (1933) S. 214 — (3) Funkenentladungen in Luft-Staubgemischen. Z. Phys. Bd. 87 (1934) S. 323 — (4) Messung der Energie von Wanderwellen. Arch. techn. Messen 1937 V 3417—2 — FRANCK, S., s. W. ESTORFF (6). — FRANK, FR.: Die Ölfragen im Transformatoren- und Schaltbetrieb. Elektrizitätswirtsch. Bd. 26 (1927) S. 305. — FRANZ, W.: (1) Zur Theorie des elektrischen Durchbruchs fester Isolatoren. Verh. dtsch. physik. Ges. Bd. 19 (1938) S. 113 — (2) Theorie des elektrischen Durchschlags kristallischer Isolatoren. Z. Phys. Bd. 113 (1939) S. 607. — FREGE, CHR.: Blindleistungs-Stromrichter. Diss. Braunschweig 1939. — FREIBERGER, H.: Lichtbogenwanderung in Schaltanlagen. ETZ Bd. 61 (1940) S. 865. — FREY, H. A.: Insulator surface contamination. Electr. Engng. Bd. 68 (1949) S. 40. — FREY, W., s. W. WANGER (4). — FRIEDLÄNDER, E.: Travelling waves in high-voltage alternator windings. J. Inst. electr. Engrs. Bd. 89 (1942) Part II S. 492. — FRIEDRICH, R. E., s. W. M. LEEDS (2). — FRITSCH, V.: Grundzüge für die Ermittlung der Blitzgefährdung von Freileitungen und Kabeln. Telegr. Prax. Bd. 20 (1940) S. 129 u. 137. — FROBÖSE, E.: Mechanischer Meßgleichrichter mit einstellbarer Schaltphase. Arch. Elektrotechn. Bd. 32 (1938) S. 209. — FRÜHAUF, G.: (1) Dämpfung von Wanderwellenschwingungen auf Freileitungen nach Aufnahmen mit dem Kathoden-Oszillographen. ETZ Bd. 50 (1929) S. 892 — (2) Die Grenzen der Belastbarkeit von Überspannungsableitern unter Berücksichtigung direkter Blitzeinschläge. ETZ Bd. 58

(1937) S. 441 — (3) Hartgasableiter als Überspannungsschutz. Elektrizitätswirtsch. Bd. 38 (1939) S. 480 — (4) Erfahrungen im Überspannungsschutz. AEG-Mitt. 1939 Heft 11 S. 488 — (5) Überspannungen und Überspannungsschutz. Berlin u. Leipzig: Sammlung Göschen Bd. 1132 (1939) — (6) Hartgasableiter als Überspannungsschutz. Elektrizitätswirtsch. Bd. 38 (1939) S. 480. — FUCKS, W.: (1) Zur Theorie der Zündspannungssenkung einer bestrahlten Funkenstrecke. Z. Phys. Bd. 98 (1936) S. 666 — FUCKS, W., u. H. BONGARTZ: (2) Zündspannungsänderungen bei technischen Funkenstrecken. Z. techn. Phys. Bd. 20 (1939) S. 205 — FUCKS, W., u. H. KROEMER: (3) Zwangsläufig gekoppelte Strahlsperrung und Zeitablenkung beim Kathoden-Oszillographen. Arch. Elektrotechn. Bd. 27 (1933) S. 606 — FUCKS, W.: (4) Rückwirkungen und Ähnlichkeitsbetrachtungen bei der Zündung der elektrischen Gasentladung. Arch. Elektrotechn. Bd. 40 (1950) S. 16 — FUCKS, W., s. W. ROGOWSKI (23) u. (24). — FÜNFER, E.: Experimentelle Untersuchung der elektrischen und optischen Vorgänge beim Funkendurchschlag in Gasen. Z. angew. Phys. Bd. 1 (1949) S. 295 [ETZ Bd. 71 (1950) S. 330]. — FURKERT, W.: (1) Das Verhalten keramischer Isolatoren bei Stoßbeanspruchung. Rosenthal-Mitt. 1933 Heft 19 — (2) Die Beeinflussung des Rundfunkempfanges durch Hochspannungsisolatoren. Rosenthal-Mitt. 1935 Heft 20 — (3) Die Beeinflussung des Rundfunkempfanges durch Hochspannungsisolatoren. ETZ Bd. 56 (1935) S. 449 — (4) Kapazitäts- und Verlustfaktormessungen an Kappenisolatoren unter mechanischer Belastung. Arch. techn. Messen Lfg. 93 (1939) V 339—20 — (5) Das Verhalten von Kappenisolatoren unter mechanischer Belastung. ETZ Bd. 60 (1939) S. 71.

GAARZ, W., u. P. E. KLEIN: (1) Der neue Siemens-Elektronenstrahl-Oszillograph. Siemens-Z. Bd. 17 (1937) S. 153 — GAARZ, W., u. O. MORGENSTERN: (2) Ein tragbarer Netzoszillograph zur selbsttätigen Betriebsüberwachung. Siemens-Z. Bd. 17 (1937) S. 516 — GAARZ, W., s. F. EICHLER (1) u. (2), M. SCHLEICHER. — GÁBOR, D.: Oszillographieren von Wanderwellen. Arch. Elektrotechn. Bd. 16 (1926) S. 296. — GÄBERT, A., u. H. APPEL: Neuzeitliche Hochspannungsleistungsschalter mit Öl, Wasser und Druckluft als Löschmittel. ETZ Bd. 55 (1934) S. 219. — GÄNGER, B.: (1) Der Einfluß der Kurvenform auf die Durchschlagsspannung einiger Isolierstoffe. Arch. Elektrotechn. Bd. 32 (1938) S. 401 — (2) Der wärmeelektrische Durchschlag. Arch. Elektrotechn. Bd. 32 (1938) S. 346 — (3) Die elektrische Festigkeit verdichteter Gase. Arch. Elektrotechn. Bd. 34 (1940) S. 633 u. S. 701 — (4) Der Hochfrequenzdurchschlag verdichteter Gase. Arch. Elektrotechn. Bd. 37 (1943) S. 267 — (5) Ein neuartiges Hochspannungsvoltmeter für Absolutmessungen. Arch. Elektrotechn. Bd. 39 (1949) S. 443 — (6) Der Stoßdurchschlag in Luft bei Unterdruck nach Reihenmessungen mit dem Kathodenstrahl-Oszillographen. Arch. Elektrotechn. Bd. 39 (1949) S. 508 — (7) Der Stoßdurchschlag. Das Elektron in Wissensch. u. Techn. Bd. 3 (1949) S. 467. — GÄTH, K. H.: Ein leistungsfähiges Kippgerät. Funk 1940 Heft 2. — GANSWINDT, H.: Elektrotechnische Probleme beim Bau von Hochleistungsoszillographen. Arch. Elektrotechn. Bd. 35 (1941) S. 337 — GANSWINDT, H., s. K. A. EGERER. — GANTENBEIN, A.: Neuere Forschungsergebnisse im Überspannungsableiterbau. Bull. schweiz. elektrotechn Ver. Bd. 32 (1941) S. 695 — GANTENBEIN, A., s. H. PUPPIKOFER (5). — GARFITT, D. E. M.: A voltmeter for measurement and comparison of peak and r. m. s. values of recurrent voltage waves. J. Instn. electr. Engrs. Bd. 95 (1948) Part II S. 407. — GARRARD, C. J. O., s. H. F. JONES. — GARY, G. J., s. HIMLER. — GASSER, O., s. CH. HELD (2). — GASTEL, A. VAN: The current adjustment of arc-suppression coils. Brown Boveri Rev. Bd. 34 (1947) S. 116. — GATTO, G., s. E. ORTENSI. — GATTUNG, W.: Über den Durchschlag von Transformatorenöl im unsymmetrischen Feld. Dissertation Braunschweig 1930. —

Gauster, W.: Über Hochspannungs-Prüftransformatoren. Elektrotechn. u. Masch.-Bau Bd. 49 (1931) S. 809. — Gebelein, J. P., s. J. R. Eaton. — Geffcken, H., u. H. Richter: Zur Nomenklatur der Gasentladungsröhren. ETZ Bd. 55 (1934) S. 738. — Geiser, P., u. F. Beldi: Der Einfluß der Witterung auf die Koronaverluste von Hochspannungs-Leitungen. Brown Boveri Mitt. Bd. 30 (1943) S. 250. — Geissler, H.: Aus der Entwicklung des Kathodenfallableiters für Hochspannung. ETZ Bd. 61 (1940) S. 229. — George, R. H., H. J. Heim, H. F. Meyer, C. S. Roys: A cathode ray oszillograph for observing 2 waves. Electr. Engng. Bd. 54 (1935) S. 1095. — George, G. I., s. Himler. — Gerber, O.: (1) Einfluß der Luftfeuchtigkeit auf die Überschlagspannung von Isolatoren. Brown Boveri Mitt. Bd. 35 (1948) S. 396 — (2) Corona losses of single conductors and of bundle conductors. CIGRE R. 403 (1950). — Gerecke, Eduard, s. Walter Dällenbach. — Gerhard, L.: Schutzwert von Drosselspulen vor Transformatoren. ETZ Bd. 57 (1936) S. 1262. — Germann, V.: Micafil A.-G. Micafil-Nachr. 1939 Juliheft. — Gessen, V. Ju.: Besondere Schaltung zur Prüfung der Abschaltleistung von Hochspannungsschaltern. Elektritschestwo Bd. 60 (1939) S. 31. — Geyger, W.: (1) Kapazitäts- und Verlustfaktormeßbrücke mit selbsttätiger Abgleichung. Arch. techn. Messen Lfg. 62 (1936) J 924—1 — (2) Über die Verwendung des C-tgδ-Schreibers in Verbindung mit der Scheringmeßbrücke. Arch. Elektrotechn. Bd. 31 (1937) S. 115 — (3) Punktweise Aufnahme von Wellenformen. Arch. techn. Messen Lfg. 77 (1937) V 3621—2 — (4) Messung dielektrischer Verluste mit Elektrodynamometern. Arch. techn. Messen Lfg. 80 (1938) V 3418—4 — (5) Kapazitäts- und Verlustfaktormeßbrücken mit Schleifdrahtabgleichung. Arch. techn. Mess. Lfg. 97 (1939) J 921—14. — Gies, J. R.: Entwicklung und Stand der elektrischen Hochofengasreinigung. Dtsch. Techn. Bd. 9 (1941) S. 134. — Giesenhagen, G. H., s. L. Rohde (5). — Ginkmann, K. u. E.: Die Hochspannungsfreileitungen. Wien: Springer 1938. — Gires, P.: Nullpunktserdung von Mittelspannungsnetzen durch Lichtbogenlöschspule. Bull. Soc. franç. Electr. Bd. 7 (1947) S. 365. — Glaser, A.: (1) Der Oerlikon-Höchstspannungsschalter. Elektrotechn. u. Masch.-Bau Bd. 47 (1929) S. 647 — (2) Quecksilberdampfgleichrichter mit Glühkathode. ETZ Bd. 52 (1931) S. 829 — (3) Zur Physik der Entladungsgefäße. Jb. Forsch.-Inst. AEG Bd. 4 (1933/35) S. 135 — Glaser, A., u. K. Müller-Lübeck: (4) Einführung in die Theorie der Stromrichter. Berlin: Julius Springer 1935 — Glaser, A.: (5) Die Eigenschaften der Glimmröhre und ihre Verwendbarkeit zu Meßzwecken. Arch. techn. Messen Lfg. 114 (1940) J 832—1. — Glaser, H.: Kraftübertragung mit hochgespanntem Gleichstrom durch Kabel. BBC-Nachr. Bd. 18 (1931) S. 169. — Glöde, H., u. J. v. Issendorf: Stromrichter als Röntgenstrahlerzeuger. ETZ Bd. 64 (1943) S. 268. — Goebeler, E.: Über die dielektrischen Eigenschaften der Luft und einiger fester Isoliermaterialien bei hochgespannter Hochfrequenz. Arch. Elektrotechn. Bd. 14 (1924) S. 491. — Göschel, H.: Untersuchungen über den Wärmedurchschlag von Hartpapier unter Verwendung einer randwirkungsfreien Prüfanordnung nach Marx. Dissertation Braunschweig 1930 — Göschel, H., s. Erwin Marx (28). — Gohlke, W., u. U. Neubert: Bemerkungen zur Hoch- und Höchstspannungsmessung. Z. techn. Phys. Bd. 21 (1940) S. 217. — Golde, R. H.: Lightning currents and potentials on overhead transmission lines. J. Instn. electr. Engrs. Bd. 93 (1946) Part II S. 559. — Goldmann, J.: Breakdown of compressed nitrogen under impulse voltage. Techn. Physics UdSSR Bd. 5 (1938) S. 355. — Goldstein, J.: Resonanzüberspannungen an Hochspannungstransformatoren. Bull. schweiz. elektrotechn. Ver. Bd. 34 (1943) S. 477. — Goodlet, B. L.: Lightning. J. Inst. electr. Engrs. Bd. 81 (1937) a. a. disc. 26. — Gorew, A. A., L. E. Maschkilleison: (1) A new impulse-generator designed by Prof. Smuroff laboratory. Elektritschestwo Bd. 58 (1937) S. 18 — GOREW, A. A., u. B. M. RJABOW: (2) Spannungsstoßgenerator für 4300 kV. Elektritschestwo Bd. 62 (1941) S. 31. — GOSEBRUCH, W.: (1) Kraftübertragung auf große Entfernung bei verschiedenen Stromarten. ETZ Bd. 52 (1931) S. 689 — (2) Die Aussichten der Gleichstromkraftübertragung. ETZ Bd. 53 (1932) S. 453. — GOSSENS, R. F.: (1) Gas under pressure as an insulant. CIGRE R. 117 (1948) — GOSSENS, R. F., u. P. G. PROVOST: (2) Fehlerquellen bei der Registrierung hoher Stoßspannungen mit dem Kathodenstrahloszillographen. Elektrotechn. u. Masch.-Bau Bd. 66 (1949) S. 101. — GOUBAU, G.: Anordnung zur Demonstration von Wanderwellen auf Leitungen. Hochfrequenztechn. Bd. 59 (1942) S. 39. — VAN DE GRAAFF, R. J., K. T. COMPTON u. L. C. VAN ATTA: The electrostatic production of high voltage for nuclear investigations. Phys. Rev. Bd. 43 (1933) S. 149. — GRAVE, H. F.: Die Trockengleichrichter in der elektrischen Meßtechnik. Z. Instrumentenkde. Bd. 60 (1940) S. 74. — GRAY, A. H.: Arc suppression coils. Earthing the neutral of transmission systems. Electr. Rev., Lond. Bd. 120 (1937) S. 957. — GRAYBILL, H. W., s. H. L. RAWLINS (1). — GREINACHER, H.: Über den Spannungsaufbau im Kaskadengenerator. Helv. phys. Acta Bd. 15 (1942) S. 518. — GRIEB, F.: Einige spezielle Probleme moderner Hochspannungsschalter. Elektrotechn. u. Masch.-Bau Bd. 68 (1951) S. 98. — GROSSE, V.: Wirkungsweise der Druckgasschalter. AEG-Mitt. 1938 Heft 11 S. 524. — GROSS, E.: (1) Über die erstmalige Bestimmung der günstigen Einstellung von Erdschlußspulen. Bull. schweiz. elektrotechn. Ver. Bd. 28 (1937) S. 165 — (2) Frei brennende, lange Hochspannungs-Lichtbogen großer Leistung. Schweiz. Arch. angew. Wiss. Techn. Bd. 7 (1941) S. 196. — GROSS, E. T. B.: The why and how of resonant neutral grounding. Electr. Light a. Power Bd. 25 (1947) [Bull. schweiz. elektrotechn. Ver. Bd. 41 (1950) S. 541]. — GROSS, I. W., G. D. MCCANN and E. BECK: (1) Field investigation of the characteristics of lightning currents discharged by arresters. Electr. Engng. Bd. 61 (1942) Trans. Sect. S. 266 — GROSS, I. W., C. F. WAGNER, O. NAEF and R. L. TREMAINE: (2) Corona investigation on extra-high-voltage lines 500 kV test project. Electr. Engng. Bd. 70 (1951) S. 224. — GROSSMANN, K.: Untersuchungen über den Durchschlag in Luft und Flüssigkeiten bei Wechselspannung stark verschiedener Frequenz. Dissertation Braunschweig 1931. — GROTRIAN, W.: Der Gleichstromlichtbogen großer Lichtbogenlänge. Ann. Phys., Lpz. (4) Bd. 47 (1915) S. 141. — GRÜNEWALD, F.: (1) Das Verhalten der Freileitungsisolatoren unter der Einwirkung hochfrequenter Spannungen. ETZ Bd. 42 (1921) S. 1377 — (2) Über die Durchschlagfestigkeit verschiedener Glimmersorten bei 50per. Wechselstrom. ETZ Bd. 45 (1924) S. 1084 — (3) Durchschlag von Hartpapierisolation bei elektrischem Stoß im Vergleich zu anderen Beanspruchungen. ETZ Bd. 48 (1927) S. 103 — (4) Netzhochleistungssicherungen. VDE-Fachber. 1931 S. 153. — GRÜNEWALD, H.: (1) Einiges über Höchstspannungslaboratorien. Elektrizitätswirtsch. Bd. 27 (1928) S. 109, 168 — (2) Die Aufklärung von Gewitterstörungen und ihre Bedeutung für die Gewitterforschung. Elektrizitätswirtsch. Bd. 32 (1933) S. 393 — (3) Messung von Blitzstromstärken an Blitzableitern und Freileitungsmasten. ETZ Bd. 55 (1934) S. 505 — (4) Bestimmung der Einschlagspunkte und der Stromverteilung bei Blitzschlägen in Eisenmasten und Erdseile. CIGRE R. 326 (1935) — (5) Gleichstromkraftübertragung mit gleichbleibender Stromstärke. ETZ Bd. 56 (1935) S. 1099 — (6) Gewittergefährdung und Gewitterschutz von Freileitungsanlagen. Elektrizitätswirtsch. Bd. 34 (1935) S. 454 — (7) Gewittermessungen an Hochspannungsleitungen in der Schweiz. ETZ Bd. 57 (1936) S. 1029 — (8) Netznachbildungen zur versuchsmäßigen Lösung schwieriger Netzberechnungsaufgaben. ETZ Bd. 57 (1936) S. 1327 — (9) Résultats de quatre années de recherches faites sur les lignes aériennes au sujet des emplacements des chutes de la foudre et de l'intensité des courants dûs à la foudre. CIGRE R. 316 (1937) — (10) Aufklärung von Betriebsvorfällen in Hochspannungsnetzen. ETZ Bd. 58 (1937) S. 1077 — (11) Neuere amerikanische Untersuchungen über Gewittereinflüsse auf Kraftübertragungsanlagen. ETZ Bd. 58 (1937) S. 1213 u. 1238 — (12) Erzeugung und Verwendung hochgespannten Gleichstroms. Z. VDI Bd. 79 (1935) S. 1375 — Grünewald, H., u. H. Zaduk: (13) Zur Frage der Erdung von Freileitungsmasten im Hinblick auf Gewittereinwirkungen. ETZ Bd. 57 (1936) S. 1079 — Grünewald, H.: (14) Gegenwartsfragen des Gewitterschutzes von Mittelspannungsnetzen. ETZ Bd. 69 (1948) S. 18 — (15) Die Vermeidung von Schaltüberspannungen in Umspannwerken mit Erdschlußlöscheinrichtungen. Elektrizitätswirtsch. Bd. 48 (1949) S. 103. — Güntherschulze, A.: (1) Die dielektrische Festigkeit von Flüssigkeiten und festen Körpern. Jb. Radioakt. Bd. 19 (1922) S. 92 — (2) Über die dielektrische Festigkeit. Lebende Bücher. München: J. Kösel u. F. Pustet 1924 — (3) Dielektrika. Handb. d. Phys. Bd. 12 (1927) S. 493 — (4) Elektrische Isoliermaterialien. Z. Elektrochem. Bd. 33 (1927) S. 360 — (5) Die Untersuchungen über die Durchschlagsfestigkeit von Gasen, Flüssigkeiten und festen Körpern seit 1925. Helios, Lpz. Bd. 34 (1928) S. 281 — (6) Elektrische Gleichrichter und Ventile. Berlin: Springer 1929 — (7) Gasförmige Dielektrika. Arch. Elektrotechn. Bd. 31 (1937) S. 495 — Güntherschulze, A., u. W. Bär: (8) Die Übertemperatur im Dunkelraum der Glimmentladung. Z. Phys. Bd. 107 (1937) S. 642 — Güntherschulze, A., u. H. Betz: (9) Die Erzeugung von Reaktionsschichten auf Metallen mit Hilfe der Koronaentladung. Z. Elektrochem. Bd. 44 (1938) S. 248 — (10) Die Oxydation des Platins in der Luft und in der Glimmentladung. Z. Elektrochem. Bd. 44 (1938) S. 253 — Güntherschulze, A., u. H. Meinhardt: (11) Die geschichtete positive Säule. I. Reiner Wasserstoff. Z. Phys. Bd. 110 (1938) S. 95 — Güntherschulze, A., u. W. Tollmien: (12) Neuere Untersuchungen über die Kathodenzerstäubung der Glimmentladung. 5. Die Oberflächenbeschaffenheit der Kathode. Z. Phys. Bd. 119 (1942) S. 685.

Haag, L., u. O. Schwenk: Besondere Anwendung des Strömungsprinzips bei öllosen Leistungsschaltern. ETZ Bd. 55 (1934) S. 211. — Haalebos, M. G. A., s. H. W. L. Brückmann (2). — Hackett, W., u. A. Morris Thomas: The electric strength of mica and its variation with temperature. J. Instn. electr. Engrs. Bd. 88 (1941) Part I S. 295. — Hähnel, A.: Der elektrische Durchschlag in Isolieröl. Arch. Elektrotechn. Bd. 36 (1942) S. 716. — Hänlein, W.: Der Einfluß von Druck, Temperatur und Luftfeuchtigkeit auf den Überschlag von zylindrischen Isolatoren im homogenen Felde. Stemag-Nachr. Bd. 8 (1930) S. 3. — Hagenguth, J. H.: (1) Volt-time areas of impulse spark-over. Electr. Engng. Bd. 60 (1941) S. 803 [ETZ Bd. 63 (1942) S. 124] — (2) A new high voltage laboratory. CIGRE R 409 (1950). — Hagenhans, K., u. F. Müller: Ein neues Meßgerät zur Messung von Rundfunkstörspannungen. Siemens-Z. Bd. 19 (1939) S. 326. — Halbach, K.: (1) Oberwellen im Hochvoltnetz der Esag. ETZ Bd. 56 (1935) S. 1045 — (2) Untersuchungen über den Durchschlag und die Verluste einiger fester Isolierstoffe. Arch. Elektrotechn. Bd. 21 (1929) S. 535. — Hall, P. D., s. M. A. Fortescue. — Hallén, E.: Über das Eindringen von Wanderwellen in Wicklungen. Arch. Elektrotechn. Bd. 32 (1938) S. 515. — Hallo, H. S.: (1) Wechselstromschalter. Econom. Techn. T. Bd. 19 (1939) S. 4 — (2) Das Hochspannungslaboratorium der Technischen Hochschule. Elektrotechniek Bd. 20 (1942) S. 3. — Halperin, H.: Testing of distribution arresters. Electr. Engng. Bd. 59 (1940) Trans. Sect. S. 142. — Hameister, E.: Eine Prüfschaltung für einanodige Stromrichter. Elektrotechn. u. Masch.-Bau Bd. 51 (1933) S. 321. — Hameister, Georg: (1) Die Berechnung des Kurzschlußstromes in Hochspannungsnetzen. ETZ Bd. 56 (1935) S. 669 — (2) Untersuchung über die Frequenz der wiederkehrenden Spannung. VDE-Fachber. 1935 S. 42 — (3) Der Anstieg der wiederkehrenden Spannung nach Kurzschlußabschaltungen im Netz. ETZ Bd. 57 (1936) S. 1025 — (4) Leistungsschalter und Leistungstrennschalter beim Schalten im Prüffeld und im Betrieb. ETZ Bd. 59 (1938) S. 605. — HANA, F. L.: Das zweckmäßigste Regenerierverfahren für Kraftwerke. Elektrizitätswirtsch. Bd. 27 (1928) S. 206. — HANDREK, H.: (1) Durchschlagfestigkeit und dielektrische Verluste von Porzellan und Hartpapier. Hescho-Mitt. 1929 Heft 46 S. 1455 — (2) Neue Hochfrequenzisolierstoffe. Hochfrequenztechn. Bd. 43 (1934) S. 73 [Elektrotechn. u. Masch.-Bau Bd. 52 (1934) S. 474] — (3) Keramische Isolierstoffe in der Hochfrequenztechnik. ETZ Bd. 58 (1937) S. 475. — HANSON, E. P., s. J. G. TRUMP (2). — HAPPOLD, H.: Probleme der Drehstromübertragung auf große Entfernungen. ETZ Bd. 64 (1943) S. 551. — HARRINGTON, E. J., and E. C. STARR: Deionisation time of fault-arc-paths. Electr. Engng. Bd. 69 (1950) S. 130. — HARRISON, T. R. P.: The development of the gascushion cable system for the highest voltages. J. Instn. electr. Engrs. Bd. 94 (1947) Part II S. 233. — HARTGE, F.: Eine Verbesserung des Klydonographen. ETZ Bd. 53 (1932) S. 939. — HARTZELL, H. W., S. S. COOK and A. A. JOHNSON: Petersen coil tuning determines performance. Electr. Wld., N. Y. Bd. 129 (1948) S. 62. — HATTENDORFF, H., s. W. RABUS (2). — HAUOR: Statistische Betriebserfahrungen an einem 30-kV-System mit induktiver Erdung. Bull. Soc. franç. Electr. Bd. 7 (1947) S. 368. — HEIM, H. J., s. R. H. GEORGE. — HEINRICH, R.: (1) Das Elektrofilter als wichtige Betriebseinrichtung in der europäischen Industrie. ETZ Bd. 55 (1934) S. 413 — (2) Der heutige Stand der elektrischen Gasreinigung. ETZ Bd. 60 (1939) S. 7 u. 43. — HEISE, F.: Erregungs- und Transportvorgänge an einer selbsterregenden van de Graaff-Maschine. Z. Phys. Bd. 116 (1940) S. 317. — HELD, CH.: (1) Entwicklung und augenblicklicher Stand der Hochspannungskabeltechnik. Elektrizitätswirtsch. Bd. 41 (1942) S. 283 — HELD, CH., u. O. GASSER: (2) Siemens-Ölkabel. Siemens-Z. Bd. 19 (1939) S. 197 — HELD, CH., s. H. W. LEICHSENRING. — HELMCHEN, G.: Ersatzprüfschaltung zur Prüfung von Leistungsschaltern. Dissertation Braunschweig 1946 [ETZ Bd. 69 (1948) S. 334]. — HEMMANN, K.: Dielektrisches Verhalten flüssiger und fester Isolierstoffe in einem Frequenzgebiet von 0 bis 60 Hz. Diss. T. H. München (1949) [ETZ Bd. 71 (1950) S. 46]. — HENNING, B.: Koronaverluste und Rundfunkstörungen bei Hochspannungsübertragungen. Tekn. T. Bd. 77 (1947) S. 303. — HENNINGER, P.: Dielektrische Untersuchungen an flüssigen Isolierstoffen mit polarer Komponente. Frequenz Bd. 4 (1950) S. 233. — HERMANN, P. K.: (1) Direkt anzeigender Kapazitätsmesser mit Wechselrichter. Arch. techn. Messen Lfg. 107 (1940) (V 3532—5) Blatt T 50 — (2) Tragbarer Oszillograph für Stoßspannungen. AEG-Mitt. Bd. 41 (1951) S. 91. — HERSKIND, C. C., s. H. L. KELLOGG. — HERZOG, W.: Über ein neues Verfahren zur Messung des Verlustwinkels von Kapazitäten bei Ton- und Hochfrequenzen. Telegr.- u. Fernspr.-Techn. Bd. 27 (1938) S. 99. — Hescho: Das Höchstspannungs-Versuchsfeld der Hescho in der Porzellanfabrik Hermsdorf/Thür. Hescho-Sonderheft 1936. — HESS: Ein Lufttransformator für sehr hohe Spannungen. Bull. schweiz. elektrotechn. Ver. Bd. 12 (1921) S. 109. — HESSELMEYER, C. T., u. J. K. KOSTKO: Über die Natur der Koronaverluste. ETZ Bd. 48 (1927) S. 548. — HETZEL, W., s. G. PFESTORF (3). — HEUMANN, H., s. G. BUSS. — v. D. HEYDEN u. TYPKE: Regenerationsverfahren und ihre Erfolge. Elektrizitätswirtsch. Bd. 27 (1928) S. 202. — HEYNE, H., u. W. REICHE: Ein Hochspannungsprüffeld in Dänemark. ETZ Bd. 56 (1935) S. 297. — HICKLING, G. H., s. E. C. RIPPON. — HILL, A. W., and W. M. LEEDS: High-voltage oil circuit breakers for rapid reclosing duty. Electr. Engng. Bd. 63 (1944) Trans. Sect. S. 113. — HIMLER, G. J. GARY, COHN and G. I. GEORGE: The reverse blowout effect. Electr. Engng. Bd. 67 (1948) S. 1148. — HIMPAN, J.: Eine neue Ausführung des elektrolytischen Troges zur Aufnahme von Potentialfeldern. Telefunkenröhre Heft 16 (1939) S. 198. — Hinderer, H., u. A. Walter: Zur Druckabhängigkeit der Gleichspannungskorona. Z. Phys. Bd. 117 (1941) S. 213. — Hippauf, F.: Untersuchungen über den Einfluß der Feuchtigkeit auf die elektrische Überschlagfestigkeit von Isolatoren. Z. Phys. Bd. 82 (1933) S. 803. — Hirai, J.: Einfluß von Luft und Feuchtigkeit auf den Punktdurchschlag von Mineralöl. Elektrotechn. J., Tokyo Bd. 4 (1940) S. 129. — Hixson, W. A., s. W. G. Hoover. — Hobson, J. E., s. J. J. Trainor (1). — Hochhäusler, P.: (1) Ein- und Ausführung von Platten und Filmen an Kathodenstrahl-Oszillographen ohne Störung des Hochvakuums. ETZ Bd. 50 (1929) S. 860 — (2) Der Teslatransformator als Hochfrequenzprüfgenerator und seine Untersuchung mit dem Kathoden-Oszillographen. Arch. Elektrotechn. Bd. 26 (1932) S. 518 — (3) Die Entnahme kleiner Leistungen aus Hochspannungsnetzen. Arch. Elektrotechn. Bd. 28 (1934) S. 302 — (4) Der Phasenschieberkondensator unter dem Einfluß stationärer und nichtstationärer Überspannungen in Versorgungsnetzen. ETZ Bd. 59 (1938) S. 457 — (5) Kondensatoren und Kondensatordurchführungen mit Meßanzapfungen als kapazitive Spannungsteiler. VDE-Fachber. Bd. 10 (1938) S. 98 — (6) Die Wirkung von Schutzarmaturen an Langstabisolatoren. ETZ Bd. 61 (1940) S. 891 u. ETZ Bd. 62 (1941) S. 106 — Hochhäusler, P., s. W. Holzer (2). — Hochrainer-Micza, A.: (1) Die Auswirkung und die Bekämpfung von Eigenschwingungen bei Hochspannungsgleichrichtern. VDE-Fachber. Bd. 11 (1939) S. 187 — Hochrainer, A.: (2) Schwingungen bei Gleichrichtern. Elektrotechn. u. Masch.-Bau Bd. 61 (1943) S. 372 — (3) The surge voltage distribution in transformer windings due to surges of arbitrary wave form but with particular reference to wave fronts of finite slope. CIGRE R. 137 (1950). — Hoduette, J. K.: Schutz von Verteiltransformatoren. Elektro-J. Bd. 33 (1936) S. 157 [Elektrotechn. u. Masch.-Bau Bd. 54 (1936) S. 382]. — Höchstädter, M., u. W. Vogel: (1) Das Isolationsproblem der Hochspannungskabel. Elektrotechn. u. Masch.-Bau Bd. 51 (1933) S. 218 — Höchstädter, M., W. Vogel u. E. Bowden: (2) Das Druckkabel, ein Fortschritt im Bau von Hochspannungskabelanlagen. ETZ Bd. 53 (1932) S. 145. — Höcker, K. H., u. W. Finkelnburg: Theorie der Hochstrom-Bogensäule. Z. Naturforsch. Bd. 1 (1946) S. 305 [ETZ Bd. 69 (1948) S. 310] — Höcker, K. H., s. W. Finkelnburg. — Höhl, H.: Der Hochspannungsteiler beim Kathodenstrahloszillographen. Arch. Elektrotechn. Bd. 35 (1941) S. 663. — Höfer, R.: Die Konstanten des Stoßgenerators für eine gegebene Wellenform. Arch. Elektrotechn. Bd. 32 (1938) S. 275. — Hörcher, W., s. L. Binder (13), (14), W. Weicker (10). — Hofer, H. M.: Werkstofferhitzung durch Hochfrequenz. Schweiz. techn. Rdsch. Bd. 39 (1947) S. 9 [ETZ Bd. 69 (1948) S. 328]. — Hoffmann, D. C.: Automatische Schalteinrichtungen für 1500-V-Quecksilberdampfgleichrichter. Gen. Elektr. Rev. Bd. 32 (1929) S. 466 [Elektrotechn. u. Masch.-Bau Bd. 48 (1930) S. 327]. — Hofmann, W.: (1) Schutz gegen Überspannungen. Siemens-Z. Bd. 12 (1932) S. 346 — (2) Die richtige Dämpfung der Oszillographenschleifen. Wiss. Veröff. Siemens-Werk Bd. 12 (1933) Heft 2 S. 142 — (3) Anpassung der Oszillographenschleife durch Flüssigkeitsdämpfung. Arch. techn. Messen Lfg. 50 (1935). — Hoh, S.: (1) Some characteristic features of metallic arcs. Elektrotechn. J., Tokyo, Bd. 4 (1940) S. 210 — (2) Another type in metallic arcs. Elektrotechn. J., Tokyo, Bd. 4 (1940) S. 213. — Hohle, W., u. H. Woilken: Die Zeitkonstante elektrischer Widerstände. AEG-Mitt. 1940 Heft 9/10 S. 191. — Hollmann, H. E.: Physik und Technik der ultrakurzen Wellen. Berlin: Springer 1936. — Holm, R.: (1) Die Theorie der Korona an Hochspannungsleitungen. Wiss. Veröff. Siemens-Werk Bd. 4 (1925) Heft 1 S. 14 — Holm, R., B. Kirschstein, F. Koppelmann: (2) Überblick über die Physik des Starkstromlichtbogens mit besonderer Berücksichtigung der Löschung in Hochleistungswechselstromschaltern. Wiss. Veröff. Siemens-Werk Bd. 13 (1934) Heft 2 S. 63. — HOLTZ, W., u. R. MÜLLER: Chemische Vorgänge in der Glimmentladung. Ann. Phys., Lpz. Bd. 24 (1939) S. 489. — HOLZER, W.: (1) Über den Stoßdurchschlag der Luft im gleichförmigen Felde bei größeren Elektrodenabständen. Arch. Elektrotechn. Bd. 26 (1932) S. 865 — HOLZER, W., u. P. HOCHHÄUSLER: (2) Ein Hochspannungsmeßkondensator einfacher Bauart. ETZ Bd. 54 (1933) S. 913 — HOLZER, W., u. G. SCHWARZ: (3) Über ein Verfahren zur gleichzeitigen Registrierung von zwei Meßvorgängen mit einer Braunschen Röhre. Elektrotechn. u. Masch.-Bau Bd. 54 (1936) S. 409. — HOLZMÜLLER, W.: Verlustwinkelmessungen an Kunststoffen bei Hochfrequenz. Kunststoffe Bd. 30 (1940) S. 177. — HONDA, T.: Entladungen im zweigeschichteten Dielektrikum bei Stoßspannung. Arch. Elektrotechn. Bd. 33 (1939) S. 458. — HOOVER, W. G., and W. A. HIXSON: Dielectric strength of oil with variations of pressure and temperature. Trans. Amer. Inst. electr. Engrs. Bd. 68 (1949) Part II S. 1047. — HORIKOSI, S.: Experimental research on restriking phenomena of arcs. Elektrotechn. J. Tokio Bd. 3 (1939) S. 283. — HOWELL, A. H.: Untersuchungen über den Durchschlag in verdichteten Gasen. Electr. Engng. Bd. 58 (1939) Trans. Sect. S. 193 [ETZ Bd. 61 (1940) S. 334]. — HUBEL, E.: Stromrichter und Stromrichterschaltungen für Gleichstrom-Hochspannungsübertragung. Elektrotechn. u. Masch.-Bau Bd. 68 (1951) S. 253. — HUBERT, E. H., and C. H. MARCHAL: A theoretical and experimental contribution to the study of stability limits with high speed three-phase reclosure. CIGRE R. 305 (1950) — HUBERT, E. H., s. S. MARGOULIES. — HUBMANN, W., s. H. DAENE. — HUETER, E.: (1) Über die Messung effektiver Spannungswerte mittels der Kugelfunkenstrecke. ETZ Bd. 55 (1934) S. 833 — (2) Über die Messung des Scheitelwertes technischer Wechselspannungen mittels der Kugelfunkenstrecke. ETZ Bd. 57 (1936) S. 621 — HUETER, E., u. W. SCHÄFER: (3) Die Messung der Erdschlußkompensation. ETZ Bd. 52 (1931) S. 1023 — HUETER, E.: (4) Einmessen von Fehlerorten an Starkstromleitungen mittels Wanderwellen. Z. Elektrotechn. Bd. 1 (1948) S. 2 — (5) Über Reihenkondensatoren zur Kompensation des induktiven Spannungsabfalls von Fernleitungen. ETZ Bd. 70 (1949) S. 369 — HUETER, E., s. K. DEBUS (1) u. (2), R. BUCH. HÜTER, W.: (1) Isolierstoffe und Isolatoren für Höchstspannung. ETZ Bd. 48 (1927) S. 1597 — (2) Ölkondensatordurchführung für 220 kV. ETZ Bd. 53 (1932) S. 549 — (3) Koordination der Isolationsfestigkeit in Wechselstrom-Hochspannungsanlagen. Elektrotechnik, Bd. 3 (1949) S. 141. — HULL, A. W.: Foundamental processes in gaseous tube rectifiers. Electr. Engng. Bd. 69 (1950) S. 695. — HUNT, L. F., E. W. BOEHNE u. H. A. PETERSON: Switching overvoltage hazard eliminated in high-voltage oil circuit breakers. Electr. Engng. (1943) Trans. Sect. S. 98. — HUNTER, E. M., and N. E. DILLOW: Surge protection: a—c rotating machines. Gen. Electr. Rev. Bd. 53 (1950) S. 20. — HURRLE, K.: Untersuchungen über den Entladungseinsatz an Spulenkanten von Hochspannungswicklungen unter Öl. Arch. Elektrotechn. Bd. 40 (1951) S. 75. — HURWORTH, H.: Insulating oils. General principles of behaviour under electrical stress. Electr. Rev., Lond. Bd. 147 (1950) S. 529.

IMHOF, A.: (1) Neuere elektrostatische Hochspannungsmeßgeräte. Schweiz. techn. Z. 1926 Nr. 29 — (2) Statische Starkstromkondensatoren. Bull. schweiz. elektrotechn. Ver. Bd. 25 (1934) S. 463 — IMHOF, A., u. H. STÄGER: (3) Eigenschaften kautschukfreier, nicht keramischer plastischer Isolierstoffe. Bull. schweiz. elektrotechn. Ver. Bd. 25 (1934) S. 509 — IMHOF, A.: (4) Vielnadel-Gleichrichter für hohe Spannung. Bull. schweiz. elektrotechn. Ver. Bd. 36 (1945) S. 333 [ETZ Bd. 69 (1948) S. 300]. — INGE, L., N. SEMENOFF u. A. WALTHER: (1) Über den

Durchschlag fester Isolatoren. Arch. Elektrotechn. Bd. 17 (1926) S. 433 — INGE, L., u. A. WALTHER: (2) Durchschlag von Porzellan bei hohen Temperaturen. Arch. Elektrotechn. Bd. 18 (1927) S. 542 — (3) Durchschlag von Glas in homogenen und nichthomogenen elektrischen Feldern. Arch. Elektrotechn. Bd. 19 (1928) S. 257 — (4) Durchschlag von festen Isolatoren in homogenen und nichthomogenen elektrischen Feldern bei Beanspruchungen von langer und kurzer Dauer. Arch. Elektrotechn. Bd. 22 (1929) S. 410 — (5) Teildurchschlag von festen Isolatoren. Arch. Elektrotechn. Bd. 24 (1930) S. 259 — INGE, L., u. B. WUL: (6) Randdurchschlag und Randentladungen. Arch. Elektrotechn. Bd. 25 (1931) S. 597 — INGE, L., u. A. WALTHER: (7) Der Überschlag von festen Isolatoren in Luft. Arch. Elektrotechn. Bd. 26 (1932) S. 409 — (8) Überschlag von festen Isolatoren in Transformatorenöl. Arch. Elektrotechn. Bd. 27 (1933) S. 99 — (9) Durchschlag von festen Isolatoren in Flüssigkeiten unter Druck. Elektrotechn. u. Masch.-Bau Bd. 52 (1934) S. 243 — (10) Durchschlag von Porzellan bei hohen Temperaturen. Elektrotechn. u. Masch.-Bau Bd. 46 (1928) S. 365. — ISHIGURO, Y.: Einfluß der Luftfeuchtigkeit auf die Stoßüberschlagspannung von Stabfunkenstrecken und Isolatoren. Electrotechn. J., Tokio Bd. 3 (1939) S. 147 [ETZ Bd. 61 (1940) S. 412]. — ISSENDORFF, J. v., M. SCHENKEL, R. SEELIGER: Die Entstehung und Bekämpfung der Rückzündungen in Großgleichrichtern. Wiss. Veröff. Siemens-Werk Bd. 9 (1930) Heft 1 S. 73 — ISSENDORFF, J. v., s. M. SCHENKEL, H. GLÖDE. — ITIJO, B.: A new type high-frequency bridge. Elektrotechn. J., Tokio Bd. 4 (1940) S. 48.

JACOBI, W.: Über Gleitentladungen bei Wechselspannungen (Kreisfunken). Z. techn. Phys. Bd. 14 S. 530 — JACOTTET, P.: (1) Einfluß der Stromverdrängung auf die Stirnform von Sprungwellen. Wiss. Veröff. Siemens-Werk Bd. 8 (1930) Heft 3 S. 54 — (2) Dämpfung und Verzerrung kurzer Sprungwellen durch Stromverdrängung im Erdreich. Wiss. Veröff. Siemens-Werk Bd. 10 (1931) Heft 1 S. 42 — (3) Zur Frage der Isolationsabstufung in Hochspannungsanlagen. Elektrizitätswirtsch. Bd. 35 (1936) S. 256 — (4) Stoßspannungsprüfung und Isolationsabstufung von Hochspannungsanlagen nach ausländischem Schrifttum. ETZ Bd. 58 (1937) S. 41 u. 69 — (5) Der gegenwärtige Stand der Frage des elektrischen Sicherheitsgrades in den V. St. Amerika. ETZ Bd. 59 (1938) S. 197 — (6) Zur Frage der Messung von Hochfrequenzspannungen und Stoßspannungen kürzester Dauer mit der Kugelfunkenstrecke. ETZ Bd. 60 (1939) S. 92 — JACOTTET, P., u. W. WEICKER: (7) Internationale Vereinheitlichung auf dem Gebiete der Stoßspannungsprüfanlagen. ETZ Bd. 59 (1938) S. 366 — (8) Überschlagswechselspannungen und 50%-Überschlag-Stoßspannungen von Stabfunkenstrecken. ETZ Bd. 61 (1940) S. 565 — JACOTTET, P.: (9) Atmosphärische Einflüsse auf das Isoliervermögen von Hochspannungsanlagen, insbesondere in höheren Höhenlagen. Arch. Elektrotechn. Bd. 36 (1942) S. 629 — JACOTTET, P., s. ERWIN MARX. — JAEGER, R.: Röhrengalvanometer und Röhrenelektrometer. Helios, Lpz. Bd. 37 (1931) S. 1. — JAECKEL: Die elektrische Ausrüstung von Forschungsstätten. Helios, Lpz. Bd. 46 (1940) S. 977. — JAGGI, M.: Erzeugung hochgespannten Gleichstroms aus Wechselstrom durch Aufladevorgänge im Kaskadengenerator. Bull. schweiz. elektrotechn. Ver. Bd. 34 (1943) S. 386 [ETZ Bd. 64 (1943) S. 612]. — JAKUBOWSKI, J. L.: Eine Abänderung des von H. König ausgearbeiteten Hochspannungsmeßverfahrens. Arch. Elektrotechn. Bd. 30 (1936) S. 276 — JAKUBOWSKI, J. L., s. K. DREWNOWSKI (2). — JAKUBOWSKI, J. L., u. A. W. RANKIN: Über die Verzerrung von Wanderwellen auf kurzen Leitungen. Arch. Elektrotechn. Bd. 31 (1937) S. 186. — JANSEN, B.: 10 Jahre Regeltransformatoren mit Jansen-Schaltern. ETZ Bd. 58 (1937) S. 874. — JOFFE, A.: Die elektrische Festigkeit dünner Schichten. Phys. Z. Bd. 28 (1928) S. 911. — JOHANNSEN, G.: AEG-Vibrationsgalvanometer. AEG-Mitt. 1940 Heft 9/10 S. 240. — John, W. J.: (1) High voltage technology. Electr. Rev., Lond. Bd. 122 (1938) S. 575 — John, W. J., and C. H. W. Clark: (2) Testing of transmission-line insulators under deposit conditions. J. Inst. electr. Engrs. Bd. 85 (1939) S. 590 — John, W. J., s. K. Dannenberg. — Johnson, I. B., and J. Berdy: Magnification of switching overvoltages in coupled oscillatory circuits. Gen. Electr. Rev. Bd. 53 (1950) S. 22. — Johnson, A. A., R. E. Marbury and J. M. Arthur: Design and protection of 10000 kVA series capacitor for 66 kV transmission line. Trans. Amer. Inst. electr. Engrs. Bd. 67 (1948) S. 355 — Johnson, A. A., s. H. W. Hartzell, B. M. Joner. — Joner, B. M., J. M. Arthur, C. M. Stearns and A. A. Johnson: A 10000 kVA-series capacitor improves voltage on 66 kV line supplying large electric furnace load. Trans. Amer. Inst. electr. Engrs. Bd. 67 (1948) S. 363. — Jones, H. F., and C. J. O. Garrard: The design, specification and performance of high-voltage surge diverters. Proc. Instn. electr. Engrs. Bd. 97 (1950) S. 365. — Jordan, P.: Joffés Untersuchungen über die elektrische Durchschlagsfestigkeit. Naturwiss. 1928 Heft 23 S. 460. — Jordan, J. P.: The theory and practice of industrial electronic heating. Gen. Electr. Rev. Bd. 46 (1943) S. 675. — Jost, R.: Über die Durchschlagsfestigkeit einiger fester Isolierstoffe bei Beanspruchungen von langer bis zu ganz kurzer Dauer. Arch. Elektrotechn. Bd. 23 (1930) S. 305. — Juillard: Die Geschwindigkeit des Spannungsanstieges nach der Lichtbogenlöschung im Wechselstromschalter. Elektrotechn. u. Masch.-Bau Bd. 51 (1933) S. 631. — Jungesblut, A.: Über konstante hochbelastbare Hochohm-Drahtwiderstände. Verh. dtsch. phys. Ges. 1932 Heft 1 S. 8.

Kaar, I. J.: 750-kW-Hochvoltgleichrichter. Gen. Electr. Rev. Bd. 32 (1929) S. 473 [Elektrotechn. u. Masch.-Bau Bd. 48 (1930) S. 204]. — Kaiser, F.: Betriebserfahrungen mit Hochspannungs-Massekabeln. ETZ Bd. 64 (1943) S. 621. — Kalkner, B.: (1) Gewinnung von Meßspannungen bei sehr hohen Betriebsspannungen. „Forschung und Technik." Berlin: Springer 1930 — (2) Zur Elektrotechnik der Entladungsgefäße. Jb. Forsch.-Inst. AEG Bd. 4 (1933—1935) S. 9. — Kampschulte, J.: Luftdurchschlag und Überschlag mit Wechselspannung von 50 und 100000 Hz. Arch. Elektrotechn. Bd. 24 (1930) S. 525. — Kanouse, E. L., s. T. M. Blakeslee. — Kappeler, H.: (1) Hartpapierdurchführungen für Höchstspannungen. Bull. schweiz. elektrotechn. Ver. Bd. 40 (1949) S. 807 — (2) Die Bedeutung des Verlustfaktors für die Beurteilung von Kondensatordurchführungen. Elektrotechn. u. Masch.-Bau Bd. 68 (1951) S. 43. — Kapzov: Über das Anwachsen der Raumladungen beim elektrischen Durchschlag einer Gasstrecke. Z. Phys. Bd. 75 (1932) S. 380. — Karsten, O., s. H. Norinder. — Katz, H.: Weiterentwicklung der Elektronenstrahlröhre zur Hochleistungsröhre. Jb. AEG-Forschg Bd. 8 (1941) Sonderh. S. 155. — Kaufmann, W.: (1) Die Kurzschlußphasenverschiebung, ihre Bedeutung für den Abschaltvorgang und ihre Messung. ETZ Bd. 56 (1935) S. 1091 — (2) Experimentelle Untersuchungen über den Anstieg der wiederkehrenden Spannung bei Abschaltvorgängen. VDE-Fachber. 1935 S. 39 — (3) Die neuen Prüfvorschriften für Hochleistungsschalter. ETZ Bd. 59 (1938) S. 553 u. 580 — (4) Die Löschung von Lichtbogenkurzschlüssen durch kurzzeitiges Abschalten. ETZ Bd. 60 (1939) S. 241 — (5) Hochleistungsschalter für Kurzschlußlöschung. Siemens-Z. Bd. 20 (1940) S. 12 — (6) Metallverdampfung durch Starkstromlichtbögen. ETZ Bd. 63 (1942) S. 162 — Kaufmann, W., s. B. v. Borries (1). — Kautzmann, O.: (1) Die Messung dielektrischer Verluste mit der Scheringschen Meßbrücke an Hartpapierdurchführungen und Generatoren in Anlagen. ETZ Bd. 50 (1929) S. 1401 — (2) Erfahrungen über Gewittereinflüsse in Mittelspannungsnetzen und Auswirkung ergriffener Maßnahmen. ETZ Bd. 57 (1936) S. 387. — Kegel, K.: Hochfrequenzhärtung von Stahl. Elektrotechn.

Bd. 2 (1948) S. 285 [ETZ Bd. 70 (1949) S. 445]. — Kehse, W.: (1) Die Isolation von Großtransformatoren hoher Spannung. ETZ Bd. 52 (1931) S. 1417 — (2) Die Hochspannungstechnik der Transformatoren, Isolatoren und Durchführungen. Stuttgart: Ferdinand Enke 1937. — Keinath, G.: (1) Die Verwendung von Kondensatordurchführungen zu Meßzwecken. Siemens-Z. Bd. 2 (1922) S. 606 — (2) Wechselspannungsmessung mit Meßkondensatoren. Wiss. Veröff. Siemens-Konzern Bd. 5 (1926) Heft 2 S. 69 — (3) Messung von Wechselspannung mit Kondensatoren (Kapazitive Spannungswandler). Arch. techn. Messen 1934 V 3333—3 — (4) Überwachung der Hochspannungsprüfung durch gleichzeitige Registrierung der dielektrischen Verluste. Elektrotechn. u. Masch.-Bau Bd. 54 (1936) S. 289 — (5) Kapazitäts- und Verlustmessungen an Kleinkondensatoren. Arch. techn. Messen Lfg. 62 (1936) V 339—17 — (6) Dielektrische Verlustmessungen mit Netzfrequenz an Transformatorenölen. Arch. techn. Messen Lfg. 85 (1938) V 942—4 — (7) Anwendung des C-tg δ-Schreibers zur Prüfung von Isolierstoffen. Arch. techn. Messen Lfg. 83 (1938) V 339—19. — Keller, A.: (1) Verwendung von Preßgaskondensatoren für Meßzwecke. Elektrotechn. u. Masch.-Bau Bd. 59 (1941) S. 292 — (2) Meßbereich und Empfindlichkeit der Hochspannungsbrücke nach Schering. ETZ Bd. 71 (1950) S. 233. — Keller, H.: (1) Grundlegende Gleich- und Wechselrichterversuche für die Kraftübertragung mit hochgespanntem Gleichstrom. Elektrotechn. u. Masch.-Bau Bd. 57 (1939) S. 349 — (2) Der Hochleistungs-Stromrichter für Gleichstromübertragung. Brown Boveri Mitt. Bd. 28 (1941) S. 322. — Kellogg, H. L., and C. C. Herskind: The testing of mercury-arc rectifiers. Electr. Engng. Bd. 62 (1943) S. 765. — Kennedy, L. F., s. S. B. Crary. — Kern, E.: (1) Die Gleichstromkraftübertragung Wettingen-Zürich an der Schweizerischen Landesausstellung. Bull. schweiz. elektrotechn. Ver. Bd. 30 (1939) S. 481 — (2) Die Gleichstromkraftübertragung, ihr heutiger Stand und ihre Zukunft. Bull. schweiz. elektrotechn. Ver. Bd. 30 (1939) S. 567 — Kern, E., u. K. Berger: (3) Ein Ausblick auf die Gleichstromkraftübertragung der Zukunft. Bull. schweiz. elektrotechn. Ver. Bd. 24 (1933) S. 281. — Kesselring, F.: (1) Versuche mit Hochleistungsschaltern. VDE-Fachber. 1928 S. 51 — (2) Das Schalten großer Leistungen. ETZ Bd. 50 (1929) S. 1005 — (3) Die Löschung eines elektrischen Lichtbogens in Flüssigkeiten. Wiss. Veröff. Siemens-Werk Bd. 9 (1930) Heft 1 S. 200 — (4) Der Expansionsschalter (Hochleistungsschalter ohne Öl). ETZ Bd. 51 (1930) S. 499 — (5) Die Freiluft-Expansionsschalter. Siemens-Z. 1933 Heft 6 S. 309 — (6) Untersuchungen an elektrischen Lichtbögen. ETZ Bd. 55 (1934) S. 92 u. 116 — (7) Forschungsarbeiten im Zusammenhang mit der Entwicklung des Expansionsschalters. Elektrotechn. u. Masch.-Bau Bd. 53 (1935) S. 493 — (8) Expansionsschalter-Synchronschalter. ETZ Bd. 58 (1937) S. 195 — (9) Zehn Jahre Expansionsschalter. ETZ Bd. 61 (1940) S. 509 — Kesselring, F., u. W. Elenbaas: (10) Zur Frage der Berechnung des Minimumprinzips in der Theorie der Bogenentladung. (Diskussion.) ETZ Bd. 57 (1937) S. 1497 — Kesselring, F., u. F. Koppelmann: (11) Das Schaltproblem der Hochspannungstechnik. Arch. Elektrotechn. Bd. 29 (1935) S. 1 — (12) Das Schaltproblem der Hochspannungstechnik. Arch. Elektrotechn. Bd. 30 (1936) S. 71 — (13) Das Schaltproblem der Hochspannungstechnik. Arch. Elektrotechn. Bd. 35 (1941) S. 155 — (14) Theoretische Grundlagen zur Berechnung der Schaltgeräte. 2. Aufl., Samml. Göschen Bd. 711, 1943 — Kesselring, F., s. E. Krohne (3). — Ketnath, A.: Über die Entfernung des im Transformatorenöl gelösten Wassers. ETZ Bd. 54 (1933) S. 1259. — Killgore, C. L., and W. H. Clagett: Field tests for development of 10000000 kVA, 230 kV oil circuit breakers for Grand Coulee power plant. Trans. Amer. Inst. electr. Engrs. Bd. 67 (1948) Part I S. 271. — Kind, H.: Verzerrung der Kurvenform durch ungeeigneten Spannungsteiler. ETZ Bd. 53

(1932) S. 1128. — Kinghern, J. H., s. P. Sporn (2). — Kirch, E.: (1) Das Dielektrikum papierisolierter Höchstspannungskabel. „Forschung und Technik", S. 502. Berlin: Springer 1930 — (2) Vergleich von Masse- und Ölkabeln. Elektrizitätswirtsch. Bd. 31 (1932) S. 509 — (3) Vergußmassen für Kabelzubehörteile und ihre Aufgabe. ETZ Bd. 54 (1933) S. 557 — (4) Hochspannungskabel, ein Rück- und Ausblick. CIGRE R. 232 (1937) — (5) Stand der Hochspannungskabeltechnik. AEG-Mitt. 1938 Heft 11 S. 540 — (6) Die 150-kV-Kabel Haag—Rotterdam und ihre Prüfung. ETZ Bd. 60 (1939) S. 303 — (7) Ein Überblick über das Gebiet der Starkstromerdkabel. Elektrizitätswirtsch. Bd. 39 (1940) S. 152 — Kirch, E., u. W. Riebel: (8) Untersuchungen über das dielektrische Verhalten von Öl-Harz-Mischungen unter besonderer Berücksichtigung des Bereiches relativ geringer Temperaturen. Arch. Elektrotechn. Bd. 24 (1930) S. 553. — Kirch, G.: Ein neuer 200-MVA-Expansionsschalter Reihe 20. ETZ Bd. 56 (1935) S. 293. — Kirschstein, B.: (1) Über Abbrandversuche an Lichtbögen in einem Gemisch von Luft und Stickstoff. Wiss. Veröff. Siemens-Werk Bd. 16 (1937) Heft 1 S. 72, Heft 3 S. 69 — Kirschstein, B., u. F. Koppelmann: (2) Photographische Aufnahmen elektrischer Lichtbögen großer Stromstärke. Wiss. Veröff. Siemens-Werk Bd. 13 (1934) Heft 3 S. 52 — (3) Der elektrische Lichtbogen in schnellströmendem Gas. Wiss. Veröff. Siemens-Werk Bd. 16 (1937) Heft 3 S. 26 — (4) Beitrag zur Minimumtheorie der Lichtbogensäule,Vergleich zwischen Theorie und Erfahrung. Wiss. Veröff. Siemens-Werk Bd. 16 (1937) Heft 3 S. 56 — Kirschstein, B., s. R. Holm (2). — Kläy, H.: Erzeugung von Stoßspannungswellen großer Steilheit. Bull. schweiz. elektrotechn. Ver. Bd. 32 (1941) S. 242 [ETZ Bd. 63 (1942) S. 169]. — Klemperer, H., s. W. Rogowski (28) u. (29), E. Flegler (7). — Klein, P. E.: (1) Die deutschen Elektronenstrahl-Oszillographen. Funk 1939 Heft 22 — (2) Die Anwendung des Elektronenstrahl-Oszillographen für die Messung von Vorgängen im Kurz- und Ultrakurzwellengebiet. Meßtechn. Bd. 18 (1942) S. 135 — Klein, P. E., s. W. Gaarz. — Klein, R.: Theorie der Erdschlußkompensation langer Leitungen. „Forschung und Technik", S. 215. Berlin: Springer 1930. — Klein, W.: Generatoren für Gleichstromhöchstspannungen. Bull. schweiz. elektrotechn. Ver. Bd. 29 (1938) S. 436. — Kleinwächter, H.: Schwingungserscheinungen bei stark eingeengter Lichtbogensäule und bei anomalem Anodenfall. Arch. Elektrotechn. Bd. 34 (1940) S. 523. — Klewe, H.: Der Störeinfluß von Gleichstromhöchstspannungsübertragungen auf Fernmeldeleitungen. Elektrotechn. u. Masch.-Bau Bd. 53 (1935) S. 584. — Klingelhöffer, H., s. R. Vieweg (8). — Klostermann, F., s. E. Krohne. — Knaak, W.: Spannungsverteilung bei Transformatorenwicklungen beim Auftreten einer Stoßwelle bei besonderer Berücksichtigung der zweiten Wicklung. Arch. Elektrotechn. Bd. 37 (1943) S. 191. — Kneller, Ch., s. H. Böcker (5). — Knight, H. de B.: Hotcathode thyratrons: practical studies of characteristics. Proc. Instn. electr. Engrs. Bd. 96 (1949) Part III S. 361. — Knoblauch, H., s. A. Matthias (14). — Knoll, M.: (1) Mehrfach-Kathodenstrahl-Oszillograph. ETZ Bd. 53 (1932) S. 1101 — Knoll, M., F. Ollendorff, Rompe: (2) Gasentladungstabellen. Berlin: Springer 1935 — Knoll, M., s. A. Matthias (14). — Knowles, D. D., u. E. G. Bangratz: Das Ignitron. Electr. J. Bd. 30 (1933) S. 501 [ETZ Bd. 55 (1934) S. 563]. — Knudsen, N.: Technische Probleme bei der Verwendung von Reihenkondensatoren. Asea-J. Bd. 23 (1950) S. 77. — Kober, C. L.: Fehlerortung auf Hochspannungsleitungen nach dem Funkmeßprinzip. Elektrotechn. u. Masch.-Bau Bd. 66 (1949) S. 269. — Kock, F.: Die dielektrische Durchschlagsfestigkeit von flüssigen, halbfesten und festen Isolierstoffen in Abhängigkeit vom Druck. ETZ Bd. 36 (1915) S. 85. — Koepchen, A.: Das 400-kV-Projekt des Rheinisch-Westfälischen Elektrizitätswerkes. ETZ Bd. 69 (1948) S. 3. — König, E.: Druckausgleichschalter für Hochspannung. Helios, Lpz., Bd. 47 (1941) S. 875. — KOETZOLD, B.: Kritische Betrachtung und Auswertung von Gewitterstörungsstatistiken für Freileitungsnetze. ETZ Bd. 57 1936) S. 433. — KOHLER, K.: Fluchtentafeln zur Koronaberechnung von Freileitungen. ETZ Bd. 70 (1949) S. 493. — KOHN, S., s. M. M. LANGLOIS-BERTHELOT (2). — KOMIVES, L. I.: Beurteilung der Güte einer Kabelisolation nach ihrer Stoßspannungsfestigkeit. Electr. Engng. Bd. 60 (1941) Trans. Sect. S. 929 [ETZ Bd. 64 (1943) S. 275] — KOMIVES, L. I., s. I. I. FAUCETT. — KOOPS, C. G.: Messung sehr kleiner Verlustwinkel. Philips techn. Rdsch. Bd. 5 (1940) S. 307. — KOPELIOWITSCH, J.: (1) Über die Notwendigkeit einer einheitlichen internationalen Definition der Abschaltleistung von Ölschaltern. Bull. schweiz. elektrotechn. Ver. 1928 Heft 9 S. 277 — (2) Influence de la forme de la tension de rupture sur le travail des disjoncteurs. Bull. schweiz. elektrotechn. Ver. Bd. 22 (1931) S. 312 — KOPELIOWITSCH u. O. MAYR: (3) Die Resultate neuerer Forschungen über den Abschaltvorgang im Wechselstromlichtbogen und ihre Anwendung im Schalterbau (Ölschalter, Druckluftschalter, Expansionsschalter). Bull. schweiz. elektrotechn. Ver. Bd. 23 (1932) S. 565 u. 605. — KOPPELMANN, F.: (1) Über den Durchschlag von Isolierölen. ETZ Bd. 51 (1930) S. 1457 — (2) Über das Verhalten absorbierter Luft beim Durchschlag flüssiger Isolierstoffe. ETZ Bd. 52 (1931) S. 1413 — (3) Ist der Durchschlag isolierender Flüssigkeiten ein Wärmevorgang? Arch. Elektrotechn. Bd. 27 (1933) S. 448 — (4) Bemerkungen zum Durchschlag flüssiger Isolierstoffe. Arch. Elektrotechn. Bd. 28 (1934) S. 519 — KOPPELMANN, F., s. R. HOLM (2), F. KESSELRING (11) u. (12), B. KIRSCHSTEIN (2), (3) u. (4). — KOSTKO, J. K., s. C. T. HESSELMEYER. — KRAEFT, H.: Über den Einfluß von Elektrodenverkleidungen und dünnen Schirmen auf den Durchschlag von Transformatorenöl. Dissertation Braunschweig 1931. — KRINES, O.: Selbstlöschende Schutzfunkenstrecken. Masch.-Schad. Bd. 16 (1939) S. 150. — KROEMER, H.: (1) Untersuchungen von Entladungen mit der Nebelkammer. Arch. Elektrotechn. Bd. 28 (1934) S. 703 — (2) Der Lichtbogen an Schmelzleitern in Sand. Arch. Elektrotechn. Bd. 36 (1942) S. 455. — KROEMER, H., s. W. FUCKS (3). — KROHNE, E.: (1) Einführung in VDE 0670 „Regeln für Wechselstromhochspannungsgeräte R. E. H." ETZ Bd. 57 (1936) S. 649 u. 665 — (2) Leistungstrennschalter. ETZ Bd. 57 (1936) S. 961 — KROHNE, E., u. F. KESSELRING: (3). Untersuchungen über die wiederkehrende Spannung und Festigkeit im Jahre 1936). I/II. CIGRE R. 112 (1937) — KROHNE, E., F. KLOSTERMANN u. W. ESTORFF: (4) Leistungstrennschalter. ETZ Bd. 57 (1936) S. 961. — KRONIG, R.: Zur Theorie des elektrischen Durchschlages in Flüssigkeiten einfacher Struktur. Z. Phys. Bd. 118 (1941) S. 452. — KROPP, H.: Kanten in der Hochspannungstechnik. Arch. Elektrotechn. Bd. 27 (1933) S. 681. — KRÜGER, F.: Hochohmige Widerstände für niedere und hohe Spannungen. Z. techn. Phys. Bd. 10 (1929) S. 495. — KRUG, W.: (1) Die Verwendung des Kathodenstrahl-Oszillographen zur Aufnahme raschest verlaufender Vorgänge. Dissertation Dresden 1930 — (2) Eine Sprungschaltung für Sperr- und Zeitkreise für Kathodenstrahl-Oszillographen. ETZ Bd. 51 (1930) S. 605 — (3) Über Schaltanordnungen bei Kathodenstrahl-Oszillographen zur Aufnahme von periodisch und aperiodisch verlaufenden Vorgängen im rechtwinkligen Koordinatensystem. Elektrotechn. u. Masch.-Bau Bd. 49 (1931) S. 233 — (4) Über die Umbildung einer Wanderwelle beim Auflaufen auf eine Transformatorwicklung. Bull. schweiz. elektrotechn. Ver. Bd. 22 (1931) S. 277 — (5) Stufenloser und stufenförmiger Durchschlag in Luft. Z. techn. Phys. Bd. 13 (1932) S. 377. — KRUSE, W.: Betriebserfahrungen mit Überspannungsableitern. ETZ Bd. 60 (1939) S. 1417. — KRUTZSCH, J.: (1) Eine neue Methode zur Messung der maximalen Wanderwellensteilheit. Arch. Elektrotechn. Bd. 21 (1928) S. 140 — (2) Leistungsmessung bei Hochspannung, Hochfrequenz, großer Phasenverschiebung und beliebiger Kurvenform. ETZ Bd. 57 (1936) S. 439. — Kubach, G.: Messungen von Koronaverlusten. Dissertation Darmstadt 1927. — Küchler, R., s. K. Bölte. — Kühn, E.: Korona- und Isolatorenverluste bei hoher Gleichspannung in Abhängigkeit von der Witterung. ETZ Bd. 56 (1935) S. 609. — Küpfmüller, K.: Einführung in die theoretische Elektrotechnik. Berlin: Springer 1932. — Kunstmann, E., s. W. Weicker (11). — Kuhlmann, K., u. W. Mecklenburg: Ohmscher Meßwiderstand für Hochspannung. Bull. schweiz. elektrotechn. Ver. Bd. 26 (1935) S. 737. — Kuntke, A.: (1) Ungewöhnlich große Schlagweiten in Luft bei hohen Gleichspannungen. ETZ Bd. 69 (1948) S. 395 — Kuntke, A., u. H. Verse: (2) Eine transportable Gleichspannungsapparatur für die industrielle Röntgendurchstrahlung. Röntgenblatt Bd. 3 (1950) S. 248 [ETZ Bd. 72 (1951) S. 206] — Kuntke, A., s. A. Bouwers (2). — Kunze, P., s. W. Baumhauer. — Kurth s. H. Puppikofer (5). — Kyser, H.: Die elektrische Kraftübertragung. III. Bd. 2. Teil. Berlin: Springer 1940.

Labus, J.: Einfache experimentelle Bestimmung der Kapazitäten (Kapazitätskoeffizienten und Teilkapazitäten) beim Vorhandensein beliebig vieler Leiter. Arch. Elektrotechn. Bd. 18 (1927) S. 40. — Lacey, H. M.: The lightning protection of high-voltage overhead transmission and distribution systems. Proc. Instn. electr. Engrs. Bd. 96 (1949) Part II S. 287. — Lalander, S.: Erfahrungen mit der Erdschlußkompensierung bei Hochspannungsnetzen. Tekn. T. Bd. 77 (1947) S. 817. — Lambert, D. E., and J. Christie: Standardisation of switchgear. J. Instn. electr. Engrs. Bd. 95 (1948) Part I S. 296. — Lamm, A. U.: (1) Quecksilberdampf-Umformerstationen für die Übertragung von hochgespanntem Gleichstrom. Bull. schweiz. elektrotechn. Ver. Bd. 38 (1947) S. 279, 346 u. 378 [ETZ Bd. 69 (1948) S. 128] — (2) Energieübertragung mit hochgespanntem Gleichstrom in Schweden. CIGRE R. 411 (1948) [ETZ Bd. 70 (1949) S. 519]. — Lange, K.: Experimentelle Untersuchung der Koronaentladung für Gleichspannung, Nieder- und Hochfrequenz in reinstem Stickstoff, Sauerstoff und Gemischen aus beiden Gasen. Arch. Elektrotechn. Bd. 31 (1937) S. 411. — Langlois-Berthelot, R.: (1) Les problèmes du transport massif de l'énergie électrique. Rev. gen. Electr. Bd. 52 (1943) S. 112 — Langlois-Berthelot, M. M., D. Renaudin, J. Neuve Eglise u. S. Kohn: (2) Ein Jahr Stoßversuche an Verteilungstransformatoren. Bull. Soc. franç. Electr. Bd. 10 (1950) S. 141 [ETZ Bd. 72 (1951) S. 152]. — Läpple, H.: (1) Die neue Hochspannungs-Hochleistungssicherung (H-H-Sicherung) der SSW. Siemens-Z. Bd. 11 (1931) S. 65 — (2) Die Vorgänge bei der Kurzschlußunterbrechung durch schnell abschaltende Hochspannungssicherungen. VDE-Fachber. 1934 S. 72 — (3) Die Hochspannungs-Hochleistungssicherung. Stand der Technik. Elektrizitätswirtsch. Bd. 38 (1939) S. 684 — (4) Neue Untersuchungen über die Wechselspannungskorona an Leitungsseilen. ETZ Bd. 65 (1944) S. 25. — Latour, M. A.: Der Druckluftschalter für schnelle Schaltleistungen und seine Prüfung. Merger Magazine, Nr. 36 [ETZ Bd. 70 (1949) S. 208]. — Lau, H.: Verformung von Stoßwellen durch Längsinduktivitäten und Querkapazitäten. Arch. Elektrotechn. Bd. 35 (1941) S. 507 u. 609. — Leeds, W. M.: (1) A high-power oiless circuit interrupter using water. Electr. Engng. Bd. 60 (1941) Trans. Sect. S. 85 — Leeds, W. M., and R. E. Friedrich: (2) High-voltage oil circuit breakers. Electr. Engng. Bd. 69 (1950) S. 629 — Leeds, W. M., s. H. M. Wilcox, W. H. Clagett, A. W. Hill. — Lehmann, G.: (1) Blitzeinschlagstellen, Grundwasseradern und Wünschelrute. Bull. schweiz. elektrotechn. Ver.Bd. 23 (1932) S. 145 — (2) Über die Ursachen der Häufung von Blitzeinschlägen an bestimmten Stellen von Hochspannungsleitungen. ETZ Bd. 53 (1932) S. 980. — Lehmhaus, F.: (1) Die elektrische Stoßfestigkeit fester Isolierstoffe bei Beanspruchung im Stirnbereich. Arch. Elektrotechn. Bd. 32 (1938) S. 281 — (2) Die

Eigenschwingungen der einstufigen Stoßanlage. ETZ Bd. 61 (1940) S. 323. — LEICHSENRING, H. W., u. CH. HELD: Die Gewittersicherheit von Hochspannungskabelanlagen. Elektrizitätswirtsch. Bd. 39 (1940) S. 156. — LEITNER, H.: Elektronenoptische Untersuchung an einer Mehrfach-Oszillographenröhre. Z. techn. Phys. Bd. 22 (1941) S. 85. — LENZ, J., s. W. SCHILLING (7), (8). — LEONHARD, A.: (1) Die selbsttätige Regelung in der Elektrotechnik. Berlin: Springer 1940 — (2) Spannungs-, Frequenz- und Leistungsregelung bei Hochleistungsübertragung mit Gleichstrom. Elektrotechn. u. Masch.-Bau Bd. 61 (1943) S. 1 — (3) Elektrische Energieübertragung auf große Entfernungen. Arch. elektr. Übertragung Bd. 2 (1948) S. 272, Bd. 3 (1949) S. 329. — LEUKERT, W., s. K. BAUDISCH. — LEUSCHKE, R.: Gleichstrom-Hochspannungsanlagen für Feinstrukturuntersuchungen mit Röntgenstrahlen. Siemens-Z. Bd. 19 (1939) S. 157. — LEUTHOLD: Hochspannungs-Wechselstrom-Gleichstrom-Mutator mit Schutzeinrichtungen für Rundfunksendeanlagen. BBC-Nachr. Bd. 21 (1934) S. 218. — LEUTHOLD, A. K.: Design and operation of high-voltage axial air-blast circuit breakers. Electr. Engng. Bd. 61 (1942) Trans. Sect. S. 869. — LEWIS, W. W.: The protection of transmission systems against lightning. London, Chapman and Hall; New York, John Wiley and sons (1950). — LIEBSCHER, F.: Neuere Erkenntnisse über Erwärmungs- und Zerstörungsvorgänge in geschichteten Isolierstoffen. ETZ Bd. 64 (1943) S. 423 u. 450. — LIECHTI, A.: (1) Ein 5000000-V-Stoßgenerator. Micafil Mitt. (1945) S. 23. — (2) Spannungsteiler in Stoßanlagen. Micafil Mitt. (1945) S 25. — LIEBER, N.: Untersuchung von Hochspannungs-Stoßanlagen mit dem Kathodenstrahl-Oszillographen zur Erzeugung normgerechter Spannungsstöße. Hescho-Mitt. 1935 Heft 71/72 S. 2253. — LINDSAY, E. W., and L. J. BERBERICH: Electrical properties of ceramics. Electr. Engng. Bd. 67 (1948) S. 440. — LINGAL, H. J., H. L. COLE and T. R. WATTS: Oil-impregnated-paper high-voltage condenser bushings for circuit breakers and transformers. Electr. Engng. Bd. 62 (1943) Trans. Sect. S. 269. — LIPPA, E.: Der Erdschlußschutz in den Hochspannungsverteilnetzen der Wiener Städtischen Elektrizitätswerke. Elektrotechn. u. Masch.-Bau Bd. 55 (1937) S. 233. — LIVINGSTON, E. A., and J. PORTEOUS: Dielectric-loss-measuring equipment for field and work testing. Proc. Instn. electr. Engrs. Bd. 96 (1949) Part II S. 73. — LOCHTE-HOLTGREVEN, W., u. H. MAECKER: Über eine neue Entladungsform des stabilisierten Lichtbogens. Z. Phys. Bd. 116 (1940) S. 267. — LOHAUSEN, K. A.: (1) Hochspannungssicherungen. Elektrotechn. u. Masch.-Bau Bd. 53 (1935) S. 385 — (2) Die Vorgänge in der Hochspannung-Schmelz- (HS-) Sicherung. AEG-Mitt. 1935 Heft 4 S. 148 — (3) Fortschritte im Bau von Hochspannungssicherungen. ETZ Bd. 59 (1938) S. 222. — LOYD, W. L., u. E. C. STARR: Untersuchung der Wechselstromkorona mit dem Kathodenstrahl-Oszillographen. ETZ Bd. 49 (1928) S. 1276 [J. Amer. Inst. electr. Engng. Bd. 46 (1928) S. 1322]. — LUDWIG, L. R., u. B. P. BAKER: Druckluftschalter mit Querströmung für Freiluftanlagen. Electr. Engng. Bd. 60 (1941) Trans. Sect. S. 217 [ETZ Bd. 63 (1942) S. 171]. — LUNDHOLM, R.: Gleichstromleitung durch die Erde über weite Entfernungen. Tekn. T. Bd. 77 (1947) S. 319. — LUSIGNAN jr., J. T., and H. L. BORDEN: A new laboratory for high voltage testing. Electr. Engng. Bd. 53 (1934) S. 1255.

MAECKER, H., s. W. LOCHTE-HOLTGREVEN — MAERKISCH, G.: Registrierte Dauerversuchsmessungen an Funkenstrecken. AEG-Mitt. (1940) S. 167. — MANGOLDT, W. v.: Gedanken zur Sternpunkt-Behandlung bei 380-kV-Drehstromübertragung. ETZ Bd. 71 (1950) S. 462. — MANN, J. G., s. J. G. TRUMP (2). — MANNKOPFF, R: Die Berechnung der Lichtbogentemperatur und das Stabilitätsproblem der Lichtbogensäule. Z. Phys. Bd. 120 (1943) S. 228. — MARBURY, R. E., and J. B. OWENS: Series capacitors on distribution circuits. Electr. Engng. Bd. 67

(1948) S. 158 — MARBURY, R. E., s. A. A. JOHNSON. — MARCHAL, C. H., s. E. H. HUBERT. — MARCHAL, Y., s. N. FELICI. — MARCHANT, E. W., and W. ALEXANDER: Liverpool university high voltage laboratory. Electr. Tms. Bd. 98 (1940) S. 389. MARET, A.: Die Nullpunkterdung in Wechselstrom-Höchstspannungsnetzen. Brown Boveri Mitt. Bd. 28 (1941) S. 294 [ETZ Bd. 63 (1942) S. 250]. — MARGOULIES, S., u. E. H. HUBERT: High speed re-closing of circuit-breakers. Theoretical considerations. Tests. Practical experience on the system of Linalux (Belgium). CIGRE R. 105 (1946). — MARGUERRE, W.: (1) Die Erzeugung normgerechter Stoßspannungen bei hoher Ausnutzung der Stoßanlage. ETZ Bd. 59 (1938) S. 1205 — (2) Die Berechnung des Stoßkreises für eine gegebene Form der Stoßspannung. ETZ Bd. 60 (1939) S. 837. — MARKT, G.: Drehstrom-Fernleitungen mit erhöhter Übertragungsfähigkeit. Bull. schweiz. elektrotechn. Ver. Bd. 40 (1949) S. 95. — MARSH jr., H. H., and G. B. DODDS: High-voltage fusing of transformer banks. Electr. Engng. Bd. 61 (1942) Trans. Sect. S. 533. — MARSHALL, C. W.: Circuit-controlling devices on power supply systems. J. Instn. electr. Engrs. Bd. 89 (1942) Part I S. 175. — MARTI, O. K., u. H. WINOGRAD: Stromrichter. München u. Berlin: R. Oldenbourg 1933. — MARTIN, O., s. W. ROGOWSKI (33). — MARX, ERWIN: (1) Bestimmung der Lage des Erdpotentials in Drehstromanlagen. Messung der Isolationswiderstände von Hochspannungsanlagen während des Betriebes. Arch. Elektrotechn. Bd. 10 (1922) S. 401 — (2) Versuche und Massenprüfungen mit der Stoßprüfungsanlage im zentralen elektrotechnischen Versuchsfeld der Hermsdorf-Schomburg-Isolatoren G. m. b. H., Hermsdorf/Thür. Hescho-Mitt. 1924 Heft 10 S. 223 u. ETZ Bd. 45 (1924) S. 652 — (3) Die Stromaufnahme von Hängeisolatoren und ihr Einfluß auf die Spannungsverteilung an Isolatorenketten. ETZ Bd. 46 (1925) S. 81 — (4) Die Überschlagspannung von Isolatoren bei verschiedenem zeitlichen Verlauf der angelegten Spannung. ETZ Bd. 46 (1925) S. 886 u. Hescho-Mitt. 1925 Heft 17 S. 443 — (5) Anordnung zur Erzielung betriebsmäßiger Spannungsverhältnisse bei Verwendung eines beiderseits ungeerdeten Transformators. Hescho-Mitt. 1925 Heft 16 S. 430 — (6) Erzeugung von verschiedenen Hochspannungsarten zu Versuchs- und Prüfzwecken. Hescho-Mitt. 1925 Heft 20 S. 587 — (7) Die Abhängigkeit der Überschlagspannung und der Durchschlagspannung von Isolatoren vom Spannungsverlauf. Hescho-Mitt. 1926 Heft 21/22 S. 657 — (8) Über den elektrischen Durchschlag von zusammengesetzten Anordnungen. ETZ Bd. 49 (1928) S. 50 — (9) Die Erzeugung sehr hoher Gleichspannungen. ETZ Bd. 49 (1928) S. 199 — (10) Untersuchungen über den elektrischen Durchschlag und Überschlag im unhomogenen Felde. Arch. Elektrotechn. Bd. 20 (1928) S. 589 — (11) Die Bestimmung der Durchschlagfestigkeit von festen Stoffen im homogenen Felde. ETZ Bd. 50 (1929) S. 41 — (12) Die neuen elektrotechnischen Institute der Technischen Hochschule Braunschweig. ETZ Bd. 50 (1929) S. 217 — (13) Der elektrische Durchschlag von Luft im unhomogenen Felde. Arch. Elektrotechn. Bd. 24 (1930) S. 61 — (14) Gleichrichtung sehr hoher Wechselspannungen. ETZ Bd. 51 (1930) S. 1089 — (15) Der Durchschlag der Luft im unhomogenen elektrischen Felde bei verschiedenen Spannungsarten. ETZ Bd. 51 (1930) S. 1161 — (16) Ein neuer Stromrichter für sehr hohe Spannungen und Leistungen. ETZ Bd. 53 (1932) S. 737 — (17) Lichtbogenstromrichter für sehr hohe Spannungen und Leistungen. Berlin: Springer 1932 — (18) Probebetrieb eines Lichtbogenventils für große Durchgangsleistung im Kraftwerk Zschornewitz der Elektrowerke A.-G. Die neueste Entwicklung dieser Ventile. ETZ Bd. 54 (1933) S. 396 — (19) Die elektrische Stoßprüfung. Ein Rückblick und Ausblick. Hescho-Mitt. 1933 H. 68/69 S. 2166 — (20) Lichtbogenstromrichter. Elektrotechn. u. Masch.-Bau Bd. 53 (1935) S. 583 — (21) Forschungsarbeiten des Hochspannungsinstitutes auf dem Gebiete der Stromrichter. ETZ Bd. 57 (1936)

S. 430 — (22) Eine Ersatzschaltung für die Prüfung von Hochleistungsventilen und Hochleistungsschaltern. ETZ Bd. 57 (1936) S. 583 — (23) Stellungnahme zu der Entgegnung Kesselring und Kaufmann: Sind Hochleistungsprüffelder überflüssig? ETZ Bd. 58 (1937) S. 724 — (24) Stromrichter mit beliebig veränderlichem Leistungsfaktor. ETZ Bd. 59 (1938) S. 357 — (25) Prüfung von elektrischen Ventilen mit zwei verschiedenen Stromquellen. ETZ Bd. 60 (1939) S. 1119 — MARX, ERWIN, u. H. BUCHWALD: (26) Weiterentwicklung der Lichtbogenventile. ETZ Bd. 55 (1934) S. 861 — MARX, ERWIN, u. P. JACOTTET: (27) Einführung zu VDE 0450/1939: Leitsätze für die Erzeugung und Verwendung von Stoßspannungen für Prüfzwecke. ETZ Bd. 60 (1939) S. 870 — MARX, ERWIN, u. H. GÖSCHEL: (28) Koronaverluste bei hoher Gleichspannung. ETZ Bd. 54 (1933) S. 1112 — MARX, ERWIN: (29) Hochfrequenzerzeugung durch Blasfunkenstrecken. VDI-Nachr. Jahrg. 3 (1949) Nr. 18, S. 2. — MASCHKILLEISON, L. E., s. A. A. GOREW. — MASON, F. U., s. A. M. CASSIE. — MATHIESEN, B., s. K. POTTHOFF (2). — MATTHIAS, A.: (1) Gewitterstörung und Blitzschutz. ETZ Bd. 46 (1925) S. 873 — (2) Das elektrische Feld in der Umgebung von Isolatoren und seine Untersuchung in der Praxis. Elektrizitätswirtsch. Bd. 26 (1927) S. 531, 567 — (3) Wege zur experimentellen Klärung der Ölschalterfrage und verwandter Probleme. ETZ Bd. 49 (1928) S. 1120 — (4) Hochschullaboratorium für eine Million Volt. ETZ Bd. 50 (1929) S. 373 — (5) Der gegenwärtige Stand der Blitzschutzfrage. ETZ Bd. 50 (1929) S. 1469 — (6) Gewitterforschungen und Blitzschutz. Weltkraftkonferenz 1930 Bericht 423. Berlin: VDI-Verlag — (7) La protection des installations à haute tension contre la foudre. CIGRE 1933 — (8) Technische und wirtschaftliche Probleme bei Leitungsanlagen für höchstgespannten Gleichstrom. Elektrizitätswirtsch. Bd. 33 (1934) S. 161 u. 222 — (9) Kraftübertragung mit hochgespanntem Gleichstrom. ETZ Bd. 56 (1935) S. 601 — (10) Stoßkennlinien von Hochspannungsisolatoren verschiedener Bauart. Elektrizitätswirtsch. Bd. 35 (1936) S. 103 — (11) Dielektrisches Verhalten der Isolieröle im Betriebe. Elektrizitätswirtsch. Bd. 36 (1937) S. 95 — (12) Modellversuche über Blitzeinschläge. ETZ Bd. 58 (1937) S. 881, 928 u. 973 — MATTHIAS, A., u. W. BURKHARDTSMAIER: (13) Der Schutzraum von Blitzfangvorrichtungen und seine Ermittlung durch Modellversuche. ETZ Bd. 60 (1939) S. 681 — MATTHIAS, A., M. KNOLL u. H. KNOBLAUCH: (14) Kathodenstrahl-Oszillographen liegender Bauart. Z. techn. Phys. Bd. 11 (1930) S. 276. — MAU, H.-J.: Neue Wechselstrombrücke zur Feinmessung dielektrischer Verluste. Arch. Elektrotechn. Bd. 31 (1937) S. 473. — MAUDUIT, A.: (1) Etude en régime permanent de divers diviseurs de tension capacitifs. Rev. gén. Electr. Bd. 47 (1940) S. 355 — (2) Oszillographische Untersuchungen an Wanderwellen mit Schwingungsvorgängen an einer Freileitungs-Versuchsstrecke. Rev. gén. Electr. Bd. 56 (1947) S. 331. — MAYR, O.: (1) Funkenwiderstand und Wanderwellenstirne. Arch. Elektrotechn. Bd. 17 (1926) S. 52 — (2) Einphasiger Erdschluß und Doppelerdschluß in vermaschten Leitungsnetzen. Arch. Elektrotechn. Bd. 17 (1926) S. 163 — (3) Raumladungsprobleme der Hochspannungstechnik. Arch. Elektrotechn. Bd. 18 (1927) S. 270 — (4) Eine neue Schaltung zur Messung der Durchschlagsverzögerung elektrischer Isolatoren. Arch. Elektrotechn. Bd. 19 (1928) S. 108 — (5) Überspannungsableiter mit spannungsabhängigem Widerstand. AEG-Mitt. 1929 Heft 3 S. 110 — (6) Positive Ionen mit hohem Ionisierungsvermögen und deren Einfluß auf den elektrischen Durchbruch in Luft. Arch. Elektrotechn. Bd. 24 (1930) S. 8 — (7) Über die Spannungsstufe beim Funkenüberschlag. Arch. Elektrotechn. Bd. 24 (1930) S. 15 — (8) Über die Dynamik des Wechselstromhochspannungslichtbogens. „Forschung und Technik", S. 319. Berlin: Julius Springer 1930 — (9) Hochleistungsschalter ohne Öl. Neues zur Physik des Schaltproblems und Weiterentwicklung des Druckgasschalters bis zu 200 kV

Betriebsspannung. ETZ Bd. 55 (1934) S. 757, 837 — (10) Ein neuer Leistungstrennschalter. ETZ Bd. 56 (1935) S. 1189 — (11) Die Kurzschlußfortschaltung im Netzbetrieb. Elektrizitätswirtsch. Bd. 41 (1942) S. 222 — (12) Über die Theorie des Lichtbogens und seiner Löschung. ETZ Bd. 64 (1943) S. 645 — (13) Beiträge zur Theorie des statischen und des dynamischen Lichtbogens. Arch. Elektrotechn. Bd. 37 (1943) S. 588 — Mayr, O., s. O. Kopeliowitsch (3). — McAuley, P. H.: Flashover characteristics of insulation. Electr. J. Bd. 35 (1938) S. 273. — McEachron, K. B.: Der Thyrit-Überspannungsableiter. Gen. Elektr. Rev. Bd. 33 (1930) S. 92 [ETZ Bd. 51 (1930) S. 1307]. — McGillewie, D. J.: Die Verwendung der hochevakuierten Kathodenstrahlröhre für die Aufnahme kurzzeitiger Ausgleichsvorgänge. Elektr. Nachr.-Wes. Bd. 17 (1939) S. 127. — Mecklenburg, W., s. K. Kuhlmann. — Meek, J. M.: The electric spark in air. J. Instn. electr. Engrs. Bd. 89 (1942) Part I S. 335. — Meger, H., s. A. Amstutz (2). — Mehlhorn, H.: (1) Einrichtung zur Erzeugung von hochgespanntem Gleichstrom für Kabelprüfungen. Siemens-Z. Bd. 7 (1927) S. 181 — (2) Hochspannungsprüfeinrichtung zur Erzeugung von Gleich- und Stoßspannungen. Siemens-Z. Bd. 7 (1927) S. 525 — (3) Fahrbare Gleichstrom-Hochspannungs-Kabelprüfanlage für 300 kV gegen Erde. Siemens-Z. Bd. 13 (1933) S. 117 — (4) Hochspannungsanlage für 3 Millionen Volt konstante Gleichspannung. Siemens-Z. Bd. 18 (1938) S. 417 — (5) Über die Greinacher-Ventilvervielfachungsschaltung und ihre Anwendung zur Erzeugung hoher konstanter Gleichspannung. Wiss. Veröff. Siemens-Werk. Bd. 21 (1943) S. 1 — Mehlhorn, H., s. Harald Müller (24). — Meiners, G.: Die Schaltanlage bei starrer und induktiver Netzerdung. ETZ Bd. 69 (1948) S. 145. — Meinhardt, H.: Elektrostatische Lichtbogenlöschung nach dem Verhungerungsprinzip. Arch. Elektrotechn. Bd. 35 (1941) S. 85. — Meinhardt, H., s. A. Güntherschulze (11). — Meissner, A.: (1) Isolierstoffe mit erhöhter Wärmeleitfähigkeit. ETZ Bd. 55 (1934) S. 1193 — (2) Leistungssteigerung durch thermische Verbesserung der Isolierstoffe. Elektrotechn. u. Masch.-Bau Bd. 53 (1935) S. 289. — Menge, A.: Die Energieversorgung des mitteleuropäischen Raumes durch hochgespannten Gleichstrom. ETZ Bd. 69 (1948) S. 37. — Mengele, B.: (1) Untersuchungen an Freileitungsisolatoren über den Störeinfluß auf den Rundfunkempfang. Elektrotechn. u. Masch.-Bau Bd. 54 (1936) S. 181 — (2) Ein neuer Abstimmungsmesser für Erdschlußlöschspulen. Elektrotechn. u. Masch.-Bau Bd. 54 (1936) S. 229 — (3) Anwendung und Einbau von Überspannungsableitern. Elektrotechn. u. Masch.-Bau Bd. 56 (1938) S. 329. — Mennerich, W.: Bauelemente für die Funkentstörung. ETZ Bd. 65 (1944) S. 6. — Mense, L.: Eine abgeschirmte Schleifdrahtbrücke zur Feinmessung von Verlustwinkeln an hochwertigen flüssigen Isolierstoffen. Arch. Elektrotechn. Bd. 34 (1940) S. 568. — Merkel, R.: Die Bewährung der Kurzschlußfortschaltung im Netzbetrieb. ETZ Bd. 61 (1940) S. 769. — Mertens, F.: (1) Hochspannungs-Quecksilberdampf-Gleichrichter zur Speisung von Röhrensendern. ETZ Bd. 51 (1930) S. 305 — (2) Gittergesteuerte Großgleichrichter mit stromabhängiger Spannung. ETZ Bd. 55 (1934) S. 389 — (3) Kurzschlußschutz und Kurzschlußfortschaltung in Stromrichteranlagen. BBC-Nachr. Bd. 30 (1943) S. 1 [ETZ Bd. 65 (1944) S. 125]. — Messner, M.: Kathodenoszillographische Untersuchung des Luftdurchschlags bei großen Schlagweiten. Arch. Elektrotechn. Bd. 30 (1936) S. 133. — Métraux, A.: (1) Der Kondensator als Überspannungsschutz. Bull. schweiz. elektrotechn. Ver. Bd. 30 (1939) S. 17 — (2) Der Stoßgenerator von 2 Millionen Volt. Bull. schweiz. elektrotechn. Ver. Bd. 30 (1939) S. 343. — Meyer, Gerhard: (1) Die Brenndauer der Erdschlußlichtbögen in gelöschten Netzen. ETZ Bd. 52 (1931) S. 1466 — (2) Die wirksame Kapazität von Isolatoren bei kurzzeitigen Stoßvorgängen nach Untersuchungen mit dem Kathodenstrahl-Oszillographen. Dissertation

Dresden 1933. — MEYER, H.: (1) Aus der Praxis des Gewitterschutzes von Hochspannungsfreileitungen. ETZ Bd. 64 (1943) S. 69 — (2) Der Erdschlußwischer in Hochspannungsnetzen. ETZ Bd. 64 (1943) S. 533 — (3) Die grundlegenden Probleme der Hochspannungsschalter. Brown Boveri Mitt. Bd. 37 (1950) S. 108. — MEYER, H. F., s. R. H. GEORGE. — MEYER, K.: (1) Untersuchungen über die dielektrische Festigkeit fester Isolatoren. Arch. Elektrotechn. Bd. 24 (1930) S. 151 — (2) Die Sperrspannung der Stromrichter üblicher Schaltung und Steuerung. Elektrotechn. u. Masch.-Bau Bd. 60 (1942) S. 60. — MEYER, Kd.: Höchstleistungsübertragung auf weite Entfernungen. Elektrizitätswirtsch. Bd. 41 (1942) S. 227. — MEYER, U.: Der Temperaturverlauf in der Isolation von Einleiterkabeln. Rdsch. Felten & Guilleaume A.-G. Carlswerk 1939 Heft 25 S. 27. — MEYER, W.: Vergleich der Betriebseigenschaften des Marx-Stromrichters mit denen anderer Stromrichter für Spannungen über 1000 V. VDE-Fachber. 1935 S. 79. — MEYER-DELIUS: Die Blindleistung in Gleich- und Umrichteranlagen. Elektrizitätswirtsch. Bd. 31 (1932) S. 101. — MIERDEL, G.: (1) Die Toeplersche Zündung. (Gleitfiguren.) Handb. Experimentalphys. Bd. XIII/3 (1929) S. 282 — (2) Über die Wanderungsgeschwindigkeit suspendierter Staubteilchen in Elektrofiltern. Z. techn. Phys. Bd. 13 (1932) S. 564 — (3) Die physikalischen Grundlagen der elektrischen Gasreinigung. Z. techn. Phys. Bd. 15 (1934) S. 169 — (4) Der Einfluß des suspendierten und des abgesch. Staubes auf die Charakteristik von Elektrofiltern. Wiss. Veröff. Siemens-Werk Bd. 13 (1934) Heft 2 S. 94 — MIERDEL, G., u. R. SEELIGER: (5) Untersuchungen über die physikalischen Vorgänge bei der Elektrofilterung. Arch. Elektrotechn. Bd. 29 (1935) S. 149 — (6) Elektrophysik der Gase. Physik i. regelm. Ber. Bd. 6 (1938) S. 79 — MIERDEL, G.: (7) Bau und Wirkungsweise von Kathoden für Stromrichtergefäße. Elektrotechn. u. Masch.-Bau Bd. 62 (1944) S. 25 — MIERDEL, G., s. R. SEELIGER (2), J. DOSSE. — MILLER jr., CHARLES J.: (1) Behavoir of high-voltage insulators on radio test. Electr. Wld., N. Y. Bd. 111 (1939) S. 45 — (2) Maßnahmen gegen Rundfunkstörungen bei bestimmten Isolatoren. Electr. Engng. Bd. 60 (1941) Trans. Sect. S. 62 [ETZ Bd. 63 (1942) S. 74]. — MILLERS, G. B.: Design and layout of 66 kV 10000 kVA series capacitor substation. Trans. Amer. Inst. electr. Engrs. Bd. 67 (1948) S. 345. — MINER, D. F.: Oil Breakdown at Large Spacings. J. Amer. Inst. electr. Engng. Bd. 46 (1927) S. 336. — MISERÉ, F.: (1) Luftdurchschlag bei Niederfrequenz und Hochfrequenz an verschiedenen Elektroden. Arch. Elektrotechn. Bd. 26 (1932) S. 123 — (2) Gasentladung bei Nieder- und Hochfrequenz (Koronaanfangsspannung und Koronaverluste). Arch. Elektrotechn. Bd. 28 (1934) S. 411. — MOELLER, F.: (1) Von der Abflachung steiler Wellenstirnen. Arch. Elektrotechn. Bd. 16 (1926) S. 289 — (2) Die Abflachung steiler Wellenstirnen unter Berücksichtigung der Stromverdrängung im Leiter. Arch. Elektrotechn. Bd. 15 (1926) S. 547 — (3) Kapazität von kugelförmigen und anderen Anordnungen. Arch. techn. Messen. Lfg. 148 (1943) Z 130—2. — MÖLLER, H. G.: Zur Theorie des Funkenüberschlages. Elektrotechn Bd. 3 (1949) S. 291. — MÖLLINGER, U.: Verlustwinkelmessung an Transformatorenöl. Arch. Elektrotechn. Bd. 18 (1927) S. 450. — MOERDER, K.: Untersuchungen über den Einfluß der Wärme auf den elektrischen Durchschlag fester Isolatoren. Arch. Elektrotechn. Bd. 24 (1930) S. 174. — MOLNAR, J. P.: Conduction phenomena in gases. Electr. Engng. Bd. 69 (1950) S. 1071. — MONTEITH, A. C., s. PH. SPORN (3). — MOON, P. H., and A. S. NORCROSS: (1) Three regions of dielectric breakdown. J. Amer. Inst. electr. Engng. Bd. 49 (1930) S. 125 — (2) Gibt es ein Zwischengebiet zwischen dem Wärmedurchschlag und dem rein elektrischen Durchschlag? Arch. Elektrotechn. Bd. 27 (1933) S. 827. — MORAW, K.: Aufstellung einer 110-kV-Kondensatoren-Batterie. Öst. Z. Elektrizitätswirtsch. Bd. 49 (1950) S. 140 [ETZ Bd. 71 (1950) S. 434]. — MORGAN, P.: Möglichkeiten des dielektrischen Erhitzens keramischer Werkstoffe. Ceram. Age (1947) S. 60 [ETZ Bd. 70 (1949) S. 371]. — MORGENSTERN, O., s. W. GAARZ (2). — MORRIS THOMAS, A., s. W. HACKETT. — MORTLOCK, J. R.: High-speed reclosure. Use of auto-reclosing circuit breakers on high-voltage systems. Electr. Rev. Lond. Bd. 141 (1947) S. 275 — MORTLOCK, J. R., s. K. J. R. WILKINSON. — MOYER, E. E., s. P. T. CHIN. — MÜLLER, C. A., s. PH. SPORN (1). — MÜLLER, E.: Übersicht über die Bauformen der Druckgasschalter. AEG-Mitt. 1938 Heft 11 S. 518. — MÜLLER, E. A. W.: (1) Röhren-Gleichrichterschaltungen und ihre Wirkungsweise. Arch. techn. Messen Lfg. 171 (1950) 43—6 — (2) Schaltung und Wirkungsweise von Grobstruktur-Röntgen-Apparaten. Arch. techn. Messen Lfg. 171, 173 (1950) 74—9, 10. — MÜLLER, F.: Der elektrische Durchschlag von Luft bei sehr hohen Frequenzen. Arch. Elektrotechn. Bd. 28 (1934) S. 341 — MÜLLER, F., s. K. HAGENHAUS. — MÜLLER, F. H.: Dielektrische Verluste im Zusammenhang mit dem polaren Aufbau der Materie. Ergebn. exakt. Naturw. Bd. 17 (1938) S. 164. — MÜLLER, HARALD: (1) Messungen über die Stirn von Wanderwellen mittels angekoppelter Schwingungskreise. Arch. Elektrotechn. Bd. 15 (1925) S. 97 — (2) Neuere Messungen mit dem Klydonographen. Hescho-Mitt. 1927 Heft 34 S. 1049 — (3) Über die Bemessung von Schutzarmaturen für die Leitungs- und Apparateisolation mit Rücksicht auf Überspannungen. Hescho-Mitt. 1928 Heft 41/42 S. 1299 — (4) Die Beanspruchung von Prüftransformatoren durch elektrische Entladungen an Isolatoren. ETZ Bd. 49 (1928) S. 1000 — (5) Über Schutzarmaturen für Durchführungen und Freileitungsisolation. ETZ Bd. 49 (1928) S. 1872 — (6) Wanderwellenversuche in betriebsmäßigen Schaltungen an Transformatorenstationen für 15-kV-Netze. VDEW Bd. 27 (1928) S. 371 — (7) Über die Gestaltung von Lichtbogenschutzarmaturen für Mittel-, Hoch- und Höchstspannungsnetze. Hescho-Mitt. 1929 Heft 44/45 S. 1393 — (8) Zeitlupenaufnahmen von Lichtbogen großer Stromstärke an Isolatoren mit und ohne Schutzarmaturen. VDE-Fachber. 1929 S. 50 — (9) Das Verhalten der Isolatoren gegen Überspannungen verschiedenen zeitlichen Ablaufes. Hescho-Mitt. 1930 Heft 53/54 S. 1679; 1931 Heft 57/58 S. 1807; 1933 Heft 66/67 S. 2079 — (10) Hängeisolatoren für schwierige Betriebsverhältnisse. Hescho-Mitt. 1931 Heft 56 S. 1773 — (11) Kritisches zum Durchschlagversuch an Hängeisolatoren unter Öl bei Normalfrequenz. ETZ Bd. 52 (1931) S. 161 — (12) Spannungsprüfung mit Wechselspannung normaler Frequenz. Arch. techn. Messen 1932 V 339—1 — (13) Spannungsprüfung mit Hochfrequenz. Arch. techn. Messen 1932 V 339—2 — (14) Spannungsprüfung mit Spannungsstoß. Arch. techn. Messen 1932 V 339—5 — (15) Zur Frage des elektrischen Sicherheitsgrades in Mittelspannungsnetzen. ETZ Bd. 54 (1933) S. 225 — (16) Elektrische Entladungsformen in Luft von Atmosphärendruck bei Gleichspannung und Hochfrequenz. Arch. techn. Messen 1933 V 339—7 u. V 339—8 — (17) Vorschläge zur Beobachtung der Gewitterstörungen. ETZ Bd. 56 (1935) S. 577 — (18) Zur Frage der Kugelmeßfunkenstrecken. ETZ Bd. 56 (1935) S. 1379 — (19) Hochspannungsprüfsätze für Spannungsstoß. Arch. techn. Messen Lfg. 51 (1935) Z 44—1 — (20) Blitzströme. ETZ Bd. 57 (1936) S. 415 — (21) Hochspannungsprüfsätze für Normalfrequenz. Arch. techn. Messen Lfg. 73 (1937) Z 42—3 — (22) Die Stabfunkenstrecke als Vergleichsmittel bei Überschlagversuchen an technischen Anordnungen. Arch. Elektrotechn. Bd. 31 (1937) S. 211 — (23) Schaltungen zur Erzeugung hochgespannten Gleichstromes für Versuche. (Teil 2.) Arch. techn. Messen Lfg. 88 (1938) Z 43—1, Z 43—2, Z 43—3 — MÜLLER, HARALD, u. H. MEHLHORN: (24) Spannungsprüfung mit konstanter Gleichspannung. Arch. techn. Messen 1932 V 339—4 — MÜLLER, HARALD: (25) Einige Bemerkungen zur Erwärmung von Werkstoffen im hochfrequenten Kondensatorfeld. ETZ Bd. 71 (1950) S. 605. — MÜLLER-

LÜBECK, K. E.: (1) Der Quecksilberdampf-Gleichrichter. Berlin: Springer 1925 — (2) Direktanzeigende Brennspannungs-Meßgeräte für Großgleichrichter. ETZ Bd. 72 (1951) S. 47. — MÜLLER, P.: Koronaverlustmessungen an der 150 kV-Übertragungsleitung Innertkirchen-Mühleberg. Bull. schweiz. elektrotechn. Ver. Bd. 22 (1931) S. 210. — MÜLLER, R., s. W. HOLTZ. — MÜLLER, ULRICH: Die Abhängigkeit der Strahlungsverluste von Höchstspannungsleitern von der Luftdichte. ETZ Bd. 57 (1936) S. 825. — MÜLLER-HILLEBRAND, D.: (1) Der Kathodenfallableiter als Gewitterschutz. VDE-Fachber. 1929 S. 51 — (2) Einwirkung unmittelbarer Blitzentladungen auf Hochspannungsnetze und ihre Bekämpfung. ETZ Bd. 52 (1931) S. 722 — (3) Gewitterstörungen in Mittelspannungsnetzen nach statischen Ermittlungen. ETZ Bd. 55 (1934) S. 133 — (4) Die neuzeitliche Entwicklung von Überspannungsschutzgeräten in Hochspannungsanlagen. ETZ 1934 S. 733 — (5) Gewitterforschungen nach ausländischen Veröffentlichungen im Jahre 1934. ETZ Bd. 56 (1935) S. 417 — (6) Aus der Entwicklung der Überspannungstechnik im letzten Jahrzehnt. Elektrotechn. u. Masch.-Bau Bd. 54 (1936) S. 361 — (7) Bemerkungen zu VDE 0675: „Leitsätze für Überspannungsschutzgeräte in Starkstromanlagen". ETZ Bd. 58 (1937) S. 589. — MÜLLER-STROBEL, J.: (1) Statistik der Raumladungen bei Gleitfunken. Teil I: Untersuchungen der Elementarvorgänge, die zur Kenntnis der wahrscheinlichsten Verteilung führen. Arch. Elektrotechn. Bd. 31 (1937) S. 233 — (2) Statistik der Raumladungen bei Gleitfunken. Teil II: Betrachtung der Ladungsträgerbewegung bei polaren Gleitfunken. Arch. Elektrotechn. Bd. 31 (1937) S. 609 — (3) Elektrostatische Spannungsmeßeinrichtung. Bull. schweiz. elektrotechn. Ver. Bd. 30 (1939) S. 475 — (4) Statistik der Raumladungen bei Gleitfunken. III. Entladungen längs Dielektrikumsoberfächen mit Ladungsträgeradsorption. Arch. Elektrotechn. Bd. 33 (1939) S. 347 — (5) Isolierfestigkeit und Polarisation. Arch. Elektrotechn. Bd. 34 (1940) S. 481. — MÜNDEL, E.: Zum Durchschlag fester Isolatoren. Arch. Elektrotechn. Bd. 15 (1925) S. 320. — MÜLLER jr., H. N., s. J. J. TRAINOR (1).

NACKEN, M.: (1) Ein Normalspannungsmesser für hohe Spannungen mit einstellbarer Empfindlichkeit. Arch. Elektrotechn. Bd. 33 (1939) S. 60 — (2) Zwei neue elektrostatische Spannungsmesser für hohe und niedrige Spannung. Arch. Elektrotechn. Bd. 36 (1942) S. 678. — NAEF, O., s. I. W. GROSS (2). — NAEHER, R.: Über die Durchschlagsfestigkeit einiger flüssiger Isolierstoffe bei Beanspruchung von langer bis kurzer Dauer. Arch. Elektrotechn. Bd. 21 (1929) S. 169. — NAUK, G.: (1) Über den physikalischen Aufbau von Kondensatoren. ETZ Bd. 56 (1935) S. 371 — (2) Beziehungen zwischen der Temperaturabhängigkeit der Verluste und der Durchschlagsfestigkeit bei Papierkondensatoren. ETZ Bd. 56 (1935) S. 539. — NAUMANN, E.: Die Silikone und das Isolierstoffideal. Elektrotechn. Bd. 3 (1949) S. 373. — NAUMANN, O.: (1) Das 1000000-V-Versuchsfeld der Hermsdorf-Schomburg-Isolatoren G. m. b. H. in Freiberg. Hescho-Mitt. 1927 Heft 32/33 S. 992 — (2) Einige Gesichtspunkte zur Bemessung der Baulänge von Kettenisolatoren. Hescho-Mitt. 1930 Heft 52 S. 1655 — (3) Verlustwinkelmessungen an Durchführungen, Ölschaltern und Umspannern. Elektrizitätswirtsch. Bd. 38 (1939) S. 171. — NEDDERHUT, P.: Die Bestimmung der einzelnen Elemente in der Gleichrichterschaltung nach Marx. Dissertation Braunschweig 1931. — NEDERBRAGT, G. W.: Messen der Durchschlagspannung von Vergußmassen für Kabelgarnituren. Arch. techn. Messen Lfg. 78 (1937) V 942—3. — NEIDIG, R. E.: Petersen coil protection equals lightning proofing. Electr. Wld., N. Y. Bd. 113 (1940) Nr. 16, 57a, 116 — NEIDIG, R. E., s. H. M. RANKIN. — MCNEILL, J. B., u. W. B. BATTEN: High-capacity circuit-breaker testing station. Electr. Engng. Bd. 61 (1942) Trans. Sect. S. 49. — NETHERCOT, W., s. E. L. WHITE. — NEUBERT, U.: (1) Selbsterregender elektrostatischer Generator mit in Preßgas laufenden

Ladungsbändern. Z. Phys. Bd. 110 (1938) S. 334 — (2) Elektrostatische Generatoren. Verlag R. Oldenbourg, München 1942. — NEUBERT, U., s. W. GOHLKE. — NEUHAUS, H.: (1) Ergebnisse aus amerikanischen Klydonographenmessungen. Siemens-Z. Bd. 9 (1929) S. 368. — NEUHAUS, H., u. R. STRIGEL: (2) Modellversuche zur Wanderwellenübertragung auf die Unterspannungswicklung von Transformatoren. Wiss. Veröff. Siemens-Werk Bd. 15 (1936) Heft 1 S. 51 — (3) Der Verlauf von Wanderwellen in elektrischen Maschinen und deren Schutz beim Anschluß an Freileitungen. Arch. Elektrotechn. Bd. 29 (1935) S. 702. — NEUMANN, E.: Die Erdung der Neutralen in Kabelnetzen. Versuche mit Erdschlußspulen im 30-kV-Kabelnetz der St. E.-Werke Berlin. ETZ Bd. 45 (1924) S. 261. — NEUMANN, H.: Der elektrische Überschlag. ETZ Bd. 62 (1941) S. 467. — NEUMANN, W.: Schaltvorrichtung für Aufnahmen kurzzeitiger elektrischer Vorgänge mit dem Siemens-Schleifenoszillographen. Z. Instrumentenkde. Bd. 58 (1938) S. 41. — NEUROTH, K.: Beitrag zur Frage des Überspannungsschutzes von Stationen mit Kabelstrecken. ETZ Bd. 59 (1938) S. 306. — NEUVE EGLISE, J., s. M. M. LANGLOIS-BERTHELOT (2). — NIKURADSE, A.: (1) Untersuchungen über Spitzenentladungen in Transformatorenölen. Arch. Elektrotechn. Bd. 20 (1928) S. 403 — (2) Über Elektrizitätsleitung bei Feldstärken bis zu Entladungsspannungen und Ionenkonstanten in dielektrischen Flüssigkeiten. Arch. Elektrotechn. Bd. 22 (1929) S. 283 — (3) Über den elektrischen Durchschlag in flüssigen Isolatoren. Arch. Elektrotechn. Bd. 25 (1931) S. 826 — (4) Der Durchschlag der isolierenden Flüssigkeiten. Elektrotechn. u. Masch.-Bau Bd. 50 (1932) S. 465 — (5) Elektrizitätsleitung bei hohen Feldern in dielektrischen Flüssigkeiten. Phys. Z. Bd. 34 (1933) S. 97 — (6) Das flüssige Dielektrikum. Berlin: Springer 1934 — (7) Stoßspannungsdurchschlag im Zweischichtenmedium (Gas-Flüssigkeit). Arch. Elektrotechn. Bd. 28 (1934) S. 95. — NÖLKE, O. E.: (1) Der Gleichstrommeßwandler. ETZ Bd. 57 (1936) S. 37 — (2) Regeltransformatoren für Niederspannung. ETZ Bd. 59 (1938) S. 210. — NOLTE, M.: Die Kugelfunkenstrecke als Effektivwertmeßgerät. Dissertation Darmstadt 1938. — NORCROSS, A. S., s. P. H. MOON (1), (2). — NORINDER, H.: (1) Ein besonderer Typus des Kathodenoszillographen. Z. Phys. Bd. 63 (1930) S. 672 — (2) Über die Natur des Blitzschlages. J. Franklin-Inst. Bd. 218 (1934) S. 717, 738 [Elektrotechn. u. Masch.-Bau Bd. 53 (1935) S. 346] — (3) Untersuchungen von Blitzentladungen und atmosphärischen Rundfunkstörungen in Schweden mit dem Kathodenstrahl-Oszillographen. ETZ Bd. 56 (1935) S. 393 — (4) Indirekte Blitzüberspannungen auf Kraftleitungen. ETZ Bd. 59 (1938) S. 105 — (5) Kathodenstrahloszillographische Untersuchung eines Blitzes. ETZ Bd. 62 (1941) S. 617 — (6) Gewitterforschung in Schweden. Bull. schweiz. elektrotechn. Ver. Bd. 38 (1947) S. 799 [ETZ Bd. 69 (1948) S. 206] — NORINDER, H., u. O. KARSTEN: (7) Experimental investigations of resistance and power within artificial lightning current paths. Ark. Mat. Astr. 36A (1949) Bl.16, S. 48. — NORRIS, E.T.: The lightning strength of power transformers. J. Instn. electr. Engrs. Bd. 95 (1948) Part II S. 389. — NOWAK, P.: Kunststoffe im Kabel- und Leitungsbau. ETZ Bd. 59 (1938) S. 174.

OBENAUS, F.: (1) Der Einfluß von Oberflächenbelag (Tau, Nebel, Salz und Schmutz) auf die Überschlagspannung von Isolatoren. Hescho-Mitt. 1933 Heft 70 S. 2203 — (2) Das elektrische Verhalten von Isolatorenketten bei Spannungen zwischen Betriebs- und Überschlagspannung. Hescho-Mitt. 1936 Heft 73 S. 2327 — (3) Durchschlagprüfung von Porzellanisolatoren. Arch. techn. Messen Lfg. 61 (1936) V 339—16 — (4) Gekittete Kettenisolatoren, eine bewährte bleilose Isolatorenbauart. Hescho-Mitt. 1937 Heft 76/77 S. 2449 — (5) Grundlegende elektrische und mechanische Versuche an Langstabisolatoren aus Porzellan. Hescho-Mitt. 1938 Heft 78/79 S. 2505 — (6) Zerstörungsfreie Prüfung von keramischen

Hochspannungsisolatoren durch Verlustwinkelmessung und Beanspruchung mit ungedämpfter Hochfrequenzspannung. VDE-Fachber. Bd. 10 (1938) S. 105 — OBENAUS, F., u. F. STEYER: (7) Keramische Sondermassen mit hoher Dielektrizitätskonstante zur Erhöhung der Überschlagspannung. ETZ Bd. 61 (1940) S.793 — OBENAUS, F.: (8) Elektromagnetisches Lenken des Kaskadenlichtbogens an mehrteiligen Isolatoren. ETZ Bd. 63 (1942) S. 467 — OBENAUS, F., u. F. STEYER: (9) Keramische Lochplatten für Hochspannungskondensatoren. — Elektrische Probleme an keramischen Hochspannungskondensatoren aus Lochplattenelementen. Hescho-Mitt. 1948 Heft 85 S. 3 u. 18 [ETZ Bd. 69 (1948) S. 241] — OBENAUS, F.: (10) Durchschlagbare oder nichtdurchschlagbare Freileitungsisolatoren für Hoch- und Höchstspannungen. Hescho-Mitt. 1950 Heft 86 S. 1 [ETZ Bd. 72 (1951) S. 88]. — OBERDORFER, G.: (1) Einige Erdschlußgrundprobleme in symmetrischer Darstellung. Elektrotechn. u. Masch.-Bau Bd. 46 (1928) S. 969 — (2) Der Erdschluß und seine Bekämpfung. Wien: Springer 1930 — (3) Lehrbuch der Elektrotechnik. I. Band. Die wissenschaftlichen Grundlagen der Elektrotechnik. München u. Berlin: R. Oldenbourg 1939 — (4) Energieübertragung mit hochgespanntem Gleichstrom. Öst. Z. Elektrizitätswirtsch. Bd. 2 (1949) S. 53. — OETKER, R.: Das Braunsche Rohr als Indikator für Wechselstrombrücken. Frequenz Bd. 5 (1951) S. 33. — OGAWA, H.: Verzerrung von Wanderwellen durch Koronaerscheinungen. Electrotechn. J., Tokio Bd. 2 (1938) S. 10. — OLDACRE, M. S. O., s. H. A. ADLER. — OLIVER, J. M., u. W. W. EBERHARDT: Betriebsergebnisse mit einer Petersen-Erdschlußspule. J. Amer. Inst. electr. Engng. Bd. 45 (1926) [Elektrotechn. u. Masch.-Bau Bd. 44 (1926) S. 552]. — OLLENDORFF, F.: (1) Die Erdung des Transformatornullpunktes in ihrer Wirkung auf Erd- und Kurzschlußströme. VDE-Fachber. 1926 S. 28 — (2) Erdströme. Berlin: Springer 1928 — (3) Praktische Berechnung von Kurzschlußströmen in mehrfach gespeisten Netzen. ETZ Bd. 52 (1931) S. 1487 — (4) Potentialfelder der Elektrotechnik. Berlin: Springer 1932 — OLLENDORFF, F., s. M. KNOLL (2). — OPSAHL, A. M.: Die Messung von Wanderwellen. Electr. Wld., N. Y. Bd. 93 (1929) S. 535. — ORLICH, E.: (1) Gleichrichtung großer Wechselstromleistungen. ETZ Bd. 51 (1930) S. 122 — ORLICH, E., u. H. SCHULTZE: (2) Über einen Spannungsteiler für Hochspannungsmessungen. Arch. Elektrotechn. Bd. 1 (1913) S. 1. — ORTENSI, E., u. G. GATTO: Fortschritte und Technik der Impulsprüfungen. Eine italienische Anlage für Prüfungen bis 3 Millionen Volt. Energia elettr. Bd. 17 (1940) S. 582, 659 u. 744. — ORTON, L. H., s. A. M. CASSIE. — OSTENDORF, W.: Entionisierungszeiten von Stromrichtern. ETZ Bd. 59 (1938) S. 87. — OTTEN, F.: Das erste in Deutschland verlegte 125-kV-Kabel. Siemens-Z. Bd. 16 (1936) S. 348. — OWENS, J. B., s. R. E. MARBURY. — OYAMA, M.: Der Polaritätseffekt der elektrischen Überschlagvorgänge im unhomogenen Feld. Dissertation Braunschweig 1931.

PAASCH, W.: Vereinfachte Fernmessung von Gleichrichteranlagen. ETZ Bd. 71 (1950) S. 58. — PAASCHE, P.: (1) Mechanischer Gleichrichter für 1000 kV Gleichspannung. Helios, Lpz. Bd. 40 (1934) S. 520 — (2) Über den Spannungsausnutzungsgrad einiger Stoßschaltungen. ETZ Bd. 64 (1943) S. 295. — PAKALA, W. E.: (1) A memory attachment for oszilloscopes. Electr. Engng. Bd. 57 (1938) Trans. Sect. S. 682 — PAKALA, W. E., u. W. B. BATTEN: (2) Phase occurence of arcbacks in high-current mercury arc rectifiers. Electr. Engng. Bd. 59 (1940) Trans. Sect. S. 345. — PALM, A.: (1) Schering-Meßbrücken. Arch. techn. Messen 1932 J 921—3 — (2) Die Durchbruchsfeldstärke komprimierter Gase und ihre Verwendung zur Hochspannungsisolation. Arch. Elektrotechn. Bd. 28 (1934) S. 296 — (3) Das elektrostatische Meßprinzip. Arch. techn. Messen 1935 J 760—1 — (4) Die absoluten Messungen hoher Spannungen. Arch. techn. Messen 1935 J 761—1 —

(5) Elektrostatische Voltmeter ohne Spannungsteiler. Arch. techn Messen 1935 J 762—1 — (6) Elektrostatische Voltmeter mit Spannungsteilung. Arch. techn. Messen 1935 J 763—1 — (7) Elektrostatische Spannungsmesser. Arch. techn. Messen 1935 J 763—2 — (8) Sonderanwendungen des elektrostatischen Meßprinzips. Arch. techn. Messen 1935 J 764—1 — (9) Elektrometer. Arch. techn. Messen 1935 J 765—1 — (10) Die Methoden zur Messung sehr hoher Spannungen und Kritik ihrer Anwendung. VDE-Fachber. 1935 S. 157 — (11) Elektrische Meßgeräte und Meßeinrichtungen. 2. Aufl. Berlin: Springer 1942. — Parker, E., and P. R. Wallis: Three-dimensional cathode-ray tube displays. J. Instn. electr. Engrs. Bd. 95 (1948) Part III S. 371. — Parker, W. W., and H. A. Travers: Reclosing of single tie lines between systems. Electr. Engng. Bd. 63 (1944) Trans. Sect. S. 119. — Parks, C. E., s. J. J. Trainor (2). — le Parquier, G.: Anwendung der Impulstechnik zur Ortung von Fehlern in Kabeln. Bull. Soc. franç. Electr. Bd. 6 (1948) S. 434. — Parschalk, Fr.: (1) Die neuen Hochspannungs-Hochleistungssicherungen Bauart C. BBC-Nachr. Bd. 26 (1939) S. 66 — (2) Druckluftschnellschalter für Höchstspannungen. BBC-Nachr. Bd. 28 (1941) S. 69 — (3) Kurzschlußfortschaltung mit Druckluftschnellschaltern. BBC-Nachr. Bd. 29 (1942) S. 1. — Partzsch, A.: Gittergesteuerte AEG-Eisengleichrichter. AEG-Mitt. 1933 Heft 3 S. 96. — Patzschke, W.: Hochfrequenzdrosseln für die Funkentstörung. ETZ Bd. 65 (1944) S. 15. — Pauthenier, M.: (1) Les hautes tensions continues et quelques-unes de leurs applications. Eletricité Bd. 27 (1943) S. 73 — Pauthenier, M., G. Duhaut u. L. Demon: (2) Koronaverluste an Gleichstrom-Freileitungen besonders bei Wassertropfenbildung. Rev. gén. Electr. Bd. 59 (1950) S. 133 [ETZ Bd. 71 (1950) S. 625]. — Peek jr., F. W.: (1) Law of Corona I. J. Amer. Inst. electr. Engng. Bd. 30 (1911) S. 1485 — (2) Law of Corona II. J. Amer. Inst. electr. Engng. Bd. 31 (1912) S. 1085 — (3) Law of Corona III. J. Amer. Inst. electr. Engng. Bd. 32 (1913) S. 1339 — (4) The effects of transient voltages on dielectrics I. J. Amer. Inst. electr. Engng. Bd. 34 (1915) S. 1695 — (5) The effects of transient voltages on dielectrics II. J. Amer. Inst. electr. Engng. Bd. 38 (1919) S. 717 — (6) The effects of transient voltages on dielectrics III. J. Amer. Inst. electr. Engng. Bd. 42 (1923) S. 623 — (7) Dielectric phenomena in high-voltage engineering. Third Edition. New York: McGraw-Hill Book Company 1929. — Pélissier, R., et D. Renaudin: Mécanisme de l'effet couronne sur les lignes de transport d'énergie en courant alternatif. Bull. Soc. franç. Electr. Bd. 9 (1949) S. 53 — Pélissier, R., s. F. Cahen. — Perlick, P.: Der Durchschlag bei festen Isolierstoffen. Arch. elektr. Übertragung Bd. 2 (1948) S. 174 [ETZ Bd. 70 (1949) S. 374]. — Pestereff, N. V.: Protection against lightning. Devices and methods. Electr. Rev., Lond. Bd. 121 (1937) S. 926. — Petermichl, F.: Hartgasschalter. AEG-Mitt. 1938 Heft 11 S. 521. — Petersen, W.: (1) Hochspannungstechnik. Stuttgart: Ferdinand Enke 1911 — (2) Wanderwellen als Überspannungserreger. Arch. Elektrotechn. Bd. 1 (1912/13) S. 233 — (3) Rückzündungsüberspannungen. ETZ Bd. 35 (1914) S. 697 — (4) Überspannungen mit der Betriebsfrequenz bei Leitungsbrüchen und einpoligen Schaltvorgängen. ETZ Bd. 36 (1915) S. 353 — (5) Messung der Spannungsverteilung an Hängeisolatoren. ETZ Bd. 37 (1916) S. 1 — (6) Überströme und Überspannungen in Netzen mit hohem Erdschlußstrom. ETZ Bd. 37 (1916) S. 129 — (7) Erdschlußströme in Hochspannungsnetzen. ETZ Bd. 37 (1916) S. 513 — (8) Der aussetzende (intermittierende) Erdschluß. ETZ Bd. 38 (1917) S. 553 — (9) Unterdrückung des aussetzenden Erdschlusses durch Nullwiderstände und Funkenableiter. ETZ Bd. 39 (1918) S. 341 — (10) Die Begrenzung des Erdschlußstromes und die Unterdrückung des Erdschlußlichtbogens durch die Erdschlußspule. ETZ Bd. 40 (1919) S. 5. — Petersen, Hilde: Die Messung sehr hoher Widerstände bei hoher Wechselspannung.

ETZ Bd. 71 (1950) S. 577. — PETERSON, W. S., B. COZZENS and J. S. CARROLL: Desert measurements of corona loss. Electr. Engng. Bd. 69 (1950) S. 907. — PETERSON, H. A., s. L. F. HUNT. — PFANNENMÜLLER, H.: Zur Frage des Kurvenformfehlers von Gleichrichtermeßgeräten. ETZ Bd. 60 (1939) S. 1125. — PFESTORF, G.: (1) Über Elektroden für die Zwecke der Prüfung fester Isolierstoffe. ETZ Bd. 51 (1930) S. 275 — (2) Sicherheit elektrischer Anlagen unter Berücksichtigung der neuen Isolierstoffe. ETZ Bd. 58 (1937) S. 465 — PFESTORF, G., u. W. HETZEL: (3) Isolierstoffe im Leitungsbau. Elektrizitätswirtsch. Bd. 37 (1938) S. 334 — PFESTORF, G., u. E.-G. RICHTER: (4) Über den Isolationswiderstand von keramischen Werkstoffen bei Temperaturen bis zu 900°. Phys. Z. Bd. 39 (1938) S. 141 — PFESTORF, G., u. W. STEGER: (5) Einführung zum Entwurf von DIN VDE 685 „Keramische Isolierstoffe". ETZ Bd. 61 (1940) S. 494 — PFESTORF, G., u. K. H. STRAUSS: (6) Die Änderung der Überschlagspannung von Hochspannungsisolatoren im Bereich normaler atmosphärischer Luftfeuchtigkeit. Arch. Elektrotechn. Bd. 35 (1941) S. 740 — PFESTORF, G.: (7) Stand der Isolierstofftechnik. ETZ Bd. 69 (1948) S. 235 — PFESTORF, G., s. R. VIEWEG (6). — PIEPLOW, H.: (1) Zur Erzeugung zeitproportionaler Spannungen. Arch. Elektrotechn. Bd. 32 (1938) S. 815 — (2) Bemerkungen zum Ausbau der modernen Elektronenstrahloszillographie. Arch. Elektrotechn. Bd. 35 (1941) S. 319 — (3) Meßgenauigkeit und Meßgrenzen technischer Elektronenstrahloszillographen. I. Eigenschaften von Braunschen Röhren und Zusatzgeräten. II. Verhalten Braunscher Röhren. Arch. techn. Messen Lfg. 161 u. 168 (1949, 1950) 8340—5 u. 8340—6 — PIEPLOW, H., s. A. BIGALKE (6). — PILCHER, E. E. J.: High-speed oil circuitbreakers: Interpretation of „single-loop" oscillograms. J. Inst. electr. Engrs. Bd. 85 (1939) S. 143. — PILOTY, H.: (1) Kompensation der Oberwellen im Erdschlußreststrom. ETZ Bd. 47 (1926) S. 1479 — (2) Nullpunktstrom, Nullpunktspannung, Nullpunktleistung, Nullpunktblindleistung. AEG-Mitt. 1926 S. 397 — (3) Wanderwellenreflexion und Schutzwert von Überspannungsableitern bei einphasigem Ansprechen. ETZ Bd. 48 (1927) S. 1755 — (4) Ein neues Erdschluß-Anzeigerelais. AEG-Mitt. 1927 S. 443 — (5) Überwachung des Kompensationszustandes in Netzen mit kompensiertem Erdschlußstrom. „Forschung und Technik." Berlin: Springer 1930. S. 226. — PIM, J. A.: The electrical breakdown strength of air at ultra-high frequencies. Proc. Instn. electr. Engrs. Bd. 96 (1949) Part III S. 117 [ETZ Bd. 71 (1950) S. 121]. — PINDERER, K.: Induction and dielectric heating. Electr. Engng. Bd. 66 (1947) S. 149. — POHL, R. W.: Einführung in die Elektrizitätslehre. Berlin: Julius Springer 1935. — POLECK, H.: (1) Eine neue Kapazitäts- und Verlustfaktormeßbrücke für Niederfrequenz mit Hand- und Selbstabgleich. Wiss. Veröff. Siemens-Werk Bd. 18 (1939) Heft 2 S. 9 — (2) Meßleistung nach Fehlergrößen von Hochspannungsteilern. Arch. techn. Messen Lfg. 100 (1939) Z 116—6 — (3) Neue technische Meßgeräte zur Isolierstoffprüfung. ETZ Bd. 61 (1940) S. 369 — (4) Über neue Phasen-Kunstschaltungen für Meßzwecke mit Frequenz- und Temperaturkompensation. Wiss. Veröff. Siemens-Werk. Bd. 19 (1940) S. 48. — PORTEOUS, J., s. E. A. LIVINGSTON. — POTTHOFF, K.: (1) Koronaverluste bei Drehstrom. ETZ Bd. 57 (1936) S. 1054 — POTTHOFF, K., u. B. MATHIESEN: (2) Koronaverluste an Seilen bei Wechselspannung. ETZ Bd. 56 (1935) S. 3 — (3) Meßtechnik der hohen Wechselspannungen. (Verfahrens- u. Meßkde. d. Naturwiss. H. 5) Braunschweig, Friedrich Vieweg u. Sohn 1941 — (4) Fortschritte auf dem Gebiete der elektrischen Isolierstoffe. ETZ Bd. 69 (1948) S. 120. — PRAETORIUS, G.: Untersuchung der Druckabhängigkeit von Gleitentladungen auf Photoplatten. Arch. Elektrotechn. Bd. 34 (1940) S. 83. — PRINZ, H.: (1) Die Gleichspannungskorona. Dissertation München 1935 — (2) Theoretische Untersuchung der Gleichspannungskorona im konaxialen Zylinderfeld. Arch. Elektrotechn. Bd. 31 (1937) S. 756 — (3) Die Gesetze der Koronakennlinien bei Gleichspannung. Arch. Elektrotechn. Bd. 32 (1938) S. 114 — (4) Scheitelfaktormessung von Spannungskurven. Arch. techn. Messen Lfg. 83 (1938) V 338—1 — (5) Messung der Spannungsverteilung an Isolatoren I/II. Arch. techn. Messen Lfg. 101 u. 102 (1939) V 3333—4 u. V 3333—5 — (6) Hochspannungsmessungen mit dem rotierenden Voltmeter. Arch. techn. Messen Lfg. 96 (1939) J 763—3 sowie Lfg. 133 u. 134 (1942) J 763—4 u. J 763—5 — (7) Ein neues Verlustgesetz der Wechselspannungskorona. Wiss. Veröff. Siemens-Werke Bd. 19 (1940) H. 3, S. 88 — (8) Zur Gültigkeit des Peekschen Koronaverlustgesetzes. Arch. Elektrotechn. Bd. 35 (1941) S. 705 — (9) Höchstspannungsleitungen. Elektrotechn. u. Masch.-Bau Bd. 65 (1951) S. 30. — PROKOTT, E.: Impulsgeber großer Leistung mit gesteuerter Funkenstrecke. Fernmeldetechn. Z. Jahrg. 1951 Heft 8 S. 347. — PROVOST, P. G., s. R. F. GOSSENS (2). — PRZIBAM, K.: (1) Die elektrischen Figuren. Handb. d. Phys. Bd. 14 (1925) Kap. 8 — (2) Elektrische Figuren auf photographischen Platten in Flüssigkeiten. Phys. Z. Bd. 32 (1931) S. 481. — PUGLIESE, E.: La répartition transversale de la tension alternative et continue dans l'isolant des cables à haute tension. Bull. schweiz. elektrotechn. Ver. Bd. 41 (1950) S. 921. — PUGNO-VANONI, E., et G. SOMEDA: (1) Essais des interrupteurs à courant alternatif. CIGRE R. 130 (1937) — (2) Indirekte Prüfverfahren von Schaltern in Italien. ETZ Bd. 60 (1939) S. 157. — PUNGA, F.: Zur Geschichte des Stoßkurzschlußstromes. Elektrotechn. u. Masch.-Bau Bd. 56 (1938) S. 273. — PUNGS, L., u. H. RIECHE: Ein neues Hochfrequenzkalorimeter zur Untersuchung dielektrischer Verluste von Flüssigkeiten. Z. techn. Phys. Bd. 14 (1933) S. 565. — PUPPIKOFER, H.: (1) Die Entwicklung der Lichtbogenlöscheinrichtungen der modernen Leistungsschalter. Bull. schweiz. elektrotechn. Ver. Bd. 27 (1936) S. 749 — (2) L'influence de l'arc sur l'allure du rétablissement de la tension aux bornes des interrupteurs. CIGRE R. 141 (1937) — (3) Über die Bewertung der elektrischen Eigenschaften von Innenraumstützern. Bull. schweiz. elektrotechn. Ver. Bd. 28 (1937) S. 422 — (4) Forschungslaboratorien für Hochspannung und Hochleistung der Maschinenfabrik Oerlikon. Bull. schweiz. elektrotechn. Ver. Bd. 33 (1942) S. 34 — PUPPIKOFER, GANTENBEIN, VOGELSANGER u. KURTH: (5) Ölarme Leistungsschalter I—II Bull. Oerlikon No. 277 u. 278 (1949) S. 1909 u. 1925.

RABUS, W.: (1) Über Maßnahmen zur Steigerung der mit dem Ein-Nadel-Gleichrichter erzielbaren Spannungen. Arch. Elektrotechn. Bd. 32 (1938) S. 389 u. 451 — RABUS, W., u. H. HATTENDORFF: (2) Überspannungsschutz durch SAW- und Hartgasableiter. AEG-Mitt. 1940, Heft 5/6, S. 121 — RABUS, W.: (3) Ein direkt anzeigender Scheitelspannungsmesser mit Hochvakuum-Gleichrichtern und elektrostatischem Voltmeter. Z. Elektrotechn. Bd. 2 (1949) S. 97 — (4) Scheitelspannungsmesser in Zweiweg-Stützschaltung. Z. Elektrotechn. Bd. 3 (1950) S. 7. — RACE, H. H.: (1) Effect of small projections on breakdown in air. Gen. Electr. Rev. Bd. 43 (1940) S. 365 — (2) Measurements of pre-breakdown-currents in dielectrics with a cathode-ray-tube. Electr. Engng. Bd. 60 (1941) Trans. Sect. S. 854. — RACHEL, A.: (1) Höchstspannungsfragen und Nullpunkterdung. ETZ Bd. 46 (1925) S. 1347 — (2) Stromrichterbenennung. ETZ Bd. 53 (1932) S. 1022 — (3) Gleichstrom-Hochspannungsübertragung mit Lichtbogenstromrichter nach Marx. AEG-Mitt. 1934 Heft 10 S. 313 — (4) Die technisch-wirtschaftliche Seite der Gleichstrom-Hochspannungsübertragung. Elektrizitätswirtsch. Bd. 34 (1935) S. 717, 748 — RACHEL, A., u. K. RISSMÜLLER: (5) Grundlagen und Anwendungen der Stromrichter. Elektrizitätswirtsch. Bd. 31 (1932) S. 462. — RAETHER, H.: (1) Zur Entwicklung von Kanalentladungen. Arch. Elektrotechn. Bd. 34 (1940) S. 49 — (2) Über den Aufbau von Gasentladungen. Z. Phys. Bd. 117 (1941) S. 375 u. 524

— (3) Über den elektrischen Durchschlag in Gasen. ETZ Bd. 63 (1942) S. 301 — RAETHER, H., s. E. FLEGLER (5). — RAKOV, W. J., u. K. P. FETISOV: Unterteilte Hochspannungsgasotrons. Vestn. Elektr.-Promischl. Bd. 11 (1940) S. 15. — RAMSAUER, C.: (1) Über die Temperatur des elektrischen Lichtbogens. Elektrotechn. u. Masch.-Bau Bd. 51 (1933) S. 189 — (2) Die Elektronen- und Ionenströme in der Technik. ETZ Bd. 60 (1939) S. 773 — (3) Das freie Elektron in Physik und Technik. Berlin: Springer 1940. — RANKIN, A. W., s. J. L. JAKUBOWSKI. — RANKIN, H. M., and R. E. NEIDIG: Operating experience with Petersen coils on 66 kV system of metropolitan Edison company. Electr. Engng. Bd. 58 (1939) Trans. Sect. S. 568. — RASKE, W.: (1) Aufnahme von Hochspannungskurven technischer Frequenz. Arch. techn. Messen Lfg. 90 (1938) V 3621—5 — (2) Betriebsüberwachung durch Verlustfaktor-Messung in Hochspannungsanlagen. Arch. techn. Messen Lfg. 91 (1939) V 8253—6—(3) Meßwiderstände für hohe Stoßspannungen und für hohe Stoßströme. Arch. techn. Messen Lfg. 92 (1939) Z 116—3—(4) Meßteiler für hohe Stoßspannungen. III. Gemischte Teiler. Arch. techn. Messen Lfg. 96 (1939) Z 116—5 — (5) Hochspannungs-Meßkondensatoren. I. Luftkondensatoren. Arch. techn. Messen Lfg. 97 (1939) Z 131—4 — (6) Polaritätsanzeiger für Wechselspannungs-Überschläge. Arch. techn. Messen Lfg. 97 (1939) J 831—4 — (7) Meßteiler für hohe Stoßspannungen. II. Der Kapazitätsteiler. Arch. techn. Messen Lfg. 95 (1939) Z 116—4 — (8) Scheitelfaktor-Messung von Hochspannungswellen technischer Frequenz. Arch. techn. Messen Lfg. 101 (1939) V 3621—7 — (9) Effektivspannungs-Messung mit der Kugelfunkenstrecke. Arch. techn. Messen Lfg. 106 (1940) J 762—2 — (10) Scheitelspannungsmessung mit der Kugelfunkenstrecke. I/II. Arch. techn. Messen Lfg. 104 u. 105 (1940) V 3381—2, V 3381—3 — (11) Anlagen zur Erzeugung sehr hoher Gleichspannung (Teil 1 und 2). Arch. techn. Messen Lfg. 107 u. 108 (1940) Z 43—4, Z 43—5 — (12) Hochspannungsprüfsätze für Spannungsstoß. Neuere Entwicklung. T. 1/2. Arch. techn. Messen Lfg. 134 u. 135 (1942) Z 44—2 u. Z 44—3 — (13) Hochstrom-Stoßgeneratoren. Arch. techn. Messen Lfg. 137 (1942) Z 44—4 — RASKE, W., s. H. SCHERING (7) u. (8) — RATH, W.: Fortschritte auf dem Gebiet der keramischen Isolierstoffe für die Elektrotechnik. Keram. Rdsch. Bd. 48 (1940) S. 371, 394 u. 403. — RATHSMAN, B. G., s. A. RUSCK (1) u. (2). — RAWER, K.: Eine Vakuumstrecke mit rascher Funkenfolge. Phys. Z. Bd. 41 (1940) S. 410. — RAWLINS, H. L., A. P. STROM and H. W. GRAYBILL: (1) A new current-limiting fuse. Electr. Engng. Bd. 60 (1941) Trans. Sect. S. 77 — RAWLINS, H. L., and H. H. FAHNOE: (2) A new three-element current-limiting power fuse. Electr. Engng. Bd. 63 (1944) Trans. Sect. S. 156. — READ, J. C.: Schaltung zur Verdoppelung der Welligkeit eines Zwölfphasen-Gleichrichters. J. Instn. electr. Engrs. Bd. 95 (1948) Part II S. 218 [ETZ Bd. 70 (1949) S. 440]. — REBHAN, J.: (1) Über die Durchschlagfestigkeit von technischem Transformatorenöl mit verschiedenem Feuchtigkeitsgehalt. VDE-Fachber. 1931 S. 17 — (2) Die elektrische Festigkeit des ölimprägnierten Holzes. Bergmann-Mitt. Bd. 8 (1932) S. 109 [ETZ Bd. 53 (1932) S. 1111] — (3) Die Streuung der Durchschlagswerte von Transformatorenöl in statistischer Behandlung. ETZ Bd. 53 (1932) S. 556 — (4) Zur Mechanik des Durchschlages von Transformatorenöl. ETZ Bd. 54 (1933) S. 4 — (5) Die neue Stoßprüfanlage der Siemens-Schuckertwerke in Nürnberg für 3 Millionen Volt und 42000 Wattsekunden. Siemens-Z. Bd. 15 (1935) S. 505 — (6) Eine neue Stoßanlage für 3 Millionen Volt und 42000 Wattsekunden. ETZ Bd. 56 (1935) S. 1041 — (7) Die Sicherheit elektrischer Anlagen gegenüber Stoßspannungen. ETZ Bd. 58 (1937) S. 1177 — REBHAN, J., s. R. ELSNER (12). — REGERBIS, W.: (1) Die Messung der Spannungsverteilung und des Feldlinienverlaufes an Isolatorenketten. Hescho-Mitt. 1925 Heft 19 S. 535 u. 627 — (2) Hochspannungs-Porzellankondensatoren für leitungsgerichtete Hochfrequenztelefonie und Fernmeßzwecke. Hescho-Mitt. 1930 Heft 50 S. 1585. — REHER, C.: Durchschlag und Überschlag in Luft bei Drucken von 1 bis 30 at. Arch. Elektrotechn. Bd. 25 (1931) S. 277. — REICHE, W.: (1) Stoßprüfanlagen. Elektro-J. Bd. 5 (1925) S. 381 — (2) Messungen über die Spannungsverteilung auf Transformatorwicklungen unter dem Einfluß von Sprungwellen. Arch. Elektrotechn. Bd. 15 (1925) S. 216 — REICHE, W., s. H. HEYNE. — REIMANN, E.: Sprungwellenbeanspruchung von Stromwandlern mit und ohne Schutzapparat. Wiss. Veröff. Siemens-Werk Bd. 8 (1929) Heft 3 S. 1. — REIN, H., u. K. WIRTZ: Radiotelegraphisches Praktikum. Berlin: Springer 1922. — REINHARDT, G.: (1) Untersuchungen am Umrichter mit Gleichstromzwischenkreis. Elektrotechn. u. Masch.-Bau Bd. 52 (1934) S. 261 u. 277 — (2) Die Messung des Lichtbogenabfalles von Quecksilberdampf-Gleichrichtern. Elektrotechn. u. Masch.-Bau Bd. 57 (1939) S. 497. — RENAUDIN, D., s. M. M. LANGLOIS-BERTHELOT (2), R. PÉLISSIER. — RENGIER, H.: Die Durchbruchsfeldstärke der Luft bei ebenen Elektroden mit richtiger und falscher Randausbildung. Arch. Elektrotechn. Bd. 16 (1926) Heft 1 S. 76 u. 139 — RENGIER, H., s. W. ROGOWSKI (25). — RENNER, H. H.: Über die Mitnahme elektrischer Lichtbögen durch strömende Luft. Dissertation Braunschweig 1937. — RENNINGER, M.: Ein Vorschaltwiderstand für direkte Messung von Hochspannung mit Zeigerinstrument. Z. Instrumentenkde. Bd. 55 (1935) S. 377. — RENTSCH, W.: Arbeitsweise, Besonderheiten und Anwendung der Oszillographen. ETZ Bd. 61 (1940) S. 895. — RICHTER, E.-F.: (1) Über den Wechselstromwiderstand von keramischen Werkstoffen bei Temperaturen bis zu 600°. Phys. Z. Bd. 40 (1939) S. 597 — (2) Dielektrischer Verlustfaktor und Verlustziffer von keramischen Werkstoffen bei Wechselspannung von technischer Frequenz und Temperaturen zwischen 100 und 500°. Phys. Z. Bd. 41 (1940) S. 229—233 — RICHTER, E.-F., u. W. WEICKER: (3) Keramische Isolierstoffe bei hohen Temperaturen. ETZ Bd. 64 (1943) S. 103. — RICHTER, E. G., s. G. PFESTORF (4). — RICHTER, H., s. H. GEFFCKEN. — RIEBEL, W., s. E. KIRCH (8). — RIECHE, H.: Über die dielektrischen Verluste flüssiger Isolierstoffe. Z. Phys. Bd. 95 (1935) S. 158 — RIECHE, H., s. L. PUNGS. — RIEPL, W.: Messungen über die Verschleifung von Wanderwellen an Freileitungen. Arch. Elektrotechn. Bd. 18 (1927) S. 416. — RIETZ, E. B.: Development and testing of an improved high voltage high-capacity impulse circuit breaker. Trans. Amer. Inst. electr. Engrs. Bd. 69 (1950) Part I S. 15. — RIPPON, E. C., and G. H. HICKLING: The detection by oszillographic methods of winding failures during impulse tests on transformers. Proc. Instn. electr. Engrs. Bd. 96 (1949) Part II S. 769. — RISSMÜLLER, K.: Der Expansionsschalter in der Praxis. Siemens-Z. 1932 Heft 4 S. 117 — RISSMÜLLER, K., s. A. RACHEL (5). — RITZ, H.: (1) Durchschlag- und Überschlagfeldstärke in Isolieröl. ETZ Bd. 53 (1932) S. 36 — (2) Überschlagsfeldstärke von Isolatoren. Arch. Elektrotechn. Bd. 26 (1932) S. 58 — (3) Durchschlagfeldstärke des homogenen Feldes in Luft. Arch. Elektrotechn. Bd. 26 (1932) S. 219. — RJABOW, B. M., s. A. A. GOREW (2). — ROBINSON, B. C., s. K. BERGER (7). — RÖHRIG, J., s. E. FLEGLER (6). — ROELIG, H.: Buna in der Kabeltechnik. ETZ Bd. 59 (1938) S. 172. — RÖMER, E.: Dielektrische Hochfrequenz-Beheizung von Kunststoffen. Kunststoffe Bd. 36 (1946) S. 8 [ETZ Bd. 70 (1949) S. 419]. — RÖSCH, H.: Graphische Ermittlung der Induktivitäten für die Erdschlußlöscheinrichtung mit Saugspule. Elektrotechn. u. Masch.-Bau Bd. 61 (1943) S. 45. — RÖTHLEIN, H.: Eine neuartige Oszillographenschleife. ETZ Bd. 59 (1938) S. 501. — ROGGENDORF, A.: (1) Schutzarmaturen für Hochspannungsisolatoren. ETZ Bd. 62 (1941) S. 709 — (2) Einflüsse der Verschmutzung auf Bau und Betrieb von Freiluft-Hochspannungsanlagen. ETZ Bd. 64 (1943) S. 572 — (3) Schutz großer Isolatoren gegen Zerstörung durch Lichtbögen. ETZ Bd. 71 (1950) S. 35. — ROGOWSKI, W.:

(1) Spulen und Wanderwellen. Arch. Elektrotechn. Bd. 6 (1918) S. 265 u. 377; Bd. 7 (1919) S. 33, 161 u. 320 — (2) Die elektrische Festigkeit am Rande des Plattenkondensators. Arch. Elektrotechn. Bd. 12 (1923) S. 1 — (3) Der Durchschlag fester Isolatoren. Arch. Elektrotechn. Bd. 13 (1924) S. 153 — (4) Einiges über Durchschlag und Isolierstoffe. Elektrotechn. u. Masch.-Bau Bd. 44 (1926) S. 599 — (5) Molekulare und technische Durchschlagsfeldstärke fester elektrischer Isolatoren. Arch. Elektrotechn. Bd. 18 (1927) S. 123 — (6) Neue Wanderwellenaufnahmen mit einer neuen Bauart des Kathodenoszillographen. ETZ Bd. 49 (1928) S. 227 — (7) Sprungwelle, Spule und Kathodenoszillograph. Arch. Elektrotechn. Bd. 20 (1928) S. 299 — (8) Der Blick in das elektrische Geschehen einer milliardstel Sekunde. Naturwiss. 1928 Heft 10 — (9) Das neue Elektrotechnische Institut der Technischen Hochschule Aachen. ETZ Bd. 50 (1929) S. 993 — (10) Durchschlag von Gasen und Raumladung. Arch. Elektrotechn. Bd. 24 (1930) S. 679 — (11) Grenzleistung des Kathodenoszillographen. ETZ Bd. 52 (1931) S. 1245 — (12) Die Zündung beim Durchschlag einer Funkenstrecke. Elektrotechn. u. Masch.-Bau Bd. 50 (1932) S. 7 — (13) Gasentladung und Durchschlag. Arch. Elektrotechn. Bd. 26 (1932) S. 643 — (14) Zur Kathodenoszillographie. Elektrotechn. u. Masch.-Bau Bd. 51 (1933) S. 249 — (15) Funkenüberschlag im inhomogenen Feld. Arch. Elektrotechn. Bd. 29 (1935) S. 130 — (16) Über Durchschlag und Gasentladung. Z. Phys. Bd. 100 (1936) S. 1 — (17) Durchschlag, Glimmentladung und lichtelektrische Rückwirkung. Z. Phys. Bd. 114 (1939) S. 1 — Rogowski, W., u. H. Böcker: (18) Ein neuer Hochspannungsmesser für relative und absolute Messung. Arch. Elektrotechn. Bd. 32 (1938) S. 44 — Rogowski, W., u. E. Flegler: (19) Schaltanordnung zur oszillographischen Aufnahme einmaliger Vorgänge höchster Frequenz mit dem Kathodenoszillographen. Elektrotechn. u. Masch.-Bau Bd. 45 (1927) S. 330 — Rogowski, W., E. Flegler u. P. Rosenlöcher: (20) Die Schwärzung photographischer Schichten beim Kathodenoszillographen. Arch. Elektrotechn. Bd. 23 (1930) S. 149 — Rogowski, W., E. Flegler u. R. Tamm: (21) Über Wanderwelle und Durchschlag. Neue Aufnahmen mit dem Kathodenoszillographen. Arch. Elektrotechn. Bd. 18 (1927) S. 479 — (22) Eine neue Bauart des Kathodenoszillographen. Arch. Elektrotechn. Bd. 18 (1927) S. 513 — Rogowski, W., u. W. Fucks: (23) Die Zündung einer bestrahlten Funkenstrecke. Arch. Elektrotechn. Bd. 29 (1925) S. 362 — (24) Modelle zur Theorie des Durchschlags und der Entladungen in Gasen. Arch. Elektrotechn. Bd. 27 (1933) S. 743 — Rogowski, W., u. H. Rengier: (25) Ebene Funkenstrecke mit richtiger Randausbildung. Arch. Elektrotechn. Bd. 16 (1926) S. 73 — Rogowski, W., E. Sommerfeld u. W. Wolmann: (26) Empfindlicher Glühkathodenoszillograph für Innenaufnahmen in einem Vorvakuum. Arch. Elektrotechn. Bd. 20 (1928) S. 619 — Rogowski, W., u. O. Wolff: (27) Ein Zeitkipper für den Kathodenoszillographen. Arch. Elektrotechn. Bd. 21 (1929) S. 645 — Rogowski, W., O. Wolff u. H. Klemperer: (28) Die Spannungsteilung beim Kathodenoszillographen. Arch. Elektrotechn. Bd. 23 (1930) S. 579 — (29) Weitere Wanderwellenaufnahmen mit dem Kathodenoszillographen. Arch. Elektrotechn. Bd. 23 (1930) S. 667 — Rogowski, W., u. A. Wallraff: (30) Raumladungs- oder Ionendurchschlag? Z. Phys. Bd. 106 (1937) S. 212 — (31) Zündung und Zündspannungsänderung. Z. Phys. Bd. 108 (1937) S. 1 — Rogowski, W., O. Wolff u. H. Schäffer: (32) Die selbsttätige Aufnahme unwillkürlicher Vorgänge mit dem Kathodenoszillographen. Arch. Elektrotechn. Bd. 23 (1930) S. 707 — Rogowski, W., O. Martin und H. Thielen: (33) Anfangsvorgänge bei Lichtenbergschen Figuren. Arch. Elektrotechn. Bd. 35 (1941) S. 424. — Rohats, N., s. C. M. Foust. — Rohde, L.: (1) Hochspannungs-Röhrenvoltmeter für Hochfrequenz. Arch. techn. Messen Lfg. 78 (1937) J 83—1 — Rohde, L., u. G. Wedemeyer: (2) Die Messung von Verlusten bei Hochspannung hoher

Frequenz. ETZ Bd. 61 (1940) S. 577. — Rohde, L., u. G. Wedemeyer: (3) Verluste und Durchschlag bei Hochspannung hoher Frequenz. ETZ Bd. 61 (1940) S. 1161 — Rohde, L.: (4) Die Prüfung von Kunststoffen mit Hochfrequenz. Kunststoff-Techn. Bd. 11 (1941) S. 77 — Rohde, L., G. Wedemeyer u. G. H. Giesenhagen: (5) Eine Hochfrequenz-Hochspannungsprüfanlage großer Leistung. ETZ Bd. 63 (1942) S. 129. — Rojahn, W.: Experimentelle und theoretische Untersuchungen von Maßnahmen zur Minderung der hochfrequenten Störfähigkeit von Hochspannungsisolatoren. Dissertation Berlin 1938. — Rokkaku, H., and Y. Shingu: 3600000-volt impulse voltage generator. Electrotechn. J., Tokio Bd. 1 (1937) S. 75. — Rompe, s. M. Knoll (2). — Rorden, H. L.: Insulation levels governed by lightning-arresters. Electr. Engng. Bd. 69 (1950) S. 438. — Rosenlöcher, P.: Untersuchung von Oberflächenentladung bei Stoßspannung. Arch. Elektrotechn. Bd. 26 (1932) S. 19. — Rosenlöcher, P., s. W. Rogowski (20). — Roser, H.: (1) Schirme zur Erhöhung der Durchschlagspannung in Luft. ETZ Bd. 53 (1932) S. 411 — (2) Dünne Schirme im raumladungsbeschwerten Entladungsfeld. Dissertation Braunschweig 1930 — (3) Wirtschaftlichkeit der Blindstromkompensation durch Phasenschieberkondensatoren. ETZ Bd. 62 (1941) S. 449 — (4) Die technischen Probleme der Drehstrom-Fernübertragung mit 400 kV. ETZ Bd. 69 (1948) S. 7. — Roth, A.: (1) Schutz gegen Erdschlüsse. ETZ Bd. 42 (1921) S. 642 — (2) Neue Erkenntnisse über den Abschaltvorgang in Wechselstromschaltern und ihre Anwendung auf den Bau des Ölstrahlschalters für Höchstspannung. Bull. schweiz. elektrotechn. Ver. Bd. 25 (1934) S. 18;154 — (3) Die neuzeitlichen Hochspannungsschalter, das Ergebnis physikalischen Denkens. Elektrotechn. u. Masch.-Bau Bd. 54 (1936) S. 469 — (4) Hochspannungstechnik. 3. Auflage. Wien: Springer 1950 — (5) Über die Wahl der Schalterart in modernen Hochspannungsanlagen. Bull. schweiz. lektrotechn. Ver. Bd. 30 (1939) S. 653. — (6) Zur Verbesserung der Energielieferung in Überlandnetzen. Das selbsttätige Wiedereinschalten der Leitungen. Bull. schweiz. elektrotechn. Ver. Bd. 31 (1940) S. 413 — (7) Über die wesentlichen Bestimmungsgrößen der Überspannungsableiter. Bull. schweiz. elektrotechn. Ver. Bd. 32 (1941) S. 689. — Roth, H.: Untersuchungen über Fußpunktspuren kurzdauernder Lichtbogen an Metallen. Dissertation Dresden 1939. — Rottsieper, K.: (1) Der transportable AEG-Hochspannungs-Glühkathoden-Gleichrichter zur Prüfung verlegter Kabelstrecken. AEG-Mitt. 1926 Heft 9 S. 316 — (2) Neues Verfahren zur transformatorischen Messung von Gleichstrom. AEG-Mitt. 1935 Heft 3 S. 91. — Roys, C. S., s. R. H. George. — Rozanov, G. M., s. Zhadov. — Rudd, W. C.: Hochfrequenzerhitzung im Bereich des Rundfunkspektrums. Electr. Engng. Bd. 66 (1947) S. 570 [ETZ Bd. 69 (1948) S. 133]. — Rudolf, R.: Isolierstoffe der Hochfrequenztechnik. Feinmech. u. Präz. Bd. 47 (1939) S. 265. — Rudolph, W.: Zur Auswahl von Drehstrom-Höchstspannungsleitungen für die kontinentaleuropäische Großkraftübertragung. Elektrotechn. u. Masch.-Bau Bd. 66 (1949) S. 182. — Rüdenberg, R.: (1) Elektrische Schaltvorgänge Berlin: Springer 1933 — (2) Performance of travelling waves in coils and windings. Electr. Engng. Bd. 59 (1940) Trans. Sect. S. 1031 — (3) Electric oszillations and surges in sub-divided windings. J. appl. Phys. Bd. 2 (1940) S. 665. — Rueggeberg, W., s. J. B. Whitehead. — Ruhle, F.: (1) Die Durchschlagfestigkeit von Mischungen dielektrischer Flüssigkeiten. Dissertation Berlin 1939 — (2) Stromleitung in dielektrischen Flüssigkeiten bei starken elektrischen Feldern. Phys. Z. Bd. 44 (1943) S. 89 [ETZ Bd. 64 (1943) S. 634]. — Rump, S.: Die Koordination der Isolation in Hochspannungsanlagen. Bull. schweiz. elektrotechn. Ver. Bd. 34 (1943) S. 61. — Rump, W.: Über ein Nadel-Vibrationsgalvanometer hoher Empfindlichkeit. Phys. Z. Bd. 40 (1939) S. 493. — Rusck, A., u. B. G. Rathsman:

(1) Das Schwedische 380 kV Übertragungs-System. Asea-J. Bd. 22 (1949) S. 107 [Electr. Engng. Bd. 68 (1949) S. 1025] — (2) Reihenkondensatoren und Bündelleiter im schwedischen Großkraftnetz. ETZ Bd. 71 (1950) S. 497. — Rusck, S.: Die Dämpfung elektrischer Wanderwellen. Tekn. T. Bd. 80 (1950) S. 305 [ETZ Bd. 72 (1951) S. 209]. — Ruska, E., s. B. v. Borries (2). — Ryder, D. H., s. A. T. Chadwick.

Sachtleben, R.: Neue Werkstoffe in der Elektrotechnik. ETZ Bd. 59 (1938) S. 151. — Salessky, A.: Über die Spannungsverteilung an Ketten von Hängeisolatoren. Arch. Elektrotechn. Bd. 13 (1924) S. 58. — Salzmann, A.: (1) Double earth faults. Notes on their automatic isolation in ring mains protected by Petersen coils. Electrician, Bd. 140 (1948) S. 29 — (2) Tuning arc supression coils. Methods on medium voltage and e. h. v. systems. Electr. Rev., Lond. Bd. 148 (1951) S. 779. — Sandström, U., s. L. R. Bergström. — Schäfer, R.: Untersuchungen an Quecksilberlichtbogen bei Hochfrequenz. Arch. Elektrotechn. Bd. 34 (1940) S. 499. — Schäfer, W. s. E. Hueter (3). — Schäffer, H., s. W. Rogowski (32). — Schaudinn, K.: Stromdurchgang durch Porzellan bei hohen Temperaturen. VDE-Fachber. Bd. 10 (1938) S. 139. — Scheid, J. F.: Entstehung und Entwicklung der Prüf- und Versuchsfelder der Hermsdorf-Schomburg-Isolatoren G. m. b. H. Hescho-Mitt. 1927 Heft32/33 S. 947. — Schendell, G.: (1) Zur Frage der Ölregenerierung. Elektrizitätswirtsch. Bd. 27 (1928) S. 201 — (2) Überspannungsgefahr- und Schutzbereichdiagramme für Hochspannungsstationen. Elektrizitätswirtsch. Bd. 31 (1932) S. 284 [s. auch Elektrizitätswirtsch. Bd. 32 (1933) S. 151]. — Schenkel, M.: (1) Technische Grundlagen und Anwendungen gesteuerter Gleichrichter und Umrichter. ETZ Bd. 53 (1932) S. 761 — (2) Regeln für die Bewertung und Prüfung von Stromrichtern. ETZ Bd. 57 (1936) S. 57 — Schenkel, M., u. I. v. Issendorf: (3) Neue Anwendungen der Großgleichrichter für Spannungs- und Leistungsregelung, Energierückgabe, Hochspannungsübertragung und Frequenzumformung. Siemens-Z. Bd. 11 (1931) S. 142 — Schenkel, M., s. I. v. Issendorff. — Schering, H.: (1) Tätigkeitsbericht der Physikalisch-Technischen Reichsanstalt 1919. (Brücke für Verlustmessungen.) Z. Instrumentenkde. Bd. 40 (1920) S. 124 — (2) Die Isolierstoffe der Elektrotechnik. Berlin: Springer 1924 — (3) Die Empfindlichkeit einer Wechselstrombrücke. ETZ Bd. 52 (1931) S. 1133 — Schering, H., u. H. Brülle: (4) Die Bestimmung der Hochspannung bei Verlustfaktormessungen mit der Brücke. ETZ Bd. 54 (1933) S. 51 — Schering, H., u. A. Burmester: (5) Die Kurvenform der Hochspannung. Z. Instrumentenkde. Bd. 44 (1924) S. 97 — Schering, H., u. Dieterle: (6) Tätigkeitsbericht der Physikalisch-Technischen Reichsanstalt 1920. (Verlustmessung bei Hochspannung.) Z. Instrumentenkde. Bd. 41 (1921) S. 139 — Schering, H., u. W. Raske: (7) Zur Messung der Spannungsverteilung an Isolatorenoberflächen. ETZ Bd. 56 (1935) S. 75 — (8) Ein kleiner Steilwellengenerator für 500 kV. ETZ Bd. 56 (1935) S. 751 — Schering, H., u. Vieweg: (9) Ein Meßkondensator für Höchstspannung. Z. techn. Phys. Bd. 9 (1928) S. 442. — Scherrer, P., s. A. Braun. — Scheu, E.: Über den Einfluß von Stoßspannungen auf die dielektrische Festigkeit von Transformatorenöl. Arch. Elektrotechn. Bd. 29 (1935) S. 193. — Scheu, H.: Erdschlußschutz für Drehstromerzeuger. AEG-Mitt. 1940 S. 115. — Schien, R.: Leiterseile für Fernleitungen mit höchsten Spannungen. Dissertation Braunschweig 1927. — Schilling, W.: (1) Berechnung der Anfangsspannung zwischen kantigen Elektroden in Luft. Arch. Elektrotechn. Bd. 22 (1929) S. 337 — (2) Zur Frage der Abrundung ebener Kondensatoren in normaler Luft. Arch. Elektrotechn. Bd. 24 (1930) S. 383 — (3) Die Umbildung der Wellenform durch Kapazitäten und Induktivitäten bei durch Funken ausgelösten Wanderwellen. Arch. Elektrotechn. Bd. 25 (1931) S. 97 — (4) Untersuchung von Überspannungsschutzgeräten für 15 kV Betriebsspannung.

Elektrizitätswirtsch. Bd. 30 (1931) S. 603 — (5) Beitrag zur Berechnung der Schutzwirkung von Erdseilen. ETZ Bd. 54 (1933) S. 79 — (6) Die Wechselrichter und Umrichter. Ihre Berechnung und Arbeitsweise. München u. Berlin: R. Oldenbourg 1940 — SCHILLING, W., u. J. LENZ: (7) Über die Stirnform und die Absenkung der Stirnsteilheit durch Kondensatoren bei durch Funken in Luft ausgelösten Wanderwellen. ETZ Bd. 51 (1930) S. 1138 — (8) Der Spannungsverlauf bei der Stoßprüfung nach Aufnahme mit dem Kathodenstrahl-Oszillographen. ETZ Bd. 52 (1931) S. 107 — SCHILLING, W.: (9) Die Gleichrichterschaltungen. München u. Berlin: R. Oldenbourg — (10) Der gesteuerte Gleichrichter im statischen Kurzschluß. ETZ Bd. 70 (1949) S. 199. — SCHINTLMEISTER, J.: Die Elektronenröhre als physikalisches Meßgerät. Röhrenvoltmeter — Röhrengalvanometer. Wien. Springer 1942. — SCHJÖLBERG-HENRIKSEN, E.: Transmission d'énergie par courant continu à de très hautes tensions. CIGRE 1931, 1933 u. 1935 [Elektrotechn. u. Masch.-Bau Bd. 50 (1932) S. 65; Bd. 51 (1933) S. 619]. — SCHLEGELMILCH, W.: Die elektrische Festigkeit flüssiger Isolierstoffe bei hohen Frequenzen. Phys. Z. Bd. 34 (1933) S. 497. — SCHLEICHER, M., u. W. GAARZ: Die betriebsmäßige Erdschlußüberwachung und ihre Einrichtungen. Siemens-Z. Bd. 3 (1923) Heft 11 S. 469. — SCHMELZER, CH.: Absolutmessung dielektrischer Verluste bei hohen Frequenzen mit dem Kondensatorthermometer. Ann. Phys. Lpz. Bd. (5) 28 (1937) S. 35. — SCHMIDECK, A. J.: Lichtbogenkurzschlüsse in Wechselstromnetzen und ihre Erfassung durch Reaktanz- und Impedanzmessungen. Jb. AEG-Forsch. Bd. 9 (1942) S. 30. — SCHMIDT, ERWIN: Untersuchungen über die Bewegung des Brennflecks auf der Kathode eines Quecksilberdampf-Niederdruckbogens. Ann. Phys. Bd. 439 (1949) S. 246. — SCHMIDT, KURT: Über die experimentelle Lösung ebener Potentialaufgaben durch elektrische Dipolfelder. Ing.-Arch. Bd. 14 (1943) S. 30 [Dissertation Hannover 1943]. — SCHMIDT, K.: Eine Stoßanlage für 10 Millionen Volt. ETZ Bd. 62 (1941) S. 93. — SCHMIEDEL, H.-J.: Über die Vorgänge an Lichtbogenfußpunkten. Dissertation Braunschweig 1936. — SCHMITT, K., s. W. VOGEL (4). — SCHMITZ, L.: Ein Hochleistungsprüffeld mit der Marx-Ersatzschaltung. VDI-Nachr. Jahrg. 3 (1949) Nr. 17, S. 1. — SCHMUDE, H., u. H. SCHWENKHAGEN: Ein neues Elektrodenmaterial für Feldmessungen im elektrolytischen Trog. Telefunkenröhre H. 24/25 (1942) S. 47. — SCHNEEBERGER, E., s. K. BERGER (8), K. BOREL (2). — SCHNEIDER, H.: (1) Aufnahme der VDE-Stoßwelle mit handelsüblichen Elektronenstrahl-Oszillographen. ETZ Bd. 59 (1938) S. 1061 — (2) Untersuchung von Büschelentladungen bei hohen Stoßspannungen. Arch. Elektrotechn. Bd. 34 (1940) S. 457. — SCHNEIDER, W.: Der Spannungsabfall im Metall-Lichtbogen unter besonderer Berücksichtigung der Verhältnisse bei Lichtbogen-Stromrichtern. Dissertation Braunschweig 1933. — SCHÖNFELD, W.: Über die Erzeugung hoher Kurzwellenleistung mit Löschfunkenstrecken. Dissertation T. H. Dresden 1938 [ETZ Bd. 62 (1941) S. 598]. — SCHÖNHERR, P.: Über die Fabrikation des Luftsalpeters nach dem Verfahren der Badischen Anilin- und Sodafabrik. ETZ Bd. 30 (1909) S. 365. — SCHROEDER, R., s. H. STARKE (1) u. (2). — SCHROEDER, T. W., E. W. BOEHNE and J. W. BUTLER: Tests and analysis of circuit-breaker performance when switching large capacitor banks. Electr. Engng. Bd. 61 (1942) Trans. Sect. S. 281. — SCHROTTKE, F.: (1) Über Hochspannungskabel. Siemens-Z. Bd. 10 (1930) S. 337 — (2) Über Ölkabel. Siemens-Z. Bd. 13 (1933) S. 1. — SCHUBERT, J.: Rauchgasentstaubung in den V. St. A. Elektrizitätswirtsch. Bd. 39 (1940) S. 282. — SCHÜTZ, H.: Entzerrung von Schleifenoszillographen. Elektrotechn. u. Masch.-Bau Bd. 53 (1935) S. 174. — SCHULTHEISS, F.: Über die Ausschaltleistung von Leistungstrennschaltern mit Hochspannungsschmelzsicherungen. ETZ Bd. 61 (1940) S. 965 — (2) Druckgasschalterbau in den USA. ETZ

Bd. 63 (1942) S. 163 — (3) Einordnung der Kurzschlußfortschaltung in den Netzbetrieb. ETZ Bd. 64 (1943) S. 521 — SCHULTHEISS, F., s. B. FLECK. — SCHULTZE, H., s. E. ORLICH (2). — SCHULTZE, M.: Die Verwendung von Druckgas zur Hochspannungs-Isolation. Brown Boveri Mitt. Bd. 30 (1943) S. 244. — SCHULZE, ERICH: Energieübertragung mit hochgespanntem Gleichstrom. Elektrizitätswirtsch. Bd. 49 (1950) S. 133. — SCHULZE, H.: (1) Die Verbesserung des Leistungsfaktors durch Kondensatoren. Elektrotechn. u. Masch.-Bau Bd. 57 (1939) S. 406 — (2) Zentralkompensation mit Phasenschieberkondensatoren. Elektrizitätswirtsch. Bd. 50 (1951) S. 93. — SCHULZE, W. M. H.: Erdalkalititanate als Dielektrika und eine neue Gruppe von Seignette-Elektrika. Elektrotechn. Bd. 3 (1949) S. 365. — SCHUMANN, W. O.: (1) Elektrische Durchbruchfeldstärke von Gasen. Berlin: Springer 1923 — (2) Über das Minimum der Durchbruchfeldstärke bei Kugelelektroden. Arch. Elektrotechn. Bd. 12 (1923) S. 593 — (3) Über Koronaspannung für verschiedene Gase bei geringen Drucken. ETZ Bd. 47 (1926) S. 39 — (4) Über die allgemeine Entladungsbedingung in Gasen mit Elektronenanlagerung und in Gasgemischen. Arch. Elektrotechn. Bd. 16 (1926) S. 46 — (5) Versuche zur Natur des elektrischen Durchschlags. Z. techn. Phys. Bd. 6 (1927) S. 439 — (6) Hochspannungstechnik. Handbuch der Experimentalphysik. Bd. X. Leipzig: Akademische Verlagsgesellschaft m. b. H. 1930 — (7) Isolieröle. Theoretische und praktische Fragen. Berlin: Springer 1938 — (8) Elektrostatik. Dielektrika II. Physik i. regelm. Ber. Bd. 7 (1939) S. 107 — (9) Über die Stabilisierung des gesteuerten Vakuumbogens und die Bogenkonstanten. Arch. Elektrotechn. Bd. 36 (1942) S. 362. — SCHWAGER, A. C.: Tests of 230 kV high-speed reclosing oil circuit breaker. Electr. Engng. Bd. 63 (1944) Trans. Sect. S. 784. — SCHWAIGER, A.: (1) Experimentelle Ermittlung der Spannungsverteilung bei Kondensatorgruppen. Arch. Elektrotechn. Bd. 8 (1919) S. 191 — (2) Spannungsverteilung an Hängeisolatorketten. Elektrotechn. u. Masch.-Bau Bd. 37 (1919) S. 569 — (3) Zur Theorie der Hochspannungsisolatoren. ETZ Bd. 41 (1920) S. 845 u. Elektrotechn. u. Masch.-Bau Bd. 38 (1920) S. 441 — (4) Die Überschlagfestigkeit des Porzellans. ETZ Bd. 43 (1922) S. 875 — (5) Über die Kugelfunkenstrecke. Wiss. Veröff. Siemens-Werk Bd. 2 (1922) S. 140 — (6) Neuere Forschungsergebnisse auf dem Gebiete der Hängeisolatoren. Helios, Lpz. Bd. 30 (1924) S. 147 — (7) Elektrische Festigkeitslehre. Berlin: Springer 1925 — (8) Über die Entladungsvorgänge auf Isolatoren. Rosenthal-Mitt. 1925 Heft 6 — (9) Über ein merkwürdiges Verhalten des Transformatorenöles. ETZ Bd. 48 (1927) S. 1657 — (10) Ermittlung der Kurzschlußströme in Netzen. ETZ Bd. 50 (1929) S. 1145 — (11) Spannungsverteilungsmessung an praktischen Durchführungen in Luft und Öl. Stemag-Nachr. 1930 Heft 6/7 — (12) Potentialverteilung an einigen praktischen Durchführungen. Helios, Lpz. Bd. 36 (1930) S. 269 — (13) Die Blitzanfälligkeit von Leitungsanlagen. Elektrotechn. u. Masch.-Bau Bd. 55 (1937) S. 369 — (14) Über den Schutzwert der Erdseile. ETZ Bd. 58 (1937) S. 507 — (15) Über die Einschlagstellen des Blitzes in Leitungsanlagen. Elektr. Bahnen Bd. 14 (1938) S. 131 — (16) Der Schutzbereich von Blitzableitern. Neue Regeln für den Bau von Blitzfangvorrichtungen. München u. Berlin: R. Oldenbourg 1938 — SCHWAIGER, A., u. H. ZIEGLER: (17) Die Blitzschutzwirkung von Erdseilen bei elektrischen Leitungsanlagen. Rosenthal-Mitt. 1939 H. 23 — (18) Entwicklung der Hochspannungstechnik mit besonderer Berücksichtigung des Überspannungsschutzes. Elektrizitätswirtsch. Bd. 40 (1941) S. 348. — SCHWAIGER, M.: Großtransformatoren mit Stufenregeleinrichtung. ETZ Bd. 59 (1938) S. 281. — SCHWARZ, G., s. W. HOLZER (3). — SCHWARZ, H.: Der Einfluß der relativen Luftfeuchtigkeit auf den Verlustwinkel von Isolierstoffen bei Hochfrequenz. ETZ Bd. 57 (1936) S. 7. — Schweiz. Elektrotechn. Verein: Elektrotechnische Forschungen. Bull. schweiz.

elektrotechn. Ver. Bd. 30 (1939) S. 628. — SCHWENKHAGEN, H.: (1) Einige Ergebnisse der neueren Isolierstoff-Forschung. Elektrizitätswirtsch. Bd. 26 (1927) S. 342 — (2) Untersuchungen über Stromverdrängung in rechteckigen Querschnitten. Arch. Elektrotechn. Bd. 17 (1927) S. 537 — (3) Einwirkung von Blitzschäden auf Hochspannungsleitungen. Elektrizitätswirtsch. Bd. 31 (1932) S. 234 — (4) Wanderwellen auf Leitungsbündeln. Arch. Elektrotechn. Bd. 30 (1936) S. 604 — (5) Die Einwirkung der Mastkapazitäten auf die Ausbreitung von Wanderwellen auf Leitungsbündeln. Arch. Elektrotechn. Bd. 31 (1937) S. 73 — (6) Betriebserfahrungen mit Kondensatoren in Starkstromanlagen. ETZ Bd. 59 (1938) S. 599 — (7) Elektrostatische Induktions-Spannungsmesser. Elektrizitätswirtsch. Bd. 42 (1943) S. 120. — SCHWENK, O.: Die Weiterentwicklung der Druckluftschalter mit doppeltwirkender Strömung. ETZ Bd. 58 (1937) S. 954 — SCHWENK O., s. L. HAAG. — SCHWERDTFEGER, W.: Kapazitätsmeßmethoden und ihre Auswertung zum Bau von Betriebs-Kapazitätsmeßgeräten. Feinmech. u. Präz. Bd. 46 (1938) S. 67 u. 79. — SCHWINDT, H.: Beiträge zur Messung des dielektrischen Verlustes und der Hochfrequenzleitfähigkeit. III. Mitt.: Entwicklung und Prüfung des Meß- und Auswertungsverfahrens. Z. phys. Chem. Abt. B Bd. 39 (1938) S. 275. — SCOLES, G. J., s. F. S. EDWARDS (1). — SCOTT, J. A., s. C. M. FOUST. — SCOTT, J. R.: The evolution of the supertension cable. Electr. Engng. Bd. 9 (1940) S. 610. — SCOTT-HANSEN, A.: Automatische Wiedereinschaltung von Leistungsschaltern. Elektrotechn. Bd. 54 (1941) S. 43. — SEELIGER, R.: (1) Einführung in die Physik der Gasentladungen. Leipzig: J. A. Barth 1934 — SEELIGER, R., u. G. MIERDEL: (2) Selbständige Entladungen in Gasen. Handbuch der Experimentalphysik. Wien-Harms. Leipzig: Akadem. Verlagsges. 1929 — (3) Bemerkungen zur Theorie der Bogenentladung. Phys. Z. Bd. 42 (1941) S. 63. — SEELIGER, R., s. G. MIERDEL (5), J. v. ISSENDORFF. — SEENER, F.: Untersuchungen über die Leistungsfähigkeit von Nadelgleichrichtern. Dissertation Dresden 1933. — SEMENOFF, N., u. A. WALTHER: Die physikalischen Grundlagen der elektrischen Festigkeitslehre. Berlin: Springer 1928. — SEMENOFF, N., s. L. INGE (1). — SEMM, A.: Verlustmessungen bei Hochspannung. Arch. Elektrotechn. Bd. 9 (1920) S. 30. — SENN, E.: (1) Der Koronareststrom und seine Löschung. Arch. Elektrotechn. Bd. 37 (1943) S. 361 — (2) Ein exaktes Strom-Spannungs-Diagramm für Hochleistungs-Übertragung. Elektrotechn. u. Masch.-Bau Bd. 66 (1949) S. 83 u. 216. — SEWARD, E. W.: The electric strength of air at high frequencies. J. Inst. electr. Engrs. Bd. 84 (1939) S. 288. — SHINGU, Y., s. H. ROKKAKU. — SHOUPP, W.E.: The electrostatic generator used in nuclear studies. Electr. Engng. Bd. 67 (1948) S. 668. — SHVETZ, G. G., s. G. T. TRETJAK. — SICKLE, R. C. VAN: (1) Breaker performance studied by Cathode Ray Oscillogramms. Am. Inst. El. Engs. Bd. 54 (1935) S. 178 — (2) Transient recoveiy voltages and circuit breaker performance. Electr. Engng. Bd. 61 (1942) Trans. Sect. S. 804. — Siemens-Schuckertwerke: Kabelerwärmungsmesser. ETZ Bd. 59 (1938) S. 275. — Siemer, W.: Richtlinien für den Einbau von Überspannungsableitern in Freileitungsnetzen. ETZ Bd. 64 (1943) S. 601. — SILSBEE, F. B.: New high-voltage laboratory of the bureau of standards. Electr. Engng. Bd. 59 (1940) S. 238 — SIMMONS s. VARROLL. — SIMON, H.: Hochleistungs-Gleichrichterröhren mit Glühkathode. „Forschung und Technik“, S. 395. Berlin: Springer 1930. — SKEATS, W. F., s. A. C. BOISSEAU. — SKILLING, H. H., and W. C. BRENNER: The electrical strength of nitrogen and freon under pressure. Electr. Engng. Bd. 61 (1942) Trans. Sect. S. 191. — SLEMON, G. R.: Radio influence from high-voltage corona. Electr. Engng. Bd. 68 (1949) S. 139. — SLEPIAN, J.: (1) Die Löschung eines Wechselstrom-Lichtbogens im Gasstrom. Elektrotechn. u. Masch.-Bau Bd. 51 (1933) S. 180 — SLEPIAN, J., and T. E. BROWNE jr.: (2) Photographic study of a—c arcs in flowing liquids.

Electr. Engng. Bd. 60 (1941) S. 823. — Sleyer, F., s. F. Obenaus (7). — Smith, E. K.: Messung des Spannungsabfalls in Gasentladungsröhren mit Glühkathode. Electr. Engng. Bd. 69 (1950) S. 419 [ETZ Bd. 72 (1951) S. 26]. — Smith, G. S., s. E. J. Wade (2). — Smith, O. J. M.: The space charge due to corona. Electr. Engng. Bd. 67 (1948) S. 979. — Smuroff, A.: (1) Die physikalische Natur der elektrischen Vorgänge in homogenen Isolatoren. ETZ Bd. 50 (1929) S. 768 — (2) Eine Stoßprüfanlage für 3,2 Millionen Volt und 24 kWs. Elektritschestwo Bd. 58 (1937) S. 18 [ETZ Bd. 58 (1937) S. 384]. — Söchting, F.: (1) Die Bestimmung der Eigenfrequenz und Dämpfung von Oszillographenschleifen aus ihrer Frequenzkurve. Elektrotechn. u. Masch.-Bau Bd. 52 (1934) S. 381 — (2) Berechnung und Konstruktion von Oszillographenschleifen. Arch. Elektrotechn. Bd. 31 (1937) S. 31. — Someda, G., s. E. Pugno Vanoni (1) u. (2). — Sommer, E. M. K.: Experimentelle Untersuchungen über das Verhalten von Überspannungsschutzapparaten gegenüber Wanderwellen. Arch. Elektrotechn. Bd. 18 (1927) S. 283. — Sommerfeld, E., s. W. Rogowski (26). — Sommermeyer, K., s. O. Becken. — Sorensen, W.: Surge-voltage breakdown characteristics for electrical gaps in oil. Electr. Engng. Bd. 59 (1940) Trans. Sect. S. 78. — Sorge, J.: Über die elektrische Festigkeit einiger flüssiger Dielektrika. Arch. Elektrotechn. Bd. 13 (1924) S. 189. — Soyck, W.: Hochspannungskondensatoren für Hochfrequenz aus keramischem Werkstoff. Elektrotechn. u. Masch.-Bau Bd. 59 (1941) S. 343. — Spath, W.: Über die Durchschlagseigenschaften von Transformatorenölen. Arch. Elektrotechn. Bd. 12 (1923) S. 331. — Spaulding, L. R., u. C. C. Diemond: Fault locator for high-voltage lines. Electr. Engng. Bd. 69 (1950) S. 134. — Spielhagen: Meßmethoden zur Bestimmung von Koronaverlusten an Freileitungen. Aluminium, Berl. 1929 S. 60. — Sporn, Ph., u. C. A. Müller: (1) Five years experience with ultrahigh-speed reclosing of high-voltage transmission lines. Electr. Engng. Bd. 60 (1941) Trans. Sect. S. 241 — Sporn, Ph., u. J. H. Kinghern: (2) Ultra-high-speed reclosing demonstrates its value. CIGRE R. 106 (1946) — Sporn, Ph., u. A. C. Monteith: (3) Report on Tidd 500 kV test project. Electr. Engng. Bd. 69 (1950) S. 506. — Staack, H.: Untersuchungen über die Gesetzmäßigkeiten elektrischer Gleiterscheinungen auf Isolatoren in Transformatorenöl. Dissertation Braunschweig 1931. — Stäger, H.: (1) Über das Verhalten von Transformatorenölen in Wärme. ETZ Bd. 44 (1923) S. 73 — (2) Neuzeitliche Isolierstoffe für die Hochfrequenztechnik. Bull. schweiz. elektrotechn. Ver. Bd. 34 (1943) S. 783 — Stäger, H., s. A. Imhof (3). — Stamm, H.: Stand der Entwicklung von Prüftransformatoren in Kaskadenschaltung. Elektrotechn. Bd. 4 (1950) S. 310. — Standring, W. G.: The impulse electric strength of solid dielectrics under impulse voltages. J. Instn. electr. Engrs. Bd. 88 (1941) Part I S. 391 — Standring, W. G., s. G. W. Bowdler. — Stanford-Universität: Das neue Hochspannungslaboratorium der Stanford-Universität. El. World, N. Y. Bd. 88 (1927) S. 1263 [ETZ 1927 S. 1273]. — Starke, H., u. R. Schroeder: (1) Ein Elektrometer für Messung sehr hoher Gleich- und Wechselspannungen. Arch. Elektrotechn. Bd. 20 (1928) S. 115 — (2) Die Reihenschaltung von Gleichrichterventilen zur Erzeugung sehr hoher Gleichspannung. Arch. Elektrotechn. Bd. 26 (1932) S. 301. — Starr, E. C., s. W. L. Loyd, E. J. Harrington. — Stearn, G. F., s. A. T. Chadwick. — Stearns, C. M., s. B. M. Joner. — Steenbeck, M.: (1) Energetik der Gasentladung. Phys. Z. Bd. 33 (1932) S. 809 — (2) Untersuchungen an Luftlichtbogen im schwerefreien Raum. Z. techn. Phys. Bd. 18 (1937) S. 593 — (3) Eine Prüfung des Minimumprinzips für thermische Bogensäulen an Hand neuer Meßergebnisse. Wiss. Veröff. Siemens-Werk Bd. 19 (1940) Heft 1 S. 59. — Steger, W., s. G. Pfestorf (5). — Stein, D.: Elektrifizierung der UdSSR. und Energieübertragung durch hochgespannten Gleichstrom. Elektrizitätswirtsch. Bd. 39 (1940)

S. 317. — STEINER, H. C., J. L. ZEHNER and H. E. ZUVERS: Pentode ignitrons for electronic Power converters. Electr. Engng. Bd. 63 (1944) Trans. Sect. S. 693. STEPHENSON: Corona and spark discharge in gases. J. Amer Inst. electr. Engng. Bd. 73 (1933) S. 69. — STEVENS, R. F., u. T. W. STRINGFIELD: Line-fault locator using fault-generated surges. Electr. Engng. Bd. 67 (1948) S. 1060. — STEYER, F.: Einfluß von Schirmen in verschiedener Anordnung auf die Regen-Überschlagspannung von Stützern. Hescho-Mitt. H. 82/83 (1943) S 1 — STEYER, F., s. F. OBENAUS. — STOCKMEYER, W.: (1) Glas-Glühkathodenventile für Dauerbetrieb mit hohen Spannungen. VDE-Fachber. 1931 S. 35 — (2) Koronaverluste bei hoher Gleichspannung. Wiss. Veröff. Siemens-Werk Bd. 13 (1934) Heft 2 S. 27. — STÖHR, M.: Vergleich zwischen Konstantspannungs- und Konstantstromsystem bei der Gleichstrom-Hochspannungsübertragung. VDE-Fachber. Bd. 10 (1938) S. 6. — STONE, E. G.: Die amerikanische Praxis in der Erdung der Neutralen. ETZ Bd. 46 (1925) S. 1355. — STRÄB, H.: Der Metallpapier-Kondensator. ETZ Bd. 70 (1949) S. 287. — STRAUSS, K.-H.: Feuerlöscher in Hochspannungsanlagen. ETZ Bd. 63 (1942) S. 117 — STRAUSS, K.-H., s. G. PFESTORF (6). — STRIGEL, R.: (1) Ein Glühkathodengleichrichter für hohe Spannungen. Siemens-Z. Bd. 9 (1929) S. 448 — (2) Über neuere Messungen an Elektrofiltern. Siemens-Z. Bd. 10 (1930) S. 286 — (3) Über den Entladeverzug in Öl bei kleinen Schlagweiten. Arch. Elektrotechn. Bd. 28 (1934) S. 671 — (4) Elektrodenform für Durchschlagprüfungen. Arch. techn. Messen 1935 J 831—3 — (5) Über die Aufbauzeit des Entladeverzuges im Spitzenfelde. Wiss. Veröff. Siemens-Werk Bd. 15 (1936) Heft 3 S. 13 — (6) Vergleichende Untersuchungen über Gleich- und Wechselspannungskorona an Doppelleitungen. Wiss. Veröff. Siemens-Werk Bd. 15 (1926) Heft 1 S. 68 — (7) Über den Entladeverzug im gleichförmigen Feld bei größeren Schlagweiten. Wiss. Veröff. Siemens-Werk Bd. 15 (1936) Heft 3 S. 1 — (8) Zur Frage der Koronadämpfung von Wanderwellen. Arch. Elektrotechn. Bd. 31 (1937) S. 338 — (9) Über die Aufbauzeit innerhalb des Entladeverzuges. ETZ Bd. 59 (1938) S. 1 — (10) Über die Statistik des Entladeverzuges in Luft von Atmosphärendruck. ETZ Bd. 59 (1938) S. 33 u. 60 — (11) Über die Schlagweitenabhängigkeit des Entladeverzugs in Öl in ungleichförmigem Felde. Wiss. Veröff. Siemens-Werk Bd. 17 (1938) Heft 1 S. 38 — (12) Über den Entladeverzug in festen Isolierstoffen. Wiss. Veröff. Siemens-Werk Bd. 18 (1939) Heft 1 S. 101 — (13) Elektrische Stoßfestigkeit. Berlin: Springer 1939 — (14) Grundlagen der Stoßspannungstechnik. ETZ Bd. 63 (1942) S. 165 — (15) Die Aufnahme von Potentialfeldern im elektrolytischen Trog. Arch. techn. Messen Lfg. 141 (1943) V 312—1 — (16) Die dielektrische Festigkeit von Anordnungen des Spitzenfeldes bei größeren Schlagweiten unter Öl. Wiss. Veröff. Siemens-Werk. Bd. 21 (1943) S. 148 — (17) Die Ausmessung elektrostatischer Felder. Arch. techn. Messen Lfg. 144 (1943) V 312—2 — (18) Die Ausmessung elektrostatischer Felder mit Hilfe von Sonden. Arch. techn. Messen Lfg. 147 (1943) V 312—3 — (19) Neuere Entwicklung der Stoßspannungstechnik. ETZ Bd. 69 (1948) S. 110 — (20) Optische Untersuchungen beim Durchschlagvorgang in Gasen. Arch. techn. Messen (1948) V 63—3 u. V 63—4 [ETZ Bd. 70 (1949) S. 61] — (21) Über den Einfluß von Oberwellen in der Spannungskurve auf die Koronaverlustleistung an Drähten. Z. Elektrotechn. Bd. 2 (1949) S. 73 — (22) Über das Stoßspannungsverhalten unterteilter Funkenstrecken im ungleichförmigen Feld. Z. Elektrotechn. Bd. 3 (1950) S. 1 — (23) Die Methoden zur elektrischen Feldmessung. ETZ Bd. 71 (1950) S. 229 — STRIGEL, R., s. R. ELSNER (13) u. (14), H. NEUHAUS (3). — STRINGFIELD, T. W., s. R. F. STEVENS. — STRITZL, P. E., s. H. W. TAYLOR (2). — STROBACH, H.: Dielektrische Verlustmessungen an Hochspannungskabeln. Elektrizitätswirtsch. Bd. 27 (1928) S. 116. — STROM, A. P., s. H. L. RAWLINS (1). — STRONG, W. F.: Power supplies for electrostatic precipitation. Electr. Engng. Bd. 68 (1949) S. 229. — Sucee, J. F., s. F. S. Edwards. — Suits, C. G.: High pressure arcs in common gases in free convection. Phys. Rev. Bd. 55 (1939) S. 561. — Sumner, J. H.: The theory of Petersen coils. J. Instn. electr. Engrs. Bd. 94 (1947) Part II S. 283. — Sutton, C. T. W., s. C. I. Armstrong. — Svensson, B.: Estimation of lightning arrester characteristics and associated measurement problems. CIGRE R. 337 (1946).

Tamm, R., s. W. Rogowski (21) u. (22). — Tardel, K.: Ein neuer stufenlos regelbarer Umspanner. Elektrotechn. u. Masch.-Bau Bd. 58 (1940) S. 357. — Täuber-Gretler, A.: Ein elektrodynamisches Wattmeter zur Messung dielektrischer Verluste. Bull. schweiz. elektrotechn. Ver. Bd. 18 (1927) S. 543. — Taylor, H. W.: (1) Arc suppression coils. Experiences in their operation in Great Britain. Electr. Rev., Lond. Bd. 121 (1937) S. 43 — Taylor, H. W., and P. E. Stritzl: (2) Line protection by Petersen coils, with special reference to conditions prevailing in Great Britain. J. Inst. electr. Engrs. Bd. 82 (1938) S. 387. — Teszner, S.: (1) Direct and indirect tests on circuit-breakers. CIGRE R. 129 (1948) — (2) Überspannungsableiter und Schutzfunkenstrecken zur Isolationskoordinierung. Bull. Soc. franç. Electr. Bd. 9 (1949) S. 596. — Thielen, H.: (1) Ein Entladungsrohr für hohe Leistungen und niedrige Erregerspannungen beim Kaltkathodenoszillographen. Arch. Elektrotechn. Bd. 32 (1938) S. 38 — (2) Ein empfindlicher Zweistrahl-Hochleistungsoszillograph mit getrennten Entladungsrohren für niedrige Erregerspannung. Arch. Elektrotechn. Bd. 33 (1939) S. 189 — (3) Der Kaltkathodenstrahl-Oszillograph bei sehr niedrigen Erregerspannungen. Arch. Elektrotechn. Bd. 33 (1939) S. 487 — (4) Ein Mehrfachoszillograph hoher Schreibleistung nach dem Voranodenprinzip. Arch. Elektrotechn. Bd. 34 (1940) S. 57. — Thielen, H., s. W. Rogowski (33). — Thirring, H.: Höchstspannungsanlagen für Atomforschung. Elektrotechn. u. Masch.-Bau Bd. 60 (1942) S. 431. — Thomas, C. H., s. C. L. Dawes. — Thommen, H.: (1) Die Lichtbogenlöschung im Druckluft-Schnellschalter bei Ein- und Mehrfachunterbrechung. Brown Boveri Mitt. Bd. 29 (1943) S. 336 — (2) Die Weiterentwicklung des Druckluftschnellschalters für Innenraum-Aufstellung. Brown Boveri Mitt. Bd. 31 (1944) S. 141 — (3) Vereinfachte Druckluftschnellschalter bis zu 380 kV Nennspannung für Freiluftaufstellung. Brown Boveri Mitt. Bd. 37 (1950) S. 123. — Thornton, W. M.: Die elektrische Durchschlagfestigkeit von Gasen. Phil. Mag. Bd. 28 (1939) S. 666 [ETZ Bd. 61 (1940) S. 1157]. — Thury, R.: Kraftübertragung auf große Entfernungen durch hochgespannten Gleichstrom. ETZ Bd. 51 (1930) S. 114. — Tigler, H.: Über Impuls-Hochtastgeräte für Funkmeß-Impulssender. Arch. elektr. Übertragung Bd. 5 (1951) S. 47 u. 91. — Timascheff, A. v.: (1) Wirkungsgrad und Spannungshaltung einer Gleichstromfernleitung im Vergleich mit denen einer Wechselstromleitung. Wiss. Veröff. Siemens-Werk Bd. 12 (1933) Heft 2 S. 127 — (2) Zur Berechnung der Dauerkurzschlußströme in vorbelasteten einfach und mehrfach gespeisten Netzen. ETZ Bd. 57 (1936) S. 1083. — Toepler, M.: (1) Über gleitende Entladung längs reinen Glasoberflächen. Ann. Phys. u. Chem. Bd. 66 (1898) S. 1061 — (2) Über gleitende Entladung. Ber. dtsch. phys. Ges. Jg. 9 (1907) S. 422 — (3) Über die physikalischen Grundgesetze der in der Isolatorentechnik auftretenden elektrischen Gleiterscheinungen. Arch. Elektrotechn. Bd. 10 (1921) S. 157 — (4) Über Versuchsanordnungen für Stoßprüfungen mit steilsten Spannungsstößen. Hescho-Mitt. 1924 Heft 9 S. 175 — (5) Stoßspannung, Überschlag und Durchschlag bei Isolatoren. ETZ Bd. 45 (1924) S. 1045 — (6) Gewitter, Blitze und Wanderwellen auf Leitungsnetzen. Hescho-Mitt. 1926 Heft 25 S. 743 — (7) Elektrodenkapazität und Wanderwellengestalt. Arch. Elektrotechn. Bd. 21 (1929) S. 433 — (8) Zur Struktur der Leuchtfäden des positiven Polbüschels beim Klydonographen. Arch. Elektrotechn. Bd. 27 (1933) S. 374 —

(9) Kreisfunken bei elektrischen Gleitfiguren. Z. techn. Phys. Bd. 14 (1935) S. 527 — (10) Zur Spannungsmessung mittels Grenzspannungen und Funkenspannungen. Arch. Elektrotechn. Bd. 30 (1936) S. 663 — TOEPLER, M., s. W. ESTORFF (6). — TOLAZZI, H.: Untersuchungen an Lichtbogenventilen mit vier Teilstrecken. ETZ Bd. 70 (1949) S. 334. — TOLLMIEN, W., s. A. GÜNTHERSCHULZE (12). — TORIYAMA, Y.: (1) Untersuchungen an Transformeröl. Arch. Elektrotechn. Bd. 19 (1928) S. 31 — (2) Stoßkorona. ETZ Bd. 54 (1933) S. 909 — TORIYAMA, Y., U. SHINOHARA and J. ICHIMURA: (3) Electric breakdown of liquid dielectrics. Elektrotechn. J., Tokio Bd. 2 (1938) S. 157. — TOWNSEND, J. S.: The equations of motion of electrons in gases. Philos. Mag. (VII) Bd. 23 (1937) S. 481. — TRACHMANN, H.: Schaltung und Wirkungsweise von Stoßgeneratoren, insbesondere unter Berücksichtigung der von der AEG entwickelten Stoßschaltung. AEG-Mitt. 1938 Heft 11 S. 529. — TRAINOR, J. J., J. E. HOBSON and H. N. MULLER jr.: (1) High-speed single-pole reclosing. Electr. Engng. Bd. 61 (1942) Trans. Sect. S. 81 — TRAINOR, J. J., and C. E. PARKS: (2) Single-pole relaying and reclosing on a high-voltage system. Electr. Engng. Bd. 66 (1947) S. 467. — TRAUB, E.: Über rotierende Strömungen in Rohren und ihre Anwendung zur Stabilisierung von elektrischen Flammenbogen. Ann. Phys., Lpz. (5) Bd. 18 (1933) S. 169. — TRAUTWEILER, M.: Eine neue Ersatzprüfschaltung für Hochleistungsschalter. Bull. schweiz. elektrotechn. Ver. Bd. 31 (1940) S. 349. — TRAVERS, H. A., s. W. W. PARKER. — TREMAINE, R. L., s. I. W. GROSS (2). — TRETJAK, C. T., et C. G. SHVETZ: Rigidité diélectrique de l'air sous pression. CIGRE R. 112 (1935). — TREUFELS, H. v.: Keramische Werkstoffe in der Hochspannungstechnik. ETZ Bd. 58 (1937) S. 473. — TRÖGER, R.: (1) 4000-kVA-Umrichter für das Reichsbahn-Unterwerk der Wiesentalbahn. Elektr. Bahnen 1934 — (2) Entstehung der 440-kV-Gleichstrom-Hochspannungsübertragung. ETZ Bd. 69 (1948) S. 261 — (3) Umrichter für die Stromversorgung von Fernbahnen. ETZ Bd. 69 (1948) S. 379. — TRUMP, JOHN G., and R. J. VAN DE GRAAFF: (1) A compact pressure-insulated electrostatic X-ray generator. Phys. Rev. Bd. 55 (1939) S. 1160 — TRUMP, J. G., R. W. CLOUD, J. G. MANN and E. P. HANSON: (2) Influence of electrodes on d—c breakdown in gases at high pressure. Electr. Engng. Bd. 69 (1950) S. 961. — TSCHANTER, ERNST: Energieübertragung mit hochgespanntem Gleichstrom. Elektrotechn. Anz. Bd. 58 (1941) S. 444. — TSCHIASSNY, L.: Die Meßgenauigkeit der Scheringbrücke. Arch. Elektrotechn. Bd. 18 (1927) S. 248 u. ETZ Bd. 48 (1927) S. 1419. — TYPKE, s. v. D. HEYDEN.

UEBERMUTH, W., u. K. BAUERSCHMIDT: Weiterentwicklung der Druckgasschalter. I./II. Elektrotechn. u. Masch.-Bau Bd. 55 (1937) S. 114. — UENISI, R.: Corona discharge from needle point. Elektrotechn. J., Tokio Bd. 2 (1938) S. 61.

VAFIADIS, G.: Untersuchung des Feldverlaufes im Plattenkondensator mit flüssigem Dielektrikum mittels des elektrooptischen Kerreffektes. Ann. Phys., Lpz. (5) Bd. 35 (1939) S. 23. — VARROLL and SIMMONS: Corona losses at 230 kV with one conductor grounded. J. Amer. Inst. electr. Engng. Bd. 54 (1935) S. 846. — VDE: (1) Vorschriften für Erdungen in Wechselstromanlagen über 1 kV. VDE 0141/XII.40 — (2) Leitsätze für elektrische Prüfungen von Isolierstoffen. VDE 0303/VII.40 — (3) Leitsätze für die Prüfung keramischer Isolierstoffe. VDE 0335/XI. 40 — (4) Vorschriften für Schalter- und Transformatorenöle. VDE 0370/1936 — (5) Regeln für Spannungsmessungen mit der Kugelfunkenstrecke. VDE 0430/XI. 39 — (6) Leitsätze für die Ausführung von Hochspannungsprüfungen mit Wechselspannungen. VDE 0442/1933 — (7) Leitsätze für die Prüfung von Isolatoren aus keramischen Werkstoffen für Spannungen von 1000 V an. VDE 0446/VI. 40 — (8) Leitsätze für die Erzeugung und Verwendung von Stoßspannungen für Prüfzwecke. VDE 0450/XI. 39 — (9) Regeln für Dreh-, Gleit-

und Schubtransformatoren. (Entwurf.) VDE 0534. ETZ Bd. 59 (1938) S. 1239 — (10) Regeln für Wechselstrom-Hochspannungsgeräte. VDE 0670/XII. 40 — (11) Normen für keramische Isolierstoffe. VDE-Ausschuß für Isolierstoffe. (Entwurf.) VDE 0685. ETZ Bd. 61 (1940) S. 496 — (12) Leitsätze für Überspannungsschutzgeräte in Starkstromanlagen. VDE 0675/I 38 — (13) Leitsätze für die Nebel- und Verschmutzungsprüfung von Freiluft-Hochspannungsisolatoren. VDE 0448/V. 40 — (14) Umstellvorschriften für isolierte Leitungen in Starkstromanlagen. VDE 0250 Ue/V. 40. ETZ Bd. 61 (1940) S. 569. — VEEGENS, J. D.: Ein Kathodenstrahl-Oszillograph. Philips' techn. Rdsch. Bd. 4 (1939) S. 210. — VENIKOV, V. A., s. ZHDANOV. — VERSE, H.: (1) Eine neue Ersatz-Prüfschaltung für Lichtbogen-Löscheinrichtungen. Dissertation Braunschweig 1936 — (2) Die Villard-Schaltung in stromrichtertechnischer Behandlung. Elektrotechn. u. Masch.-Bau Bd. 61 (1943) S. 265 — (3) Kurze Einführung in die Theorie der Gleichrichter mit Pufferkondensatoren. ETZ Bd. 69 (1948) S. 11 — (4) Gleichrichtersysteme bei hohen Spannungen und bei hohen Stromstärken. Elektrotechn. Bd. 2 (1948) S. 143 [ETZ Bd. 70 (1949) S. 59] — (5) Charakterisierung und einheitliche Berechnungsunterlagen der Gleichrichter mit Pufferkondensatoren. Bull. schweiz. elektrotechn. Ver. Bd. 40 (1949) S. 818 — (6) Kurvenformabhängige Umrechnungszahlen für Stromrichter-Ventilströme. ETZ Bd. 71 (1950) S. 544 — VERSE, H., s. A. KUNTKE. — VIEWEG, R.: (1) Prüfung von Überspannungsschutzgeräten. ETZ Bd. 54 (1933) S. 115 — (2) Elektrische Isolierstoffe. ETZ Bd. 55 (1934) S. 573 — (3) Starkstromtechnische Gesichtspunkte zur Frage der Funkempfangsstörung durch Hochspannungsisolatoren. Elektrizitätswirtsch. Bd. 34 (1935) S. 19 — (4) Elektrotechnische Isolierstoffe. Entwicklung, Gestaltung, Verwendung. Berlin: Springer 1937 — (5) Zwanzig Jahre Scheringbrücke. ETZ Bd. 61 (1940) S. 1045 — VIEWEG, R., u. G. PFESTORF: (6) Über die Aufnahme der Hochspannungskurvenform mit dem Braunschen Rohr. ETZ Bd. 53 (1932) S. 913 — (7) Stand der Isolierstofforschung. ETZ Bd. 54 (1933) S. 569 — VIEWEG, R., u. H. KLINGELHÖFFER: (8) Oberflächenströme auf Kunststoffen. Kunststoffe Bd. 32 (1942) S. 77 — VIEWEG, R., s. H. SCHERING. — VILBIG, F.: Lehrbuch der Hochfrequenztechnik. Akad. Verlagsges. Becker u. Erler, Leipzig, 4. Aufl. 1944. — VOERSTE, F.: (1) Die Verformung und Dämpfung von Wanderwellen durch Koronaverluste nach Aufnahmen mit dem Kathodenstrahl-Oszillographen. Dissertation Dresden 1932 — (2) Die Umgestaltung von Wanderwellen durch Koronaverluste. ETZ Bd. 54 (1933) S. 452. — VOGEL ,V. J.: Lightning arrester protective levels and transformer insulation. Electr. Engng. Bd. 69 (1950) S. 453 [ETZ Bd. 72 (1951) S. 25]. — VOGEL, W.: (1) Moderne Höchstspannungskabel. Rdsch. Felten & Guilleaume A. G. Carlswerk 1933 Heft 11/12 S. 7 — (2) Einige Grundprinzipien der Hochspannungskabeltechnik. Arch. Elektrotechn. Bd. 28 (1934) S. 391 — (3) Die Starkstromkabel des Jahres 1935. Rdsch. Felten & Guilleaume A. G. Carlswerk 1935 Heft 15/16 S. 7 — VOGEL, W., u. K. SCHMITT: (4) Neue Verfahren zur Prüfung der Hochspannungskabelisolation. VDE-Fachber. Bd. 10 (1938) S. 21 — VOGEL, W.: (5) Über den Einfluß der Umgebungstemperaturen auf die Sicherheit von Hochspannungskabeln. Felten & Guilleaume-Rdsch. 1940 Heft 27 S. 27 — (6) Über die Belastungen von Kabelleitungen. Elektrizitätswirtsch. Bd. 42 (1943) S. 33 — (7) Zur Physik der Hochspannungskabel. Felten & Guilleaume-Rdsch. 1950 Heft 29 S. 78 — VOGEL, W., s. K. BUSS (3), M. HÖCHSTÄDTER (1) u. (2). — VOGELSANGER, E.: Researches on arc quenching in low-oil-content circuit breakers. CIGRE R. 121 (1946) — VOGELSANGER, E., s. H. PUPPIKOFER (5). — VOGLER, H.: Die Untersuchung dielektrischer Verluste flüssiger Isolierstoffe bei kürzeren Wellen mit dem Kalorimeter. Elektr. Nachr.-Techn. Bd. 8 (1931) S. 197. — VRETHEM, A.: Operation of high-voltage systems up to 220 kV equipped with arc-supression coils. CIGRE R. 321 (1946) — VRETHEM, A., s. W. BORGQUIST (4).

WADE, E. J.: (1) The portable impulse generator. Gen. Electr. Rev. Bd. 33 (1930) S. 180 — WADE, E. J., u. G. S. SMITH: (2) Überschlagsverzögerung an Isolatoren. El. World, N. Y. 1938 S. 309. — WAGNER, C. F., and G. D. MCCANN: Lightning Phenomena. 1) General characteristics; 2) instruments for measurement of lightning surges; 3) field studies. Electr. Engng. Bd. 60 (1941) S. 374, 438 u. 483 — WAGNER, C. F., s. I. W. GROSS (2).— WAGNER, K. W.: (1) Elektromagnetische Ausgleichsvorgänge in Freileitungen und Kabeln. Leipzig u. Berlin 1908 — (2) Über Reflexion und Brechung von Wanderwellen mit steiler Front an Schaltungen mit Kondensatoren und Drosselspulen. Arch. Elektrotechn. Bd. 2 (1913/14) S. 299 — (3) Das Eindringen einer elektromagnetischen Welle in eine Spule mit Windungskapazität. Elektrotechn. u. Masch.-Bau Bd. 33 (1915) S. 89 — (4) Wanderwellenschwingungen in Transformatorwicklungen. Arch. Elektrotechn. Bd. 6 (1918) S. 301 — (5) The physical nature of the electrical breakdown of solid dielectrics. J. Amer. Inst. electr. Engng. Bd. 41 (1922) S. 1034 — (6) Über Verzerrungen von Wanderwellen. Elektrotechn. u. Masch.-Bau Bd. 55 (1937) S. 209 u. 224 — (7) Der elektrische Durchschlag von festen Isolatoren. Arch. Elektrotechn. Bd. 39 (1948) S. 215. — WALLIS, P. R., s. E. PARKER. — WALLICH, J.: Mehrrohrdurchführungen. Elektrotechn. u. Masch.-Bau Bd. 45 (1927) S. 744. — WALLRAFF, A.: Die Isolierstoffe der Höchstspannungskabeltechnik. ETZ Bd. 63 (1942) S. 539 — WALLRAFF, A., s. W. ROGOWSKI (30) u. (31). — WALTER, ARNO, s. H. HINDERER. — WALTER, M.: Kurzschlußströme in Drehstromnetzen. München u. Berlin: R. Oldenbourg 1935. — WALTHER., A, s. L. INGE (1), (2), (3), (4), (5), (7), (8) u. (10), N. SEMENOFF. — WANGER, W.: (1) Die wiederkehrende Spannung bei Abschaltung mit Hochspannungsschaltern. Bull. schweiz. elektrotechn. Ver. Bd. 30 (1939) S. 325 u. 342 — (2) Probleme der Drehstrom-Energieübertragung bei sehr großen Leistungen und Distanzen. Bull. schweiz. elektrotechn. Ver. Bd. 33 (1942) S. 115 — (3) Das neue Brown Boveri-Hochspannungs-Laboratorium. Brown Boveri Mitt. Bd. 30 (1943) S. 218 — WANGER, W., u. W. FREY: (4) Untersuchungen über die Sicherheit der Isolationsabstufung bei Koordination der Isolationen. Brown Boveri Mitt. Bd. 30 (1943) S. 259 — WANGER, W.: (5) Technical and economic aspects of the transmission of electrical energy over long distances. J. Instn. electr. Engrs. Bd. 95 (1948) Part I S. 340 — (6) Die wichtigsten Probleme der elektrischen Energieübertragung auf große Distanzen. Elektrotechn. u. Masch.-Bau Bd. 67 (1950) S. 1. — WASSERRAB, TH.: (1) Zur Beschreibung des Entionisierungsvorganges von Gasentladungen. Wiss. Veröff. Siemens-Werk Bd. 19 (1940) Heft 1 S. 1 — (2) Die Spritzentladung, eine Rückzündungsursache der Quecksilberdampfstromrichter. Arch. Elektrotechn. Bd. 40 (1951) S. 171 — WASSERRAB, TH., s. H. v. BERTELE (2). — WATTS, T. R., s. H. J. LINGAL. — WATZLAWEK, H.: Der elektrostatische Generator. Z. techn. Phys. Bd. 23 (1942) S. 59. — WEBER, A.: (1) Die Stoß- und Hochfrequenzanlagen des Höchstspannungsversuchsfeldes der Hescho. Hescho-Mitt. 1930 Heft 51 S. 1617 — (2) Zur Frage der Überschlagsicherheit von Durchführungen. Hescho-Mitt. 1932 Heft 63 S. 1983. — WEBER, ERNST: Travelling waves on transmission lines. Electr. Engng. Bd. 61 (1942) S. 302. — WEBER, H.: Vorgänge bei Kurzschlußabschaltungen durch Schmelzsicherungen. VDE-Fachber. Bd. 9 (1937) S. 92. — WEBER, J.: Installation de bobines Petersen sur les réseaux aériens à moyenne tension. Rev. gén. Electr. Bd. 44 (1938) S. 5. — WEBER, W.: (1) Über den Durchschlag von Paraffin. Arch. Elektrotechn. Bd. 27 (1933) S. 511 — (2) Die Stoßüberschlagspannung des Stützers und ihre Beeinflussung durch Einbau und Formgebung. VDE-Fachber. Bd. 9 (1937) S. 26 — (3) Ein Polaritätsanzeiger für Wechselspannungsüberschläge.

Siemens-Z. Bd. 18 (1938) S. 296 — (4) Der Einfluß einer Wolke bei Blitz-Modellversuchen. ETZ Bd. 61 (1940) S. 57 — (5) Die Überschlagspannung von Isolatoren unter erhöhtem Luftdruck. Arch. Elektrotechn. Bd. 35 (1941) S. 756 — (6) Das elektrische Verhalten elektronegativer Gase. Arch. Elektrotechn. Bd. 36 (1942) S. 166. — WEDEMEYER, G., s. L. ROHDE (2), (3) u. (5). — WEHNER, G.: Die periodische Löschung und Steuerung eines Quecksilberdampfbogens mit Gittern im Plasma. Z. techn. Phys. Bd. 21 (1940) S. 53. —WEICKER, W.: (1) Zur Kenntnis der Funkenspannung bei technischem Wechselstrom. ETZ Bd. 32 (1911) S. 436 u. 460 — (2) Neuere Gesichtspunkte zur Beurteilung von Hängeisolatoren Hescho-Mitt. 1922 Heft 4 S. 3 — (3) Minderung von Kettenisolatoren bei gleichzeitiger mechanischer und elektrischer Beanspruchung mit Wechselstrom und Spannungsstoß. Hescho-Mitt. 1926 Heft 24 S. 707 — (4) Spannungsmessungen mit der Funkenstrecke in Luft. Hescho-Mitt. 1927 H. 31 S. 899 — (5) Zur Bestimmung der Überschlag- und Durchschlagspannung von Isolatoren. Hescho-Mitt. 1932 Heft 64/65 S. 2045 — (6) Keramische Isolierstoffe bei hohen Temperaturen. ETZ Bd. 56 (1935) S. 937 — (7) Einführung zu VDE 0430/1939: Regeln für Spannungsmessungen mit der Kugelfunkenstrecke. ETZ Bd. 60 (1939) S. 97 — (8) Einführung zu VDE 0448: Leitsätze für die Nebel- und Verschmutzungsprüfung von Freiluft-Hochspannungsisolatoren. ETZ Bd. 60 (1939) S. 1135 — (9) Erläuterung zu der Schlußfassung von VDE 0430/XI 39: „Regeln für Spannungsmessungen mit der Kugelfunkenstrecke." ETZ Bd. 60 (1939) S. 1307 — WEICKER, W., u. W. HÖRCHER: (10) Grundlagen zu einer Eichtafel für Kugelfunkenstrecken. ETZ Bd. 59 (1938) S. 1029 u. 1064 — WEICKER, W., E. KUNSTMANN u. W. DEMUTH: (11) Eigenschaftstafel keramischer Isolierstoffe. ETZ Bd. 56 (1935) S. 915 — WEICKER, W.: (12) Gesichtspunkte für die Bestimmung der Regenüberschlagspannung von Freileitungsisolatoren. Hescho-Mitt. 1923 Heft 7 — (13) Keramische Isolierstoffe der Starkstrom- und Nachrichtentechnik. ETZ Bd. 63 (1942) S. 207 — (14) Zusammenfassende Übersicht der bisherigen Untersuchungen über den Einfluß der Luftfeuchtigkeit auf die Überschlagspannung von Hochspannungsisolatoren. Arch. Elektrotechn. Bd. 36 (1942) S. 418 — WEICKER, W., s. P. JACOTTET (7) u. (8), A. BÜRKLIN, E. F. RICHTER (3). — WELLAUER, M.: (1) Die Entladungserscheinungen an Durchführungsisolatoren. Bull. schweiz. elektrotechn. Ver. Bd. 16 (1925) S. 365 — (2) Die Übertragung von Gewitterüberspannungen in Transformatoren. Bull. schweiz. elektrotechn. Ver. Bd. 35 (1944) S. 627 — (3) Beitrag zur Frage der Stoßspannungsprüfung an Transformatoren. Bull. schweiz. elektrotechn. Ver. Bd. 38 (1947) S. 149 [Z. Elektrotechn. Bd. 2 (1949) S. 68] — (4) Die Spannungsbeanspruchung der Eingangsspulen von Wicklungen beim Auftreten von Stoßspannungen verschiedener Steilheit. Bull. schweiz. elektrotechn. Ver. Bd. 38 (1947) S. 655 — WELLAUER, M., s. W. BOLLER. — WELTER, E.: Über einen neuen Hochspannungstransformator nach Dessauer für sehr hohe Spannungen. ETZ Bd. 39 (1918) S. 373. — WERNER, E.: Gekreuzte Zylinder als Funkenstrecke (nach Prof. Schwaiger). Arch. Elektrotechn. Bd. 22 (1929) S. 1. — WHITE, E. L., and W. NETHERCOT: The recurrentsurge oszillograph and its application to the study of surge pheromena in transformers. Proc. Instn. electr. Engrs. Bd. 96 (1949) Part II S. 269. — WHITEHEAD, E. R.: Development in Lightning protection of stations. Electr. Engng. Bd. 60 (1941) S. 898. — WHITEHEAD, J. B.: (1) The dielectric losses in impregnated paper. J. Amer. Inst. electr. Engng. Bd. 52 (1933) S. 51 — (2) The life of impregnated paper. J. Amer. Inst. electr. Engng. Bd. 53 (1934) S. 244 — (3) Recent progress in insulation research. Electr. Engng. Bd. 56 (1937) S. 1346 — (4) The dielectric strength and life of impregnated-paper insulation. Electr. Engng. Bd. 59 (1940) S. 660 u. 715, Bd. 61 (1942) S. 618 — (5) Dielectric loss at high frequency. Electr. Engng. Bd. 66 (1947)

S. 907 — WHITEHEAD, J. B., and W. RUEGGEBERG: (6) Dielectric loss with changing temperature. Electr. Engng. Bd. 68 (1949) S. 874. — WHITEHEAD, S., s. A. E. W. AUSTEN. — WICKHAM, W. H., s. H. A. ADLER. — WIEGAND, P.: Beitrag zur Messung des dielektrischen Verlustwinkels von Kabelisolierölen, Harzen, Vaselinen, Petrolaten und der aus ihnen zusammengesetzten Massen. ETZ Bd. 49 (1928) S. 570. — WILCOX, H. M., u. W. M. LEEDS: Die Ölschalter für die Boulder-Damm-Leitung. ETZ Bd. 57 (1936) S. 1351. — WILCOX, T. H., s. H. E. COX. — WILD, R. W.: The electrical measurement of pressure and strain, with particular reference to the testing of circuit breakers. J. Instn. electr. Engrs. Bd. 95 (1948) Part II S. 733. — WILKINSON, K. J. R., and J. R. MORTLOCK: Synthetic testing of circuit-breakers. J. Instn. electr. Engrs. Bd. 89 (1942) Part II S. 137. — WILLIS, C. H.: Untersuchungen über Wechselstromkorona. ETZ Bd. 48 (1927) S. 1917. — WINGEN, H.: Das Rogowski-Fischersche Pendelelektrometer für hohe Spannungen. ETZ Bd. 53 (1932) S. 1034. — WINKELBRANDT, H.: Über einen absolut eichbaren Hochspannungsmesser mit Dreifadenaufhängung. Dissertation Hannover 1937. — WIRTH, H.: Durchführungsisolatoren, Richtlinien für die Wahl verschiedener Ausführungsarten. Bull. schweiz. elektrotechn. Ver. Bd. 23 (1932) S. 61. — WIRTZ, K., s. H. REIN. — WIST, E.: (1) Das neue Hochspannungslaboratorium der Technischen Hochschule in Wien. Elektrotechn. u. Masch.-Bau Bd. 54 (1936) S. 1 — (2) Energieübertragung auf große Entfernung. ETZ Bd. 65 (1944) S. 65 u. 91. — WITT, A. C.: Das Hochspannungslaboratorium der National Tsing Hua University in Peiping. AEG-Mitt. 1936 Heft 12 S. 412. — WOELKEN, H., s. W. HOHLE. — WOLF, Fr.: Das Gewitter und seine Entladungsformen. 1. Gewitterentstehung und Linienblitze. Naturwiss. Bd. 31 (1943) S. 73; 2. Kugelblitze und Perlschnurblitze. Naturwiss. Bd. 31 (1943) S. 215. — WOLFF, O., s. W. ROGOWSKI (27), (28) u. (29), E. FLEGLER (7). — WOLMANN, W., s. W. ROGOWSKI (26). — WOODRUFF, L. F.: (1) Multielement operation of the cathode ray oszillograph. Electr. Engng. Bd. 54 (1935) S. 1045 — (2) Transmission line transients in motion pictures. Electr. Engng. Bd. 57 (1938) Trans. Sect. S. 391. — WOODROW, C. A., s. S. B. CRARY. — WRANA, J.: Vorgänge beim Schmelzen und Verdampfen von Drähten mit sehr hohen Stromdichten. Arch. Elektrotechn. Bd. 33 (1939) S. 656. — WUL, B., s. L. INGE (6). — WYMAN, B. W., s. A. C. BOISSEAU.

YADOFF, O.: Générateurs électrostatiques à très haute tension et leur application à la transmutation des éléments. Rev. gén. Electr. Bd. 43 (1938) S. 547.

ZADUK, H.: Neuere Ergebnisse der Blitzstrommessungen an Hochspannungsleitungen. ETZ Bd. 56 (1935) S. 475 — ZADUK, H., s. H. GRÜNEWALD (12). — ZALESSKY, A. M.: Zur Bestimmung der Anfangsspannung von Kugelfunkenstrecken. Elektrotechn. u. Masch.-Bau Bd. 50 (1932) S. 149. — ZDRALEK, O.: Messung von Strömen mittels Funkenstrecken bei sehr schnell veränderlichen Vorgängen. Arch. Elektrotechn. Bd. 18 (1927) S. 1. — ZECHNALL, R.: Verluste in Kreisplattenkondensatoren bei hoher Frequenz und hoher Spannung. Dissertation Stuttgart 1937. — ZEHNER, J. L., s. H. C. STEINER. — ZEIER, O.: Durchschlagsuntersuchungen in komprimierten Gasen und in flüssiger Kohlensäure. Ann. Phys., Lpz. (5) Bd. 14 (1932) S. 415. — ZENNECK, J., u. H. RUKOP: Lehrbuch der drahtlosen Telegraphie. Stuttgart: Ferdinand Enke 1925. — ZETTERHOLM, D., u. K. F. FRÄGARDH: Die schwedische 380-kV-Leitung Haarspranget—Hallsberg. Tekn. T. 80 (1950) S. 493 [ETZ Bd. 72 (1951) S. 24]. — ZHDANOV, V. A VENIKOV u. G. M. ROZANOV. 400 kV Wechselstrom-Ubertragung. Elektritschestwo No. 11 (1948) S. 3. — ZICKNER, G., u. G. PFESTORF: Thermowattmetrische Verlustmessungen an großen Kapazitäten. ETZ Bd. 51 (1930) S. 1681. — ZIEGENBEIN, W.: Periodische Lichtbogenlöschung und Verhinderung der Rückzündung bei der Gleichrichtung hoher einphasiger Wechselspannungen durch unsymmetrische Funkenstrecken. Dissertation Braunschweig 1931. — ZIEGLER, H.: (1) Rundfunkstörfähigkeit kittloser Kappenisolatoren ohne Bleiausguß. AEG-Mitt. 1937 Heft 8 S. 285 — (2) Spannungsverteilung an der Oberfläche von Isolatoren bei Gleichspannung. Arch. Elektrotechn. Bd. 32 (1938) S. 419 — (3) Das elektrische Verhalten von Langstabisolatoren mit Lichtbogen-Schutzarmaturen. ETZ Bd. 60 (1939) S. 353 — (4) Die Blitzschutzwirkung von Erdseilen bei elektrischen Leitungsanlagen. Rosenthal-Mitt. 1939 Heft 23 — (5) Neue Erkenntnisse über den Lichtbogenschutz von Freileitungsisolatoren. ETZ Bd. 62 (1941) S. 325 u. 345. — ZIEGLER, H., s. A. SCHWAIGER (17). — ZIMMERMANN, H. J.: Leicht beförderbare Öl- und Isolationsprüfeinrichtung für 60 kV Betriebsspannung. Siemens-Z. Bd. 16 (1936) S. 143. — ZINKE, O.: Frequenzunabhängige kapazitiv-ohmsche Spannungsteiler für Meßzwecke. ETZ Bd. 60 (1939) S. 927. — ZOLLER, W.: Der Resorbitableiter und seine neueste Entwicklung. Brown Boveri Mitt. Bd. 38 (1951) S. 105. — ZSCHAAGE, W.: Nachahmung des elektrischen Feldes von Leitungen im elektrolytischen Trog. ETZ Bd. 46 (1925) S. 1215. — ZUVERS, H. E., s. H. C. STEINER. — ZWANZIGER, W.: Nachweis der Ursache von Gewitterstörungen auf den 100-kV-Leitungen der Vereinigten Elektrizitätswerke Westfalen A.-G. und Mittel zu ihrer Verminderung. ETZ Bd. 56 (1935) S. 474.

Sachverzeichnis.

721/51/51. — III/18/203.